效率视角下的环境管理决策问题研究

——基于数据包络分析（DEA）方法

吴　杰　朱庆缘　夏盼盼　姬　翔　著

科学出版社

北　京

内 容 简 介

本书是作者近年来研究效率视角下环境管理决策问题的系统总结。本书应用管理学、经济学等有关理论与方法，以能源环境为背景，系统性地研究节能减排效率分析、资源循环再利用效率分析以及考虑环境因素的资源配置等问题。通过理论和实证分析相结合，系统架构环境管理决策问题的基础理论框架，全面描述中国区域环境效率的种种表现，深刻揭示中国区域环境效率的本质特征，实现理论的深化和政策的突破。本书的研究结论对提高中国区域节能减排效率、资源循环再利用效率以及促进区域可持续性发展具有重要意义。

本书适合环境管理、气候政策等领域的政府公务人员、企业管理人员、高等院校师生、科研院所科研人员及相关工作者阅读。

图书在版编目（CIP）数据

效率视角下的环境管理决策问题研究：基于数据包络分析（DEA）方法/
吴杰等著. —北京：科学出版社，2023.3
　ISBN 978-7-03-073969-8

　Ⅰ. ①效… Ⅱ. ①吴… Ⅲ. ①环境管理–管理决策–研究 Ⅳ. ①X32

中国版本图书馆 CIP 数据核字（2022）第 226717 号

责任编辑：蒋 芳/责任校对：张亚丹
责任印制：张 伟/封面设计：许 瑞

科 学 出 版 社 出版
北京东黄城根北街 16 号
邮政编码：100717
http://www.sciencep.com

北京中石油彩色印刷有限责任公司 印刷
科学出版社发行　各地新华书店经销
*
2023 年 3 月第 一 版　开本：720×1000　1/16
2023 年 3 月第一次印刷　印张：20 1/4
字数：408 000
定价：169.00 元
（如有印装质量问题，我社负责调换）

作 者 简 介

吴杰，1981 年 6 月生，安徽庐江人，管理学博士。现任中国科学技术大学管理学院副院长，教授，博士生导师。兼任中国系统工程学会理事、中国管理科学与工程学会理事、*International Journal of Information and Decision Sciences* 和 *International Journal of Operations and Logistics Management* 等国际学术期刊编委。长期从事评价理论与方法的理论与应用研究，主持国家自然科学基金优秀青年科学基金项目、中央宣传部文化名家暨"四个一批"人才资助项目、中央组织部青年拔尖人才支持计划项目等，国家"万人计划"哲学社会科学领军人才，享受国务院政府特殊津贴专家。获得全国优秀博士学位论文奖、教育部高等学校科学研究优秀成果奖(人文社科)一等奖、安徽省科学技术奖(自然科学)一等奖等。在 *Operations Research*、*European Journal of Operational Research*、《中国管理科学》等国内外重要学术刊物发表论文一百余篇，研究成果被同行引用三千余次。

朱庆缘，1989 年 11 月生，安徽滁州人，管理学博士。现任南京航空航天大学经济与管理学院教授，博士生导师。长期从事评价理论与方法的理论与应用研究，主持国家自然科学基金青年科学基金项目、中国博士后科学基金特别资助项目、江苏省自然科学基金青年基金项目、江苏省社会科学基金青年基金项目等重要课题近十项，江苏省社科优青入选者、江苏省高层次创新创业人才引进计划(双创博士)入选者。在 *European Journal of Operational Research*、*Omega*、*Annals of Operations Research*、*Journal of the Operational Research Society*、*International Journal of Production Research* 等国内外高水平学术期刊上发表论文几十篇，多篇论文入选 ESI 高被引论文。

　　夏盼盼，1990 年 10 月生，安徽马鞍山人，管理学博士。现就职于中国科学技术大学管理学院，博士后。研究方向为大数据商务、评价理论与方法、能源经济等。担任 *Annals of Operations Research*、*Omega*、*Energy Policy* 等国际学术期刊审稿人。博士期间参加国家留学基金委项目，公派至美国 Adelphi 大学访问一年。获得安徽省优秀毕业生、国家奖学金、中国科学技术大学学业奖学金、中国科学技术大学"顺德智造"奖学金等。在 *Annals of Operations Research*、*Journal of Cleaner Production*、*Science of the Total Environment*、*Industrial Management & Data Systems* 等国际学术刊物上发表多篇论文。

　　姬翔，1988 年 7 月生，安徽濉溪人，管理学博士，博士后。现任中国科学技术大学管理学院副教授，硕士生导师。兼任国际学术期刊 *International Journal of Applied Management Science* 编委。长期从事供应链管理、数据驱动决策分析、运营与营销交叉领域的理论与应用研究，主持国家自然科学基金面上项目、中国科学院特别研究助理资助项目、中国博士后科学基金特别资助项目等。获得中国科学院优秀博士学位论文奖、安徽省教学成果奖一等奖、安徽省科学技术奖（自然科学）三等奖等。在 *European Journal of Operational Research*、*International Journal of Production Economics*、*Annals of Operations Research* 等国内外重要学术刊物发表论文三十余篇，研究成果被同行引用八百余次。

前　言

环境问题是新时代国计民生需要关注的热点问题。习近平总书记在全国生态环境保护大会中强调"生态环境是关系党的使命宗旨的重大政治问题，也是关系民生的重大社会问题。"改革开放四十多年来，中国经济飞速发展，已成长为世界第二大经济体。在经济快速增长的背后，我国的环境污染问题日益严重，能源消费逐年攀升。国内严重的环境污染问题已经影响到民众的日常生活，粗放的经济增长模式制约了我国经济和社会的可持续发展，中国政府面临着严峻的能源和环境治理形势。提高能源效率和环境效率是对抗能源危机和环境污染的重要途径。针对日益严峻的环境问题，国家大力倡导节能减排、循环经济等相关政策，以进一步减少能源消耗和污染物排放等问题。此外，为了进一步缓解全球化能源环境问题，中国政府也主动承担相应的减排任务，以实现全球化可持续发展的目标。

鉴于日益严峻的环境问题，党的十八届三中全会专门指出，必须要形成完整的源头保护、损害赔偿、责任追究制度，完善环境治理和生态修复制度，通过构建系统、完整的生态文明制度体系来保护生态环境。各国公众也越来越关注环境问题，并对环境管理决策施加越来越重要的影响。测算考虑环境因素的生产效率，即环境绩效，为在生产过程中遵循环境的可持续性原则的制定和执行提供定量测度工具，是实现上述目标的关键因素之一，这已成为国际学者的共识。

全书分为基础知识篇、节能减排篇、资源循环利用篇、资源配置篇四个部分，共17章。

在基础知识篇中，对研究背景和意义及以往环境效率评价方法进行详细阐述和回顾梳理，并对数据包络分析(DEA)的基本理论和模型进行全面的介绍。

在节能减排篇中，将系统性地对中国区域节能减排效率进行研究和分析。首先，构建单阶段节能减排效率评价模型，从整体上分析和把控中国各区域节能减排效率。其次，将单阶段节能减排系统进一步细分为生产和治理两阶段系统，并构建相应效率评价模型，综合分析中国各区域节能减排效率。最后，在节能减排效率分析基础上，进一步研究中国各区域节能减排潜力，并提供政策指导。

在资源循环利用篇中，本书将考虑决策者偏好、资源共享模式、绿色发展视角、区域空间关系、决策者单双目标等，从不同视角出发，系统和全面性地对中国区域资源循环再利用效率进行研究和分析，并就如何提升资源再利用效率为管理者提供有效政策建议。

在资源配置篇中，将重点研究考虑环境因素的资源分配以及排污权分配问题。

在考虑环境因素的资源分配问题上，主要考虑目标设定下能源资源重新配置和基于中国区域绿色发展效率改进的资源配置问题。在排污权分配问题上，分别从不同视角(个人和集体视角)、不同机制(排污权交易机制等)出发构建理论模型，并应用于中国区域排污权分配问题中，为管理决策者提供决策支持。

　　本书得到国家自然科学基金项目(71971203,71904084,71571173,71921001)、中国博士后科学基金特别资助项目(2020TQ0145)、江苏省自然科学基金项目(BK20190427)、江苏省社会科学基金项目(19GLC017)、国家"万人计划"哲学社会科学领军人才项目、中央宣传部文化名家暨"四个一批"人才资助项目、江苏社科优青、江苏省"双创博士"、南京市留学人员科技创新项目等支持。全书由吴杰教授、朱庆缘教授、夏盼盼博士、姬翔副教授负责总体设计、策划、组织交流、撰写与统稿，周志翔、储军飞、徐光程参与并完成了本书中部分章节的撰写。在出版过程中，科学出版社的蒋芳编辑为本书付出了辛勤劳动，在此表示诚挚谢意。

吴　杰

2022 年 11 月 15 日

目　录

第一部分 基础知识篇

第1章 导　　论

1.1　研究背景及意义

纵观历史长河，新中国成立七十余年来，从一穷二白到世界第二大经济体，综合国力和国际影响力实现历史性跨越；从结构单一到百业兴旺，产业结构持续优化升级；从瓶颈制约到优势支撑，基础产业和基础设施建设实现重大飞跃；从温饱不足迈向全面小康，人民生活发生翻天覆地变化。然而，在这沧桑巨变七十余载的背后，伴随的是环境污染问题日益严重，能源消费逐年攀升。国内严重的环境污染问题已经影响到民众日常生活，粗放的经济增长模式制约了我国经济和社会的可持续发展。因此，环境问题是新时代关系国计民生的热点问题。中国作为有责任、有作为的大国，在应对国内的环境问题和全球的气候变化展现出了信心与担当。2020年9月22日，国家主席习近平在第七十五届联合国大会一般性辩论上讲话强调："中国将提高国家自主贡献力度，采取更加有力的政策和措施，二氧化碳排放力争于2030年前达到峰值，努力争取2060年前实现碳中和。"作为2020年唯一实现经济正增长的主要经济体，中国担负引领世界经济"绿色复苏"的大国重任。2015年应对气候变化《巴黎协定》的签订，开启了人类携手共同应对气候变化的新篇章。在后疫情时代，通过全方位低碳转型实现"绿色经济复苏"越来越成为广泛共识。中国提出的"碳达峰、碳中和"目标愿景向其他国家发出了明确的信号，不仅为中国经济社会发展全面绿色转型指明了方向，也为全球应对气候变化共同行动贡献了关键力量。

"碳达峰、碳中和"的提出恰逢"十四五"规划的开端，"十四五"是全面建设社会主义现代化国家新征程的起点，立足新发展阶段，贯彻新发展理念，构建新发展格局，坚定不移推动高质量发展成为中国经济中长期发展的主线。同时，在党的十九届五中全会、中央经济工作会议、全国两会以及中央财经委员会第九次会议等一系列重要会议上，党中央对"碳达峰、碳中和"工作作出部署，明确基本思路和主要举措。"碳达峰、碳中和"是党中央经过深思熟虑做出的重大战略决策，只有纳入生态文明建设整体布局，才能推动经济社会绿色转型和系统性深刻变革。

我国要实现这一目标和愿景，推动经济社会绿色转型，任务艰巨。全面推进各行各业绿色协调发展，需要环境管理的统筹规划，合理分工，综合协调。而有效的环境管理则依赖科学客观的环境绩效评价(Wu et al., 2014; Song et al., 2012)。环境绩效评价中需要依次按照发现问题、治理问题、预防问题的步骤，依次剖析各个步骤的内在因素，并且综合考虑三个步骤的复杂关联性，才能得到正确的评价结果，给出可信服、有意义的管理启示，从而进一步推动目标和愿景的实现。因此，本书针对复杂环保系统，分别从全局把控、全局治理、全局预防系统性地对节能减排潜力、资源循环利用以及资源配置三类典型的环境管理问题进行分析，从而为实现"碳达峰、碳中和"目标提供科学基础。

节能减排从全局把控，实现能源环境健康发展。在物资匮乏的今天，资源的浪费与排放物的污染会带来环境效率的低下，从而导致环境系统进入恶性循环。为了更好地控制能源浪费，减少污染物的排放，做好环境问题的全局把控工作，节能减排则显得尤为重要。基于不同行业的特殊性，选择合适方法以评价节能减排潜力，并制定相应的提升路径，是改善总体环境效率不可或缺的部分。面对能源消费的高速发展导致的资源浪费，我国制定了相应的节能减排政策。例如，2016年12月出台的《"十三五"节能减排综合工作方案》明确指出，到2020年，全国万元国内生产总值能耗比2015年下降15%，能源消费总量控制在50亿t标准煤以内。全国化学需氧量、氨氮、二氧化硫、氮氧化物排放总量分别控制在2001万t、207万t、1580万t、1574万t以内，比2015年分别下降10%、10%、15%和15%。全国挥发性有机物排放总量比2015年下降10%以上(国务院，2016)。在国家政策的正确引导下，探索节能减排的潜力，并制定相应的提升路径，已逐渐成为一种趋势。因此，挖掘节能减排潜力，并提供相应的路径选择，从而实现能源环境健康发展是亟待研究的重点问题。

资源循环利用从全局治理，力求资源和环境协调发展。资源循环利用就是要"化害为利，变废为宝"。节能减排从全局把控，控制能源浪费与污染物排放，而资源循环利用是在节能减排的基础上努力提高资源利用效率，在确保生产力不减少的情况下，逐步减少环境系统的能源浪费和污染物排放，从而达到全局治理的目标。在将污染物排放对生态环境的负面影响降到最小的基础上，逐渐形成资源循环利用的生产体系，为整个环境生态系统带来更多的资源投入等，从而构建"绿水青山"的生态环境。为了做好该方面的工作，从资源循环利用角度出发，国家制定了相应的资源循环发展政策。2018年4月12日，中华全国供销合作总社出台《关于加快推进再生资源行业转型升级的指导意见》，提出到2020年，供销社再生资源行业的一系列发展目标，提出加快形成"村级回收+乡镇转运+县域分拣加工+再生资源基地综合利用"，功能完善、技术先进、高效利用、生态环保、覆盖城乡的供销合作社再生资源回收利用体系，在我国再生资源回收利用行业占有重要地位，在加强生态文明建设、实施乡村振兴中发挥重要作用(中华全国供销合作总社，2018)。因此，如何合理客观地评价资源循环利用效率，并给出效率改进政策建议，实现资源和环境协调发展是亟待研究的重点问题。

资源配置从全局预防，达到可持续发展总目标。资源配置，即实现资源的最佳利用，用最少的资源耗费生产出最适用的商品和劳务，获取最佳的效益。《中共中央关于全面深化改革若干重大问题的决定》中指出，实行最严格的源头保护制度、损害赔偿制度、责任追究制度，完善环境治理和生态修复制度，通过构建系统完整的生态文明制度体系来保护生态环境。国家环境保护行政主管部门也多次强调，希望通过从全局预防环境污染和生态破坏，促进经济、社会和环境的全面协调可持续发展。为了更好地做好全局预防工作，资源配额管理显得尤为重要。从能源短缺和环境污染具体问题出发，国家制定了相应的配额管理政策。在能源消耗限额上，2016年12月出台的《可再生能源发展"十三五"规划》明确指出，实现2020、2030年我国非化石能源消费占一次能源消费比重分别达到15%、20%的战略发展目标(国家发展和改革委员会，2016)。国家能源局于2018年11月15日出台了《关于实行可再生能源电力配额制的通知(征求意见稿)》，按省级行政区域对电力消费规定应达到最低的可再生能源比重指标(国家能源局，2018)。在环境污染把控上，从《京都议定书》到《哥本哈根协议》，中国先后做出了一系列的减排承诺。如中国政府承诺到2020年、2030年将实现单位国内生产总值二氧化碳排放比2005年下降40%～45%和60%～65%。此外，中国政府也明确提出要建立健全排污权分配制度。因此，如何制定相应的资源配额管理政策，合理有效地分配配额以实现可持续性发展总目标是亟待研究的重点问题。

确立了环境绩效评价中的切入角度，就需要选择客观且恰当的评价工具来进一步推进评价过程。其中，数据包络分析(data envelopment analysis，DEA)是以数据为导向，利用数学规划理论对系统进行效率分析、改进和优化的工具与方法，经过40多年的发展，该方法已被广泛用作决策、绩效评价、资源配置等分析工具。DEA方法相比于其他类似的决策评估方法具有许多优势(盛昭瀚等，1996；魏权龄，2004)。首先，DEA方法是一种多属性决策方法，可以很好地处理具有环境管理评价中多个指标的绩效评价问题。其次，DEA方法是一种非参数的数学规划方法，不需要预先设定生产函数形式，也不需要决策者预先给出先验信息，得到的结果仅依赖于观测值数据本身，因而十分客观并具有极高的现实意义。因此，DEA现已成为决策分析、运营管理以及经济计量等多学科交叉的研究领域，并处于不断完善和发展的新阶段。

总的来说，本书将从节能减排(把控)、资源循环利用(治理)、资源配置(预防)三个维度系统性地分析中国区域环境效率，为环境管理决策提供支持。本书的研究结论对提高中国区域环境效率、推动经济社会绿色转型和系统性深刻变革具有重要意义。

1.2 研究内容

本书的研究内容为环保系统环境效率分析、资源配额分配研究、节能减排潜力及路径选择研究、资源循环利用效率评价及效率改进研究。以 DEA 方法为基础,全面系统地分析我国环境管理问题。全书分为四个部分,概括如下:

第一部分为基础知识篇。本部分为第 1 章:首先对研究背景及意义进行归纳与阐述,其次,对 DEA 理论及模型进行介绍。

第二部分为节能减排篇。本部分主要分为 3 章:首先基于全局视角下对中国区域减排效率进行研究。其次分别从生产和治理视角对中国区域减排效率进行研究。最后探讨节能减排关切视角下的中国区域节能减排潜力。

第三部分为资源循环利用篇。本部分主要分为 8 章:首先,基于现实的研究背景,对不同模式下资源循环利用进行研究。分为 5 种模式:决策者偏好模式、共享资源模式、均衡分配两阶段模式、生产和治理模式、多阶段模式。多种模式的设定基于我国的国情全面地考虑了经济社会绿色转型的各种情况。其次,基于绿色发展视角,研究了废物循环利用效率影响因素。最后,基于上述不同模式以及影响因素分析,对资源循环利用改进方法进行了研究,分别对双目标情境下及考虑决策单元空间关系情境下的废物再利用设施选址进行了探讨。

第四部分为资源配置篇。本部分主要分为 5 章:首先研究了含有非期望产出的内部资源配置。其次,基于满意度的视角,研究了集中式模式下的资源配置与产出目标设定。再次,以碳减排为切入点,提出了碳减排目标设定模型,分析了 20 个亚太经济合作组织(APEC)经济体的碳减排效率表现。之后,分别从个人和集体视角探讨了初始排污权与减排任务的分配方案。最后,以上述研究为基础,以资源分配为视角,全面分析了我国区域绿色发展效率,并提出改进方案。

1.3 研究方法介绍

1.3.1 数据包络分析基本概念

1. 决策单元

决策单元(decision making unit,DMU)是指 DEA 方法被评价的对象,是将一定"投入"通过某种方式转化成一定"产出"的实体单位(图 1.1)。决策单元的概念是广义的,可以指银行、企业、工厂等盈利性机构,也可以指医院、学校等公共服务性组织。

图 1.1　决策单元基本概念

在 DEA 研究方法中，一般要求被评价的决策单元是同质的，所有决策单元才是可比的。同质是指各决策单元应具有相同的任务和目标、相同的外部环境以及相同的投入和产出变量(盛昭瀚等，1996)。实际应用中，既可将有较小差别的相似实体抽象为同质决策单元，也可通过一些方法将承担类似任务但不完全符合同质条件的评价对象转化为同质决策单元。

2. 投入和产出

投入指标又称输入指标，是决策单元生产运营过程中消耗的人力、物力和财力；产出指标也可以称作输出指标，是决策单元生产运营消耗投入指标获得的产品或者收益。在对决策单元进行评价之前，要为其选取合适的投入指标、产出指标。指标的选取通常需满足无量纲性、可自由处置性、投入消极性和产出积极性。根据实际需要，需要关注投入和产出的强处置性或弱处置性、非期望输入的积极性及非期望输出的消极性等新情形。例如，化工企业生产中排放的污染物(如废水、二氧化硫等)是一种非期望输出，越少越好，即非期望输出具有消极性(Wu et al.，2015)。此外，需要指出的是，指标具有相对性，并不是一成不变的。例如，在两阶段 DEA 或网络 DEA 的研究里(Kao and Hwang，2008；Chen et al.，2009；Li et al.，2012)，上一个阶段的产出并不是最终的消费品，而是作为下一个阶段的投入。所以这种中间产出既是投入指标，又是产出指标。

3. 生产可能集

在 DEA 方法中，考虑存在 n 个被评估的 DMU。在相同的任务环境情况下，每个决策单元 DMU_j $(j=1,\cdots,n)$ 有着相同的 m 种投入和相同的 s 种产出，投入与产出分别记为 $X_j=(x_{1j},\cdots,x_{mj})^{\mathrm{T}}$ 与 $Y_j=(y_{1j},\cdots,y_{sj})^{\mathrm{T}}$。$X_j\geqslant 0$，$Y_j\geqslant 0$，表示投入产出指标中至少有一个是非负的。此外，用 x_{ij} 表示 DMU_j 的第 i 项投入，y_{rj} 表示 DMU_j 的第 r 项产出。根据 Banker 等(1984)，用集合 T 表示根据所有 DMU 的投入产出指标构成的生产活动的生产可能集(production possibility set，PPS)：

$$T=\left\{(X,Y)\middle|投入 X 可以生产出 Y\right\} \tag{1.1}$$

为了满足实际情况的研究需要，引出一些公理性假设来刻画 PPS(Banker et al.，1984；魏权龄，2004)。

(1) 平凡性公理：任意可观测到的生产活动都在生产可能集内，即 $(X_j, Y_j) \in T$, $j = 1, \cdots, n$。

(2) 凸性公理：生产可能集内任意两点凸组合一定在生产可能集内，即假设 $(X, Y) \in T$，$(X', Y') \in T$，均存在 $(\alpha X + (1-\alpha)\hat{X}, \alpha Y + (1-\alpha)\hat{Y}) \in T$，其中 $\alpha \in [0,1]$。

(3) 无效性公理：生产可能集内任意一点，投入增加或者产出减少之后仍在生产可能集内，即若 $(X, Y) \in T$，对于 $\hat{X} \geqslant X$ 和 $\hat{Y} \leqslant Y$，一定存在 $(\hat{X}, Y) \in T$，$(X, \hat{Y}) \in T$ 和 $(\hat{X}, \hat{Y}) \in T$。

(4) 锥性公理：也称规模报酬不变性，亦即对于生产可能集中的生产过程 $(X, Y) \in T$ 与任意的 $\lambda \geqslant 0$，必然有 $(\lambda X, \lambda Y) \in T$。关于锥性公理又有两个衍生公理：扩张性公理(当 $\lambda \geqslant 1$ 时，有 $(\lambda X, \lambda Y) \in T$)和收缩性公理(当 $0 \leqslant \lambda \leqslant 1$ 时，有 $(\lambda X, \lambda Y) \in T$)。

(5) 最小性公理：生产可能集是满足公理假设的全部集合的交集。

当上述五条公理性假设都满足时，即可得到最经典的 CCR (Charne Cooper Rhodes) 模型的生产可能集，即规模报酬不变(constant returns to scale, CRS)的生产可能集：

$$T_{\text{CRS}} = \left\{ (X, Y) : X_i \geqslant \sum_{j=1}^{n} \lambda_j x_{ij}, i = 1, \cdots, m; Y_r \leqslant \sum_{j=1}^{n} \lambda_j y_{rj}, r = 1, \cdots, s \right\}$$

类似地，还可以得到其他几种常见的生产可能集，比如，可变规模报酬生产可能集 T_{VRS} (Banker et al.，1984)、规模报酬非增生产可能集 T_{NIRS} (Fare and Grosskopf，1985)、规模报酬非减生产可能集 T_{NDRS} (Seiford and Thrall，1990)。

$$T_{\text{VRS}} = \left\{ (X, Y) : X_i \geqslant \sum_{j=1}^{n} \lambda_j x_{ij}, i = 1, \cdots, m; Y_r \leqslant \sum_{j=1}^{n} \lambda_j y_{rj}, r = 1, \cdots, s; \sum_{j=1}^{n} \lambda_j = 1 \right\}$$

$$T_{\text{NIRS}} = \left\{ (X, Y) : X_i \geqslant \sum_{j=1}^{n} \lambda_j x_{ij}, i = 1, \cdots, m; Y_r \leqslant \sum_{j=1}^{n} \lambda_j y_{rj}, r = 1, \cdots, s; \sum_{j=1}^{n} \lambda_j \leqslant 1 \right\}$$

$$T_{\text{NDRS}} = \left\{ (X, Y) : X_i \geqslant \sum_{j=1}^{n} \lambda_j x_{ij}, i = 1, \cdots, m; Y_r \leqslant \sum_{j=1}^{n} \lambda_j y_{rj}, r = 1, \cdots, s; \sum_{j=1}^{n} \lambda_j \geqslant 1 \right\}$$

4. 生产前沿面与效率

生产前沿面(production frontier, PF)是所有达到最优状态的决策单元连接线所构成的生产可能集边界，有时也称包络面。决策单元的最优状态指在输入不增加的情况下输出无法增加，或输出不减少的情况下输入无法减少。根据盛昭翰等

(1996)和魏权龄(2004)的刻画，前沿面 L 定义如下：

定义 1.1 假设 $\omega \geqslant 0, \mu \geqslant 0, L = \left\{ (X,Y) | \omega^{\mathrm{T}} X - \mu^{\mathrm{T}} Y = 0 \right\}$ 满足 $T \subset \left\{ (X,Y) | \omega^{\mathrm{T}} X - \mu^{\mathrm{T}} Y \geqslant 0 \right\}$ 且 $L \cap T \neq \varnothing$，则生产可能集 T 的弱有效面为 L，而相对应的弱生产前沿面为 $L \cap T$。特别地，若 $\omega \geqslant 0$，$\mu \geqslant 0$，则称 L 为 T 的有效面，生产可能集 T 的生产前沿面为 $L \cap T$。

在运用数据包络分析方法评价决策单元时，如果某个决策单元的投入产出水平对应着生产前沿面上的某个点，则该决策单元当前的投入产出水平有效，反之决策单元是无效的。

DEA 评价的基本原理是将被评价单元按照某一规则投影到前沿面。被评价决策单元的投入或产出与其前沿面上投影点的输入或输出的比值通常被用来表示效率（DEA 效率=实际产出水平/前沿产出水平）。对于单投入单产出的决策单元的效率评估一般通过产出与投入的比例表示，对于多投入多产出的决策单元，其效率为产出的加权求和值与投入的加权求和值的比例。

1.3.2 数据包络分析基本模型

上一节对 DEA 的基本概念作了简要的阐释，该节将介绍 DEA 的基本模型：CCR 模型和 BCC 模型。CCR 模型由 Charnes 等(1978)提出，是 DEA 理论的第一个模型，也是最经典的 DEA 模型。具体来说，CCR 模型的定义为

$$
\begin{aligned}
& \mathrm{Max} \; \frac{\sum\limits_{r=1}^{s} u_r y_{r0}}{\sum\limits_{i=1}^{m} w_i x_{i0}} \\
& \mathrm{s.t.} \; \frac{\sum\limits_{r=1}^{s} u_r y_{rj}}{\sum\limits_{i=1}^{m} w_i x_{ij}} \leqslant 1, j = 1, \cdots, n \\
& u_r \geqslant 0, r = 1, \cdots, s \\
& w_i \geqslant 0, i = 1, \cdots, m
\end{aligned}
\tag{1.2}
$$

模型(1.2)表示假设存在 n 个被评估的决策单元(DMU)，所有决策单元有着相同类型的投入和产出。$X_j = (x_{1j}, \cdots, x_{mj})^{\mathrm{T}}$ 与 $Y_j = (y_{1j}, \cdots, y_{sj})^{\mathrm{T}}$ 分别为决策单元 j (DMU_j) 的投入和产出向量。$u_r (r = 1, \cdots, s)$ 与 $w_i (i = 1, \cdots, m)$ 分别是待决定的产出和投入指标的相对权重。被评价决策单元记为 DMU_0，其效率被定义为其加权累计产出与加权累计投入的比率（模型(1.1)的目标函数值）。通过解得最优权重

$u_r(r=1,\cdots,s)$ 与 $w_i(i=1,\cdots,m)$ 使得 DMU_0 效率最大且不大于 1。效率求得为 1 的 DMU 称为有效，反之为无效。

模型 (1.2) 为非线性模型，令 $t=1\Big/\sum\limits_{i=1}^{m}w_ix_{i0}$，$\mu_r=tu_r(r=1,\cdots,s)$，$\omega_i=tw_i$ $(i=1,\cdots,m)$，通过 C-C 变换(Charnes and Cooper，1962)得到线性规划模型为

$$\text{Max}\sum_{r=1}^{s}\mu_ry_{r0}$$

$$\text{s.t.} \quad \sum_{r=1}^{s}\mu_ry_{rj}-\sum_{i=1}^{m}\omega_ix_{ij}\leqslant 0, j=1,\cdots,n$$

$$\sum_{i=1}^{m}\omega_ix_{i0}=1 \tag{1.3}$$

$$\mu_r\geqslant 0, r=1,\cdots,s$$

$$\omega_i\geqslant 0, i=1,\cdots,m$$

模型 (1.3) 的对偶形式为

$$\text{Min}\ \theta$$

$$\text{s.t.} \quad \sum_{j=1}^{n}\lambda_jx_{ij}\leqslant\theta x_{i0}, i=1,\cdots,m$$

$$\sum_{j=1}^{n}\lambda_jy_{rj}\geqslant y_{r0}, r=1,\cdots,s \tag{1.4}$$

$$\lambda_j\geqslant 0, j=1,\cdots,n$$

模型 (1.3) 与 (1.4) 分别称为 CCR 模型的乘数形式和包络形式。模型 (1.3) 与 (1.4) 都是在保持产出水平不减少的情况下，最小化其投入水平。因此模型 (1.3) 与 (1.4) 称为投入导向 CCR 模型。与此对应的产出导向 CCR 模型的乘数形式和包络形式分别如模型 (1.5) 与 (1.6) 所示：

$$\text{Min}\sum_{i=1}^{m}\omega_ix_{i0}$$

$$\text{s.t.} \quad \sum_{r=1}^{s}\mu_ry_{rj}-\sum_{i=1}^{m}\omega_ix_{ij}\leqslant 0, j=1,\cdots,n$$

$$\sum_{r=1}^{s}\mu_ry_{r0}=1 \tag{1.5}$$

$$\mu_r\geqslant 0, r=1,\cdots,s$$

$$\omega_i\geqslant 0, i=1,\cdots,m$$

$$\text{Max}\,\theta$$

$$\text{s.t.}\quad \sum_{j=1}^{n}\lambda_j x_{ij} \leqslant x_{i0}, i=1,\cdots,m$$

$$\sum_{j=1}^{n}\lambda_j y_{rj} \geqslant \theta y_{r0}, r=1,\cdots,s \tag{1.6}$$

$$\lambda_j \geqslant 0, j=1,\cdots,n$$

上述 CCR 模型基于规模报酬不变的假设。Banker 等(1984)在 CCR 模型的基础上给出了基于规模报酬可变假设下的 DEA 模型,即 BCC 模型。投入导向的 BCC 模型乘数形式为

$$\text{Max}\sum_{r=1}^{s}\mu_r y_{r0} - \mu_0$$

$$\text{s.t.}\quad \sum_{r=1}^{s}\mu_r y_{rj} - \sum_{i=1}^{m}\omega_i x_{ij} - \mu_0 \leqslant 0, j=1,\cdots,n$$

$$\sum_{i=1}^{m}\omega_i x_{i0} = 1 \tag{1.7}$$

$$\mu_r \geqslant 0, r=1,\cdots,s$$

$$\omega_i \geqslant 0, i=1,\cdots,m$$

其对偶模型为

$$\text{Min}\,\theta$$

$$\text{s.t.}\quad \sum_{j=1}^{n}\lambda_j x_{ij} \leqslant \theta x_{i0}, i=1,\cdots,m$$

$$\sum_{j=1}^{n}\lambda_j y_{rj} \geqslant y_{r0}, r=1,\cdots,s \tag{1.8}$$

$$\sum_{j=1}^{n}\lambda_j = 1$$

$$\lambda_j \geqslant 0, j=1,\cdots,n$$

模型(1.8)称投入导向的 BCC 模型包络形式。

同理,产出导向的 BCC 模型乘数形式和包络形式如模型(1.9)与(1.10)所示:

$$\text{Min}\sum_{i=1}^{m}\omega_i x_{i0} + \mu_0$$

$$\text{s.t.} \quad \sum_{r=1}^{s}\mu_r y_{rj} - \sum_{i=1}^{m}\omega_i x_{ij} \leqslant 0, j=1,\cdots,n$$

$$\sum_{r=1}^{s}\mu_r y_{r0} = 1 \tag{1.9}$$

$$\mu_r \geqslant 0, r=1,\cdots,s$$

$$\omega_i \geqslant 0, i=1,\cdots,m$$

$$\text{Max}\,\theta$$

$$\text{s.t.} \quad \sum_{j=1}^{n}\lambda_j x_{ij} \leqslant x_{i0}, i=1,\cdots,m$$

$$\sum_{j=1}^{n}\lambda_j y_{rj} \geqslant \theta y_{r0}, r=1,\cdots,s \tag{1.10}$$

$$\sum_{j=1}^{n}\lambda_j = 1$$

$$\lambda_j \geqslant 0, j=1,\cdots,n$$

1.3.3 网络数据包络分析方法

根据上述所知,DEA 模型无须假设投入与产出之间的函数关系,并且避免了评价过程中的主观因素,这使得 DEA 方法广泛运用于各种场景。但是,随着研究深入,鉴于传统的 DEA 模型将被评价单元看作一个"黑箱",忽略了决策单元的内部复杂运营过程,从而在评价复杂的运营系统的决策单元时,传统 DEA 模型往往不能给出准确的评价结果,从而导致得出的结论对现实指导的意义不大。针对该缺点,一种新的方法被提出,即网络数据包络分析方法。

网络数据包络分析方法对决策内部单元进行分析,在评价过程中使用各阶段的投入和产出数据,从多角度深入系统内部考察各决策单元的效率及其之间的组织机制,使得 DEA 方法能够应用到复杂系统的效率评价等方面,为更科学的评价系统效率、分析系统状态等提供理论支撑。

具体来说,网络数据包络分析无法打开传统 DEA 模型的"黑箱",可以根据实际情况刻画出不同的网络 DEA 模型。在网络数据包络分析模型中,两阶段 DEA 是网络 DEA 模型的基础,两阶段 DEA 模型流程如图 1.2 所示。

由图 1.2 可知,不同于传统 DEA 模型,两阶段 DEA 模型刻画了决策单元内部的运营情况。例如,对于工业生产企业来说(Wu et al.,2020),企业的内部运营流程是先生产再治理过程,因为生产过程出现的各种废物,需要经过处理才能达到排放标准或回收利用。因此,第一阶段可以视为生产阶段,第二阶段可以视为治理阶段。通过该方法的刻画,可以测评各个阶段的效率来反映阶段的表现,找出导致决策单元效率低下的内部因素。

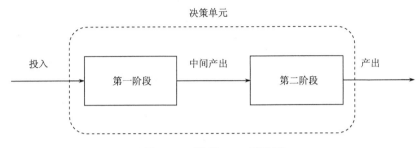

图 1.2　两阶段 DEA 流程图

相对于两阶段结构，具有网络形状的决策单元内部结构更为复杂。针对该情形，学者们提出了网络 DEA 模型，并被广泛运用到各领域的效率评估中。为有效评估同时存在并行和链式结构的网络生产系统的效率，陈凯华和官建成（2011）将 BCC 模型拓展到网络模型，该方法充分考虑了中间产出以及内部子系统生产规模报酬的多样性。田美玉等（2018）采用网络 DEA 模型评价了我国长江中游城市群的工业经济生态效率。其中，整个工业生态系统被分为三个子系统，即经济子系统、环境子系统、能源子系统。Mavi 等（2019）提出了一种改进的两阶段网络 DEA 公共权重模型。该模型能够在非期望投入、中间产出和产出存在的情况下得到一组公共权重，尽量减少子阶段效率之间的不期望偏差。Wang 等（2020）将高新技术产业的创新活动分为研究与开发阶段和商业化阶段，构建了包含共同投入、额外投入以及自由分配的中间产出的两阶段网络 DEA 模型。实例分析结果表明，我国大部分高新技术产业的创新效率有很大的改善空间，产业之间效率差距过大。

1.4　研　究　框　架

本书的研究内容是将研究与实证分析相结合，以环境管理决策相关问题作为研究背景，以管理科学和博弈论等理论方法为基础，综合应用统计学、环境经济学、计量经济学、系统工程等多学科技术方法解决具体问题。在具体研究中，本项目将遵循环境效率视角下的管理决策问题的理论模型及应用研究的一般思路：问题背景描述—理论模型构建—实证结果分析—管理启示拟练。研究框架如图 1.3所示。

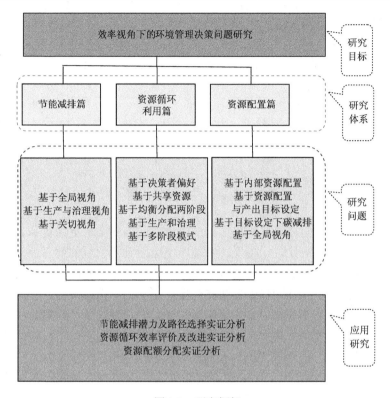

图 1.3　研究框架

参 考 文 献

陈凯华, 官建成. 2011. 共享投入型关联两阶段生产系统的网络 DEA 效率测度与分解. 系统工程理论与实践, (7): 1211-1221.

国家发展和改革委员会. 2016. 可再生能源发展"十三五"规划. http://www.ndrc.gov.cn/zcfb/zcfbghwb/201612/W020161216661816762488.pdf.

国家能源局. 2018. 关于实行可再生能源电力配额制的通知(征求意见稿). http://www.nea.gov.cn/2018-11/15/c_137607356.htm.

国务院. 2016. "十三五"节能减排综合工作方案. http://www.gov.cn/zhengce/content/2017-01/05/content_5156789.htm.

盛昭瀚, 朱乔, 吴广谋. 1996. DEA 理论方法与应用. 北京: 科学出版社.

田美玉, 黄海, 张如波. 2018. 长江中游城市群工业转移对工业生态效率影响的实证分析. 统计与决策, (4): 101-105.

魏权龄. 2004. 数据包络分析. 北京: 科学出版社.

中华全国供销合作总社. 2018. 关于加快推进再生资源行业转型升级的指导意见. http://www.chinacoop.gov.cn/HTML/2018/04/12/134083.html.

Banker R D, Charnes A, Cooper W W. 1984. Some models for estimating technical and scale inefficiencies in data envelopment analysis. Management Science, 30(9): 1078-1092.

Charnes A, Cooper W W. 1962. Programming with linear fractional functionals. Naval Research Logistics Quarterly, 9(3-4): 181-186.

Charnes A, Cooper W W, Rhodes E. 1978. Measuring the efficiency of decision making units. European Journal of Operational Research, 2(6): 429-444.

Chen Y, Liang L, Zhu J. 2009. Equivalence in two-stage DEA approaches. European Journal of Operational Research, 193(2): 600-604.

Fare R, Grosskopf S. 1985. A nonparametric cost approach to scale efficiency. The Scandinavian Journal of Economics, 87(4): 594-604.

Kao C, Hwang S N. 2008. Efficiency decomposition in two-stage data envelopment analysis: An application to non-life insurance companies in Taiwan. European Journal of Operational Research, 185(1): 418-429.

Li Y, Chen Y, Liang L, et al. 2012. DEA models for extended two-stage network structures. Omega, 40(5): 611-618.

Mavi R K, Saen R F, Goh M. 2019. Joint analysis of eco-efficiency and eco-innovation with common weights in two-stage network DEA: A big data approach. Technological Forecasting and Social Change, 144: 553-562.

Seiford L M, Thrall R M. 1990. Recent developments in DEA: The mathematical programming approach to frontier analysis. Journal of Econometrics, 46(1-2): 7-38.

Song M L, An Q X, Zhang W, et al. 2012. Environmental efficiency evaluation based on data envelopment analysis: A review. Renewable and Sustainable Energy Reviews, 16(7): 4465-4469.

Wang Y, Pan J F, Pei R M, et al. 2020. Assessing the technological innovation efficiency of China's high-tech industries with a two-stage network DEA approach. Socio-Economic Planning Sciences, 71, 100810.

Wu F, Zhou P, Zhou D Q. 2020. Modeling carbon emission performance under a new joint production technology with energy input. Energy Economics, 92, 104963.

Wu J, An Q X, Yao X, et al. 2014. Environmental efficiency evaluation of industry in China based on a new fixed sum undesirable output data envelopment analysis. Journal of Cleaner Production, 74: 96-104.

Wu J, Zhu Q Y, Chu J F, et al. 2015. Two-stage network structures with undesirable intermediate outputs reused: A DEA based approach. Computational Economics, 46(3): 455-477.

Wu J, Huang D, Zhou Z, et al. 2020. The regional green growth and sustainable development of China in the presence of sustainable resources recovered from pollutions. Annals of Operations Research, 290.

第二部分　节能减排篇

第2章 全局视角的中国区域节能减排效率研究

2.1 引　言

1978 年改革开放以来，中国经济发展迅速，在 2010 年成为了世界第二大经济体(Bi et al.，2015)。根据中国国家统计局的数据，从 1978 年至 2013 年，中国的国内生产总值(gross domestic product，GDP)总量增加了 156 倍，中国经济取得了举世瞩目的成就。

随着经济版图以惊人的速度扩张，能源和环境问题也日益凸显。长期以来，许多地区的经济发展以粗放式增长为主，各地投入了大量资金进行基础设施建设，同时建成了一批高污染、高耗能的工业企业。企业低下的技术水平和粗放的经济增长方式造成了严重的资源浪费和环境污染。目前，中国在能源和环境方面面临的问题主要有：

首先，能源消费呈现出持续增长的趋势。早在 2007 年，中国就成为世界上最大的能源消费国。根据国家统计局的数据，2013 年，中国消费了 39.47 亿 t 标准煤，而在 1978 年仅为 5.7 亿 t。目前中国处于快速工业化的进程中，经过"十一五"时期，中国的工业化水平综合指数为 66(黄群慧，2013)，未来还会有一段增长期，快速增长的能源消费不利于中国可持续发展计划的实施。

其次，能源利用效率低，远低于发达国家平均水平。2013 年，我国能源利用效率约 36.3%，比发达国家低 10%(何奎，2013)，与国际先进水平差距较大。

最后，能源消费结构不合理。2015 年，煤炭消费比重占据中国能源消费总量的 62.6%。消耗同等能源的情况下，煤炭产生的污染物远超石油和天然气。以煤炭为主的能源消费结构已经造成了严重的大气污染和地面污染。单一低效的能源消费模式造成了严重的资源浪费和环境污染问题。

与此同时，中国政府在节能减排领域面临着来自国际社会和国内民众的巨大压力。自 2009 年哥本哈根世界气候大会召开以来，节能减排引起了全球的广泛关注。此外，国内民众对环境和能源问题的诉求日益强烈，持续的雾霾天气严重影响到民众的日常生活，中国政府亟须解决能源消费、控制污染排放等一系列能源和环境问题。

在未来的几十年中，中国的城市化建设和工业化进程不会停止脚步，经济建设对中国而言仍然是第一要务。钢铁、水泥和石油等污染密集型产业仍然会发挥不可或缺的作用。中国要保证经济社会又好又快发展,一方面,需要集中社会各界力量,推动可持续发展计划的实施;另一方面,也要意识到提高能源效率和环境效率是对抗能源危机和环境污染的重要途径。因此,对中国能源效率和环境效率的评价尤为重要。

为了保护环境,推动资源的合理利用和可持续发展,中国政府在第十一个五年规划中设置了"十一五"期间单位国内生产总值能耗降低20%左右,主要污染物排放总量减少10%的约束性指标。这样一个目标的设定充分考虑了我国作为发展中国家,发展是第一要务的基本国情。同时也构建了中国经济转型的长效机制。因此,节能减排的提出不仅是经济发展所面临的一个挑战,也是实现经济转型与可持续发展的重要机遇。此外,由于中国各个地区地理环境上的差异,它们有着不同的经济增长方式和能源消费结构,各省份的节能减排政策不完全相同。这样的复杂性促使对中国区域节能减排效率的评价可以作为各级政府制定能源和环境政策的理论依据。本章拟采用改进数据包络分析方法,对中国各省份和各地区的节能减排效率做出系统和科学的评价,分析其中存在的问题和不足,为进一步发展决策提供有效的依据。

2.2 节能减排效率评价模型构建

传统的 DEA 模型无法处理投入产出中间存在负数据的情况,然而在实际应用中负投入或者负产出的情况是普遍存在的。例如,在有关节能减排的效率评价中,将万元地区生产总值能耗、电耗的上升或下降百分比作为产出指标。若某省份万元地区生产总值能耗相对于上一年下降了,那么定义该省份对应的产出指标为正值,相反,若该省份的单位能耗上升了,产出指标就会出现负数的情况。为了处理负数据,国外很多学者提出了数据转换的方法。Scheel(2001)提出以负产出的绝对值作为投入,负投入的绝对值作为产出。Portela 等(2004)提出的范围调整方法(range adjust measure, RAM)模型的两个变体模型中包含了负投入和负产出。本节在 RAM 模型的基础上,结合 Tone(2001)年提出的基于松弛值测算的模型(slack based measure, SBM)模型,提出了改进的 M-SBM 模型。

假设有 n 个 DMU,并且对于 DMU_0,输入向量 $x_{i0}=(x_{10}, x_{20}, \cdots, x_{m0})$,产出向量为 $y_{r0}=(y_{10}, y_{20}, \cdots, y_{s0})$。定义理想点:

$$I = (\underset{j}{\text{Max}}\{y_{rj}, r=1, \cdots, s\}, \underset{j}{\text{Min}}\{x_{ij}, i=1, \cdots, m\}) \tag{2.1}$$

对存在负值的投入或产出指标,进行如下的数据变换:

$$R_{i0} = x_{i0} - \underset{j}{\text{Min}}\{x_{ij}, j=1, \cdots, n\} \tag{2.2}$$

$$R_{r0} = \underset{j}{\text{Max}} \{y_{rj}, j=1,\cdots,n\} - y_{r0} \qquad (2.3)$$

这样，对于每个待评价的决策单元，都能得到一组新的投入产出数据，从而消除了负值现象。本书提出的 M-SBM 模型为

$$\text{Min } \rho = \frac{1 - \sum\limits_{i=1}^{m} \dfrac{\omega_i s_i^-}{R_{i0}}}{1 + \sum\limits_{r=1}^{s} \dfrac{v_r s_r^+}{R_{r0}}}$$

$$\text{s.t.} \quad \sum_{r=1}^{s} y_{rj}\lambda_j - s^+ = y_{r0}$$

$$\sum_{i=1}^{m} x_{ij}\lambda_j - s^- = x_{i0}$$

$$\sum_{j=1}^{j} \lambda_j = 1 \qquad (2.4)$$

$$\sum_{i=1}^{m} \omega_i = 1$$

$$\sum_{r=1}^{s} v_r = 1$$

$$v_r, \omega_i, \lambda_j, s^+, s^- \geqslant 0$$

式中，R_{i0}, R_{r0} 为经过式 (2.2)、式 (2.3) 转换后数据；s^+, s^- 为各投入产出分量的松弛变量；v_r, ω_i 分别代表投入和产出松弛变量的权重。

若转换后部分 R_{i0}, R_{r0} 的值为 0，舍弃分子分母对应的分项。由 DEA 模型的基本性质可知模型 (2.4) 的效率值范围是 0~1。根据加性模型的转换不变性，式 (2.4) 的松弛变量也具有转换不变性，并且经过变换后的 R_{i0}, R_{r0} 是不变的。因此，M-SBM 模型具有转换不变性。

为了对模型进行求解，模型 (2.4) 经过变换后可以得到模型 (2.5) 所示的线性模型：

$$\text{Min } \tau = t - \sum_{i=1}^{m} \omega_i s_i^- / P_{i0}^-$$

$$\text{s.t. } Y\Lambda - S^+ = ty_0$$

$$X\Lambda + S^- = tx_0$$

$$\sum_{r=1}^{s} v_r s_r^+ / P_{r0}^+ + t = 1 \qquad (2.5)$$

$$\sum_{i=1}^{m} \omega_i = 1$$

$$\sum_{r=1}^{s} v_r = 1$$

$$t, \Lambda, S^+, S^- \geqslant 0$$

若模型(2.5)的最优解为$(\tau^*, t^*, \Lambda^*, S^{+*}, S^{-*})$，则可以得到模型(2.4)的最优解为：$\rho^* = \tau^*, \lambda^* = \Lambda^*/t^*, s^{-*} = S^{-*}/t^*, s^{+*} = S^{+*}/t^*$。若$\rho = 1$，则该DMU是相对有效的，若$\rho < 1$，则被评价单元是无效的，$\rho$值越大说明该决策单元效率值越高。对于无效DMU，通过去除松弛变量，即减少冗余的投入和增大产出，则可以投影到有效前沿面上。

2.3 评价指标的选择

一项经济生产活动包含了众多投入和产出，而投入产出指标的选取对效率评价有着重要的影响。为了全面系统地评价节能减排效率，本书在总结归纳前人研究的基础上，根据评价目标和评价对象的特征，设计和构建了新的省级节能减排投入和产出评价指标体系，见表2.1。

表 2.1 省级节能减排效率评价指标体系

目标层	属性层	一级指标层	二级指标层
省级节能减排效率评价指标体系	投入指标	能源消耗指标	万元地区增加值电耗/(kW·h/万元)
			万元地区增加值煤耗/(tce/万元)
		治理投资指标	治理废水废气投资额/万元
	产出指标	经济产出指标	GDP/亿元
		能源节约产出指标	万元地区生产总值电耗削减量/%
			万元地区生产总值煤耗削减量/%
		污染减排产出指标	单位GDP废水废气排放削减量/(万t/亿元)

注：tce指吨标准煤。

根据表2.1，投入产出指标被分解成了两个层级，投入指标的一级指标层包含能源消耗和治理投资指标，产出指标的一级指标层包含节能、减排和经济产出三方面。每项指标都密切反映了经济生产活动中的各项生产要素，保证了评价结果的准确性，下面对各项指标进行详细的说明。

1)投入指标

万元地区增加值电耗，它是指在某一段时间内某个地区每增加一个单位生产总值(以万元为单位)所消耗的电量,是能源消耗的一个重要指标。

万元地区增加值煤耗,它是指在某一段时间内某个地区每增加一个单位生产总值(以万元为单位)所消耗的煤炭量,也是能源消耗的一个重要指标。

治理废水废气投资额,它指的是治理废水废气排放,使其达标的投资金额,主要包括治理设施的营运费用和已完成治理投资的设备金额等。考虑到投入和产出指标的数量限制,这里对治理废水和废气的投资额划分为一个投入指标。

2)产出指标

地区生产总值,它是衡量某一地区(常为一个国家的行政区域)经济产出总量的指标,是区域内各个产业增加值的总和。本书地区生产总值指的是一个省的各个产业产出总和。该指标能较好地反映各省在评价周期内的经济发展成果。

万元地区生产总值电耗削减量,是衡量一个地区电耗水平的综合指标,通常以万元 GDP 消耗的电能来计算,常常用来考核一个地区的节能降耗的工作成效。该指标可以较好地反映一个地区在节约能源工作中所做出的成绩。

万元地区生产总值煤耗削减量,是衡量一个地区煤耗水平的综合指标,通常以万元 GDP 消耗的煤量来计算,常常用来考核一个地区的节能降耗的工作成效。

单位 GDP 废水废气排放削减量,指的是各省每一单位生产总值所带来的废水废气排放的减少量,该项指标可以较好地反映出一个地区在减排行动中所取得的效果,能综合地评价各省的减排效率。

综上,投入指标分别为 X_1:治理废水废气投资额(万元);X_2:万元地区增加值煤耗(tce/万元);X_3:万元地区增加值电耗(kW·h/万元)。产出指标分别为 Y_1:地区生产总值(亿元);Y_2:单位 GDP 废水废气排放削减量(万 t/亿元);Y_3:万元地区生产总值煤耗削减量(%);Y_4:万元地区生产总值电耗削减量(%)。

表 2.2 中列出了我国 2011~2012 年 30 个省级行政区节能减排相关指标的具体数据(西藏、香港、澳门和台湾由于部分数据缺失,不包括在内)。其中除单位 GDP 废水废气排放削减量(万 t/亿元)外,其余数据均出自《中国统计年鉴 2012》。而单位 GDP 废水废气排放削减量(万 t/亿元)则根据(2.6)计算得到,其中相关数据同样来自于相关年份的《中国统计年鉴》。

$$单位GDP废水废气排放削减量 = \frac{2011年废水废气排放量}{2011年GDP} - \frac{2012年废水废气排放量}{2012年GDP}$$

(2.6)

表 2.2　30 个省级行政区的原始数据

省级行政区	X_1	X_2	X_3	Y_1	Y_2	Y_3	Y_4
北京	27664.140	0.459	50.560	16251.930	2.843	6.940	6.100

| 天津 | 53765.320 | 0.708 | 61.478 | 11307.280 | 6.526 | 4.280 | 7.480 |

续表

省级行政区	X_1	X_2	X_3	Y_1	Y_2	Y_3	Y_4
河北	233345.620	1.300	121.755	24515.760	4.407	3.690	0.360
山西	201187.580	1.762	146.866	11237.550	13.795	3.550	−0.030
内蒙古	162089.700	1.405	129.811	14359.880	22.229	2.510	−4.380
辽宁	83944.470	1.096	83.752	22226.700	6.087	3.400	3.150
吉林	45124.140	0.923	59.624	10568.830	4.224	3.590	3.900
黑龙江	35010.280	1.042	63.732	12582.000	5.256	3.500	4.430
上海	60791.470	0.618	69.788	19195.690	11.658	5.320	4.420
江苏	339310.460	0.600	87.184	49110.270	5.240	3.520	0.140
浙江	240261.960	0.590	96.443	32318.850	5.227	3.070	−1.410
安徽	122186.720	0.754	79.813	15300.650	7.491	4.060	0.150
福建	210607.600	0.644	86.324	17560.180	3.773	3.290	−2.730
江西	34150.470	0.651	71.358	11702.820	9.419	3.080	−2.300
山东	567661.190	0.855	80.139	45361.850	0.343	3.770	0.580
河南	108447.330	0.895	98.739	26931.030	8.550	3.570	−1.270
湖北	110866.040	0.912	73.897	19632.260	7.740	3.790	4.200
湖南	126825.450	0.894	65.758	19669.560	17.654	3.680	2.100
广东	248096.100	0.563	82.672	53210.280	7.848	3.780	1.460
广西	69515.220	0.800	94.891	11720.870	63.683	3.360	0.280
海南	46249.360	0.692	73.447	2522.660	4.653	−5.230	−3.940
重庆	34041.350	0.953	71.622	10011.370	35.178	3.810	1.630
四川	102261.780	0.997	83.296	21026.680	24.503	4.230	1.870
贵州	88387.040	1.714	165.584	5701.840	55.506	3.510	1.700
云南	157663.740	1.162	135.394	8893.120	−12.271	3.220	−5.470
陕西	224684.740	0.846	78.520	12512.300	5.331	3.560	−0.380
甘肃	91729.240	1.402	183.940	5020.370	10.266	2.510	−2.070
青海	17392.220	2.081	335.650	1670.440	16.458	−9.440	−6.240
宁夏	57841.230	2.279	344.656	2102.210	−5.999	−4.600	−18.360
新疆	78388.232	1.631	126.944	6610.050	−4.426	−6.960	−14.690

2.4 全局视角下中国区域节能减排效率实证分析

表 2.3 中列出了由 M-SBM 模型计算得到的相关结果，其中包括了 30 个省份

的节能减排效率值以及各省份各项指标的松弛变量。这些松弛变量可以作为各省提高节能减排效率的指导数据。表 2.4 中是对表 2.3 中的部分数据进行分析处理后的结果，包括了各项投入需要减少的比例、GDP 需增加的比例以及各省份的 GDP 和 M-SBM 节能减排效率排名。

表 2.3　M-SBM 模型的计算结果

省级行政区	M-SBM 效率	各指标改进建议						
		X_1	X_2	X_3	Y_1	Y_2	Y_3	Y_4
北京	1.000	0.000	0.000	0.000	0.000	0.000	0.000	0.000
天津	1.000	0.000	0.000	0.000	0.000	0.000	0.000	0.000
河北	0.329	122323.918	0.851	67.533	0.000	0.000	0.000	1.987
山西	0.202	148039.158	1.258	94.079	0.000	0.000	0.000	2.285
内蒙古	0.313	83235.329	0.869	69.199	0.000	0.000	0.000	4.701
辽宁	0.594	1213.360	0.649	31.946	0.000	0.000	0.818	0.000
吉林	0.434	22521.205	0.551	22.059	0.000	0.000	0.783	0.000
黑龙江	0.480	9412.066	0.561	18.334	0.000	0.000	1.514	0.075
上海	0.484	11983.111	0.007	1.230	0.000	0.000	1.484	1.246
江苏	0.755	103582.314	0.074	10.064	0.000	1.878	0.000	1.160
浙江	0.542	85986.430	0.185	38.081	0.000	0.000	0.000	2.727
安徽	0.412	64011.426	0.352	33.226	0.000	0.000	0.000	2.618
福建	0.343	124177.504	0.298	41.942	0.000	0.000	0.000	4.421
江西	0.480	6104.942	0.194	20.562	0.000	0.000	1.265	4.559
山东	0.570	330447.690	0.319	6.656	0.000	5.854	0.000	1.099
河南	0.562	0.000	0.369	34.104	0.000	0.000	0.577	3.373
湖北	0.502	42492.483	0.403	18.361	0.000	0.000	1.324	0.000
湖南	0.663	45409.641	0.441	9.676	0.000	0.000	0.000	0.077
广东	1.000	0.000	0.000	0.000	0.000	0.000	0.000	0.000
广西	1.000	0.000	0.000	0.000	0.000	0.000	0.000	0.000
海南	0.133	26349.089	0.487	50.579	0.000	0.000	4.397	3.155
重庆	1.000	0.000	0.000	0.000	0.000	0.000	0.000	0.000
四川	0.444	26922.785	0.155	0.000	0.000	0.000	2.196	2.456
贵州	0.233	8588.083	0.359	28.125	3241.944	0.000	0.408	0.000
云南	0.132	108215.162	0.738	86.631	0.000	10.830	0.000	6.477
陕西	0.279	163355.053	0.483	38.429	0.000	0.000	0.000	2.801
甘肃	0.140	57403.253	0.900	121.382	1117.284	0.000	0.000	3.034
青海	0.169	0.000	0.758	129.368	764.683	0.000	4.429	2.728
宁夏	0.022	33453.226	1.368	208.450	0.000	3.925	3.389	11.805
新疆	0.120	33211.804	1.090	81.460	0.000	3.771	5.187	10.383

平均数	0.478	55281.3011	0.4573	42.0492	170.7970	0.8752	0.9258	2.4389

表 2.4 M-SBM 效率得分处理结果

省级行政区	M-SBM 效率	各指标理想数值同原始数值差异比				效率排名	GDP 排名
		X_1	X_2	X_3	Y_1		
北京	1.000	0.00%	0.00%	0.00%	0.00%	1	13
天津	1.000	0.00%	0.00%	0.00%	0.00%	1	20
河北	0.329	52.42%	65.46%	55.47%	0.00%	20	6
山西	0.202	73.58%	71.41%	64.06%	0.00%	24	21
内蒙古	0.313	51.35%	61.82%	53.31%	0.00%	21	15
辽宁	0.594	1.45%	59.23%	38.14%	0.00%	8	7
吉林	0.434	49.91%	59.67%	37.00%	0.00%	17	22
黑龙江	0.480	26.88%	53.81%	28.77%	0.00%	14	16
上海	0.484	19.71%	1.15%	1.76%	0.00%	13	11
江苏	0.755	30.53%	12.31%	11.54%	0.00%	6	2
浙江	0.542	35.79%	31.36%	39.49%	0.00%	11	4
安徽	0.412	52.39%	46.73%	41.63%	0.00%	18	14
福建	0.343	58.96%	46.20%	48.59%	0.00%	19	12
江西	0.480	17.88%	29.86%	28.82%	0.00%	15	19
山东	0.570	58.21%	37.27%	8.31%	0.00%	9	3
河南	0.562	0.00%	41.26%	34.54%	0.00%	10	5
湖北	0.502	38.33%	44.18%	24.85%	0.00%	12	10
湖南	0.663	35.80%	49.28%	14.72%	0.00%	7	9
广东	1.000	0.00%	0.00%	0.00%	0.00%	1	1
广西	1.000	0.00%	0.00%	0.00%	0.00%	1	18
海南	0.133	56.97%	70.40%	68.86%	0.00%	27	28
重庆	1.000	0.00%	0.00%	0.00%	0.00%	1	23
四川	0.444	26.33%	15.57%	0.00%	0.00%	16	8
贵州	0.233	9.72%	20.92%	16.99%	56.86%	23	26
云南	0.132	68.64%	63.53%	63.98%	0.00%	28	24
陕西	0.279	72.70%	57.09%	48.94%	0.00%	22	17
甘肃	0.140	62.58%	64.16%	65.99%	22.26%	26	27
青海	0.169	0.00%	36.40%	38.54%	45.78%	25	30
宁夏	0.022	57.84%	60.04%	60.48%	0.00%	30	29
新疆	0.120	42.37%	66.83%	64.17%	0.00%	29	25

首先，通过对表 2.3 第 2 列 M-SBM 效率值的分析，可以发现我国各省的节能减排效率是非常低下的，其均值仅有 0.478。进一步地研究各省的节能减排效率，发现节能减排效率呈现出严重的两极分化情况。除去 M-SBM 有效的北京、天津、广东、广西、重庆外，效率值最高的江苏省仅有 0.755。而效率值在 0.6 以下的省份多达 23 个，效率值在 0.5 以下的有 18 个省。

其次，各省在废水废气治理以及工业生产中存在着极大的浪费。具体来说，根据表 2.3 第 3 列治理废水废气投资额(万元)的改进建议，可以看到除河南、青海这两个省份以外，所有 M-SBM 无效的省份在废水废气治理投资上都需要不同程度的减少。由表 2.4 中的第 3 列还可以看到，绝大部分节能减排无效省份在治理投资上需要减少的额度都在 30% 以上，部分省份如山西、陕西，需要削减的额度更是高达 70%，这说明治理资金没有用到实处，治理效果一般。

表 2.3 中的第 4 和第 5 列是与工业产值密切相关的投入。通过对这 2 列数据的分析可以发现，M-SBM 无效的省份除四川省在单位产值电耗上无改进空间外，其他都需要在煤耗和电耗上做出相应的减少。通过与表 2.4 中第 4 与第 5 列的对比，可以看到减少的额度基本都在 30% 以上，部分省份如山西、海南，更是高达70%。

相比无效省份在投入指标上普遍需要做出较大削减的调整，这些省份在产出指标上需要做出的调整相对较小。根据表 2.3 中的第 6 列数据，除贵州、青海和甘肃三地需要通过技术调整增加 GDP 产出外，其他省份的 GDP 产出是没有进步空间的。相似地，根据表 2.3 的第 7 列数据，仅江苏、山东等五地在该项指标上还存在改进的空间。通过研究表 2.3 中第 8 和第 9 列数据，可以发现一些与前两项产出指标不同的现象。在单位地区生产总值煤耗变化(%)和单位地区生产总值电耗变化(%)这两项产出指标中，分别有 13 和 21 个省份还存在改进的空间。

依据以上数据(即各省份的 M-SBM 效率及 GDP 排名)，绘制出图 2.1 所示的各省份 GDP 和节能减排效率图。

其中横坐标为各省的 GDP，纵坐标为各省份的 M-SBM 节能减排效率，从图 2.1 中可以发现北京、天津、重庆及广西这 4 个省市，经济总量并不高，节能减排的效率却很高，说明这些省市的 GDP 含金量较高，没有一味追求粗放式的经济增长，这些省市的成功经验值得进一步研究和推广。广东、江苏和山东三省 GDP 总量遥遥领先其他省份，节能减排效率也处于中等偏上的位置，再结合表 2.2 的第 2 列，三省在治理废水废气方面的投资额位于同样全国前三，足见三省在环境治理方面的高投入取得了一定的成果，在一定程度上实现了经济又快又好发展。

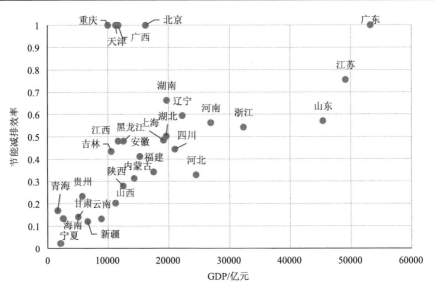

图 2.1　各省份 GDP 和节能减排效率图

2.5　本　章　小　结

本章以全局视角分析了我国省级地区的节能减排效率。其有如下的结论：

首先，我国各省的节能减排效率还存在着明显的不足(平均效率值不足 0.5)，有着极其明显的两极分化现象(仅 16.7%的省份节能减排有效，多达 76.7%的省份效率在 0.6 以下，效率在 0.5 以下的省份占到 60%)。

其次，通过对表 2.3 的第 3 至 5 列的分析，可以看到，节能减排无效的省份普遍存在 GDP 产出改进空间较小而 GDP 相关能耗需要削减程度较大的情况。这意味着各无效省份普遍存在着通过高能耗来实现高 GDP 的情况。而通过表 2.4 第 3 列与第 6 列的研究，还可以看到，节能减排无效的省份还存在着减排可改进空间较小而减排投入需削减程度较大的情况。52%和 84%的无效省份需要通过单位地区生产总值煤耗变化(%)和单位地区生产总值电耗变化(%)的增加来实现效率提升，这一现象则进一步说明了这些无效单元的 M-SBM 无效性主要体现在节能的不足。

综上所述，导致这些省份节能减排 M-SBM 效率低下的主要原因在于节能效率过低。这里的节能不仅仅指工业生产中的能耗节约，也包括减排过程中的能耗节约。通过上述研究，可以发现部分省份确实存在以较高的能耗来交换较高的 GDP 和低排放污染的情况。这是一种粗放的经济与减排现状，虽然可以在表面上解决我国的环境问题，并且保持较高的 GDP 增长，但却无疑是涸泽而渔，对于我国的能源形势始终是弊大于利的。

进一步地，通过分析认为造成这一现象有如下的一些因素。首先，从技术层面来说，我国大部分省份的技术水平较低，为了能够实现预设的经济发展目标，大都采用了"先污染，后治理"的粗放式经济增长方式。其次，对企业和民众而言，环境问题比能源问题更容易引起社会关注。因此，相较于节约能源，企业将精力更多放在污染治理上。再次，通过对我国现有能源与环境相关政策的研究，可以发现我国目前对于环境相关的问题多属惩罚性，而在能源方面则鼓励节能，对于节能不利的企业进行处罚的政策较少。

参 考 文 献

何奎. 2013. 石油化工节能设备及技术进展. 中外能源, 18(8): 95-100.

黄群慧. 2013. 中国的工业化进程: 阶段、特征与前景. 国民经济管理, 27(7): 5-11.

Bi G, Luo Y, Ding J, et al. 2015. Environmental performance analysis of Chinese industry from a slacks-based perspective. Annals of Operations Research, 228(1): 65-80.

Portela M, Thanassoulis E, Simpson G. 2004. A directional distance approach to deal with negative data in DEA: An application to bank branches. Journal of Operational Research Society, 55: 1111-1121.

Scheel H. 2001. Undesirable outputs in efficiency valuations. European Journal of Operational Research, 132: 400-410.

Tone K. 2001. A slacks-based measure of efficiency in data envelopment analysis. European Journal of Operational Research, 130: 498-509.

第3章 生产与治理视角的中国区域节能减排效率研究

3.1 基于生产与治理视角的经济系统结构

在第 2 章中通过 M-SBM 模型对中国省份的节能减排效率进行了评价。本书在第 2 章研究的基础上，进一步将我国的经济系统划分为生产和污染治理两个阶段，分阶段评价了生产效率、污染治理效率以及两阶段整体节能减排效率。首先，对两阶段的经济系统结构作简要介绍。

自改革开放以来，我国经历了 40 多年的高速发展，取得了显著的经济成就。许多省份由于工业基础薄弱，经济落后，在早期上马了一批高耗能、高污染企业，建立了一批工业园区，采取"先发展，后治理"的发展路线，经济发展了，却造成了巨大的环境污染。近年来，随着环保意识的日渐深入，中央和地方政府逐渐加大对污染治理的投资，目前来看，我国的经济系统可以分解为两个部分。第一部分是生产系统，企业投入资源产生经济效益。第二部分是治理系统，企业在创造经济效益的同时，也要对产生的污染进行治理。图 3.1 展示了两阶段经济系统结构。

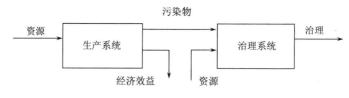

图 3.1 两阶段经济系统结构

根据国际能源署(IEA)2009 年的数据，工业能源消费占据了全球能源消费总量约 40%。自改革开放以来，中国迅速步入了快速工业化进程，工业成为中国经济增长强有力的引擎之一。根据国家统计局的数据，2010 年，工业能源消费占到了全国能源消费的 71%，工业二氧化硫排放量占到总排放量的 85.3%，所以说工业已经成为最大的能源消费和污染排放产业。工业污染治理的重要性不言而喻。如果忽视对工业污染治理过程的评价，仅仅考虑单纯的能源效率或者环境效率，无法提供一个全面综合的效率评价结果和建议。因此，将经济系统分解为生产和治理两个阶段，有助于进一步细分效率评价结果。在生产阶段，可以清楚地看到各省份的生产效率，包括能源利用情况、污染排放等。在治理阶段，政府和企业投入资源进行污染治理，通过对第二阶段的评价，可以清楚地分析这一阶段的污染治理效率。

3.2　基于生产与治理视角的节能减排效率评价模型

网络 DEA 结构通过中间产物（产出或投入）来连接不同的过程，形成完整的生产活动。Liang 等（2006）提出了基于合作博弈以及非合作博弈的两阶段 DEA 结构。本书的研究在合作博弈理论的框架内，两阶段分别代表生产过程和污染治理过程。

在 Wang 等（2012）研究的基础上，本书将经济活动进一步划分为两个阶段，并且通过网络 DEA 模型将两阶段合并，求出整体效率。

网络 DEA 模型与传统的 DEA 模型不同，为了更好地介绍两阶段 DEA 结构，先介绍投入、产出以及中间产物的符号。假设有 J 个 DMU，表示为 DMU_j，（$j=1,2,\cdots,J$），每个 DMU 分别代表中国的一个省级行政区域。假设 DMU_j 初始投入为 X，x_{nj}（$n=1,2,\cdots,N$），最终产出为 Y，y_{rj}（$r=1,2,\cdots,R$），伴随着中间期望产出 V，v_{mj}（$m=1,\cdots,M$）和中间非期望产出 W，w_{kj}（$k=1,\cdots,K$）。此外，非期望产出 W 作为投入，与额外的投入 Z，z_{tj}（$t=1,2,\cdots,T$）一起，进入到第二阶段中。

图3.2进一步细化了投入、产出和中间产物之间的关系。在生产阶段（阶段一），每个 DMU 使用能源投入和非能源投入（人力、资本等）生产期望产出，同时造成了许多污染，也就是非期望产出（废水、SO_2 等）。在第二阶段，也就是污染治理阶段，有两种类型的投入。第一种是需要特别关注和亟须处理的污染排放物，这些从第一阶段排放出来的污染物变成了第二阶段的投入。第二种类型的投入是政府每年对于污染治理和环境保护方面投入的资金，这些投资作为新的投入进入第二阶段。政府的投入 Z，不仅用于污染控制，而且还用于流程优化。因此，节约的能源和减排污染物一起作为第二阶段的最终产物。有关指标的详细介绍将在下一节说明。

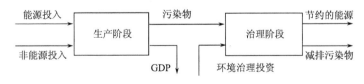

图 3.2　两阶段生产治理过程

在生产阶段，构建的 DEA 模型为

$$\theta_0^{s1} = \text{Max} \quad \frac{1}{2}\left(\frac{1}{N}\sum_{n=1}^{N}\theta_n + \frac{1}{K}\sum_{k=1}^{K}\alpha_k \right)$$

$$\text{s.t.} \quad \sum_{j=1}^{J}\lambda_j x_{nj} \leqslant \theta_n x_{nj_0}, \ n = 1, \cdots, N$$

$$\sum_{j=1}^{J}\lambda_j v_{mj} \geqslant v_{mj_0}, \ m = 1, \cdots, M \tag{3.1}$$

$$\sum_{j=1}^{J}\lambda_j w_{kj} = \alpha_k w_{kj_0}, \ k = 1, \cdots, K$$

$$\sum_{j=1}^{J}\lambda_j = 1$$

$$\lambda_j \geqslant 0, \forall j = 1, \cdots, J$$

在模型(3.1)中, $\lambda = (\lambda_1, \lambda_2, \cdots, \lambda_j)^{\text{T}}$ 是一组强度变量, 各个 DMU 的投入和产出通过它们形成凸组合。λ 求和为 1 保证了规模报酬可变。投入和产出的不等式约束保证了它们都是强可支配的。非期望产出 w 的等式约束确保了它的弱可支配性。除了上述约束外, 还有两点值得注意。第一, 等式中的缩减因子 θ_n 和 α_k 都是用来降低投入和非期望产出的。这些因子都是根据 DMU 的不同进行相应比例的缩小, 也就是说, 允许各个省份按照不同的比例减少投入和非期望产出。第二, 目标函数是由 2 个相同权重的部分组成(在这里各部分的权重都是 0.5), 它们分别代表了能源投入 θ_n 和污染排放 α_k。在第一阶段, 生产过程的能源和环境效率被定义为 θ_0^{s1}, 称之为生产效率(efficiency of production process, EPP)。如果 EPP=1, 被评价的 DMU 就被认为在第一阶段是有效的; 如果 EPP<1, 该 DMU 就是无效的, 但仍然有节能减排的潜力。

在第二阶段, 也就是治理阶段, 模型为

$$\theta_0^{s2} = \text{Max} \quad \frac{1}{T}\sum_{t=1}^{T}\beta_t$$

$$\text{s.t.} \quad \sum_{j=1}^{J}\lambda_j z_{tj} \leqslant \beta_t z_{tj_0}, t = 1, \cdots, T$$

$$\sum_{j=1}^{J}\lambda_j y_{rj} \geqslant y_{rj_0}, r = 1, \cdots, R \tag{3.2}$$

$$\sum_{j=1}^{J}\lambda_j w_{kj} = w_{kj_0}, k = 1, \cdots, K$$

$$\sum_{j=1}^{J}\lambda_j = 1$$

$$\lambda_j \geqslant 0, \forall\, j = 1, \cdots, J$$

式中，λ 和模型 (3.1) 中的含义一样。

对于任意一个待评价的 DMU，它的非期望产出 w 等于所有 DMU 非期望产出的线性组合。生产阶段产生的污染全部直接进入了第二阶段的治理过程，并没有数量上的变化。β_t 代表了政府投入的污染治理资金的效率变化。定义 θ_0^{s2} 为第二阶段的治理效率 (efficiency of treatment process，ETP)。如果 ETP=1，被评价的 DMU 在第二阶段就是有效的。如果 ETP<1，被评价的 DMU 就是无效的，具备提高污染治理效率的潜力。

对于整个阶段，模型 (3.3) 给出了两阶段整体效率的计算方法。Liang 等 (2006) 将合作博弈理论应用到网络 DEA 结构，由两阶段共同决定中间变量的缩减从而使整体效率最大化，反映到现实生活中的情形就是制造商和零售商共同决定价格使利润最大化 (Li et al.，2002)。在合作博弈的框架下，两阶段的效率都同时最大化，也就是生产阶段和治理阶段共同实现总体节能减排效率的最大化，效率得分可以通过下面的模型进行计算。

$$\theta_0^{\text{Global}} = \text{Max}\ \frac{1}{2}\left[\frac{1}{N+K}\left(\sum_{n=1}^{N}\theta_n + \sum_{k=1}^{K}\alpha_k\right) + \frac{1}{T+K}\left(\sum_{t=1}^{T}\beta_t + \sum_{k=1}^{K}\alpha_k\right)\right]$$

s.t.

stage 一：$\displaystyle\sum_{j=1}^{J}\lambda_j x_{nj} \leqslant \theta_n x_{nj_0},\, n = 1, \cdots, N$

$\displaystyle\sum_{j=1}^{J}\lambda_j v_{mj} \geqslant v_{mj_0},\, m = 1, \cdots, M$

$\displaystyle\sum_{j=1}^{J}\lambda_j w_{kj} = \alpha_k w_{kj_0},\, k = 1, \cdots, K$

stage 二：$\displaystyle\sum_{j=1}^{J}\lambda_j z_{tj} \leqslant \beta_t z_{tj_0},\, t = 1, \cdots, T$ 　　　　　　(3.3)

$\displaystyle\sum_{j=1}^{J}\lambda_j y_{rj} \geqslant y_{rj_0},\, r = 1, \cdots, R$

$\displaystyle\sum_{j=1}^{J}\lambda_j w_{kj} = \alpha_k w_{kj_0},\, k = 1, \cdots, K$

$\displaystyle\sum_{j=1}^{J}\lambda_j = 1$

$\lambda_j \geqslant 0, \forall\, j = 1, \cdots, J$

中间产物 w，作为非期望产出，在两阶段的任何一阶段都应该削减得越多越好。目标函数是两部分的集成，分别代表了生产阶段和治理阶段。两阶段的整体效率水平被定义为 θ_0^{Global}，称之为整体节能减排效率（integrated efficiency of energy saving and emission reduction，ISER）。如果 ISER=1，则被评价的 DMU 两阶段整体是有效的。如果 ISER<1，则被评价的 DMU 是无效的。

3.3 双视角下中国区域节能减排效率实证分析

3.3.1 评价指标选取

表 3.1 列出了与人力、资本以及环境相关数据的描述性统计分析。由于涉及 5 年的面板数据，数据量过大，这里仅给出了数据的描述性统计分析。生产阶段涉及三个投入指标、一个期望产出和两个非期望产出；在治理阶段新加入一个投入，则治理阶段加上原有的中间产物作为投入共有三个投入，且治理阶段产出为三个。表 3.1 中 PCEC 代表单位地区生产总值能耗变化。

表 3.1　评价数据的描述性统计分析

类型	阶段	变量	单位	均值	最大值	最小值
投入	一	劳动力	百万	7.017	23.517	0.824
	一	资本存量	十亿元	5553.115	22911.493	275.910
	一	能源消费量	tce	112.931	348.080	9.200
	二	污染治理资金	百万元	10935.738	46013.060	641.580
非期望产出	一	SO_2 排放量	千 t	78.497	196.200	2.175
	一	污水排放量	百万 t	79995.287	287181.000	5782.000
期望产出	一	GDP	十亿元	134376.950	741654.200	3214.000
	二	SO_2 去除量	千 t	79.087	315.248	0.964
	二	污水去除量	百万 t	74295.480	280457.000	3487.000
	二	PCEC	%	0.045	0.183	0.007

在第一阶段，3 个投入指标分别是：劳动力、资本存量和能源消费（已经转换成标准煤）。期望产出是 GDP，两个非期望产出分别是 SO_2 排放量和污水排放量。在第二阶段，新增的投入是污染治理资金，三个产出指标是：SO_2 去除量、污水去除量和 PCEC。

本节中使用的数据年份是 2006 年至 2010 年，其中关于资本存量的算法参考了单豪杰（2008）的研究。劳动力和能源消费总量的数据分别来自于《中国人力资源和社会保障年鉴》（2007～2011 年）和《中国能源统计年鉴》（2007～2011 年），其余数据来源于《中国统计年鉴》（2007～2011 年）。

本书只研究中国 30 个省级行政区域，台湾、香港、澳门和西藏由于相关数据的缺失，不在研究范围内。根据第 7 个 5 年计划中关于地区的划分标准，划分为 3 个地区：东部地区、西部地区和中部地区，见表 3.2。

表 3.2 中国省级行政区分类(不包括台湾、香港、澳门和西藏)

地区	省、自治区、直辖市
东部地区	北京、河北、天津、江苏、辽宁、上海、浙江、广东、福建、山东、海南
中部地区	黑龙江、山西、吉林、湖北、河南、江西、安徽、湖南
西部地区	陕西、宁夏、甘肃、青海、四川、新疆、内蒙古、重庆、广西、云南、贵州

3.3.2 数据获取

在本节中，通过模型(3.1)和模型(3.2)计算 5 年(2006～2010 年)的面板数据，分别得到生产效率和治理效率两种类型的效率得分。

表 3.3 和表 3.4 列出了省级行政区域的生产效率和治理效率。例如，东部地区的河北省，它 5 年的生产效率得分是 0.668，治理效率的得分是 1。根据表 3.3，可以发现 5 年内全部达到 100%生产有效的行政区域只有北京、广东、海南和云南。

表 3.3 中国 30 个省级行政区 2006～2010 年生产效率

地区	省级行政区	生产效率(EPP)					
		2006	2007	2008	2009	2010	均值
东部地区	北京	1	1	1	1	1	1
	天津	0.951	0.905	0.876	0.880	0.868	0.896
	河北	0.686	0.706	0.666	0.619	0.662	0.668
	辽宁	0.936	0.942	0.919	0.943	0.985	0.945
	上海	0.881	0.854	0.810	0.796	0.799	0.828
	江苏	0.813	0.837	0.817	0.822	0.833	0.824
	浙江	0.886	0.877	0.818	0.797	0.816	0.839
	福建	0.876	0.885	0.822	0.828	0.852	0.853
	山东	0.897	0.877	0.838	0.822	0.778	0.843
	广东	1	1	1	1	1	1
	海南	1	1	1	1	1	1
	均值	0.902	0.898	0.870	0.864	0.872	0.881
中部地区	黑龙江	0.811	0.766	0.710	0.649	0.637	0.715
	吉林	0.680	0.672	0.603	0.596	0.566	0.623

续表

地区	省级行政区	生产效率(EPP)					
		2006	2007	2008	2009	2010	均值
中部地区	山西	0.530	0.549	0.547	0.488	0.479	0.519
	河南	0.693	0.701	0.672	0.630	0.617	0.663
	湖北	0.669	0.713	0.689	0.693	0.705	0.694
	江西	0.497	0.474	0.487	0.489	0.502	0.490
	安徽	0.911	0.916	0.885	0.900	0.926	0.908
	湖南	0.687	0.717	0.726	0.729	0.748	0.721
	均值	0.685	0.689	0.665	0.647	0.647	0.666
西部地区	陕西	0.535	0.519	0.538	0.552	0.576	0.544
	甘肃	0.480	0.467	0.433	0.440	0.432	0.450
	青海	0.832	0.792	0.780	0.774	0.729	0.781
	宁夏	0.582	0.574	0.573	0.526	0.528	0.557
	新疆	0.540	0.507	0.480	0.455	0.473	0.491
	内蒙古	0.548	0.543	0.564	0.569	0.531	0.551
	四川	0.575	0.602	0.572	0.571	0.595	0.583
	重庆	0.486	0.490	0.529	0.541	0.583	0.526
	云南	1	1	1	1	1	1
	贵州	0.566	0.593	0.615	0.588	0.557	0.584
	广西	0.597	0.595	0.547	0.534	0.527	0.560
	均值	0.613	0.607	0.603	0.595	0.594	0.602

表 3.4 中国 30 个省级行政区 2006～2010 年治理效率

地区	省级行政区	治理效率(ETP)					
		2006	2007	2008	2009	2010	均值
东部地区	北京	1	1	1	1	1	1
	天津	1	1	1	1	1	1
	河北	1	1	1	1	1	1
	辽宁	1	0.837	0.602	0.353	0.436	0.646
	上海	1	0.528	1	1	0.729	0.851
	江苏	1	1	1	1	1	1
	浙江	1	1	1	1	1	1
	福建	1	1	1	1	1	1
	山东	1	1	1	1	1	1
	广东	0.859	1	1	1	0.515	0.875
	海南	1	1	1	1	1	1
	均值	0.987	0.942	0.964	0.941	0.880	0.943

续表

地区	省级行政区	治理效率(ETP)					
		2006	2007	2008	2009	2010	均值
中部地区	黑龙江	0.665	0.562	0.475	0.258	0.723	0.537
	吉林	1	0.778	0.339	1	1	0.823
	山西	0.467	1	1	0.272	1	0.748
	河南	1	1	1	1	1	1
	湖北	0.430	0.546	0.835	0.245	0.218	0.455
	江西	1	1	1	1	0.789	0.958
	安徽	1	1	1	1	1	1
	湖南	0.407	0.811	1	0.498	0.460	0.635
	均值	0.746	0.837	0.831	0.659	0.774	0.769
西部地区	陕西	1	1	1	0.497	1	0.899
	甘肃	1	1	1	1	1	1
	青海	1	1	1	1	1	1
	宁夏	0.540	0.854	0.825	0.443	0.700	0.672
	新疆	0.716	0.529	0.500	0.189	1	0.587
	内蒙古	1	1	1	1	1	1
	四川	0.640	1	0.959	1	1	0.920
	重庆	1	0.817	0.871	0.725	0.662	0.815
	云南	1	1	1	1	0.854	0.971
	贵州	1	1	1	1	1	1
	广西	1	1	0.956	1	1	0.991
	均值	0.900	0.927	0.919	0.805	0.929	0.896

　　根据表 3.4，还可以发现，2006～2010 年，有 14 个省级行政区处于治理效率的前沿面上，也就意味着这些省级行政区的污染治理效率和节能效率表现最好，其中有 8 个东部沿海省级行政区域、2 个中部省级行政区域(河南和安徽)以及 4 个西部省级行政区域(甘肃、青海、内蒙古和贵州)。剩下的 16 个省级行政区域，它们的效率得分在研究周期内存在明显的波动。例如，辽宁省在 2006 年是有效的，到了 2009 年，它的效率得分降至 0.353。山西省的效率得分从 2006 年的 0.467 上升到 2007 年的 1。最后，在两阶段整体表现中，只有北京和海南，在 5 年中既是生产有效的，也是治理有效的。

　　两阶段整体节能减排效率结果由模型(3.3)计算得到，表 3.5 列出了 2006～2010 年的整体效率得分。其中有 11 个省级行政区连续 5 年都是完全有效的，而且它们当中超过一半都是东部沿海省份或直辖市，也就意味着在生产阶段和治理阶段当中，这 11 个省级行政区的能源利用效率、污染治理效率和节能效率表现最好。

表3.5　中国30个省级行政区2006～2010年两阶段整体节能减排效率

地区	省级行政区	整体节能减排效率(ISER)					
		2006	2007	2008	2009	2010	均值
东部地区	北京	1	1	1	1	1	1
	天津	1	1	1	1	0.859	0.972
	河北	0.737	0.949	0.778	0.724	0.764	0.790
	辽宁	0.824	0.822	0.804	0.870	0.849	0.834
	上海	1	0.821	0.851	0.951	0.825	0.890
	江苏	1	1	1	1	1	1
	浙江	1	1	1	1	1	1
	福建	1	1	1	1	1	1
	山东	1	1	1	1	1	1
	广东	1	1	1	1	1	1
	海南	1	1	1	1	1	1
	均值	0.960	0.963	0.948	0.959	0.936	0.953
中部地区	黑龙江	0.873	0.704	0.702	0.636	0.827	0.748
	吉林	0.971	0.815	0.727	1	1	0.903
	山西	0.500	0.969	1	0.604	1	0.815
	河南	0.708	0.708	0.768	0.763	0.727	0.735
	湖北	0.782	0.790	0.911	0.768	0.774	0.805
	江西	1	0.979	1	1	0.969	0.990
	安徽	1	1	1	1	1	1
	湖南	0.741	0.761	1	0.753	0.756	0.802
	均值	0.822	0.841	0.889	0.816	0.882	0.850
西部地区	陕西	0.750	0.742	0.730	0.676	0.665	0.713
	甘肃	1	1	1	1	1	1
	青海	0.921	1	1	1	1	0.984
	宁夏	0.583	1	1	0.895	0.924	0.880
	新疆	0.529	0.527	0.425	0.395	1	0.575
	内蒙古	0.539	0.810	1	0.800	0.806	0.791
	四川	0.621	0.718	0.642	0.712	0.786	0.696
	重庆	1	0.757	0.824	0.806	0.652	0.808
	云南	1	1	1	1	1	1
	贵州	0.586	1	1	1	1	0.917
	广西	1	1	1	1	1	1
	均值	0.775	0.869	0.875	0.844	0.894	0.851

3.3.3 效率评价结果分析

1) 生产和治理效率水平分析

为了分析各地区生产效率和治理效率的动态变化，图 3.3 描绘了 2006～2010 年对应的效率变化曲线。

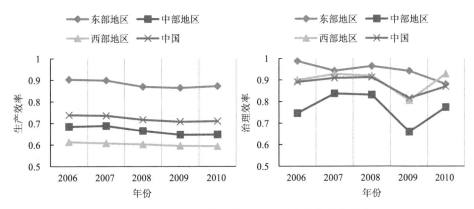

图 3.3 2006～2010 年生产和治理效率均值变化趋势

根据图 3.3，可以发现研究期间生产效率的变化相对稳定，仅仅呈现出略微下降的趋势。东部地区拥有最高的生产效率水平，紧随其后的是中部地区，西部地区表现最差。治理效率的变化则恰恰相反，2006～2007 年，中部和西部地区的治理效率呈上升趋势，而东部地区效率明显下降。在经过 2007～2008 年的平稳过渡后，三地的治理效率在 2009 年大幅降低。到了 2010 年，中西部地区的治理效率开始回升，东部地区则持续下降。整体上，东部地区的治理效率高于西部地区，中部地区表现最差。基于各地的效率水平和当地环境，本节对东部、中部、西部三个地区未来的发展路径作了如下探讨。

(1) 东部地区大都是沿海省份，整体上，经济发展水平领先于中西部地区，作为全国科技发展水平最高的地区，相对而言具有明显的优势。

因此，根据各个省份自身条件，东部地区应加速工业结构升级，逐步消除和淘汰落后产能和设备，持续增加高产出、低能耗的第三产业比例。此外，基于东部地区良好的工业基础和环境，在过去的几十年中经历了高速的工业增长。一些省份已经进入了工业化进程的中期或后期。这时，需要当地政府和企业合理推进工业集群的建设，特别是能源工业集群的建设，可以显著地提高能源利用效率。

当今中国的科技创新机制远远落后于发达国家，高科技企业和与节能科技水平还相对落后。如图 3.3 所示，东部地区有着最高水平的生产效率和治理效率，应当承担起科技创新的责任，探索出一条具有自主知识产权的节能减排道路。

(2) 如图 3.3 所示,中部地区的治理效率最低。面对国内节能减排的巨大压力,一方面,承接来自东部沿海地区转移的密集型产业和工业;另一方面,作为中国能源产地和重工业的核心地区,中部地区面临的节能减排形势十分严峻。

作为中国重要的能源基地,中部地区有着丰富的化石燃料。然而,有限的资源难以支持粗放式的经济发展。急需转变传统的经济增长模式,实现自然资源的可持续利用和节能减排的长期目标。

首先,中部地区要抓住产业转移的机遇,淘汰本地区落后的产能。与此同时,严格控制新进产业,提升高新科技企业数量,促进当地的产业结构优化。

其次,中部地区需要逐步从单一资源导向的发展过渡到以市场为导向的发展,即从"我有什么就发展什么"转变为"市场需要什么才生产什么"的发展模式。为了避免资源浪费,将以传统矿产资源为主的开发拓展到其他低能耗、高经济产值的领域,如生态资源、农业资源、珍稀动植物资源等。

最后,依靠中部地区能源生产的优势,当地政府应该鼓励培养一批循环经济企业,提高资源利用效率,大力发展循环经济。简而言之,在社会经济发展中,将所有相关生产部门联系在一起,形成一个完整的产业链。一个部门的生产废料可能作为另一个部门的原材料,以便形成一个封闭的生产链,提高能源和原材料利用率。由于大量的煤炭、有色金属和其他具有高耗能高排放的企业大都位于中部地区。如何促进循环经济发展,提高资源利用效率并带来示范效应,对在中部地区开展节能减排工作意义深远。

具体地说,在中部地区发展循环经济就是指提高"三废"(废水、废气和固体废弃物)的综合利用率。在煤炭、建材、有色金属、化工、冶金等行业,大力推进清洁生产,优化产品设计和生产工艺,降低能源消耗、材料消耗和废弃物排放,同时推广绿色包装。

(3) 与东部地区和中部地区相比,西部地区在过去很长时期内经济增长缓慢。西部地区脆弱的生态环境决定了当地并不适合发展重工业。从图 3.3 可以看到,西部地区的生产效率低于全国的平均水平,但它的治理效率要好于中部地区。西部地区在维持全国生态环境安全方面发挥了巨大的作用,国家应该持续出台经济政策促进当地经济的发展。

为了更好地分析各地生产效率和治理效率的不足,图 3.4 列出了 30 个省级行政区关于生产效率和治理效率的散点图,其中横坐标是生产效率,纵坐标是治理效率。另外,根据效率值的大小,将该图分成了 4 个象限。分类结果显示,40%的省级行政区位于高生产效率、高治理效率这一组(象限 I),几乎所有的东部省级行政区都在这一象限,表明东部地区的这些省级行政区在节能减排工作中表现最好。

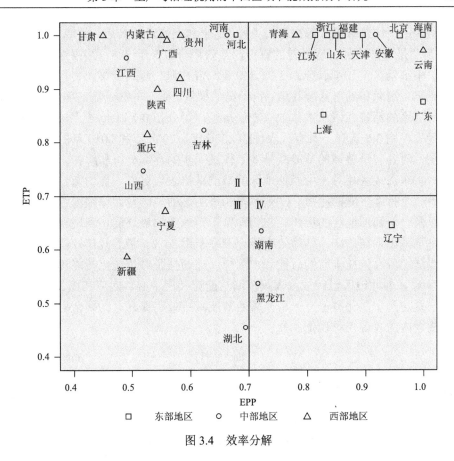

图 3.4　效率分解

另外 40%的省级行政区位于低生产效率、高治理效率这一象限(象限Ⅱ)。超过三分之二的西部省级行政区位于这一象限,也就说明西部地区的生产效率普遍低下,应当以同为西部地区的青海和云南作为标杆,提高自身经济生产效率。此外,河北需要加速融入京津冀经济圈,促进京津冀经济一体化,加快产业升级,提高生产过程中的能源利用效率。

10%的省级行政区(宁夏、新疆和湖北)处于低生产效率和低治理效率的状态(象限Ⅲ)。宁夏和新疆需要向位于象限Ⅰ、象限Ⅱ、具有高生产效率的省级行政区学习。例如,宁夏与内蒙古接壤,可以参考内蒙古相对成熟的经济发展模式。

剩下 10%的省级行政区(湖南、黑龙江和辽宁)位于高生产效率、低治理效率这一象限(象限Ⅳ)。湖南可以以具有相似经济发展环境的安徽为标杆,促进自身治理效率的提升。

2)节能减排综合效率水平分析

表 3.5 中展示了 2006~2010 年各个省级行政区的平均节能减排效率。在表 3.5中可以看到:①东部地区北京、天津、江苏、浙江、福建、山东、广东和海南的

表现最好,平均效率得分都在 0.9 以上。辽宁和上海紧随其后,效率得分在 0.8~0.9。河北是东部地区表现最差的省份,其效率分数低于 0.8。②根据效率得分的不同,中部地区大致可以分为 3 类。安徽、吉林和江西属于第一类,得分均超过0.9,山西、湖北和湖南紧随其后,位于第二梯队,剩下的属于第三类,表现较差。③西部地区的新疆、四川整体效率表现最差,得分在 0.7 以下。

最后,图 3.5 选择了具有代表性的 2006 年、2008 年和 2010 年的数据,制成雷达图,对各省份整体的节能减排效率作进一步的详细分析和解释。从图中可以发现:①东部地区相对于中西部地区的节能减排表现更好、更均衡,仅上海在五年间有一个持续下降的趋势。②效率增长最明显的地区是西部地区的内蒙古和宁夏,以及一个西部地区的贵州。它们都位于雷达图的最外层,表现较好。最明显的效率下降出现在重庆,整体效率得分下降了近 35%。最近几年,西部地区大力发展清洁能源,依托丰富的风能和太阳能,逐渐摆脱对传统化石能源的依赖。到2012 年底,西北地区已经成为大规模清洁能源使用中心。对应在图 3.5 中,内蒙古和宁夏这两个西北省份有一个显著的节能减排效率提升。③剩余省级行政区在研究周期内的表现相对稳定。

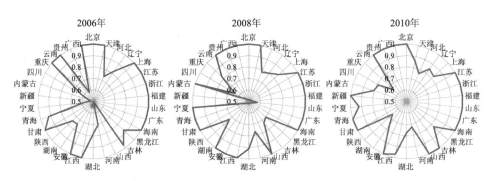

图 3.5   2006 年、2008 年、2010 年 30 个省级行政区整体节能减排效率

3.4 本 章 小 结

本章采用两阶段数据包络分析模型的网络框架,考虑能源投入和非能源投入,对 2006~2010 年中国 30 个省级行政区(台湾、香港、西藏、澳门资料暂缺)的节能减排效率进行了评估。实证结果表明,北京和海南是表现最好的地区,可以作为其他地区的基准。从区域角度看,中国东部地区的节能减排效率最高,且优于中国西部和中部地区。中部地区的生产效率高于西部地区,而处理效率则相反。总体来看,五年来节能减排综合效率相对稳定,生产效率保持上升趋势,仅 2009

年略有下降。

参 考 文 献

单豪杰. 2008. 中国资本存量 K 的再估算: 1952～2006 年. 数量经济技术经济研究, 25(10): 17-31.

Li S X, Huang Z, Zhu J, et al. 2002. Cooperative advertising, game theory and manufacturer–retailer supply chains. Omega, 30(5): 347-357.

Liang L, Yang F, Cook W D, et al. 2006. DEA models for supply chain efficiency evaluation. Annals of Operations Research, 145(1): 35-49.

Wang K, Wei Y M, Zhang X. 2012. A comparative analysis of China's regional energy and emission performance: Which is the better way to deal with undesirable outputs? Energy Policy, 46: 574-584.

第4章　节能减排关切下中国区域节能减排潜力分析

4.1　问题的提出

受益于改革开放政策的推行与实施，中国经济取得飞速进步，如前所述，经济的快速发展也带来了能源浪费和环境污染问题等方面的困扰，能源浪费和环境污染反过来也制约了经济社会可持续发展，这是一个恶性循环。许多学者研究过中国节能潜力，将能源利用水平较高的发达国家或地区作为标杆，测算中国在国际比较中的能源环境效率(Enserink and Koppenjan, 2007; Fang et al., 2018; Ji et al., 2019)。另有一些学者测算中国不同地区的节能潜力，以 DEA 模型为主要方法。事实上过去的研究通常将节能潜力单独分析，并不与环境效率结合，然而能源研究与环境不可分离，能源的利用必定伴随着环境产出，比如，使用化石燃料会排放大量的废气和烟尘。环境污染反过来又会导致能源投入增多，单位 GDP 消耗的能源增多，因此结合环境效率分析节能潜力非常重要且必要，本书试图运用包含能源投入及非期望产出的 DEA 模型，以中国各个省级行政区数据为样本，在测算节能减排关切下的环境效率的同时，测算节能减排关切下的节能减排潜力。

4.2　节能减排潜力分析模型构建

假设存在 n 个 DMU，第 j 个决策单元可表示为 DMU_j，本节中每个 DMU 代表一个省份，将所有投入分为非能源投入 $X_i(i=1,2,\cdots,m)$ 和能源投入 $X_e^E(e=1,2,\cdots,q)$，所有产出被分成期望产出 $Y_r(r=1,2,\cdots,s)$ 与非期望产出 $B_t(t=1,2,\cdots,k)$，基于 Färe 等(1989)提出的共同生产框架，相对应的生产可能集表示为

$$T=\left\{\left(X_i,X_e^E,Y_r,B_t\right):\left(X_i,X_e^E\right)能生产出\left(Y_r,B_t\right)\right\} \tag{4.1}$$

该生产可能集中的期望产出及非期望产出，遵循两个假设：

(1)零结合性假设：如果 $(X,Y,B)\in T$ 且 $B=0$，那么 $Y=0$；

(2)弱可处置性假设：如果 $(X,Y,B)\in T$ 且 $0<\theta\leqslant 1$，那么 $(X,\theta Y,\theta B)\in T$。

相对应的生产技术可能集构建为

$$T = \left\{ \left(X_i, X_e^E, Y, B \right) \middle| \sum_{j=1}^{n} \lambda_j X_{ij} \leqslant X_{ij}, \sum_{j=1}^{n} \lambda_j X_{ej}^E \leqslant X_{ej}, \sum_{j=1}^{n} \lambda_j Y_j \geqslant Y_j, \right.$$

$$\left. \sum_{j=1}^{n} \lambda_j B_j = B_j, \sum_{j=1}^{n} \lambda_j = 1, \lambda_j \geqslant 0, j = 1, 2, \cdots, n \right\} \tag{4.2}$$

环境产出关切下计算节能潜力的模型构建为

$$\text{Max } \nu + \varepsilon \left(\alpha + \beta \right)$$

$$\text{s.t.} \sum_{j=1}^{n} \lambda_j x_{ij} \leqslant x_{i0} - \alpha x_{i0}, i = 1, \cdots, m$$

$$\sum_{j=1}^{n} \lambda_j x_{ej}^E + s_e^- = x_{i0}^E, e = 1, \cdots, q$$

$$\sum_{j=1}^{n} \lambda_j y_{rj} \geqslant y_{r0} + \beta y_{r0}, r = 1, \cdots, s$$

$$\sum_{j=1}^{n} \lambda_j b_{tj} = b_{t0} - \nu b_{t0}, t = 1, \cdots, k \tag{4.3}$$

$$\sum_{j=1}^{n} \lambda_j = 1$$

$$\lambda_j \geqslant 0, j = 1, \cdots, n$$

$$s^- \geqslant 0$$

此处的下标 0 代表被评估的省份，$\lambda_j (j=1,2,\cdots,n)$ 表示强度向量，ε 表示小于任意正值的阿基米德无穷小量，α、β 和 ν 分别是方向向量，s_e^- 表示能源投入的松弛变量。

为了完善本模型的数学性，依据 Sun 等 (2017) 的研究对模型 (4.3) 添加了额外条件：

$$\text{Max } \nu + \varepsilon \left(\alpha + \beta \right) = \begin{cases} \text{Max } \nu + \varepsilon \left(\text{Max}\alpha + \text{Max}\beta \right) & \text{条件(1)} \\ 1 + \varepsilon \left(\text{Max}\alpha + \text{Max}\beta \right) & \text{条件(2)} \\ \text{Max } \nu + \varepsilon \left(1 + \text{Max}\beta \right) & \text{条件(3)} \\ 1 + \varepsilon \left(1 + \text{Max}\beta \right) & \text{条件(4)} \end{cases} \tag{4.4}$$

条件 (1) ~ 条件 (4) 定义如下：

条件 (1)：如果满足 $\alpha \leqslant A < 1$ 的 (A, C) 存在，那么对所有可行解 (α, ν) 都有 $\nu \leqslant C < 1$。

条件 (2)：如果针对所有可行解 α 满足 $\alpha \leqslant A < 1$ 的 A 存在，那么对于任意的 $D < 1$，满足 $D < \nu < 1$ 的可行解 ν 总是存在的。

条件(3)：如果针对所有可行解 v 满足 $v \leqslant C < 1$ 的 C 存在，那么对于任意的 $B < 1$，满足 $B < \alpha < 1$ 的可行解 α 总是存在的。

条件(4)：如果针对任意的 $B < 1$，$D < 1$，满足 $B < \alpha < 1$ 和 $D < v < 1$ 的可行解 (α, v) 总是存在的。

定理 4.1：在定义(4.4)下模型(4.3)总是可行的。

证明：对任意被评价的决策单元 DMU_0 来说，模型(4.3)中的可行解 β 必须

属于 $\left[0, \underset{\substack{r=1,\cdots,s}}{\text{Min}} \dfrac{\underset{j=1,\cdots,n}{\text{Max}} \{y_{rj}\}}{y_{r0}} \right]$，因此，最大值 β 肯定能够得到。对任意的满足模型(4.3)

的约束条件的可行集 (α, β, v) 来说，$v + \varepsilon(\alpha + \beta)$ 属于 $\left[0, 1 + \varepsilon(1 + \text{Max}\,\beta) \right]$，此外，对于最大值 $\text{Max}\, v + \varepsilon(\alpha + \beta)$ 的 4 个条件如下：

(1) 如果对于所有的可行解 (α, v) 满足 $\alpha \leqslant A < 1$、$v \leqslant C < 1$ 的 (A, C) 存在，那么 $\text{Max}\, v + \varepsilon(\alpha + \beta) = C + \varepsilon(A + \text{Max}\,\beta)$。

(2) 如果对于所有可行解 α 满足 $\alpha \leqslant A < 1$ 的 A 存在，对任意的 $D < 1$，满足 $D < v < 1$ 的可行解 v 总是存在的，那么 $\text{Max}\, v + \varepsilon(\alpha + \beta)$ 并不存在，但是 $\text{Sup}\, v + \varepsilon(\alpha + \beta) = 1 + \varepsilon(A + \text{Max}\,\beta)$。

(3) 如果对于所有的可行解 v 满足 $v \leqslant C < 1$ 的 C 存在，对任意的 $B < 1$，满足 $B < \alpha < 1$ 的可行解 α 总是存在的，那么 $\text{Max}\, v + \varepsilon(\alpha + \beta)$ 并不存在，但是 $\text{Sup}\, v + \varepsilon(\alpha + \beta) = B + \varepsilon(1 + \text{Max}\,\beta)$。

(4) 如果对于任意的 $B < 1$、$D < 1$，满足 $B < \alpha < 1$ 和 $D < v < 1$ 的可行解 (α, v) 总是存在的，那么 $\text{Max}\, v + \varepsilon(\alpha + \beta)$ 并不存在，但是 $\text{Sup}\, v + \varepsilon(\alpha + \beta) = 1 + \varepsilon(1 + \text{Max}\,\beta)$。

本书中的研究对象为中国各省级行政区，由于省级行政区数量有限，通过传统的 VRS-DEA 模型计算出来的效率值差异不大，因此在本节的分析中增加了理想 DMU，理想 DMU 用 DMU_{n+1} 表示，则增加理想 DMU 后的投入产出指标表示为

$$
\begin{aligned}
x_{n+1} &= \left(x_{1,n+1}, \cdots, x_{i,n+1}, \cdots, x_{m,n+1} \right)^{\text{T}} \\
x_{n+1}^{E} &= \left(x_{1,n+1}^{E}, \cdots, x_{e,n+1}^{E}, \cdots, x_{q,n+1}^{E} \right)^{\text{T}} \\
y_{n+1} &= \left(y_{1,n+1}, \cdots, y_{r,n+1}, \cdots, y_{s,n+1} \right)^{\text{T}} \\
b_{n+1} &= \left(b_{1,n+1}, \cdots, b_{t,n+1}, \cdots, b_{k,n+1} \right)^{\text{T}}
\end{aligned}
\tag{4.5}
$$

式中 $x_{i,n+1} = \text{Min}\left(x_{i1}, \cdots, x_{in} \right)$，$x_{e,n+1}^{E} = \text{Min}\left(x_{e1}^{E}, \cdots, x_{en}^{E} \right)$，$y_{r,n+1} = \text{Max}\left(y_{r1}, \cdots, y_{rn} \right)$，$b_{t,n+1} = \text{Min}\left(b_{t1}, \cdots, b_{tn} \right)$。

当只关切非期望产出的情况下计算节能潜力时，构建的模型为

$$\text{Max } \nu + \varepsilon(\alpha + \beta)$$

$$\text{s.t.} \sum_{j=1}^{n} \lambda_j x_{ij} + \lambda_{n+1} x_{i,n+1} \leqslant x_{i0} - \alpha x_{i0}, i = 1, \cdots, m$$

$$\sum_{j=1}^{n} \lambda_j x_{ej}^{E} + \lambda_{n+1} x_{e,n+1}^{E} + s_e^{-} = x_{i0}^{E}, e = 1, \cdots, q$$

$$\sum_{j=1}^{n} \lambda_j y_{rj} + \lambda_{n+1} y_{r,n+1} \geqslant y_{r0} + \beta y_{r0}, r = 1, \cdots, s \qquad (4.6)$$

$$\sum_{j=1}^{n} \lambda_j b_{tj} + \lambda_{n+1} b_{t,n+1} = b_{t0} - \nu b_{t0}, t = 1, \cdots, k$$

$$\sum_{j=1}^{n} \lambda_j + \lambda_{n+1} = 1$$

$$\lambda_j \geqslant 0, j = 1, \cdots, n, n+1$$

$$s_e^{-} \geqslant 0$$

只考虑减排时的环境效率定义为

$$\text{EE} = 1 - \nu - \varepsilon(\alpha + \beta) \qquad (4.7)$$

当 EE = 1 时，被评估的 DMU 是有效的；当 $0 < \text{EE} < 1$ 时，被评估的 DMU 是无效的。

s_e^{-} 代表第 e 种能源投入距离有效前沿面的距离，当 $s_e^{-} = 0$ 时，说明第 e 种能源投入在环境产出关切下的利用效率最高，处在有效前沿面上，此时，第 e 种能源投入不需要进行改进。对于被评估的 DMU，第 e 种能源投入的节能潜力的计算公式表达为

$$\text{EP}_e = \frac{s_{e0}^{-}}{x_{e0}} \qquad (4.8)$$

当只关切减排时，被评估的 DMU 的所有能源投入的总节能潜力计算公式为

$$\text{EP} = \frac{1}{q} \sum_{e=1}^{q} \frac{s_{e0}^{-}}{x_{e0}} \qquad (4.9)$$

4.3　中国区域节能减排潜力分析

4.3.1　评价指标的选择

根据本节的研究内容，结合以往的研究文献中出现的投入产出变量，本书确定以人均固定资产作为非能源投入，总资本等于固定资产与实际房地产投资之和，

总人口等于年末户籍总人口，人均固定资产用总资本与总人口的比值表示；3 种能源投入指标分别是人均耗水、人均耗电和人均耗气，人均耗水等于总供水量与总人口的比值，人均耗电等于总耗电量与总人口的比值，人均耗气等于天然气供应量与用气人口之比；GDP 是最重要的期望产出；基于数据的可得性，本节选择的非期望产出指标，分别是人均废水排放和人均烟尘排放。

为了分析中国各省级行政区的可持续发展效率，收集了 30 个省、自治区、直辖市的数据，香港、澳门、台湾、西藏由于数据缺失不全，并未包含在此次样本内。所有数据都来源于《中国统计年鉴》(2016)，表 4.1 展示了 30 个省级行政区投入产出变量的描述性统计结果。

表 4.1 30 个省级行政区投入产出变量的描述性统计

变量		单位	均值	标准差	最大值	最小值
投入	人均固定资产	万元	4.52	3.24	9.64	1.03
	人均耗水	t	35.49	46.58	126.06	8.98
	人均耗电	百 kW·h	20.85	24.72	58.20	2.14
	人均耗气	m³	363.20	35.68	1032.05	99.58
期望产出	人均 GDP	元	53614.17	47020.69	106904.91	26116.62
非期望产出	人均废水	t	12.56	1.44	26.60	1.17
	人均烟尘	kg	10.39	1.11	39.54	0.29

如表 4.1 所示，各指标均存在显著的差异，30 个省级行政区的人均固定资产均值为 4.52 万元，最大值约为最小值的 9 倍；3 种能源消耗也存在显著的差异性，人均耗水的均值是 35.49t，最大值至少比最小值大 13 倍，上海人均耗水量最大，达到 126.06t，贵州人均耗水量最小，仅 8.98t，贵州资源统计中显示水资源缺乏，人均水资源占有量本身就很低；人均耗电的最大值约为最小值的 27 倍，最大值为上海的 58.20 百 kW·h，最小值为云南的 2.14 百 kW·h，上海的人均耗水和人均耗电值都较大，因为上海的经济发展程度及人民生活水平相对较高，对水电的需求与利用也相对较大；人均耗气的最大值是青海的 1032.05m³，最小值云南仅为 99.58m³。从以上发现，云南的人均耗电值和人均耗气值都较小，云南工业并不发达，对电和天然气资源的利用较低。不同省级行政区的非期望产出也有所不同。

根据经济水平和地理位置的不同，将研究的省级行政区分为三组：东部地区、中部地区和西部地区。表 4.2 展示了三组中具体包含的省级行政区，东部地区含有 11 个省级行政区且大部分都位于沿海地区，它们受益于地理位置的优越性与便利性及开放政策的支持，通常经济发展水平都较高；中部地区含有 10 个省级行政区；西部地区包括 9 个省级行政区，中部与西部地区的经济发展水平远远落后于东部地区。

表 4.2 30 个省级行政区分组

地区	省级行政区
东部	北京、天津、河北、辽宁、上海、江苏、浙江、福建、山东、广东、海南
中部	山西、内蒙古、吉林、黑龙江、安徽、江西、河南、湖北、湖南、广西
西部	重庆、四川、贵州、云南、陕西、甘肃、青海、宁夏、新疆

4.3.2 分析和讨论

1. 环境效率

根据 4.2 节提出的方法，在只关切减排情况下，计算各省级行政区的环境效率值，全部结果显示在表 4.3 中。如图 4.1 所示，所有省级行政区中有 9 个有效省级行政区，其减排效率为 1，分别是北京、天津、河北、广东、海南、贵州、云南、青海和新疆，它们中仅有 5 个位于东部地区，4 个位于西部地区。从图 4.2 可以看出，中部地区的平均环境效率是最低的，东部、中部与西部三地区之间的环境效率也存在着显著差异。一方面，东部和西部地区的平均环境效率值要高于中部地区，另一方面，中国总体的环境效率较低，平均环境效率值仅为 0.3722，充分说明了当前中国的环境形势严峻、不容乐观。

表 4.3 30 个省级行政区的环境效率和节能潜力

省级行政区	环境效率(EE)	节水潜力(EP$_1$)	节电潜力(EP$_2$)	节气潜力(EP$_3$)	总节能潜力(EP)
北京	1.0000	0.0000	0.0000	0.0000	0.0000
天津	1.0000	0.0000	0.0000	0.0000	0.0000
河北	1.0000	0.0000	0.0000	0.0000	0.0000
山西	0.1467	0.0531	0.4697	0.1051	0.2093
内蒙古	0.1338	0.4969	0.8370	0.1585	0.4974
辽宁	0.0744	0.8063	0.8881	0.0000	0.5648
吉林	0.1084	0.6586	0.6453	0.1209	0.4749
黑龙江	0.1527	0.6414	0.7377	0.0144	0.4645
上海	0.0645	0.9092	0.9415	0.7330	0.8612
江苏	0.0460	0.7515	0.8957	0.6735	0.7735
浙江	0.0587	0.5112	0.7297	0.3253	0.5220

续表

省级行政区	环境效率(EE)	节水潜力(EP_1)	节电潜力(EP_2)	节气潜力(EP_3)	总节能潜力(EP)
安徽	0.1079	0.4513	0.6622	0.3409	0.4848
福建	0.0505	0.5608	0.7890	0.3629	0.5709
江西	0.0732	0.1443	0.4209	0.3771	0.3141
山东	0.0647	0.4494	0.8125	0.5593	0.6070
河南	0.0912	0.2155	0.7058	0.5043	0.4752
湖北	0.0916	0.0175	0.7231	0.5760	0.4389
湖南	0.1547	0.4593	0.3369	0.3707	0.3890
广东	1.0000	0.0000	0.0000	0.0000	0.0000
广西	0.0940	0.7116	0.7928	0.0000	0.5015
海南	1.0000	0.5800	0.6216	0.2248	0.4755
重庆	0.1045	0.6176	0.8205	0.5740	0.6707
四川	0.1268	0.3792	0.6191	0.7693	0.5892
贵州	1.0000	0.0000	0.0000	0.0000	0.0000
云南	1.0000	0.0000	0.0000	0.0000	0.0000
陕西	0.1508	0.3820	0.5647	0.6040	0.5169
甘肃	0.2032	0.3176	0.6250	0.6519	0.5315
青海	1.0000	0.0000	0.0000	0.0000	0.0000
宁夏	0.0688	0.5533	0.8592	0.8259	0.7461
新疆	1.0000	0.0000	0.0000	0.0000	0.0000

东部地区大多数省级行政区由于资源位置等优势发展较快，属于经济较发达区域，东部地区也重视环境保护问题，它们有足够的经济实力购买环保设施、支撑环保技术的开发和应用、治理环境污染问题。西部地区大多经济发展水平相对落后，工业水平相对较低，对能源需求小，重工业生产企业也比较少，因此，工业污染问题并不严重。中部地区发展水平介于东部西部之间，中部地区区位优势优于西部地区，在东部地区辐射范围以内，成为国家重要产业转移基地，但目前面临巨大的经济转型压力，中部地区的发展受要素驱动和规模投资驱动，还处在靠消耗资源与牺牲环境质量发展经济的阶段，高投入、高能耗、高污染企业促进了中部地区 GDP 的快速增长，但传统之路"先污染，后治理"并不符合绿色战略，导致中部地区的环境质量迅速恶化。

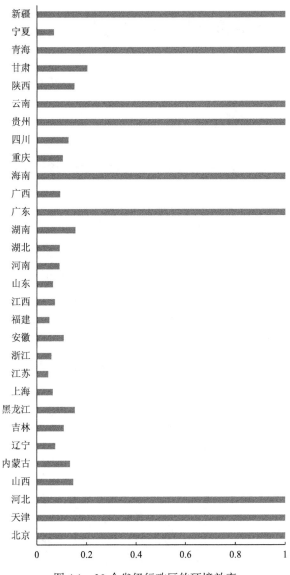

图 4.1　30 个省级行政区的环境效率

2. 节能潜力

表 4.3 表示,当关切减排时,所有环境效率有效的省级行政区的节能潜力都为 0。对于每个无效省级行政区,不同种能源的节能潜力都表现出显著差异。

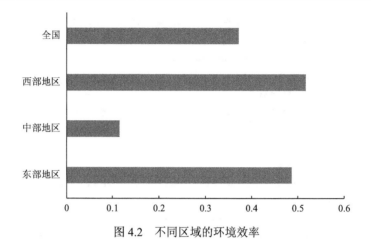

图 4.2　不同区域的环境效率

　　图 4.3 反映了东部地区各省级行政区的节能潜力，北京、天津、河北和广东的节能潜力都是 0，尽管河北和天津人口密集、工业企业集聚，但两个地区的环境效率较高、节能潜力较低，也许是由于河北和天津的工业生产企业都位于工业园区内，生产设备都集中管理，提高了能源利用效率，工业园区内的废水和废气排放也便于集中处理。工业园区的这种模式有利于污染废弃物的循环利用，有助于实现节能减排。辽宁由于重工业企业较多，能源资源消耗巨大。如图 4.3 所示，

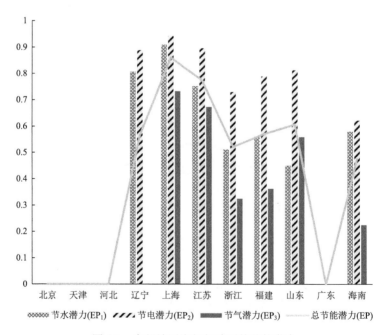

图 4.3　东部地区省级行政区的节能潜力

辽宁的节水潜力和节电潜力分别是 0.8063、0.8881，然而节气潜力为 0，这说明辽宁在减排关切下，只有天然气为有效利用，用水和用电上都还有改进空间，可能是因为辽宁的生产企业高度依赖能源资源。近几年产业结构调整和优化虽然产生了一些良好效果，但从根本上改变基于重工业的工业生产方式仍然十分困难。与节水和节气潜力相比较，东部地区每个无效省级行政区的节电潜力仍然巨大，因此东部地区应当更加关注节电行动，切实提高自身的节电潜力。上海和江苏经济较为发达，节能潜力巨大，这两地应当更多地投资于节能减排技术的开发和应用。

图 4.4 反映了中部地区省级行政区的节能潜力，中部地区省级行政区的节能潜力都较低。山西的节电潜力为 0.4697，而节水和节气潜力分别为 0.0531、0.1051，黑龙江的节水和节电潜力分别为 0.6414、0.7377，而节气潜力仅为 0.0144，湖北的节电和节气潜力分别为 0.7231、0.5760，而节水潜力仅为 0.0175，此外，广西的节气潜力为 0。这些数据充分说明了部分省级行政区三种能源的节能潜力之间存在显著差异，需要着重改善其中某方面的能源利用效率，比如内蒙古的节电潜力高达 0.8370，在用水、用电、用气三方面，内蒙古就应当集中主要精力改善该地区的电力利用效率。

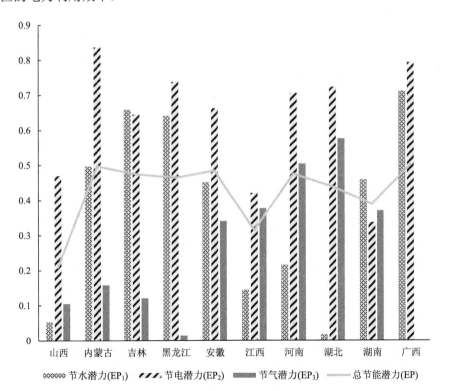

图 4.4　中部地区省级行政区的节能潜力

图 4.5 反映了西部地区各省级行政区的节能潜力，贵州、云南、青海和新疆的节能潜力都为 0，它们在用水、用电、用气上的效率都较高，能源消耗总量整体较低，可能是因为它们经济都欠发达并且工业化程度不高，对能源需求不大。其余的 5 个省级行政区仍然有巨大的节能潜力，宁夏的节能潜力最大，节电和节气潜力分别为 0.8592、0.8259，说明宁夏仍然需要花费巨大精力来提高电和气的利用效率。在节水、节电、节气三种节能潜力中，四川、陕西、甘肃都是节气潜力最大，四川的天然气资源丰富，但是开发利用技术水平并未达到国内先进行列，所以四川应该加速发展节能技术，最大程度地高效利用天然气资源。西部地区的水资源十分匮乏，节水潜力都比节电潜力低。

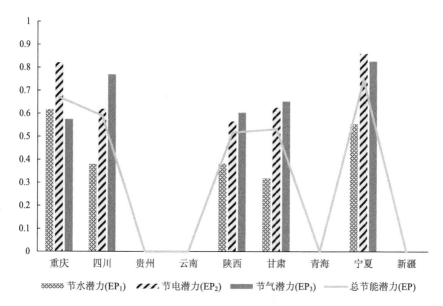

图 4.5　西部地区省级行政区的节能潜力

图 4.6 显示了东部、中部及西部三个区域的平均节能潜力，不同区域的不同种类能源节能潜力之间均存在显著差异。中国平均的总节能潜力是 0.3893，中部地区节能潜力最大，在节水、节电、节气三种节能潜力中，电力使用效率可提高改进的空间最大。

3. 三种不同种类能源节能潜力间的差异

为了测度三种不同能源节能潜力之间是否存在显著差异，本书对环境产出关切下的三种能源的节能潜力采用了非参数方法，即 Mann-Whitney 方法，表 4.4 是该方法计算出来的结果。节水潜力与节电潜力之间的 p 值为 0.0366，表明在 5% 的显著性水平上，节水和节电潜力之间差异显著；节水潜力和节气潜力之间的 p

值为 0.4358，因此，接受零假设，即节水和节气潜力之间并不存在显著差异；节电潜力和节气潜力之间的 p 值为 0.0113，因此，拒绝零假设，即节电和节气潜力之间在 5% 的显著性水平上存在显著差异。

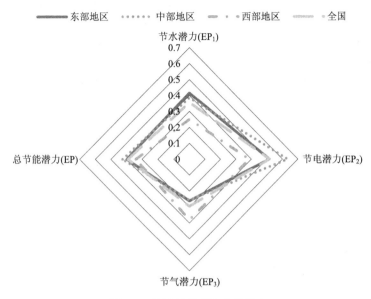

图 4.6　各区域的平均节能潜力

表 4.4　三种节能潜力之间的 Mann-Whitney 检验

零假设	Mann-Whitney U 统计	Z 统计量	p 值
节水潜力和节电潜力之间的中位数	4488.56	−2.090	0.0366
节水潜力和节气潜力之间的中位数	4451.82	0.779	0.4358
节气潜力和节电潜力之间的中位数	4451.82	2.533	0.0113

4.4　本　章　小　结

本章以节能减排关切视角为出发点，分析了中国 30 个省、自治区、直辖市（香港、澳门、台湾、西藏由于数据缺失不全，暂不考虑）的节能减排效率。其分析结果与讨论对于不同省份的节能减排工作具有针对性、指导性、实效性的意义。

参 考 文 献

Enserink B, Koppenjan J. 2007. Public participation in China: Sustainable urbanization and governance. Management of Environmental Quality: An International Journal, 18(4): 459-474.

Fang S, Ji X, Ji X, et al. 2018. Sustainable urbanization performance evaluation and benchmarking: An efficiency perspective. Management of Environmental Quality: An International Journal, 29.

Färe R, Grosskopf S, Lovell C, et al. 1989. Multilateral productivity comparisons when some outputs are undesirable: A nonparametric approach. The Review of Economics and Statistics, 71: 90.

Ji X, Wu J, Zhu Q, et al. 2019. Using a hybrid heterogeneous DEA method to benchmark China's sustainable urbanization: An empirical study. Annals of Operations Research, 278(1): 281-335.

Sun J, Yuan Y, Yang R, et al. 2017. Performance evaluation of Chinese port enterprises under significant environmental concerns: An extended DEA-based analysis. Transport Policy, 60: 75-86.

第三部分 资源循环利用篇

第5章 决策者偏好模式下废物处理再利用环境效率研究

现有的环境效率研究成果大多通过构建两阶段系统对决策单元的绩效水平进行评价，其中包括生产子系统和污染处理子系统。但现有的研究大多忽略了决策者对不同子系统的资源分配水平，体现了其利益偏好，即对生产子系统的优先资源配置表现出其短期利益偏好，而倾向对污染处理子系统优先资源分配则体现出决策者的长期利益偏好。因此，本章基于两阶段环境效率模型，对决策者的偏好进行刻画并提出 3 个定理分析决策者的利益偏好参数和环境系统效率值变化的动态关系。

5.1 引　言

环境问题(例如，全球变暖、气候变化、水污染)已经成为全世界最重要的问题之一(Sueyoshi and Goto，2011)。许多国家针对环境保护和治理项目进行了大量的投资，如垃圾再循环和再利用的项目等(Zhang et al.，2008)。鉴于这些项目投资巨大、建设周期长，其实际效益必然是有关政府部门和管理者关注的焦点，但这些投资项目的影响却鲜有研究。因此，评估这些项目带来的环境效率的变化是比较困难的。本研究的目的是提出一种新的方法来有效地评估此类项目的绩效。结合相应的数据，对这类项目未来进一步的发展提供有价值的建议。

为了更好地理解上述环境循环治理系统，本研究将其抽象为一个两阶段模型，如图 5.1 所示。每个阶段都是一个包括投入和产出的集成系统。阶段一代表工业生产子系统，它使用几个投入资源(X_1)来生产产品，其有期望产出(Y_1)和非期望产

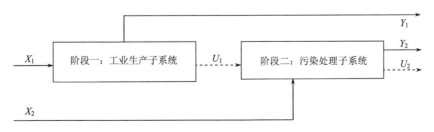

图 5.1　简化的生产与环境治理两阶段系统结构(虚线表示非期望产出)

出(U_1)。阶段二是污染处理子系统。在这一阶段,通过使用外部投入资源(X_2),非期望的产出(U_1)被再循环和再利用,以此产生期望的产出(Y_2)和一些剩余的非期望的产出(U_2)。需要注意的是,两段系统中的中间产物是来自阶段一的非期望产出(U_1)。

本章将对这两个子系统的投资偏好表示为短期利益偏好和长期利益偏好。阶段一的工业生产子系统为保证当前社会基本运作和人们的日常生活提供必需品(如能源)。因此,对工业生产子系统的资源投资偏好表示决策者的短期利益偏好。而污染处理子系统的建立,符合长期"可持续发展"的基本要求,因此对污染处理子系统的投资偏好表示为决策者的长期利益偏好。

虽然决策者的偏好有短期和长期之分,如一个硬币的两面,每个偏好水平都是决策者对短期和长期利益追求的综合体现。在所提出的模型中,参数 α 表示决策者的主观短期利益偏好的程度。实际上,短期利益偏好决策者显然更有可能从工业生产子系统中获利。因此,决策者会采取各种方法,包括增加资本、知识、专业人员等的投资,来提高生产子系统的生产技术水平。本质上,所有这些用于提高生产技术水平的管理策略均可被视为对工业生产子系统投入资源的增加。因此,从这个角度来看,决策者预先确定的对工业生产子系统投入资源的投资比例能够真实地反映其主观短期利益偏好的程度。因此,偏好参数 α 也表示了决策者对两个子系统资源的分配比例。相应地,同一个决策者的主观长期利益偏好程度可以表示为($1-\alpha$)。

为了评估上述两阶段环境系统的效率,本章提出了一种考虑决策者利益偏好程度的数据包络分析模型。该模型不但分别给出了两阶段系统和子系统的效率,还从决策者不同利益偏好的角度研究了两阶段系统整体效率水平和子系统效率水平的变化趋势。基于所提出的模型和两阶段系统,提出三个定理验证了效率值与利益偏好参数之间的动态关系。为了证明该模型的效用,进行了实证分析。

对于当前使用数据包络分析方法进行绩效和效率评价,本章有以下几方面的贡献。第一,现有的研究很少探究带有非期望中间产出的两阶段系统的效率。本章提出了一个基于两阶段系统的加权两阶段 DEA 模型,其将非期望产出作为中间产物。第二,在这个领域还没有公开的研究表明决策者的主观意愿如何影响组织绩效或效率评估。本章基于组织管理中的行为研究,探讨了决策者主观利益偏好对于 DMU 效率变化的影响。在所提出的模型中,权重参数用来表示决策者的主观利益偏好的程度。第三,大多数学者忽视了系统环境保护项目的效率。本章通过所提出的加权 DEA 模型,对一个典型的两阶段环境治理项目的综合效率进行了研究,实证结果可为未来的决策提供有价值的建议。因此,对于深入理解决策者的利益偏好如何影响两阶段系统的综合效率,以及环境效率如何随着平衡经济和环境的政策的发展而变化等问题,本章具有理论和实践价值。

5.2　考虑决策者偏好的废物再利用环境效率评价模型构建

根据图 5.1 所示的两阶段环境治理系统,建立一个新的加权两阶段 DEA 模型。假设有 n 个 DMU,表示为 $\mathrm{DMU}_j\,(j=1,\cdots,n)$。对于每个 $\mathrm{DMU}_j\,(j=1,\cdots,n)$,阶段一消耗外部投入 m_1,以 $X_1=\left(X_{1j},X_{2j},\cdots,X_{m_1 j}\right)^{\mathrm{T}}$ 表示,产生期望产出 s_1,以 $Y_1=\left(Y_{1j},Y_{2j},\cdots,Y_{s_1 j}\right)^{\mathrm{T}}$ 表示,非期望产出 o_1,以 $U_1=\left(U_{1j},U_{2j},\cdots,U_{o_1 j}\right)^{\mathrm{T}}$ 表示。阶段二消耗外部投入 m_2,以 $X_2=\left(X_{1j},X_{2j},\cdots,X_{m_2 j}\right)^{\mathrm{T}}$ 表示,产生期望产出 s_2,以 $Y_2=\left(Y_{1j},Y_{2j},\cdots,Y_{s_2 j}\right)^{\mathrm{T}}$ 表示,非期望产出 o_2,以 $U_2=\left(U_{1j},U_{2j},\cdots,U_{o_2 j}\right)^{\mathrm{T}}$ 表示。

在阶段一中,将非期望产出 U_1 基于 Seiford 和 Zhu(2002)提出的线性变换方法转化为正常输出变量。该转换方法的核心思想是:首先将每个非期望产出乘以 “–1”。然后构造适当的平移矢量 w,使所有负的非期望产出变为正值。用公式表示为 $\bar{y}_j^b=-y_j^b+w>0$,采用相同的方式处理非期望产出 U_2。作为中间产品,变量 U_1 也是阶段二的正常输入。在这种情况下, U_1 没有任何转化放入模型中。

所有的变量都是使用可自由处置性的假设来处理的,因此在所提出的模型中,所有非期望产出都可以转换成期望产出。根据现有文献,对投入和产出变量都使用可自由处置性假设是合理的(Hua et al.,2007;Woo et al.,2015)。此外,在研究背景下,可自由处置性假设更直接地反映了决策者对两阶段系统效率的主观影响的重要性。

因此,根据传统规模报酬不变模型,提出了一个加权的两阶段 DEA 模型,如模型(5.1)所示。规模报酬不变(CRS)假设避免了因效率变化导致的规模收益增加或减少的影响,可以重点研究决策者的主观偏好如何影响效率。此外,CRS 表示可复制的生产流程,这个特点有助于更清楚地探究决策者偏好的影响。

$$\mathrm{Max}\ \frac{\displaystyle\sum_{r=1}^{s_2}\mu_{rd}^1 y_{rd}^1+\sum_{r=1}^{s_2}\mu_{rd}^2 y_{rd}^2+\sum_{v=1}^{o_2}\tau_{vd}^2 u_{vd}^2}{\displaystyle\sum_{i=1}^{m_1}\omega_{id}^1 x_{id}^1+\sum_{i=1}^{m_2}\omega_{id}^2 x_{id}^2}$$

$$\mathrm{s.t.}\ \frac{\displaystyle\sum_{r=1}^{s_1}\mu_{rd}^1 y_{rd}^1+\sum_{r=1}^{s_2}\mu_{rd}^2 y_{rd}^2+\sum_{v=1}^{o_2}\tau_{vd}^2 u_{vd}^2}{\displaystyle\sum_{i=1}^{m_1}\omega_{id}^1 x_{id}^1+\sum_{i=1}^{m_2}\omega_{id}^2 x_{id}^2}\leqslant 1,\ j=1,\cdots,n$$

$$\frac{\sum_{r=1}^{s_1} \mu_{rd}^1 y_{rj}^1 + \sum_{t=1}^{o_1} \tau_{td}^1 u_{vj}^1}{\sum_{i=1}^{m_1} \omega_{id}^1 x_{ij}^1} \leqslant 1, \ j=1,\cdots,n$$

$$\frac{\sum_{r=1}^{s_2} \mu_{rd}^2 y_{rj}^2 + \sum_{v=1}^{o_2} \tau_{vd}^2 u_{vj}^2}{\sum_{i=1}^{m_1} \omega_{id}^2 x_{ij}^2 + \sum_{c=1}^{o_1} \eta_{cd}^1 u_{vj}^1} \leqslant 1, \ j=1,\cdots,n \tag{5.1}$$

$$\frac{\sum_{i=1}^{m_1} \omega_{id}^1 x_{id}^1}{\sum_{i=1}^{m_2} \omega_{id}^2 x_{id}^2 + \sum_{c=1}^{o_1} \eta_{cd}^1 u_{vd}^1} = \frac{\alpha}{1-\alpha}$$

$$\omega_{id}^1, \omega_{id}^2, \mu_{rd}^1, \mu_{rd}^2, \tau_{td}^1, \tau_{vd}^2, \eta_{cd}^1 \geqslant 0$$

对于模型(5.1)，第一个约束条件指的是整个两阶段系统的效率值界限。其计算方法是将整个两阶段系统视为一个黑箱，使用最终输出除以整个系统的外部输入。同样，可以导出第二和第三个约束条件来表示两个子系统各自的效率值界限。考虑决策者主观利益偏好对两个子系统效率的影响，第四个约束条件反映了研究背景。根据参数 α 的定义，两个子系统的投入比例等于对于两个子系统的主观利益偏好程度的比例。大于 0.5 的 α 值表示决策人更喜欢追求短期利益，而较小的值代表对长期利益的偏好。参数 α 值的范围是 (0,1)。因为人有不同程度的风险承受能力，绝对短期利益偏好和绝对长期利益偏好在实践中是不存在的，所以 α 不等于 0 或 1。

模型(5.1)可以用 Charnes-Cooper 变换为线性形式。让 $t = \dfrac{1}{\sum_{i=1}^{m_1} \omega_{id}^1 x_{id}^1 + \sum_{i=1}^{m_2} \omega_{id}^2 x_{id}^2}$，

$\phi_{id}^1 = t\omega_{id}^1$，$\phi_{id}^2 = t\omega_{id}^2$，$\varphi_{rd}^1 = t\mu_{rd}^1$，$\varphi_{rd}^2 = t\mu_{rd}^2$，$\psi_{vd}^1 = t\tau_{vd}^1$，$\psi_{vd}^2 = t\tau_{vd}^2$ 和 $\zeta_{cd}^1 = t\eta_{cd}^1$。转换后的线性模型记为模型(5.2)。

$$\text{Max} \ \sum_{r=1}^{s_1} \varphi_{rd}^1 y_{rd}^1 + \sum_{r=1}^{s_2} \varphi_{rd}^2 y_{rd}^2 + \sum_{v=1}^{z} \psi_{vd}^2 u_{vd}^2$$

$$\text{s.t.} \sum_{r=1}^{s_1} \varphi_{rd}^1 y_{rj}^1 + \sum_{r=1}^{s_2} \varphi_{rd}^2 y_{rj}^2 + \sum_{v=1}^{z} \psi_{vd}^2 u_{vj}^2 - \sum_{i=1}^{m_1} \phi_{id}^1 x_{ij}^1 - \sum_{i=1}^{m_2} \phi_{id}^2 x_{ij}^2 \leqslant 0, \ j=1,\cdots,n \tag{5.2}$$

$$\sum_{r=1}^{s_1} \varphi_{rd}^1 y_{rj}^1 + \sum_{v=1}^{p} \psi_{vd}^1 u_{vj}^1 - \sum_{i=1}^{m_1} \phi_{id}^1 x_{ij}^1 \leqslant 0, \ j=1,\cdots,n$$

$$\sum_{r=1}^{s_2} \varphi_{rd}^2 y_{rj}^2 + \sum_{v=1}^{z} \psi_{vd}^2 u_{vj}^2 - \sum_{i=1}^{m_2} \phi_{id}^2 x_{ij}^2 - \sum_{c=1}^{q} \zeta_{cd}^1 u_{vj}^1 \leqslant 0, \ j=1,\cdots,n$$

$$\sum_{i=1}^{m_1} \phi_{id}^1 x_{id}^1 + \sum_{i=1}^{m_2} \phi_{id}^2 x_{id}^2 = 1$$

$$\sum_{i=1}^{m_1} \phi_{id}^1 x_{id}^1 = \alpha \left(1 + \sum_{c=1}^{q} \zeta_{cd}^1 u_{vd}^1 \right)$$

$$\phi_{id}^1, \phi_{id}^2, \varphi_{rd}^1, \varphi_{rd}^2, \psi_{vd}^1, \psi_{vd}^2, \zeta_{cd}^1 \geqslant 0$$

基于 Charnes-Cooper 变换，要求 $t = \dfrac{1}{\sum\limits_{i=1}^{m_1} \omega_{id}^1 x_{id}^1 + \sum\limits_{i=1}^{m_2} \omega_{id}^2 x_{id}^2} = 1$ 以保持整体模型的

等价性。进一步模型(5.2)可以通过变量的等价替换转换成下面的简化模型(5.3)。

$$\begin{aligned}
&\text{Max } \varphi_1 y_1 + \varphi_2 y_2 + \psi_2 u_2 \\
&\text{s.t. } \varphi_1 y_1 + \varphi_2 y_2 + \psi_2 u_2 - \phi_1 x_1 - \phi_2 x_2 \leqslant 0 \\
&\qquad \varphi_1 y_1 + \psi_1 u_1 - \phi_1 x_1 \leqslant 0 \\
&\qquad \varphi_2 y_2 + \psi_2 u_2 - \phi_2 x_2 - \zeta_2 u_1 \leqslant 0 \\
&\qquad \phi_1 x_1 + \phi_2 x_2 = 1 \\
&\qquad \phi_1 x_1 = \alpha \left(1 + \zeta_2 u_1 \right) \\
&\qquad \phi_1, \phi_2, \varphi_1, \varphi_2, \psi_1, \psi_2, \zeta_2 \geqslant 0
\end{aligned} \qquad (5.3)$$

基于简化模型(5.3)，上述两阶段系统的综合效率为 $\theta = \varphi_1 y_1 + \varphi_2 y_2 + \psi_2 u_2$。相应地，工业生产子系统的效率为 $\theta_1 = \varphi_1 y_1 + \psi_1 u_1$，污染处理子系统的效率为 $\theta_2 = \varphi_2 y_2 + \psi_2 u_2$。

基于上述所提出的模型，给出了反映模型性质的三个定理。这三个定理清楚地说明了决策者的主观利益偏好与两阶段系统效率变化之间的关系。

定理 5.1　随着权重 α 的增加，阶段一 θ_1^* 的效率值增加。

证明：基于模型(5.3)，第二和第五约束条件代表生产子系统的可行域。用模型(5.4)计算 θ_1。

$$\begin{aligned}
&\text{Max } \theta_1 = \varphi_1 y_1 + \psi_1 u_1 \\
&\text{s.t. } \varphi_1 y_1 + \psi_1 u_1 - \phi_1 x_1 \leqslant 0 \\
&\qquad \phi_1 x_1 = \alpha \left(1 + \zeta_2 u_1 \right) \\
&\qquad \phi_1, \varphi_1, \psi_1, \zeta_2 \geqslant 0
\end{aligned} \qquad (5.4)$$

第二个约束可替换为如下模式：

$$\begin{aligned}
&\text{Max } \theta_1 = \varphi_1 y_1 + \psi_1 u_1 \\
&\text{s.t. } \varphi_1 y_1 + \psi_1 u_1 - \alpha \left(1 + \zeta_2 u_1 \right) \leqslant 0 \\
&\qquad \phi_1, \varphi_1, \psi_1, \zeta_2 \geqslant 0
\end{aligned} \qquad (5.5)$$

由模型(5.5)可得：$\theta_1 - \alpha \left(1 + \zeta_2 u_1 \right) \leqslant 0$，即 $\theta_1 \leqslant \alpha \left(1 + \zeta_2 u_1 \right)$。对于给定的 ζ_2 值，

有 $1+\zeta_2u_1 > 0$。很明显，其可行域随着参数 α 的增加而变大。此外，根据 DEA 理论，该模型可以在边界上获得最优解。因此，可以得出结论，最优解 θ_1 随着 α 的增加而增加。

定理 5.1 解释了利益偏好和参数 α 与阶段一的最优效率之间的关系。就像前面所提到过的，当 α 大于 0.5 时，决策者更倾向于追求短期利益。有高短期利益的决策者会想办法提高生产子系统的技术水平，这实质上意味着增加投入资源。从这个角度来看，决策者希望在阶段一中投入更多的资源以此提高阶段一的技术水平。换句话说，定理 5.1 表明，决策者越是追求短期利益，阶段一就越有效。

定理5.2　随着权重 α 的增加，阶段二 θ_2^* 的效率降低。

证明： 如前所述，θ_2 的值可以表示为 $\theta_2 = \varphi_2 y_2 + \psi_2 u_2$。根据模型(5.3)，环境保护子系统的可行域会受到第三个约束的限制。此外，基于模型(5.3)，可知 $\phi_1 x_1 + \phi_2 x_2 = 1$ 和 $\phi_1 x_1 = \alpha(1+\zeta_2 u_1)$。因此，有 $\phi_2 x_2 = 1 - \alpha(1+\zeta_2 u_1)$。换句话说，下面的模型(5.6)可以用来计算 θ_2 的值。

$$\begin{aligned}
&\text{Max } \theta_2 = \varphi_2 y_2 + \psi_2 u_2 \\
&\text{s.t. } \varphi_2 y_2 + \psi_2 u_2 - \phi_2 x_2 - \zeta_2 u_1 \leqslant 0 \\
&\quad\quad \phi_2 x_2 = 1 - \alpha(1+\zeta_2 u_1) \\
&\quad\quad \phi_2, \varphi_2, \psi_2, \zeta_2 \geqslant 0
\end{aligned} \quad\quad (5.6)$$

模型(5.6)可以转换为

$$\begin{aligned}
&\text{Max } \theta_2 = \varphi_2 y_2 + \psi_2 u_2 \\
&\text{s.t. } \varphi_2 y_2 + \psi_2 u_2 \leqslant (1-\alpha)(1+\zeta_2 u_1) \\
&\quad\quad \phi_2, \varphi_2, \psi_2, \zeta_2 \geqslant 0
\end{aligned} \quad\quad (5.7)$$

其中模型(5.7)的可行域是 $\theta_2 \leqslant (1-\alpha)(1+\zeta_2 u_1)$。因此，从给定的 ζ_2 的最优解，可知 α 的增加导致 θ_2 的减小。

定理5.3　随着权重 α 的增加，两阶段系统的综合效率 θ 降低。

证明： 综合效率 θ 通过 $\theta = \varphi_1 y_1 + \varphi_2 y_2 + \psi_2 u_2$ 计算。这个方程简化为

$$\begin{aligned}
&\text{Max } \theta \\
&\text{s.t. } \theta \leqslant 1 \\
&\quad\quad \varphi_1 y_1 \leqslant \phi_1 x - \psi_1 u_1 \\
&\quad\quad \varphi_2 y_2 + \psi_2 u_2 \leqslant \phi_2 x_2 + \zeta_2 u_1 \\
&\quad\quad \phi_1 x_1 + \phi_2 x_2 = 1 \\
&\quad\quad \phi_1 x_1 = \alpha(1+\zeta_2 u_1) \\
&\quad\quad \phi_1, \phi_2, \varphi_1, \varphi_2, \psi_1, \psi_2, \zeta_2 \geqslant 0
\end{aligned} \quad\quad (5.8)$$

通过合并第二个和第三个约束条件

$$\text{Max } \theta$$
$$\text{s.t. } \theta \leqslant 1$$
$$\theta \leqslant \phi_2 x_2 + \zeta_2 u_1 + \phi_1 x_1 - \psi_1 u_1$$
$$\phi_1 x_1 + \phi_2 x_2 = 1 \tag{5.9}$$
$$\phi_1 x_1 = \alpha (1 + \zeta_2 u_1)$$
$$\phi_1, \phi_2, \varphi_1, \varphi_2, \psi_1, \zeta_2 \geqslant 0$$

对于模型(5.9)，通过将约束三和四代入约束二得

$$\text{Max } \theta$$
$$\text{s.t. } \theta \leqslant 1$$
$$\theta \leqslant \frac{\phi_1 x_1}{\alpha} - \psi_1 u_1 \tag{5.10}$$
$$\phi_1, \psi_1 \geqslant 0$$

基于模型(5.10)，可知约束一是恒定的，可行域的面积由约束二确定。如果 $\frac{\phi_1 x_1}{\alpha}$ 和 $\psi_1 u_1$ 都为正，则较大的 α 会产生较小的 $\left(\frac{\phi_1 x_1}{\alpha} - \psi_1 u_1 \right)$。当参数 α 变大时，对应于模型(5.2)下的模型(5.10)的可行域变小。因此，可以得出结论，随着 α 的增加，两阶段系统的综合效率值降低。

定理 5.3 描述了偏好参数 α 和所提出的两阶段系统整体效率之间的关系。具体来说，参数 α 的增加会降低整体效率。这个现象已经被许多国家的实际情况所证实，如印度和中国。有研究结果表明，工业的增长并没有提高中国的生态效率，甚至可能在一定程度上降低了整体环境绩效(Chang et al.，2013；Zhang et al.，2008)。此外，Managi 和 Jena(2007)的结果表明，随着时间的推移，印度工业经济的飞速发展降低了整体环境绩效。因此，根据这个定理，可以得出结论，对短期利益的无休止的追求会降低整个系统的整体效率。

以上 3 个定理真实地反映了生产实践过程。管理政策对组织运作有很大影响。以短期利益为偏好的政策旨在提高生产子系统的绩效或效率，定理 5.1 与实践是一致的。由于决策者投入更多资源追求短期利益，污染处理子系统的效率降低，导致污染量增加，如定理 5.2 所示。污染产量的增加和污染处理效率的降低的综合效应，导致了综合效率 θ 的下降，如定理 5.3 所示。

这 3 个定理间接强调了工业生产子系统在环境效率方面的重要作用。增加生产子系统的投资会产生更多的利润，但也产生了更多的非期望产出。随着非期望产出的增加，如果污染物不完全处理，则该环境系统的综合效率将下降。因此，无论决策者的利益偏好如何，都应该改变"先污染，后治理"的观点。决策者和管理者应该提倡绿色生产，从而减少污染的产生，这样才能从根本上提

高综合环境效益。在下一节中，将通过一个实证案例的研究来验证所提出的模型和定理。

5.3　中国区域工业废物再利用环境效率评价应用研究

5.3.1　评价指标选取

本书选取中国 30 个省级行政区(由于香港、澳门、台湾、西藏的部分数据缺失，没有将其纳入考虑范围)的工业生产子系统和相应的污染处理子系统(即综合环境保护项目)进行实证分析。这些环保项目的结构代表了图 5.1 所示的两阶段系统。此外，根据地理特征、自然条件、资源结构、经济发展、社会结构相似性和区域政策，将 30 个省级行政区划分为 8 个地区，如表 5.1 所示。实验结果验证了所提出的模型，并证实了定理。

表 5.1　中国的 8 个地区划分

地区	省级行政区
中国东北(NEC)	辽宁，吉林，黑龙江
中国北方沿海(NCC)	北京，天津，河北，山东
中国东部沿海(ECC)	上海，江苏，浙江
中国南方沿海(SCC)	福建，广东，海南
黄河中游(MYR)	陕西，山西，内蒙古，河南
长江中游(MYZR)	湖北，湖南，江西，安徽
中国西南(SWC)	重庆，广西，四川，贵州，云南
中国西北(NWC)	甘肃，青海，宁夏，新疆

基于现有文献(如表 5.2 所示)和工业生产实践，对输入和输出变量进行了选择。工业生产子系统的投入为劳动力(按年平均职工人数计算)、资本(指固定资产原价，包括购置、包装、改造、安装等费用)、每单位国内生产总值的煤炭支出(指生产万元 GDP 所需的煤炭量)；期望产出为工业 GDP(用产品现值、对外加工产品收入、加工半成品的期初与期末的差值计算)；非期望产出为工业废水排放量(指工厂直接排放的废水总量)和工业固体废弃物排放量(直接排放的固体废弃物总量，包括危险废物、冶炼渣、粉煤灰、矿渣、煤矸石、残渣、放射性废物以及其他废物)。

表 5.2　在以往文献中关于环境效率的投入和产出摘要

作者	决策单元	投入	产出
Woo et al. (2015)	31 个经合组织(OECD)成员国	劳动力 总资本 可再生能源供应	可再生发电能源 GDP 碳排放量
Chang et al. (2014)	韩国 27 家航空公司	资本 从业人数	收入吨公里 利润 碳排放量
Yang and Wang (2013)	中国 34 省省级行政区	资金投入 人力投入 能源投入	GDP 二氧化碳排放量
Wang et al. (2013)	中国 34 个省级行政区	股本年度数据 劳动力	GDP CO_2 排放量 SO_2 排放量
Song et al. (2013)	1995~2009 年中国国内生产效率	社会固定资产投资额 第二产业就业人口	第二产业 GDP SO_2 排放量
Chang et al. (2013)	中国 34 个省级行政区	从业人数 固定资本投资 能源消费量	交通运输业 GDP CO_2 排放量
Zaim and Taskin (2000)	25 个经合组织(OECD)成员国	总劳动力 总股本	GDP CO_2 排放量
Chien and Hu (2007)	26 个经合组织(OECD)成员国和非经合组织(non-OECD)成员国	总股本 总劳动力 能源消费量	GDP
Zhou et al. (2010)	18 个主要的 CO_2 排放国	总股本 总劳动力 一次能源消费总量	GDP CO_2 排放量

对于污染处理子系统，投入包括两部分：外部投入(即污染处理投入，按用于环境基础设施建设的投资和其他固定资产投资计算)和工业生产子系统的非期望产出。期望产出是废物再利用的综合价值(指以废物为原料生产的产品的当前价格)。非期望产出为工业废水残留(用工业废水排放量减去工业废水回收利用量来计算)和工业固体废弃物残留(用工业固体废弃物排放量减去工业固体废弃物回收、再利用量来计算)。所有数据均来自《中国统计年鉴》，其涵盖 2007~2011 年的数据。变量的引入和数据的相应描述性统计如表 5.3 所示。

表 5.3　变量介绍和对数据集所进行的描述性统计分析

		变量	单位	最大值	最小值	均值	标准差
工业生产子系统	投入(X_1)	劳动力	万人	1568	12	282.92	320.94
		资本	亿元	34509.27	652.81	8170.71	7025.8
		每单位 GDP 的煤炭支出	t/万元	4.0899	0.5484	1.43	0.73
	期望产出(Y_1)	工业 GDP	亿元	92056.48	640.26	16505.86	18891.25
	非期望产出(U_1)	工业废水排放量	万 t	287181	5782	79995.29	69490.96
		工业固体废弃物排放量	万 t	31688	147	6414.27	5102.87
污染处理子系统	投入(X_2)	污染处理投入	万元	844159	3563	156673.95	134703.48
		工业废水循环再利用	万 t	287181	5782	79995.29	69490.96
		工业固体废弃物循环再利用	万 t	31688	147	6414.27	5102.87
	期望产出(Y_2)	废物再利用的综合价值	万元	2863867	10369.2	492400.84	552538.9
	非期望产出(U_2)	工业废水残留	万 t	263760	1	20788.96	43052.47
		工业固体废弃物残留	万 t	9631	0.1	1757.36	2188.71

下面首先探讨效率值随利益参数 α 的增加而变化的趋势。然后分析中国 8 个地区的效率(综合效率、工业生产效率和污染治理效率),并提出了可行的建议。

5.3.2　结果分析

1. 评价效率值分析

下面探讨两阶段系统在有不同利益偏好的管理者管理下的效率差异。如前所述,决策者的利益偏好程度(用 α 表示)可以直接反映在对于两个子系统的行为投资上。为了探讨不同程度的短期利益偏好对效率结果的影响,设置了 9 个 α 值,即 α 值从 0.1～0.9,增量为 0.1。

基于模型(5.2),用 9 个不同的 α 值计算了 2007～2011 年 30 个省级行政区的效率,还计算了 30 个省级行政区的平均效率,并根据平均效率值分析了 α 对效率趋势的影响。

从表 5.4 可以看出,每年随着 α 的增加,30 个省级行政区的平均工业生产效率值也在增加。这些结果与定理 5.1 一致。

这一实验结果的实际意义如下。决策者具有较高的短期利益偏好程度,通过参数 α 变大来建模。这种主观偏好的重要行为信号是决策者努力提高生产技术水平,以便获得更多的短期收益。α 值越大,说明决策者投入越多的资源来提高技术创

表 5.4 2007～2011 年 30 个省级行政区工业生产子系统的平均效率值

	2007	2008	2009	2010	2011
α=0.1	0.4173	0.4995	0.5712	0.5914	0.1285
α=0.2	0.4574	0.5357	0.5813	0.6039	0.1719
α=0.3	0.4790	0.5673	0.6060	0.6116	0.2099
α=0.4	0.5051	0.6017	0.6102	0.6163	0.2718
α=0.5	0.5680	0.6077	0.6436	0.6490	0.3531
α=0.6	0.6169	0.6577	0.6930	0.6803	0.4345
α=0.7	0.6531	0.6949	0.7231	0.7236	0.5030
α=0.8	0.7868	0.7220	0.7474	0.7571	0.5498
α=0.9	0.7951	0.7460	0.7665	0.7823	0.5792

新和技术生产率，生产子系统的效率也得到了提高。因此，当 α 等于 0.9 时，生产子系统的效率值最高。

从边际效应的角度来看， α 每增加 0.1，工业生产子系统效率平均每年提高 8.43%。由此可见，随着 α 的增加，工业生产子系统的效率提高相对较小。此外，平均工业生产子系统效率低下(所有平均效率值均小于 1)。这一结果表明，提高技术效率的政策可能并不会显著提高工业生产子系统的技术水平。

从表 5.5 可以看出，随着 α 的每一次增加，污染处理子系统平均效率值单调下降。污染处理子系统的最优 α 值为 0.1。这个结果与定理 5.2 一致。2011 年的效率结果显著高于往年。

表 5.5 2007～2011 年 30 个省级行政区污染处理子系统的平均效率值

	2007	2008	2009	2010	2011
α=0.1	0.5535	0.4602	0.4173	0.3657	0.8667
α=0.2	0.5022	0.4100	0.3890	0.3391	0.8264
α=0.3	0.4690	0.3871	0.3511	0.3284	0.7698
α=0.4	0.4362	0.3532	0.3317	0.3141	0.6774
α=0.5	0.3573	0.3006	0.2639	0.2733	0.5624
α=0.6	0.2742	0.2307	0.1997	0.2300	0.4374
α=0.7	0.1980	0.1693	0.1472	0.1784	0.3211
α=0.8	0.1239	0.1129	0.1037	0.1167	0.2055
α=0.9	0.0563	0.0541	0.0528	0.0568	0.0969

从表 5.5 可以看出，当决策者追求短期利益时，环境效率变低。另外，在给定的利益偏好下，污染治理效率是可变的。然而，30 个省级行政区的污染处理子

系统都是无效的(平均效率值小于 1)。结果表明,污染处理子系统的生产力水平基本处于较低水平。尽管近年来中国政府一直在倡导解决环境问题的重要性,但大多数决策者仍有更多的短期利益偏好。中国经济快速增长的代价是日益严重的环境问题。因此,现在应该呼吁实践者采取实际行动和管理策略,以提高污染处理子系统的效率,实现有效的可持续发展。

由表 5.6 可知,当 α 为 0.1 时,两阶段系统的综合效率达到最大值。也就是说,随着 α 的增加,两阶段系统的综合效率在下降。这是定理 5.3 所预测的。

表 5.6   2007~2011 年 30 个省级行政区不同权重系数的平均综合效率值

	2007	2008	2009	2010	2011
$\alpha=0.1$	0.5535	0.8856	0.8735	0.8839	0.9314
$\alpha=0.2$	0.5022	0.8812	0.8708	0.8823	0.9303
$\alpha=0.3$	0.4690	0.8782	0.8671	0.8822	0.9273
$\alpha=0.4$	0.4362	0.8732	0.8615	0.8818	0.9125
$\alpha=0.5$	0.3573	0.8642	0.8573	0.8783	0.8873
$\alpha=0.6$	0.2742	0.8547	0.8528	0.8738	0.8559
$\alpha=0.7$	0.1980	0.8410	0.8473	0.8671	0.8102
$\alpha=0.8$	0.1239	0.8183	0.8365	0.8513	0.7522
$\alpha=0.9$	0.0563	0.7898	0.8119	0.8256	0.6750

表 5.6 中的结果表明,在这个两阶段系统中,系统的整体效率受两个子系统及其相互作用效应的影响。决策者应顾全大局,在有效生产和污染治理之间取得平衡,最终推动可持续发展政策的实施。

综上所述,通过表 5.4~表 5.6 中的结果,可以看到实验结果与 3 个定理的结论相对应。此外,研究结果也反映了经济的快速发展导致了严重的环境问题。经济的发展对一个国家来说固然重要,但环境的牺牲却阻碍了经济的进一步发展和人类的正常生活。基于这些结果,政府和组织管理者应进行相应的转变,从追求短期利益转变为追求长期利益,并运用有效的政策促进环境治理,如提高污染处理技术水平。

2. 年度效率结果分析

上一节基于 30 个省级行政区每年的平均效率对模型进行了检验,并对定理进行了验证。在这节中,测试这个模型,并通过 2011 年这个代表性年份、30 个省级行政区的效率结果来验证这些定理。阶段一和阶段二的综合效率结果,如表 5.7 所示。

表 5.7　随着参数 α 的增加，2011 年中国 30 个省级行政区的综合效率结果

	α=0.1	α=0.2	α=0.3	α=0.4	α=0.5	α=0.6	α=0.7	α=0.8	α=0.9
北京	1.0000	1.0000	1.0000	1.0000	1.0000	1.0000	1.0000	1.0000	1.0000
天津	1.0000	1.0000	1.0000	1.0000	1.0000	1.0000	1.0000	1.0000	1.0000
河北	1.0000	1.0000	1.0000	1.0000	1.0000	1.0000	1.0000	1.0000	0.9629
山西	0.6161	0.6161	0.6161	0.6161	0.6161	0.6161	0.6161	0.6104	0.5810
内蒙古	0.9999	0.9999	0.9999	0.9999	0.9999	0.9999	0.9999	0.9819	0.9663
辽宁	0.8937	0.8937	0.8937	0.8937	0.8937	0.8937	0.8937	0.8900	0.8859
吉林	0.9882	0.9882	0.9882	0.9882	0.9882	0.9882	0.9882	0.9578	0.8895
黑龙江	0.7704	0.7704	0.7704	0.7583	0.7397	0.7271	0.7182	0.6921	0.6284
上海	1.0000	1.0000	1.0000	1.0000	1.0000	1.0000	1.0000	1.0000	1.0000
江苏	1.0000	1.0000	1.0000	1.0000	1.0000	1.0000	1.0000	1.0000	1.0000
浙江	1.0000	1.0000	1.0000	1.0000	1.0000	1.0000	1.0000	1.0000	1.0000
安徽	0.8937	0.8937	0.8937	0.8937	0.8915	0.8901	0.8890	0.8868	0.8696
福建	1.0000	1.0000	1.0000	1.0000	1.0000	1.0000	1.0000	1.0000	1.0000
江西	1.0000	1.0000	1.0000	1.0000	1.0000	1.0000	1.0000	1.0000	1.0000
山东	1.0000	1.0000	1.0000	1.0000	1.0000	1.0000	1.0000	1.0000	1.0000
河南	0.9136	0.9136	0.9136	0.9136	0.9136	0.9136	0.9136	0.9120	0.9087
湖北	0.9115	0.9115	0.9115	0.8950	0.8848	0.8771	0.8530	0.8155	0.7696
湖南	0.9909	0.9909	0.9909	0.9909	0.9909	0.9909	0.9819	0.9523	0.9229
广东	1.0000	1.0000	1.0000	1.0000	1.0000	1.0000	1.0000	1.0000	1.0000
广西	0.9231	0.9067	0.8967	0.8918	0.8712	0.8321	0.8009	0.7758	0.7557
海南	1.0000	1.0000	1.0000	1.0000	1.0000	1.0000	1.0000	1.0000	1.0000
重庆	0.8123	0.8123	0.8123	0.8123	0.8123	0.8123	0.8123	0.8068	0.7931
四川	0.7414	0.7414	0.7414	0.7414	0.7414	0.7414	0.7381	0.7347	0.7277
贵州	0.6108	0.6108	0.6108	0.6108	0.6108	0.6108	0.6108	0.6076	0.5687
云南	1.0000	1.0000	1.0000	1.0000	1.0000	1.0000	0.9974	0.8407	0.7187
陕西	0.7915	0.7915	0.7914	0.7866	0.7771	0.7707	0.7661	0.7575	0.7342
甘肃	0.7390	0.7390	0.7390	0.7390	0.7390	0.7390	0.7390	0.7362	0.6666
青海	0.7990	0.7990	0.7978	0.7838	0.7620	0.7433	0.7199	0.6968	0.6788
宁夏	0.7697	0.7697	0.7697	0.7630	0.7549	0.7350	0.6962	0.6548	0.6199
新疆	0.9279	0.9279	0.9279	0.9279	0.9279	0.9279	0.9264	0.8711	0.8281

从表 5.7～表 5.9 中的效率结果可以看出，30 个省级行政区的综合效率都在逐渐下降或保持不变，有 10 个省级行政区随着 α 的增加效率保持不变（效率值等于 1）。其他省份的综合效率随着 α 的增加呈下降趋势。阶段一的效率变化趋势显示了 30 个省级行政区不同程度的增长趋势。因此，各省级行政区阶段

二的效率是不变或递减的。总之,年度效率变化趋势的实验结果也与提出的理论一致。

表5.8 随着参数α的增加,2011年中国30个省级行政区阶段一的效率结果

	α=0.1	α=0.2	α=0.3	α=0.4	α=0.5	α=0.6	α=0.7	α=0.8	α=0.9
北京	0.2372	0.5994	0.6134	0.6581	0.7027	0.8638	0.8763	0.8878	0.9392
天津	0.6899	0.6969	0.8065	0.8309	0.8436	0.8745	0.9712	0.9759	0.9877
河北	0.5592	0.5855	0.5917	0.6755	0.6779	0.6908	0.7623	0.8476	0.8903
山西	0.4936	0.4945	0.4945	0.4947	0.4951	0.4951	0.4954	0.5157	0.5351
内蒙古	0.8750	0.8763	0.8774	0.8776	0.8792	0.8792	0.8931	0.9046	0.9321
辽宁	0.8548	0.8548	0.8548	0.8548	0.8548	0.8548	0.8548	0.8642	0.8743
吉林	0.7951	0.7951	0.7951	0.7951	0.7951	0.7951	0.7951	0.8048	0.8204
黑龙江	0.3598	0.3648	0.3662	0.4110	0.4820	0.5101	0.5354	0.5517	0.5650
上海	0.7780	0.7874	0.8157	0.8830	0.9459	0.9697	0.9803	0.9853	0.9928
江苏	0.6104	0.6395	0.6533	0.7834	0.7875	0.8017	0.9657	0.9658	0.9905
浙江	0.1640	0.1693	0.1874	0.2341	0.3866	0.4603	0.6184	0.8096	0.9140
安徽	0.6282	0.6415	0.6482	0.6580	0.6671	0.6946	0.7107	0.7570	0.8045
福建	0.7474	0.9179	0.9660	0.9829	0.9903	0.9907	0.9933	0.9973	0.9989
江西	0.5819	0.6190	0.6957	0.7379	0.8799	0.9162	0.9303	0.9653	0.9700
山东	0.8979	0.8993	0.8998	0.9071	0.9251	0.9292	0.9407	0.9541	0.9877
河南	0.9029	0.9030	0.9032	0.9032	0.9034	0.9047	0.9049	0.9054	0.9069
湖北	0.4682	0.4728	0.4733	0.4735	0.4742	0.5062	0.6117	0.6723	0.7077
湖南	0.6612	0.6645	0.6646	0.6648	0.6653	0.6689	0.7114	0.7961	0.8564
广东	0.9532	0.9551	0.9645	0.9681	0.9803	0.9818	0.9881	0.9888	0.9958
广西	0.3236	0.5213	0.5656	0.5960	0.6464	0.6845	0.7097	0.7278	0.7426
海南	0.1839	0.4336	0.7718	0.8369	0.9254	0.9506	0.9552	0.9565	0.9588
重庆	0.7834	0.7841	0.7845	0.7852	0.7852	0.7861	0.7879	0.7879	0.7899
四川	0.6517	0.6517	0.6517	0.6517	0.6517	0.6517	0.6590	0.6665	0.6860
贵州	0.4632	0.4652	0.4660	0.4667	0.4691	0.4703	0.4741	0.4795	0.4995
云南	0.1378	0.1436	0.1452	0.1453	0.1819	0.4280	0.5796	0.5980	0.6117
陕西	0.3722	0.3724	0.3773	0.4977	0.5906	0.6178	0.6311	0.6642	0.7018
甘肃	0.5580	0.5601	0.5607	0.5623	0.5631	0.5639	0.5666	0.5780	0.5901
青海	0.1664	0.2079	0.2653	0.2928	0.3373	0.5685	0.6197	0.6522	0.6545
宁夏	0.1894	0.2660	0.2752	0.3566	0.4734	0.5611	0.5687	0.5900	0.5990
新疆	0.7218	0.7223	0.7236	0.7246	0.7246	0.7293	0.7408	0.7530	0.7735

表 5.9　随着参数 α 的增加，2011 年中国 30 个省级行政区阶段二的效率结果

	α=0.1	α=0.2	α=0.3	α=0.4	α=0.5	α=0.6	α=0.7	α=0.8	α=0.9
北京	0.9781	0.9714	0.9702	0.6685	0.3437	0.1705	0.1609	0.1451	0.0661
天津	0.3986	0.3580	0.2267	0.2259	0.2194	0.1917	0.1009	0.0741	0.0479
河北	0.4550	0.4299	0.4169	0.3507	0.3464	0.3157	0.2406	0.1530	0.0726
山西	0.1275	0.1275	0.1275	0.1275	0.1275	0.1275	0.1275	0.1029	0.0482
内蒙古	0.1341	0.1341	0.1341	0.1341	0.1341	0.1341	0.1341	0.0814	0.0362
辽宁	0.0389	0.0389	0.0389	0.0389	0.0389	0.0389	0.0389	0.0258	0.0116
吉林	0.1931	0.1931	0.1931	0.1931	0.1931	0.1931	0.1931	0.1530	0.0691
黑龙江	0.4599	0.4599	0.4599	0.3997	0.3074	0.2476	0.2044	0.1404	0.0634
上海	0.2597	0.2532	0.2191	0.1382	0.0882	0.0563	0.0436	0.0199	0.0149
江苏	0.4615	0.4230	0.4222	0.2732	0.2516	0.2478	0.1445	0.0861	0.0234
浙江	0.9631	0.9548	0.9388	0.9269	0.9253	0.6258	0.4211	0.2148	0.1011
安徽	0.2856	0.2856	0.2856	0.2856	0.2406	0.2102	0.1888	0.1384	0.0651
福建	0.2935	0.1062	0.0589	0.0298	0.0276	0.0250	0.0181	0.0137	0.0097
江西	0.4527	0.4345	0.3395	0.2950	0.1388	0.0944	0.0898	0.0754	0.0351
山东	0.1746	0.1528	0.1351	0.1178	0.0909	0.0773	0.0696	0.0530	0.0157
河南	0.0137	0.0137	0.0137	0.0137	0.0137	0.0137	0.0137	0.0095	0.0042
湖北	0.4715	0.4715	0.4715	0.4474	0.4327	0.4068	0.2615	0.1485	0.0660
湖南	0.3438	0.3438	0.3438	0.3438	0.3438	0.3438	0.2821	0.1646	0.0750
广东	0.1651	0.0985	0.0796	0.0515	0.0339	0.0302	0.0206	0.0166	0.0086
广西	0.6383	0.4221	0.3511	0.3155	0.2369	0.1613	0.1037	0.0605	0.0269
海南	0.9684	0.9673	0.9606	0.9569	0.9139	0.5538	0.4079	0.2373	0.1020
重庆	0.0442	0.0442	0.0442	0.0442	0.0442	0.0442	0.0442	0.0401	0.0364
四川	0.0897	0.0897	0.0897	0.0897	0.0897	0.0897	0.0792	0.0682	0.0417
贵州	0.1778	0.1778	0.1778	0.1778	0.1778	0.1778	0.1778	0.1644	0.0837
云南	0.9659	0.9619	0.9514	0.9485	0.9178	0.6067	0.4286	0.2500	0.1111
陕西	0.4725	0.4725	0.4691	0.3398	0.2541	0.1977	0.1565	0.1017	0.0473
甘肃	0.1916	0.1916	0.1916	0.1916	0.1916	0.1916	0.1916	0.1873	0.0833
青海	0.7990	0.7990	0.7978	0.7838	0.6035	0.2351	0.1441	0.0841	0.0374
宁夏	0.7697	0.7697	0.7697	0.6012	0.4118	0.2129	0.1688	0.1037	0.0461
新疆	0.2234	0.2234	0.2234	0.2234	0.2234	0.2234	0.2210	0.1289	0.0573

3. 地区效率分析

为了了解不同地区对环境政策的反应程度，考察了中国 8 个地区的宏观综合效率。如前所述，当 α 等于 0.1 时，两阶段系统平均综合效率达到最大。因此，

用等于 0.1 的偏好参数分析了中国 8 个地区的环境效率状况，如表 5.10～表 5.12
所示。

表 5.10　中国 8 个地区工业生产子系统的平均效率值(α=0.1)

	2007	2008	2009	2010	2011	均值
NEC	0.3273	0.4541	0.5493	0.6223	0.1271	0.4160
NCC	0.6435	0.7113	0.5772	0.6094	0.0588	0.5200
ECC	0.4187	0.4187	0.5435	0.4734	0.1221	0.3953
SCC	0.4736	0.5837	0.8975	0.7597	0.5278	0.6485
MYR	0.5081	0.6100	0.7059	0.6907	0.0699	0.5169
MYZR	0.2281	0.4647	0.3869	0.6070	0.0568	0.3487
SWC	0.2011	0.2459	0.4210	0.4372	0.1040	0.2818
NWC	0.5841	0.5607	0.5954	0.5903	0.0654	0.4792

根据表 5.10 的结果，在研究时期内，中国地区工业生产子系统的平均效
率排序为 SCC>NCC>MYR>NWC>NEC>ECC>MYZR>SWC。中国区域效率最高
的是中国南部沿海地区(SCC)，利益偏好参数 α =0.1 意味着决策者具有强烈的
长期利益偏好，并致力于污染治理。SCC 地区包括福建、广东和海南，这些地
区长期以来以旅游业发达而闻名，形成了自己独特的发展模式。如图 5.2 所示，
决策者更加关注环境的可持续发展。图表结果符合中国的实际情况。

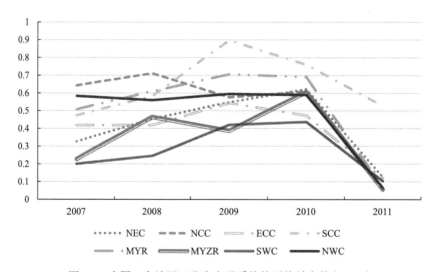

图 5.2　中国 8 个地区工业生产子系统的平均效率值(α=0.1)

第二个最有效率的地区是 NCC，包括北京、天津、河北和山东。值得注意的是，在 2007 年和 2008 年，NCC 排名第一。这是因为 2008 年北京举办奥运会，政府投入了大量的资源来提高北京周边的发展水平。从 2007～2008 年间效率直线的上升趋势到奥运会后效率的下降趋势的变化，也验证了政府政策在中国社会发展中的重要作用。

黄河中游(MYR)地区蕴藏着各种丰富的矿产资源，在很大程度上促进了其工业发展。这个地区的平均效率排名第三。在图 5.2 中，可以看到该地区工业生产子系统的平均效率呈现出先增加后降低的趋势。这可能是因为中国经济的快速发展对该地区的矿产资源产生了巨大的需求，从而促进了工业生产效率的提高。然而，考虑到决策者的长期利益偏好，偏经济发展的工业生产模式将得到缓和。

表 5.11 显示了 8 个地区污染处理子系统的平均效率值。根据表 5.11 的结果，8 个区域污染处理子系统的效率排序为 ECC＞SWC＞MYZR＞SCC＞NCC＞NWC＞NEC＞MYR。图 5.3 显示了 2007～2011 年中国 8 个地区污染处理子系统的平均效率变化趋势。

表 5.11　中国 8 个区域污染处理子系统平均效率值($\alpha=0.1$)

	2007	2008	2009	2010	2011	均值
NEC	0.5111	0.3714	0.2994	0.2174	0.6898	0.4178
NCC	0.3710	0.3313	0.5043	0.4760	0.9606	0.5286
ECC	0.6812	0.6377	0.5844	0.5854	0.9727	0.6923
SCC	0.6103	0.5242	0.4568	0.5580	0.7194	0.5737
MYR	0.1401	0.1550	0.0900	0.1220	0.8126	0.2639
MYZR	0.7871	0.4767	0.5924	0.3331	0.9465	0.6272
SWC	0.7640	0.6573	0.4373	0.4597	0.8263	0.6289
NWC	0.5464	0.5170	0.3914	0.2167	0.9611	0.5265

ECC 地区，包括上海市和江浙两省，在污染处理子系统的效率方面排名第一。这一地区以"江南水乡"等旅游景点而闻名，该地区的生态环境系统比中国其他任何地区都要好得多。相比之下，ECC 工业生产子系统的效率排在第六位。这一显著差异表明了决策者主观偏好在生产结构上起重要作用。

SWC 地区的污染处理平均效率排名第二。SWC 地区以其美丽的自然风光而闻名。天然绿化带提高了环境自动净化能力。此外，因为该地区工业相对落后，所以人为因素造成的污染最小。较少的生产投资和人类活动减少了对自然环境的污染和破坏。也就是说，开发水平越低，环境水平越好。

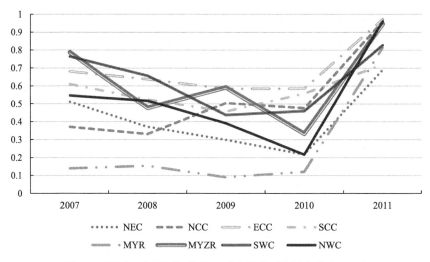

图 5.3　中国 8 个地区污染处理子系统的平均效率值(α=0.1)

中国长江中游(MYZR)地区污染治理效率值也较高。从工业生产子系统的平均效率结果可以看出，MYZR 的工业发展排名第七位。MYZR 是中国的一个发展中地区。如果决策者追求长期利益，传统的"先污染，后治理"的模式将发生变化。如图 5.3 所示，MYZR 效率曲线的变化趋势表明，决策者持续追求长期利益对可持续发展至关重要。

表 5.12 显示了 8 个地区的平均综合效率。综合效率排序为：ECC＞SCC＞MYZR＞NCC＞SWC＞NWC＞NEC＞MYR。图 5.4 详细展示了 8 个地区的效率变化趋势。

表 5.12　中国 8 个地区平均综合效率值(α=0.1)

	2007	2008	2009	2010	2011	均值
NEC	0.5111	0.8237	0.8165	0.8221	0.7905	0.7528
NCC	0.3710	0.9664	1.0000	1.0000	0.9711	0.8617
ECC	0.6812	1.0000	1.0000	1.0000	0.9897	0.9342
SCC	0.6103	0.9897	1.0000	0.9947	1.0000	0.9189
MYR	0.1401	0.7457	0.7899	0.7924	0.8602	0.6657
MYZR	0.7871	0.9152	0.8730	0.9173	0.9664	0.8918
SWC	0.7640	0.8525	0.8252	0.8531	0.8969	0.8383
NWC	0.5464	0.8393	0.7441	0.7404	0.9813	0.7703

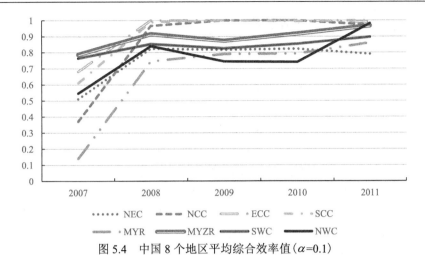

图 5.4　中国 8 个地区平均综合效率值(α=0.1)

为了探讨两阶段系统的综合效率，比较了子系统和综合系统的平均效率值。排名结果汇总见表 5.13。

表 5.13　子系统效率与综合系统的平均效率值的比较(α=0.1①)

	1	2	3	4	5	6	7	8
IP 系统	SCC	NCC	MYR	NWC	NEC	ECC	MYZR	SWC
PT 系统	ECC	SWC	MYZR	SCC	NCC	NWC	NEC	MYR
整体系统	ECC	SCC	MYZR	NCC	SWC	NWC	NEC	MYR

注：IP=工业生产；PT=污染处理。

ECC 地区的综合效率最高。在表 5.13 中，ECC 的工业生产子系统的平均效率排名第六，而其污染处理子系统的平均效率排名第一。这一结果与我国的实际情况相吻合。一方面，这一结果表明，当决策者具有长期利益偏好时，污染处理效率水平显著提高。另一方面，ECC 地区的经济结构并不依赖于其工业产业。这应该是 ECC 工业生产子系统排名远远落后的原因。如图 5.4 所示，2008 年 ECC 综合效率急剧上升达到 1.0，直到 2011 年略有下降。良好的生态环境表明，该地区也实现了人与自然的平衡，经济发展与污染治理和谐共存。

SCC 地区综合效率排名第二。该区工业生产子系统的平均效率在 8 个地区中是首位，污染处理子系统的平均效率居第四位。在这种情况下，尽管决策者确实尝试过从长远利益考虑，但污染处理的平均效率仍较低。之所以会出现这样的结果，一方面是因为存在大量难以处理的污染；另一方面是污染处理子系统的投资

① 选择 α=0.1 的情境进行说明是合理的。其原因如下：在此参数设置下，更符合中国目前发展的总体目标，即追求可持续发展的实际情境。因而可以提供更符合目前中国实际的结论和启示。此外，值得注意的是，偏好参数取值与效率值之间不存在相关关系。

得到了相对较好的利用。总体效率相对较好。

　　MYR 地区的综合效率排名在 8 个地区中是最差的。尽管该地区的工业生产子系统排名靠前，但该地区的污染处理却很差。主要原因在于，在加工矿产资源时会产生大量的污染。污染处理效率低导致综合效益下降。

　　根据前面的分析，由于本研究所提出的两阶段系统包含非期望产出作为中间变量，因此综合效率不能简单用两个子系统的效率值相乘来描述。决策者应考虑这两个子系统的均衡发展。如表 5.13 所示，当工业生产子系统和污染处理子系统达到均衡发展时，区域的综合效率将得到提高。单纯追求短期利润最大化，忽视污染的负面影响，综合效益也随之恶化，如黄河中游地区(MYR)。另外即使污染治理效率很高，工业发展不成功也会导致整体效率低下。中国西南地区(SWC)的数据说明了这一点。SWC 地区的工业生产子系统在 8 个地区中排名最后。尽管SWC 污染处理子系统平均效率相当高(排名第二)，但低生产效率使得 SWC 整体综合效率很低(排名第五)。

　　4. 影子价格

　　鉴于影子价格的重要经济含义，为获得更多有用的经济影响，许多学者还对非期望产出的影子价格进行了分析(Chambers and Färe，2008；Chambers et al.，2014)。本节分析所提出的模型中非期望产出的影子价格。影子价格由相关产出对应对偶模型的权重值表示(Lee et al.，2002)。这种方法已被学术界广泛接受(Song et al.，2012)。在本书中，权重参数 φ_1^*、φ_2^* 的值是期望产出的影子价格，ψ_1^*、ψ_2^* 的值是非期望产出的影子价格。

　　DEA 技术不可避免地会在包络数据的边界上引入干扰因素。也就是说，由于前沿面的不平滑性，导致"极端"效率单元缺乏独特的权重乘数(即影子价格)。为了克服这个问题，采用了 Chambers 等(2014)提出的方法，即采用状态相关法对非期望产出的影子价格进行评估。

　　根据 Chambers 等(2014)，对于模型(5.2)的任何有效解，有

$$\sum_{r=1}^{s_1} \varphi_{rd}^1 y_{rd}^1 + \sum_{r=1}^{s_2} \varphi_{rd}^2 y_{rd}^2 + \sum_{v=1}^{z} \psi_{vd}^2 u_{vd}^2 = 1 \tag{5.11}$$

　　基于可替代第二目标模型理论(Doyle and Green，1994)，将该公式合并入模型(5.2)。根据 Chambers 等(2014)，用模型(5.12)计算非期望产出 U_{1j}、U_{2j} $(j=1,2,\cdots,n)$ 的唯一影子价格的近似值。

$$\text{Max} \sum_{v=1}^{p} \psi_{vd}^1 + \sum_{v=1}^{z} \psi_{vd}^2$$

$$\text{s.t.} \sum_{r=1}^{s_1} \varphi_{rd}^1 y_{rd}^1 + \sum_{r=1}^{s_2} \varphi_{rd}^2 y_{rd}^2 + \sum_{v=1}^{z} \psi_{vd}^2 u_{vd}^2 = 1$$

$$\sum_{r=1}^{s_1}\varphi_{rd}^1 y_{rj}^1 + \sum_{r=1}^{s_2}\varphi_{rd}^2 y_{rj}^2 + \sum_{v=1}^{z}\psi_{vd}^2 u_{vj}^2 - \sum_{i=1}^{m_1}\phi_{id}^1 x_{ij}^1 - \sum_{i=1}^{m_2}\phi_{id}^2 x_{ij}^2 \leqslant 0,\quad j=1,\cdots,n$$

$$\sum_{r=1}^{s_1}\varphi_{rd}^1 y_{rj}^1 + \sum_{v=1}^{p}\psi_{vd}^1 u_{vj}^1 - \sum_{i=1}^{m_1}\phi_{id}^1 x_{ij}^1 - \sum_{i=1}^{m_1}\phi_{id}^1 x_{ij}^1 \leqslant 0,\quad j=1,\cdots,n$$

$$\sum_{r=1}^{s_2}\varphi_{rd}^2 y_{rj}^2 + \sum_{v=1}^{z}\psi_{vd}^2 u_{vj}^2 - \sum_{i=1}^{m_2}\phi_{id}^2 x_{ij}^2 - \sum_{c=1}^{q}\zeta_{cd}^1 u_{vj}^1 \leqslant 0,\quad j=1,\cdots,n$$

$$\sum_{i=1}^{m_1}\phi_{id}^1 x_{ij}^1 + \sum_{i=1}^{m_2}\phi_{id}^2 x_{ij}^2 = 1 \tag{5.12}$$

$$\sum_{i=1}^{m_1}\phi_{id}^1 x_{ij}^1 = \alpha\left(1 + \sum_{c=1}^{q}\zeta_{cd}^1 u_{vj}^1\right)$$

$$\phi_{id}^1,\phi_{id}^2,\varphi_{rd}^1,\varphi_{rd}^2,\psi_{vd}^1,\psi_{vd}^2,\zeta_{cd}^1 \geqslant 0$$

根据调整后的模型(5.12)及 2011 年的实验数据，计算影子价格，结果见表 5.14。图 5.5 反映了影子价格随 α 的增加而变化的趋势。

表 5.14　2011 年非期望产出的全国平均影子价格

	$\alpha=0.1$			$\alpha=0.2$			$\alpha=0.3$		
	E	IE	Overall	E	IE	Overall	E	IE	Overall
$U_{1\text{-}1}$	1.16×10^{-7}	2.15×10^{-8}	6.89×10^{-8}	1.24×10^{-7}	2.22×10^{-8}	7.33×10^{-8}	9.77×10^{-8}	1.57×10^{-8}	5.67×10^{-8}
$U_{1\text{-}2}$	1.03×10^{-6}	2.47×10^{-7}	6.40×10^{-7}	1.07×10^{-6}	2.04×10^{-7}	6.37×10^{-7}	8.47×10^{-7}	1.34×10^{-7}	4.90×10^{-7}
$U_{2\text{-}1}$	2.19×10^{-5}	3.03×10^{-5}	1.45×10^{-6}	2.12×10^{-6}	1.03×10^{-6}	1.58×10^{-6}	2.23×10^{-6}	1.53×10^{-6}	1.88×10^{-6}
$U_{2\text{-}2}$	4.53×10^{-7}	3.46×10^{-7}	2.61×10^{-5}	1.96×10^{-5}	2.68×10^{-5}	2.32×10^{-5}	1.72×10^{-5}	2.25×10^{-5}	1.98×10^{-5}
	$\alpha=0.4$			$\alpha=0.5$			$\alpha=0.6$		
	E	IE	Overall	E	IE	Overall	E	IE	Overall
$U_{1\text{-}1}$	7.40×10^{-8}	7.49×10^{-9}	4.08×10^{-8}	5.86×10^{-8}	1.48×10^{-16}	2.93×10^{-8}	3.36×10^{-8}	4.21×10^{-17}	1.68×10^{-8}
$U_{1\text{-}2}$	5.89×10^{-7}	6.60×10^{-8}	3.28×10^{-7}	5.64×10^{-7}	1.46×10^{-15}	2.82×10^{-7}	3.39×10^{-7}	4.02×10^{-16}	1.69×10^{-7}
$U_{2\text{-}1}$	2.32×10^{-6}	1.96×10^{-6}	2.14×10^{-6}	1.72×10^{-6}	1.61×10^{-6}	1.67×10^{-6}	1.46×10^{-6}	1.50×10^{-6}	1.48×10^{-6}
$U_{2\text{-}2}$	1.39×10^{-5}	1.79×10^{-5}	1.59×10^{-5}	1.20×10^{-5}	1.41×10^{-5}	1.30×10^{-5}	9.17×10^{-6}	9.71×10^{-6}	9.44×10^{-6}
	$\alpha=0.7$			$\alpha=0.8$			$\alpha=0.9$		
	E	IE	Overall	E	IE	Overall	E	IE	Overall
$U_{1\text{-}1}$	2.85×10^{-8}	5.22×10^{-18}	1.42×10^{-8}	5.01×10^{-9}	1.49×10^{-16}	2.51×10^{-9}	2.42×10^{-9}	7.53×10^{-18}	1.21×10^{-9}
$U_{1\text{-}2}$	2.59×10^{-7}	4.62×10^{-17}	1.30×10^{-7}	8.03×10^{-8}	1.29×10^{-15}	4.02×10^{-8}	2.25×10^{-8}	6.62×10^{-17}	1.12×10^{-8}
$U_{2\text{-}1}$	1.29×10^{-6}	1.45×10^{-6}	1.37×10^{-6}	9.41×10^{-7}	1.38×10^{-6}	1.16×10^{-6}	5.08×10^{-7}	1.00×10^{-6}	7.55×10^{-7}
$U_{2\text{-}2}$	5.30×10^{-6}	5.71×10^{-6}	5.51×10^{-6}	2.65×10^{-6}	2.02×10^{-6}	2.33×10^{-6}	9.58×10^{-7}	3.30×10^{-7}	6.44×10^{-7}

注：$U_{1\text{-}1}$：阶段一中的工业废水污染；$U_{1\text{-}2}$：阶段一中的工业固体废弃物污染；$U_{2\text{-}1}$：阶段二中的工业废水污染；$U_{2\text{-}2}$：阶段二中的工业固体废弃物污染。E 代表有效边界上的 DMU 群组；IE 代表无效的 DMU 群组。Overall 是指样本中的所有 DMU。

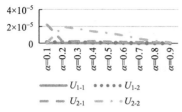

(a) 有效DMU非期望产出的平均影子价格   (b) 无效DMU非期望产出的平均影子价格

图5.5   参数 α 增加非期望产出平均影子价格的变化趋势比较分析(2011年)

如表5.14所示，阶段一中，两种非期望产出(工业废水和固体废弃物)的影子价格均值随着 α 的增加而保持相对稳定；非期望产出的平均影子价格曲线相对平坦的趋势表明，在国家层面管理者降低期望产出的均值来减少非期望产出。也就是说，尽管决策者有个人偏好，污染产生的总量会控制在一个稳定的水平。这与中国的做法是一致的，因为中国政府长期致力于管理环境问题。2008年以后，环境问题得到了一定程度的控制。

就阶段二而言，工业废水的平均相对影子价格持续较低，而工业固体废弃物的相对影子价格则有所下降。工业废水的影子价格一直很低，这表明企业减少非期望产出的成本非常低(与预期产出值相比)。这一结论与我国工业废水处理水平较高的实际情况相吻合。考虑到资源的最佳配置，这使得在中国，实践者对工业废水的处理给予了充分和有效的关注。如图5.5所示，随着参数 α 的增加，U_{2-2} 影子价格呈下降趋势。原因在于，一方面，规模经济效应降低了 U_{2-2} 的处理成本，另一方面，2008年奥运会期间提出的环保政策是有效的。但值得注意的是，固体废弃物的影子价格仍高于其他污染物。这一结果与中国的实际情况是一致的，中国的固体废弃物仍然是一个急需解决的大问题。因此，实践人员应特别注意工业固体废弃物的处理。

图5.5(a)和图5.5(b)分别显示了有效DMU和无效DMU的非期望产出的影子价格变化趋势相似。非期望产出 U_{2-1} 和 U_{2-2} 的影子价格高于非期望产出 U_{1-1} 和 U_{1-2}。也就是说，管理者在阶段二中处理污染的成本比阶段一中的成本高。这一结果显示了"先污染，后治理"生产理念的弊端。"先污染，后治理"的生产方式可能会导致利润损失，因为生产伴有污染的增加，所产生的额外利润小于处理污染增加所需的额外成本。这也违背了可持续发展的理念。此外，图5.5表明阶段二的非期望产出的影子价格在有效和无效的DMU组中都是相对较高的。因此，在全国范围内，管理者应重视污染治理，改变传统的"先污染，后治理"的生产方式。

5. 结果讨论

在现实中，有许多系统可以抽象为两阶段模型，供应链系统就是一个例子。在本书中，评估了传统的生产与环境保护两阶段系统的效率。基于实验结果，本书提出的模型能够提供一个真实反映中国各地区发展水平的排名，可以得出以下结论。

(1) 从宏观上看，一个地区的综合环境效率水平是由工业生产子系统和污染治理子系统共同决定的。根据实证结果，工业生产子系统和污染治理子系统的效率随决策者的不同利益偏好程度而变化。定理 5.1 和定理 5.2 阐明了这些关系。在这项研究中，通过观察输入资源来推断不同的利益偏好。因此，从本质上讲，对未来有关资源配置效率的研究有所启示。

(2) 以往中国是以优先发展经济为主要目标。然而，根据实证结果，只注重经济发展，从而追求短期利益，会导致生活条件恶劣，而只注重环境保护和治理，也可能降低社会对生活的满意度。实证结果表明，对工业生产子系统的投资总是会给决策者带来利益。然而，如果对工业生产子系统的投入过大，会导致整体效率的降低。管理者和决策者应该更加重视这两个子系统的综合发展。

(3) 政府政策在两阶段系统的发展中起着重要作用。个人更有可能追求短期利润，而忽视长期发展中的环境污染等问题。由于近年来中国的环境问题越来越严重，政府制定了促进可持续发展的政策。实证结果表明这些政策效果显著。例如，为了举办奥运会，政府投入了大量的资源，并采取了一系列的政策来改善北京周边的环境，这些地区的环境治理效率和整体发展效率确实有所提高。

(4) 不同地区有各自的优势，包括地理优势、政治优势、经济优势等。各地区要充分利用这些特点，促进发展。例如，SWC 地区具有自然生态环境优势。因此，该地区的污染处理水平较高。然而，这个地区的经济不发达。该地区的政府可以通过更多地利用丰富的自然资源来提高经济水平。

(5) 虽然政府的政策强调了可持续发展的重要性，但大多数地区的污染治理能力相对较低。结果表明，各区域的污染治理效率值均较低。这意味着环境治理仍然是一个严重的问题。提高环境治理技术的基础水平，必须采取更有效的政策，例如，通过改进污染处理过程的技术、建设更多的污染处理厂、增加绿化面积等。

(6) 本书所提出的模型是基于决策者的利益偏好而建立的。也就是说，模型中的偏好参数是基于决策者个人偏好的先验决定的，能够真实地反映系统的实际效率。然而，决策者的偏好在一定程度上是主观的，容易受到外部政策、营销策略等因素的影响。因此，为了使两阶段系统得到最优的发展，建议决策者要有全局的眼光以便促进整个系统的健康发展。

5.4　本 章 小 结

在本章中，调查了两阶段系统中效率变化的趋势，并根据中国 2007～2011 年的生产数据进行验证。通过考虑决策者的利益偏好(追求长期利益或短期利益)，分析了利益偏好对两阶段系统效率的影响，提出了一种反映两阶段系统特征的 DEA 模型进行效率评价。在此模型的基础上，引入了 3 个定理来说明效率变化趋势与决策者的利益偏好参数之间的关系。

通过对中国 8 个地区的工业生产子系统和工业污染控制子系统进行实证分析，对模型进行了验证。依据实证结果，对中国 8 个地区的环境效率水平进行了评价，并提出了相应的建议。此外，现有文献中很少有研究考虑将非期望产出视为中间产物来研究环境效率。在 DEA 领域，现有文献在评价系统效率时没有考虑决策者的偏好。基于实际数据，该模型能有效地反映中国不同地区的实际环境效率。利用该模型得出的效率排序确实反映了我国的实际情况。

未来的研究可深入考虑如下几个方面。通过分析决策者的最佳偏好，以实现系统整体目标最有效；详细研究子系统与整个两阶段系统之间的函数关系，将使管理者更容易做出正确的决策，并通过观察子系统的发展水平来对整个系统的发展进行有意义的预测。此外，影子价格的重大经济影响引起了实践者越来越多的关注。然而，很少有研究在网络系统的背景下研究影子价格的变化趋势。因此，各子系统之间的相互作用以及对影子价格的影响也值得进一步研究。当前的研究已经提出了更灵活的模型来建模期望和非期望的产出，例如，Murty 等 (2012) 提出的 BP 技术。在未来的工作中，可以尝试在新的研究环境中应用和改进这些方法。

参 考 文 献

Chambers R G, Färe R. 2008. A "calculus" for data envelopment analysis. Journal of Productivity Analysis, 30(3): 169-175.

Chambers R G, Serra T, Lansink A O. 2014. On the pricing of undesirable state-contingent outputs. European Review of Agricultural Economics, 41(3): 485-509.

Chang Y T, Park H S, Jeong J B, et al. 2014. Evaluating economic and environmental efficiency of global airlines: A SBM-DEA approach. Transportation Research Part D: Transport and Environment, 27: 46-50.

Chang Y T, Zhang N, Danao D, et al. 2013. Environmental efficiency analysis of transportation system in China: A non-radial DEA approach. Energy Policy, 58: 277-283.

Chien T, Hu J L. 2007. Renewable energy and macroeconomic efficiency of OECD and non-OECD economies. Energy Policy, 35: 3606-3615.

Doyle J, Green R. 1994. Efficiency and cross-efficiency in DEA: Derivations, meanings and uses. Journal of the Operational Research Society, 45(5): 567-578.

Hua Z, Bian Y, Liang L. 2007. Eco-efficiency analysis of paper mills along the Huai River: An extended DEA approach. Omega, 35(5): 578-587.

Lee J D, Park, J B, Kim T Y. 2002. Estimation of the shadow prices of pollutants with production/environment inefficiency taken into account: A nonparametric directional distance function approach. Journal of Environmental Management, 64: 365-375.

Managi S, Jena P R. 2007. Productivity and environment in India. Economics Bulletin, 17(1): 1-14.

Murty S, Russell R R, Levkoff S B. 2012. On modeling pollution-generating technologies. Journal of Environmental Economics and Management, 64(1): 117-135.

Seiford L M, Zhu J. 2002. Modeling undesirable factors in efficiency evaluation. European Journal of Operational Research, 142: 16-20.

Song M, Wang S, Liu Q. 2013. Environmental efficiency evaluation considering the maximization of desirable outputs and its application. Mathematical and Computer Modelling, 58(5): 1110-1116.

Song M L, Wu J, Yang L, et al. 2012. Undesired outputs, Shadow prices and improvement on inefficient decision making units. Journal of Management Sciences in China, 15(10): 1-10.

Sueyoshi T, Goto M. 2011. Measurement of returns to scale and damage to scale for DEA based operational and environmental assessment: How to manage desirable(good)and undesirable (bad) outputs? European Journal of Operational Research, 211: 76-89.

Wang K, Yu S, Zhang W. 2013. China's regional energy and environmental efficiency: A DEA window analysis based dynamic evaluation. Matematical and Computer Modelling, 58(5): 1117-1127.

Woo C, Chung Y, Chun D, et al. 2015. The static and dynamic environmental efficiency of renewable energy: A Malmquist index analysis of OECD countries. Renewable and Sustainable Energy Reviews, 47: 367-376.

Yang L, Wang K L. 2013. Regional differences of environmental efficiency of China's energy utilization and environmental regulation cost based on provincial panel data and DEA method. Mathematical and Computer Modeling, 58(5): 1074-1083.

Zaim O, Taskin F. 2000. A Kuznets curve in environmental efficiency: An application on OECD countries. Environmental Resource Economics, 17: 21-36.

Zhang B, Bi J, Fan Z Y, et al. 2008. Eco-efficiency analysis of industrial system in China: A data envelopment analysis approach. Ecological Economics, 68: 306-316.

Zhou P, Ang, B W, Han J Y. 2010. Total factor carbon emission performance: A Malmquist index analysis. Energy Economics, 32(1): 194-201.

第6章 共享资源模式下资源循环再利用环境效率研究

在资源环境绩效评价中，分别考虑资源利用效率和环境治理效率的两阶段评价模式，得到了广泛的认可与应用。其中，资源利用和环境治理被认为是两个完全独立的子阶段，分别利用不同的投入获得各自的产出。然而，在实践中，两个阶段之间往往存在着一些共享的公共投入，如何以恰当的方法分配共享投入是值得研究的问题。基于该现实评价问题，本章基于共享资源模式的两阶段环境效率评价模型，对资源循环再利用环境效率进行评价。

6.1 引　　言

许多人研究了在两个阶段中存在中间产物的两阶段结构的决策单元。比如，Seiford 和 Zhu(1999)基于两阶段过程测量了美国商业银行的盈利能力和营销能力。在他们论文中，第一阶段被称作盈利阶段，在盈利阶段中，劳动力、资产作为投入来生产收入和利润。随后，第一阶段的产出被作为第二阶段的投入来产出市场价值、回报率和每股收益。Zhu(2000)应用同样的两阶段模型评价财富世界500强公司。Kao 和 Hwang(2008)基于两阶段模型研究了24家保险公司的效率。在第一阶段中，将运营和保险支出作为投入生产保险费，然后承销和投资利润在第二阶段中产生，同样的两阶段模型也被应用到其他情境下。然而，在以上的例子中，都假设中间产物是第二阶段的唯一投入，换而言之，在第二阶段中没有额外的投入。当然存在一些其他类型的两阶段模型，考虑到除第一阶段产出外，还有其他资源投入到第二阶段的生产中。比如，Liang 等(2006)使用一个两阶段模型测量具有两个成员的供应链的表现，在第二阶段中，投入不仅仅包括第一阶段的产出，还有额外的投入。Li 等(2012)应用上述模型评价了中国区域的研究和发展。在第二阶段的技术市场中，投入包括合同价值，并非第一阶段产生的资源。两阶段网络结构更详细的综述可以参阅 Cook 等(2010)和 Halkos 等(2014)。

在本章中，提出了一个新的两阶段模型，用来解释某些情境下第一阶段的产出是非期望的并且可以在第二阶段中得到处理，从而获得期望的产出。这些期望的产出立即作为投入反馈到第一阶段的生产中。假设第一阶段的非期望产出源源不断地投入到第二阶段中，并且第二阶段将回收处理后的产出不断反馈到第一阶段。这意味着两个阶段同时运转并且互相反馈，正如同一公司中两个部门一样。第二阶段可以被看作净化或者回收非期望产出(或者非期望产出中的部分)。这一阶段有时也被称作非期望产出的处理阶段,其"处理"指将部分或者全部非期望产出变成期望的资源。熔化变形的金属使其获得重复使用,是一个重新利用非期望产出的例子。其他的例子还有,出售"工厂翻新产品"(有破损但是功能完好的产品)来获得收益,从坏的产品中挑出完好的配件以备日后维修使用等。在两阶段模型中,存在着一些共享投入。图 6.1 展示了两阶段模型的框架。

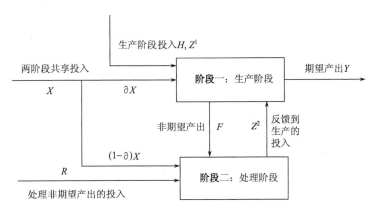

图 6.1　具有共享投入和反馈的两阶段模型框架

　　为了进一步明确这些概念在实际中的意义,考虑循环经济模式。循环经济由Pearce 和 Turner(1990)提出,它将传统的"资源-产品-污染"经济模式转变为"资源-产品-再生资源"模式,这意味着将在价值链中某处的废物变成了别处的投入。循环经济实现了经济系统中资源和能源的闭环流动(Mathews and Tan,2011)。在近期的文献中,Yang 和 Feng(2008)对南宁糖业有限公司进行了详细的研究。Hu 等(2011)研究了皮革行业中皮革厂废物的利用率。Geng 等(2009)回顾了大连的一些循环经济,这是一个区域水平的例子。Wu 等(2014)指出循环经济系统包括三个子系统:资源节约与污染减少子系统(RSPR)、废物再利用与资源回收子系统(WRRR)以及污染控制与废物处理子系统(PCWD)。在废物再利用与资源回收子系统(WRRR)中,一些诸如工业废水、固体废弃物等经过处理阶段处理后,在生产阶段再投入到生产中。处理阶段的一些投入,比如劳动力等,同样也是生产阶段需要的,这就使得这样的投入成为共享投入。

　　Lozano 和 Gutiérrez(2011)提出一种距离方法来解决网络 DEA 中非期望产出问题,距离方法被应用到机场运营的建模和标杆管理。Fukuyama 和 Weber(2010)考虑了串联的两阶段系统的银行效率评价中的非期望产出。Maghbouli 等(2014)提出一个具有非期望中间产出的网络 DEA 模型。在他们的论文中,非期望中间产出要么被当做最终产出,要么被当做下一阶段投入的中间产出。Song 等(2014)对考虑非期望产出的 SBM 模型进行了深入的研究,同时进一步从两阶段角度拓展了 SBM 模型。Wang 等(2014)在考虑非期望产出——不良贷款的情况下，利用两阶段模型研究了中国商业银行的效率。

近来对于两阶段网络过程更深入的研究开始涉及共享资源流。在许多生产场景中，共享资源流被定义为能够在不同部门间共享的资源。Chen 等(2010)指出在许多实际情况下，一些投入确实是两个阶段共享，并且很难确定分配给各个阶段的比例。比如，大学的不同部门之间可能会共享设施和一般支出等投入(Beasley，1995)。正如 Seiford 和 Zhu(1999)提到的，劳动力和资产确实是两个阶段的共享投入，即这两个阶段都使用银行的劳动和资产，并且与投入市场价值、收益和每股收益相比，许多投入不能分为直接用于产生利润和收入的要素。在 DEA 文献中，有一些研究了共享资源流。比如，Cook 和 Hababou(2001)提出了考虑共享投入的 DEA 模型。然而，他们的模型没有考虑共享投入的共享比例以及两阶段网络结构。Chen 等(2010)提出了 DEA 模型，来测量具有不可分割的共享投入的两阶段过程的加性效率。Chen 的模型只考虑了加性效率，Zha 和 Liang(2010)提出了一种新的方法来研究两阶段串联生产系统中的共享投入流。他们的方法基于这一假设——共享投入可以在不同阶段中自由分配。Amirteimoori(2013)通过 DEA 模型将两阶段决策过程中的共享资源分为完美产出和不完美产出。Yu 和 Shi(2014)提出了一个在第二阶段具有额外投入的两阶段 DEA 模型，并且部分中间产出是最终产出。然而，上述三篇论文均假设在评价 DMU 的效率时，共享投入在所有 DMU 中具有一致的比例。Wu 等(2015)对每个共享投入针对不同 DMU 都设置了不同比例，从而评价平行运输系统的效率。

在已有的文献中，不但没有讨论非期望中间产出被处理成第一阶段的期望资源的论文，而且这种两阶段结构下的共享投入也没有相关的研究。Murty、Russell 和 Levkoff(2012)制定了污染产生技术的 DEA 规范，该规范由两种技术组成：预期生产技术和残渣产生技术。他们的污染产生技术已经考虑了污染减轻活动，即处理非预期的产出。与他们的论文不同，本章基于两阶段的网络结构，并讨论了非期望产出的再利用现象。本章的目的是开发一种方法，用于测量具有两阶段网络结构且共享流量和反馈的 DMU 的效率，如图 6.1 所示。首先提出一个加权和效率公式，即加性效率(Chen et al.，2009)，以评估两阶段过程的整体效率。然后考虑到两个阶段之间的差异，即阶段一始终用于生产，阶段二始终用于非期望产出的提纯和处理，应用了 Liang 等(2006，2008)提出的非合作博弈(领导者-跟随者)模型以区分两个阶段的重要性。在现实生活中，有许多情况与领导者-跟随者博弈相对应。在许多传统的工厂生产过程中，生产过程是领导者，从劣质产品中回收原料或污染处理始终排在第二位(Erkman and Ramaswamy，2003；Yang and Feng，2008)。相反，为了保护环境，在许多地区优先考虑(即被认为是领导者)工业生产中的废物或污染物处理(Wu et al.，2014；Xue et al.，2010)。

本章的结构如下：在 6.2 节中，介绍了具有共享流量和反馈的两阶段网络 DEA 模型，其中包括加性效率测度和非合作效率测度，随后，将静态两阶段网络结构扩展到动态情况，在这种情况下，可回收废物的反馈被延迟。在第 6.3 节中，分析了 30 个省级地区的真实案例，以说明提出的方法。

6.2　两阶段环境效率模型构建

图 6.1 说明了两阶段的网络流程，其中每个 DMU 由两个并行的子 DMU 组成，而来自阶段一子 DMU 的非期望产出是阶段二子 DMU 的投入资源，这些产出在第二阶段被处置来获得期望产出，这些期望产出随后输入到阶段一的子 DMU 进行反馈。该结构还显示了一个通用的两阶段网络过程，其中某些输入由两个子 DMU 共享。

假设有 n 个 DMU，用 $\mathrm{DMU}_j (j=1,\cdots,n)$ 表示，并且对于每个 $\mathrm{DMU}_j (j=1,\cdots,n)$，阶段一子 DMU 消耗 m 个输入，由 $X=(X_{1j},X_{2j},\cdots,X_{mj})^{\mathrm{T}}$ 表示，G 个输入 $H=(H_{1j},H_{2j},\cdots,H_{Gj})^{\mathrm{T}}$ 和 K 个输入 $Z=(Z_{1j},Z_{2j},\cdots,Z_{Kj})^{\mathrm{T}}=Z^1+Z^2=(Z_{1j}^1,Z_{2j}^1,\cdots,Z_{Kj}^1)^{\mathrm{T}}+(Z_{1j}^2,Z_{2j}^2,\cdots,Z_{Kj}^2)^{\mathrm{T}}$ 产生 s 个理想输出，由 $Y=(Y_{1j},Y_{2j},\cdots,Y_{sj})^{\mathrm{T}}$ 表示，由 $F=(F_{1j},F_{2j},\cdots,F_{Dj})^{\mathrm{T}}$ 表示 D 非期望产出。一方面，理想的输出 Y 是完整的，并且产出到系统之外。另一方面，非期望产出 F 可以由阶段二的子 DMU 使用 P 个输入 $R=(R_{1j},R_{2j},\cdots,R_{Pj})^{\mathrm{T}}$ 和 m 个输入 $X=(X_{1j},X_{2j},\cdots,X_{mj})^{\mathrm{T}}$ 来处理，以获得由 $Z^2=(Z_{1j}^2,Z_{2j}^2,\cdots,Z_{Kj}^2)^{\mathrm{T}}$ 表示的 K 个理想输出，这些输出用作阶段一子 DMU 的输入资源。注意，输入 X 由两个子 DMU 使用或共享。假设对于每个 $\mathrm{DMU}_j (j=1,\cdots,n)$，$X_{ij}$ 被分为 $\partial_{ij} X_{ij}$ 和 $(1-\partial_{ij})X_{ij}$，$i=1,\cdots,m,(0\leqslant\partial_{ij}\leqslant1)$，分别对应于阶段一和阶段二中的子 DMU 使用的共享流量部分。Cook 和 Hababou（2001）、Chen 等（2010）建议所有 $\partial_{ij}(i=1,\cdots,m,j=1,\cdots,n)$ 都应在一定的区间内，以确保为每个阶段分配最小数量的共享资源。

6.2.1　加性效率测度

在本节中，将讨论两个阶段中子 DMU 的加性效率。因此，将两个阶段合并成阶段一和阶段二的效率得分的加权总和，作为两个阶段在规模报酬不变（CRS）下的总体效率，其写法如下：

$$\text{Max } E_0^{\text{Add}} = w_1 \times E_{10} + w_2 \times E_{20}$$

$$\text{s.t. } E_{1j} = \frac{\sum_{r=1}^{s} u_r Y_{rj} - \sum_{d=1}^{D} \phi_d F_{dj}}{\sum_{i=1}^{m} v_i \partial_{ij} X_{ij} + \sum_{k=1}^{K} \pi_k Z_{kj}^1 + \sum_{k=1}^{K} \pi_k Z_{kj}^2 + \sum_{g=1}^{G} w_g H_{gj}} \leqslant 1, \ j = 1, \cdots, n$$

$$E_{2j} = \frac{\sum_{k=1}^{K} \pi_k Z_{kj}^2}{\sum_{i=1}^{m} v_i (1 - \partial_{ij}) X_{ij} + \sum_{p=1}^{P} \eta_p R_{pj} + \sum_{d=1}^{D} \phi_d F_{dj}} \leqslant 1, \ j = 1, \cdots, n \tag{6.1}$$

$$u_r \geqslant 0, \ r = 1, \cdots, s; \ v_i \geqslant 0, i = 1, \cdots, m; \ \phi_d \geqslant 0, \ d = 1, \cdots, D$$

$$\pi_k \geqslant 0, \ k = 1, \cdots, K; \ w_g \geqslant 0, \ g = 1, \cdots, G; \ \eta_p \geqslant 0, \ p = 1, \cdots, P$$

$$L_i \leqslant \partial_{ij} \leqslant U_i, \ i = 1, \cdots, m, \ j = 1, \cdots, n$$

以下是对模型(6.1)进一步的解释：

第一，假设两阶段网络过程中，同时用作输入和输出的变量的权重相同，$\varphi_d = \varphi_d^1 = \varphi_d^2, d = 1, \cdots, D$ 以及 $\pi_k = \pi_k^1 = \pi_k^2, k = 1, \cdots, K$ (Chen et al.，2010；Kao and Hwang，2008；Liang et al.，2008)。假设所有共同投入的权重相等，即 $v_i = v_i^1 = v_i^2$，$i = 1, \cdots, m$，它们是相同类型的输入(Chen et al.，2010；Zha and Liang，2010；Amirteimoori，2013)。

第二，对于模型的第一阶段效率，分子第二项的负号的原因是：产出 F_j 是非期望的，应在生产过程中将其减少。换句话说，与许多其他研究一样，本章假设非期望产出具有强的可处置性(Badau，2015；Golany and Roll，1989；Hua et al.，2007；Korhonen and Luptacik，2004；Scheel，2001；Seiford and Zhu，2002；Shi et al.，2010；Yang and Pollitt，2009)。此外，在第二阶段中，将这些非期望产出 F_j 作为所需资源输入，以净化不良资源。因此，应该将阶段二中的输入 F_j 视为普通输入资源，而不是非期望的输入资源。

第三，w_1 和 w_2 分别表示阶段一和阶段二子 DMU 的权重，$w_1 + w_2 = 1$。E_{1j} 和 E_{2j} 分别表示阶段一和阶段二子 DMU 的效率。

第四，L_i 和 U_i 是共享资源 $i(i = 1, \cdots, m)$ 的上下限。这些下限和上限通常由决策者根据两个阶段的分配给出(Chen et al.，2010；Cook and Hababou，2001)。

定义 6.1　DMU_j 是整体有效的，当且仅当 $E_j^{\text{Add}} = 1(j = 1, \cdots, n)$ 时。

定义 6.2　阶段 k 子 DMU 是有效的，当且仅当 $E_{kj} = 1(k = 1, 2, \ j = 1, \cdots, n)$ 时。

命题 6.1　这两个定义确保且仅当每个阶段都是有效的时，DMU_0 才是总体有效的。

证明：命题 6.1 的证明，请参阅附录 B。

使用 w_1 和 w_2 来表示给定 DMU 的每个阶段效率对整个过程中整体效率的相对重要性或贡献。为了将模型转换为线性规划，将投入到每个阶段资源占总资源的比例作为权重是一个合理的选择，这反映一个阶段的相对大小和重要性（Chen et al.，2009；Chen et al.，2010；Amirteimoori，2013）。因此，定义

$$w_1 = \frac{\sum_{i=1}^{m} v_i \partial_{i0} X_{i0} + \sum_{k=1}^{K} \pi_k Z_{k0}^1 + \sum_{k=1}^{K} \pi_k Z_{k0}^2 + \sum_{g=1}^{G} w_g H_{g0}}{A}$$

$$w_2 = \frac{\sum_{i=1}^{m} v_i (1 - \partial_{i0}) X_{i0} + \sum_{p=1}^{P} \eta_p R_{p0} + \sum_{d=1}^{D} \varphi_d F_{d0}}{A}$$

A 代表整个过程在反馈和共享流下消耗的输入资源总量，表示为

$$\sum_{i=1}^{m} v_i X_{i0} + \sum_{k=1}^{K} \pi_k Z_{k0}^1 + \sum_{k=1}^{K} \pi_k Z_{k0}^2 + \sum_{g=1}^{G} w_g H_{g0} + \sum_{p=1}^{P} \eta_p R_{p0} + \sum_{d=1}^{D} \varphi_d F_{d0}$$

表达式 $\sum_{i=1}^{m} v_i \partial_{i0} X_{i0} + \sum_{k=1}^{K} \pi_k Z_{k0}^1 + \sum_{k=1}^{K} \pi_k Z_{k0}^2 + \sum_{g=1}^{G} w_g H_{g0}$ 和 $\sum_{i=1}^{m} v_i (1 - \partial_{i0}) X_{i0} + \sum_{p=1}^{P} \eta_p R_{p0} + \sum_{d=1}^{D} \varphi_d F_{d0}$ 分别代表阶段二和阶段二的大小或者数量。

因此，通过求解以下分数规划模型来评估具有共同的共享流和反馈的两阶段网络过程的 DMU_0 的整体效率。

$$\text{Max} \frac{\sum_{r=1}^{s} u_r Y_{r0} - \sum_{d=1}^{D} \phi_d F_{d0} + \sum_{k=1}^{K} \pi_k Z_{k0}^2}{\sum_{i=1}^{m} v_i X_{i0} + \sum_{k=1}^{K} \pi_k Z_{k0}^1 + \sum_{k=1}^{K} \pi_k Z_{k0}^2 + \sum_{g=1}^{G} w_g H_{g0} + \sum_{p=1}^{P} \eta_p R_{p0} + \sum_{d=1}^{D} \phi_d F_{d0}}$$

$$\text{s.t.} \ E_{1j} = \frac{\sum_{r=1}^{s} u_r Y_{rj} - \sum_{d=1}^{D} \phi_d F_{dj}}{\sum_{i=1}^{m} v_i \partial_{ij} X_{ij} + \sum_{k=1}^{K} \pi_k Z_{kj}^1 + \sum_{k=1}^{K} \pi_k Z_{kj}^2 + \sum_{g=1}^{G} w_g H_{gj}} \leqslant 1, \ j = 1, \cdots, n$$

$$E_{2j} = \frac{\sum_{k=1}^{K} \pi_k Z_{kj}^2}{\sum_{i=1}^{m} v_i (1 - \partial_{ij}) X_{ij} + \sum_{p=1}^{P} \eta_p R_{pj} + \sum_{d=1}^{D} \phi_d F_{dj}} \leqslant 1, \ j = 1, \cdots, n \quad (6.2)$$

$$u_r \geqslant 0, \ r = 1, \cdots, s; \ v_i \geqslant 0, \ i = 1, \cdots, m; \ \phi_d \geqslant 0, \ d = 1, \cdots, D$$

$$\pi_k \geqslant 0, \ k = 1, \cdots, K; \ w_g \geqslant 0, \ g = 1, \cdots, G; \ \eta_p \geqslant 0, \ p = 1, \cdots, P$$

$$L_i \leqslant \partial_{ij} \leqslant U_i, i = 1, \cdots, m, \ j = 1, \cdots, n$$

模型是非线性规划，按照附录 A 所示的 3 个步骤将其转换为标准线性规划。结果如下：

$$\text{Max } E_0^{\text{Add}} = \sum_{r=1}^{s} u_r' Y_{r0} - \sum_{d=1}^{D} \phi_d' F_{d0} + \sum_{k=1}^{K} \pi_k' Z_{k0}^2$$

$$\text{s.t.} \sum_{r=1}^{s} u_r' Y_{rj} - \sum_{d=1}^{D} \phi_d' F_{dj} - \sum_{i=1}^{m} \xi_{ij} X_{ij} - \sum_{k=1}^{K} \pi_k' Z_{kj}^1 - \sum_{k=1}^{K} \pi_k' Z_{kj}^2 - \sum_{g=1}^{G} w_g' H_{gj} \leqslant 0, \ j = 1, \cdots, n$$

$$\sum_{k=1}^{K} \pi_k' Z_{kj}^2 - \sum_{i=1}^{s} v_i' X_{ij} + \sum_{i=1}^{m} \xi_{ij} X_{ij} - \sum_{p=1}^{P} \eta_p' R_{pj} - \sum_{d=1}^{D} \phi_d' F_{dj} \leqslant 0, \ j = 1, \cdots, n$$

$$\sum_{i=1}^{m} v_i' X_{i0} + \sum_{k=1}^{K} \pi_k' Z_{k0}^1 + \sum_{k=1}^{K} \pi_k' Z_{k0}^2 + \sum_{g=1}^{G} w_g' H_{g0} + \sum_{p=1}^{P} \eta_p' R_{p0} + \sum_{d=1}^{D} \phi_d' F_{d0} = 1 \qquad (6.3)$$

$$L_i v_i' \leqslant \xi_{ij} \leqslant U_i v_i', \xi_{ij} \geqslant 0, i = 1, \cdots, s, \ j = 1, \cdots, n$$

$$u_r' \geqslant 0, r = 1, \cdots, s; v_i' \geqslant 0, i = 1, \cdots, m; \phi_d' \geqslant 0, d = 1, \cdots, D$$

$$\pi_k' \geqslant 0, k = 1, \cdots, K; w_g' \geqslant 0, g = 1, \cdots, G; \eta_p' \geqslant 0, p = 1, \cdots, P$$

因此，获得了标准线性规划和最佳分配比例 $i = 1, \cdots, m, j = 1, \cdots, n$ 模型的对偶表示如下：

$$\text{Min } \theta$$

$$\text{s.t.} \sum_{j=1}^{n} \lambda_j H_{gj} \leqslant \theta H_{g0}, \ \forall \ g$$

$$\sum_{j=1}^{n} \lambda_j Y_{rj} \geqslant Y_{r0}, \ \forall \ r$$

$$\sum_{j=1}^{n} \gamma_j R_{pj} \leqslant \theta R_{p0}, \ \forall \ p$$

$$\lambda_j X_{ij} - \gamma_j X_{ij} + \rho_{ij} - q_{ij} \leqslant 0, \ \forall \ i, j \qquad (6.4)$$

$$\sum_{j=1}^{n} \gamma_j F_{dj} + \sum_{j=1}^{n} \lambda_j F_{dj} \leqslant \theta F_{d0} + F_{d0}, \ \forall \ d$$

$$\sum_{j=1}^{n} \lambda_j X_{ij} + \sum_{j=1}^{n} q_{ij} U_i - \sum_{j=1}^{n} \rho_{ij} L_i \leqslant \theta X_{i0}, \ \forall \ i$$

$$\sum_{j=1}^{n} \gamma_j Z_{kj}^2 - \sum_{j=1}^{n} \lambda_j (Z_{kj}^1 + Z_{kj}^2) \geqslant Z_{k0}^2 - \theta (Z_{k0}^1 + Z_{k0}^2), \ \forall \ k$$

$$\lambda_j \geqslant 0, \ \gamma_j \geqslant 0, \ \rho_{ij} \geqslant 0, \ q_{ij} \geqslant 0, \ i = 1, \cdots, m, j = 1, \cdots, n$$

其中 θ 表示两个阶段的整体效率。

命题 6.2　对偶模型有可行的解决方案(显然, $\theta = 1$, $\lambda_0 = \gamma_0 = 1$, $\lambda_j = \gamma_j = 0$, $j = 1, \cdots, n$, $j \neq 0$, $\rho_{ij} = 0$, $q_{ij} = 0$ 是模型的可行解)。

一旦获得了模型的最优解，就可以相应地计算出两阶段网络过程的加性效率。模型可能具有多个最优解，子 DMU 的各自效率可能不是唯一的。因此，可以选择一组乘子，这些乘子产生最高的第一或第二阶段效率得分，同时保持整个网络过程的加性效率得分，这是由 Kao 和 Hwang(2008)提出的。此外，在两个阶段中，最小化两个子 DMU 之间的效率差距，也是选择乘子的标准策略。

6.2.2　非合作效率测度

在上一节中，研究了两阶段问题的加性效率测度。但是现实生活中的某些情况，可能不符合两个子 DMU 一起工作以实现其总体效率最大化。比如，中国西部地区应优先发展经济，而东部地区，循环经济中资源回收子系统更为重要。在本节中，从非合作博弈的角度来考虑两阶段的过程。非合作度量的特征是领导者-跟随者 Stackelberg 博弈(Liang et al.，2006；Liang et al.，2008)。

首先将阶段一的子 DMU 视作表现更重要的领导者，将阶段二的子 DMU 视作其追随者，其效率的计算要符合阶段一的效率已实现优化的要求。为了反映阶段一的效率计算中共享资源比例的上下限，假设对于每个 DMU_j, X_{ij} 分为 $(1-\partial_{ij})X_{ij}$ 和 $\partial_{ij}X_{ij}$, $(i = 1, \cdots, m)$，分别对应于阶段一和阶段二中的子 DMU 使用的共享资源部分。因此，规模报酬不变下 DMU_0 的第一阶段(领导者)的效率如下：

$$\text{Max } E_{10}^1 = \frac{\sum_{r=1}^{s} u_r Y_{r0} - \sum_{d=1}^{D} \phi_d F_{d0}}{\sum_{i=1}^{m} v_i(1-\partial_{i0})X_{i0} + \sum_{k=1}^{K} \pi_k Z_{k0}^1 + \sum_{k=1}^{K} \pi_k Z_{k0}^2 + \sum_{g=1}^{G} w_g H_{g0}}$$

$$\text{s.t. } E_{1j} = \frac{\sum_{r=1}^{s} u_r Y_{rj} - \sum_{d=1}^{D} \phi_d F_{dj}}{\sum_{i=1}^{m} v_i(1-\partial_{ij})X_{ij} + \sum_{k=1}^{K} \pi_k Z_{kj}^1 + \sum_{k=1}^{K} \pi_k Z_{kj}^2 + \sum_{g=1}^{G} w_g H_{gj}} \leqslant 1$$

$$u_r \geqslant 0, r = 1, \cdots, s; v_i \geqslant 0, i = 1, \cdots, m; \phi_d \geqslant 0, d = 1, \cdots, D \quad (6.5)$$

$$\pi_k \geqslant 0, k = 1, \cdots, K; w_g \geqslant 0, g = 1, \cdots, G$$

$$1 - U_i \leqslant \partial_{ij} \leqslant 1 - L_i, i = 1, \cdots, s, j = 1, \cdots, n$$

使用上述转换步骤，将模型转换为以下线性模型：

$$\text{Max} \sum_{r=1}^{s} u_r' Y_{r0} - \sum_{d=1}^{D} \phi_d' F_{d0}$$

$$\text{s.t.} \sum_{r=1}^{s} u_r' Y_{rj} - \sum_{d=1}^{D} \phi_d' F_{dj} - \sum_{i=1}^{m} v_i' X_{i0} + \sum_{i=1}^{m} \xi_{ij} X_{ij} - \sum_{k=1}^{K} \pi_k' Z_{kj}^1 - \sum_{k=1}^{K} \pi_k' Z_{kj}^2 - \sum_{g=1}^{G} w_g' H_{gj} \leqslant 0$$

$$\sum_{i=1}^{m} v_i' X_{i0} - \sum_{i=1}^{m} \xi_{i0} X_{i0} + \sum_{k=1}^{K} \pi_k' Z_{k0}^1 + \sum_{k=1}^{K} \pi_k' Z_{k0}^2 + \sum_{g=1}^{G} w_g' H_{g0} = 1 \tag{6.6}$$

$$(1 - U_i) v_i' \leqslant \xi_{ij} \leqslant (1 - L_i) v_i', i = 1, \cdots, s, \ j = 1, \cdots, n; \ v_i \geqslant 0, \ i = 1, \cdots, m$$

$$u_r' \geqslant 0, r = 1, \cdots, s; \ \phi_d' \geqslant 0, d = 1, \cdots, D$$

$$\pi_k' \geqslant 0, k = 1, \cdots, K; \ w_g' \geqslant 0, g = 1, \cdots, G$$

在线性变换中，设置 $\xi_{ij} = v_i' \partial_{ij}$, $j = 1, \cdots, n$。注意，如果假设 X_{ij} 被分为 $\partial_{ij} X_{ij}$ 和 $(1 - \partial_{ij}) X_{ij}$, $i = 1, \cdots, m$，分别由阶段一和二中的子 DMU 使用，则删除约束 $(1 - U_i)$ $v_i' \leqslant \xi_{ij} \leqslant (1 - L_i) v_i'$，因为它无法反映共享资源分配的比例约束。如果共享资源可以在两个子 DMU 中自由分配，则有以下定理 6.1。

定理 6.1 如果共享资源是在两个子 DMU 中自由分配的，也就是说，有 $0 \leqslant \partial_{ij} \leqslant 1$，那么处于领导地位的子 DMU 是有效的。

证明：有关该定理的证明，请参见附录 B。

阶段二中子 DMU 的相应效率通过以下规划计算：

$$\text{Max} \ E_{20}^1 = \frac{\sum_{k=1}^{K} \pi_k Z_{k0}^2}{\sum_{i=1}^{m} v_i \partial_{i0} X_{i0} + \sum_{p=1}^{P} \eta_p R_{p0} + \sum_{d=1}^{D} \phi_d F_{d0}}$$

$$\text{s.t.} \ \frac{\sum_{r=1}^{s} u_r Y_{r0} - \sum_{d=1}^{D} \phi_d F_{d0}}{\sum_{i=1}^{m} v_i (1 - \partial_{i0}) X_{i0} + \sum_{k=1}^{K} \pi_k Z_{k0}^1 + \sum_{k=1}^{K} \pi_k Z_{k0}^2 + \sum_{g=1}^{G} w_g H_{g0}} = E_{10}^{1*} \tag{6.7}$$

$$E_{1j} = \frac{\sum_{r=1}^{s} u_r Y_{rj} - \sum_{d=1}^{D} \phi_d F_{dj}}{\sum_{i=1}^{m} v_i (1 - \partial_{ij}) X_{ij} + \sum_{k=1}^{K} \pi_k Z_{kj}^1 + \sum_{k=1}^{K} \pi_k Z_{kj}^2 + \sum_{g=1}^{G} w_g H_{gj}} \leqslant 1, \ j = 1, \cdots, n$$

$$E_{2j} = \frac{\sum_{k=1}^{K} \pi_k Z_{kj}^2}{\sum_{i=1}^{m} v_i \partial_{ij} X_{ij} + \sum_{p=1}^{P} \eta_p R_{pj} + \sum_{d=1}^{D} \phi_d F_{dj}} \leqslant 1, \ j = 1, \cdots, n$$

$$u_r \geqslant 0, r = 1, \cdots, s; v_i \geqslant 0, i = 1, \cdots, m; \phi_d \geqslant 0, d = 1, \cdots, D$$

$$\pi_k \geqslant 0, k = 1, \cdots, K; w_g \geqslant 0, g = 1, \cdots, G; \eta_p \geqslant 0, p = 1, \cdots, P$$

$$1 - U_i \leqslant \partial_{ij} \leqslant 1 - L_i, i = 1, \cdots, s, j = 1, \cdots, n$$

其中 E_{10}^{1*} 是第一阶段子 DMU 的最佳效率。线性化模型的方法无法将模型 (6.7) 转换为线性规划。为了求解模型 (6.7)，引入了一种启发式算法。接下来，设置

$$T_1 = \frac{1}{\sum\limits_{i=1}^{m} v_i (1 - \partial_{i0}) X_{i0} + \sum\limits_{k=1}^{K} \pi_k Z_{k0}^1 + \sum\limits_{k=1}^{K} \pi_k Z_{k0}^2 + \sum\limits_{g=1}^{G} w_g H_{g0}}$$

$$T_2 = \frac{1}{\sum\limits_{i=1}^{m} v_i \partial_{i0} X_{i0} + \sum\limits_{p=1}^{P} \eta_p R_{p0} + \sum\limits_{d=1}^{D} \phi_d F_{d0}}$$

$$u_r' = T_1 u_r, \phi_d' = T_1 \phi_d, \pi_k' = T_1 \pi_k, v_i' = T_1 v_i, w_g' = T_1 w_g$$

$$\phi_d'' = T_2 \phi_d, \pi_k'' = T_2 \pi_k, v_i'' = T_2 v_i, \eta_p'' = T_2 \eta_p, \psi_{ij} = v_i' \partial_{ij} (j = 1, \cdots, n)$$

注意到 $\dfrac{v_i'}{v_i''} = \dfrac{\varphi_d'}{\varphi''} = \dfrac{\pi_k'}{\pi_k''} = \dfrac{T_1}{T_2} = \dfrac{1}{\sigma}$，因此模型 (6.7) 可以转化成

$$\text{Max } E_{20}^1 = \sigma \sum_{k=1}^{K} \pi_k' Z_{k0}^2$$

$$\text{s.t.} \sum_{r=1}^{s} u_r' Y_{r0} - \sum_{d=1}^{D} \phi_d' F_{d0} = E_{10}^{1*}$$

$$\sum_{r=1}^{s} u_r' Y_{rj} - \sum_{d=1}^{D} \phi_d' F_{dj} - \sum_{i=1}^{m} v_i' X_{ij} + \sum_{i=1}^{m} \psi_{ij} X_{ij} - \sum_{k=1}^{K} \pi_k' Z_{kj}^1 - \sum_{k=1}^{K} \pi_k' Z_{kj}^2 - \sum_{g=1}^{G} w_g' H_{gj} \leqslant 0$$

$$\sigma \sum_{k=1}^{K} \pi_k' Z_{kj}^2 - \sigma \sum_{i=1}^{m} \psi_{ij} X_{ij} - \sum_{p=1}^{P} \eta_p'' R_{pj} - \sigma \sum_{d=1}^{D} \phi_d' F_{dj} \leqslant 0, \ j = 1, \cdots, n$$

$$\sum_{i=1}^{m} v_i' X_{i0} - \sum_{i=1}^{m} \psi_{i0} X_{i0} + \sum_{k=1}^{K} \pi_k' Z_{k0}^1 + \sum_{k=1}^{K} \pi_k' Z_{k0}^2 + \sum_{g=1}^{G} w_g' H_{g0} = 1 \tag{6.8}$$

$$\sigma \sum_{i=1}^{m} \psi_{i0} X_{i0} + \sum_{p=1}^{P} \eta_p'' R_{p0} + \sigma \sum_{d=1}^{D} \phi_d' F_{d0} = 1$$

$$(1 - U_i) v_i' \leqslant \psi_{ij} \leqslant (1 - L_i) v_i', i = 1, \cdots, s, \ j = 1, \cdots, n; \sigma \geqslant 0$$

$$u_r' \geqslant 0, \ r = 1, \cdots, s; v_i' \geqslant 0, i = 1, \cdots, m; \phi_d' \geqslant 0, d = 1, \cdots, D$$

$$\pi_k' \geqslant 0, k = 1, \cdots, K; \ w_g' \geqslant 0, g = 1, \cdots, G; \ \eta_p'' \geqslant 0, p = 1, \cdots, P$$

考虑模型仍然是非线性规划，设置 $\sigma \eta_p' = \eta_p''$。对于给定的 σ，模型等价于以下模型：

$$\text{Max} \sum_{k=1}^{K} \pi_k' Z_{k0}^2$$

$$\text{s.t.} \sum_{r=1}^{s} u_r' Y_{r0} - \sum_{d=1}^{D} \phi_d' F_{d0} = E_{10}^{1*}$$

$$\sum_{r=1}^{s} u_r' Y_{rj} - \sum_{d=1}^{D} \phi_d' F_{dj} - \sum_{i=1}^{m} v_i' X_{ij} + \sum_{i=1}^{m} \psi_{ij} X_{ij} - \sum_{k=1}^{K} \pi_k' Z_{kj}^1 - \sum_{k=1}^{K} \pi_k' Z_{kj}^2 - \sum_{g=1}^{G} w_g' H_{gj} \leqslant 0$$

$$\sum_{k=1}^{K} \pi_k' Z_{kj}^2 - \sum_{i=1}^{m} \psi_{ij} X_{ij} - \sum_{p=1}^{P} \eta_p' R_{pj} - \sum_{d=1}^{D} \phi_d' F_{dj} \leqslant 0, \, j=1,\cdots,n$$

$$\sum_{i=1}^{m} v_i' X_{i0} - \sum_{i=1}^{m} \psi_{i0} X_{i0} + \sum_{k=1}^{K} \pi_k' Z_{k0}^1 + \sum_{k=1}^{K} \pi_k' Z_{k0}^2 + \sum_{g=1}^{G} w_g' H_{g0} = 1 \tag{6.9}$$

$$\sigma(\sum_{i=1}^{m} \psi_{i0} X_{i0} + \sum_{p=1}^{P} \eta_p' R_{p0} + \sum_{d=1}^{D} \phi_d' F_{d0}) = 1$$

$$(1-U_i)v_i' \leqslant \psi_{ij} \leqslant (1-L_i)v_i', \, i=1,\cdots,s, \, j=1,\cdots,n; \, \sigma \geqslant 0$$

$$u_r' \geqslant 0, \, r=1,\cdots,s; \, v_i' \geqslant 0, \, i=1,\cdots,m; \, \phi_d' \geqslant 0, \, d=1,\cdots,D$$

$$\pi_k' \geqslant 0, \, k=1,\cdots,K; \, w_g' \geqslant 0, \, g=1,\cdots,G; \, \eta_p' \geqslant 0, \, p=1,\cdots,P$$

虽然模型仍然是一个非线性问题，但是可以将其视为以 σ 为参数的参数线性规划。搜索 σ 的值，并选择模型的最优值。接下来，给出最大 σ 的估计。因为有 $\sigma = \dfrac{T_2}{T_1}$，所以通过求解下述模型，获得最大的 σ_{Max}。

$$\sigma_{\text{Max}} = \text{Max} \ \sigma = \frac{T_2}{T_1} = \frac{\sum_{i=1}^{m} v_i(1-\partial_{i0})X_{i0} + \sum_{k=1}^{K} \pi_k Z_{k0}^1 + \sum_{k=1}^{K} \pi_k Z_{k0}^2 + \sum_{g=1}^{G} w_g H_{g0}}{\sum_{i=1}^{m} v_i \partial_{i0} X_{i0} + \sum_{p=1}^{P} \eta_p R_{p0} + \sum_{d=1}^{D} \phi_d F_{d0}}$$

$$\text{s.t.} \ \frac{\sum_{r=1}^{s} u_r Y_{r0} - \sum_{d=1}^{D} \phi_d F_{d0}}{\sum_{i=1}^{m} v_i(1-\partial_{i0})X_{i0} + \sum_{k=1}^{K} \pi_k Z_{k0}^1 + \sum_{k=1}^{K} \pi_k Z_{k0}^2 + \sum_{g=1}^{G} w_g H_{g0}} = E_{10}^{1*}$$

$$E_{1j} = \frac{\sum_{r=1}^{s} u_r Y_{rj} - \sum_{d=1}^{D} \phi_d F_{dj}}{\sum_{i=1}^{m} v_i(1-\partial_{ij})X_{ij} + \sum_{k=1}^{K} \pi_k Z_{kj}^1 + \sum_{k=1}^{K} \pi_k Z_{kj}^2 + \sum_{g=1}^{G} w_g H_{gj}} \leqslant 1 \tag{6.10}$$

$$E_{2j} = \frac{\sum\limits_{k=1}^{K} \pi_k Z_{kj}^2}{\sum\limits_{i=1}^{m} v_i \partial_{ij} X_{ij} + \sum\limits_{p=1}^{P} \eta_p R_{pj} + \sum\limits_{d=1}^{D} \phi_d F_{dj}} \leqslant 1, \ j=1,\cdots,n$$

$$u_r \geqslant 0, \ r=1,\cdots,s; \ v_i \geqslant 0, \ i=1,\cdots,m; \ \phi_d \geqslant 0, \ d=1,\cdots,D$$

$$\pi_k \geqslant 0, \ k=1,\cdots,K; \ w_g \geqslant 0, \ g=1,\cdots,G; \ \eta_p \geqslant 0, \ p=1,\cdots,P$$

$$1-U_i \leqslant \partial_{ij} \leqslant 1-L_i, \ i=1,\cdots,s; \ j=1,\cdots,n$$

注意 $\sigma = \dfrac{T_2}{T_1} = \dfrac{\sum\limits_{i=1}^{m} v_i(1-\partial_{i0})X_{i0} + \sum\limits_{k=1}^{K} \pi_k Z_{k0}^1 + \sum\limits_{k=1}^{K} \pi_k Z_{k0}^2 + \sum\limits_{g=1}^{G} w_g H_{g0}}{\sum\limits_{i=1}^{m} v_i \partial_{i0} X_{i0} + \sum\limits_{p=1}^{P} \eta_p R_{p0} + \sum\limits_{d=1}^{D} \phi_d F_{d0}}$ ——恰好是阶段一

和阶段二投入资源的比例。使用上述线性变换步骤，将模型(6.10)变换为以下线性规划：

$$\sigma_{\text{Max}} = \text{Max} \frac{1}{\sum\limits_{i=1}^{m} \psi_{i0} X_{i0} + \sum\limits_{p=1}^{P} \eta_p' R_{p0} + \sum\limits_{d=1}^{D} \varphi_d' F_{d0}} \Leftrightarrow \text{Min} \ \sum\limits_{i=1}^{m} \psi_{i0} X_{i0} + \sum\limits_{p=1}^{P} \eta_p' R_{p0} + \sum\limits_{d=1}^{D} \varphi_d' F_{d0}$$

$$\text{s.t.} \sum\limits_{r=1}^{s} u_r' Y_{r0} - \sum\limits_{d=1}^{D} \varphi_d' F_{d0} = E_{10}^{1*}$$

$$\sum\limits_{r=1}^{s} u_r' Y_{rj} - \sum\limits_{d=1}^{D} \varphi_d' F_{dj} - \sum\limits_{i=1}^{m} v_i' X_{ij} + \sum\limits_{i=1}^{m} \psi_{ij} X_{ij} - \sum\limits_{k=1}^{K} \pi_k' Z_{kj}^1 - \sum\limits_{k=1}^{K} \pi_k' Z_{kj}^2 - \sum\limits_{g=1}^{G} w_g' H_{gj} \leqslant 0$$

$$\sum\limits_{k=1}^{K} \pi_k' Z_{kj}^2 - \sum\limits_{i=1}^{m} \psi_{ij} X_{ij} - \sum\limits_{p=1}^{P} \eta_p' R_{pj} - \sum\limits_{d=1}^{D} \varphi_d' F_{dj} \leqslant 0, \ j=1,\cdots,n \qquad (6.11)$$

$$\sum\limits_{i=1}^{m} v_i' X_{i0} - \sum\limits_{i=1}^{m} \psi_{i0} X_{i0} + \sum\limits_{k=1}^{K} \pi_k' Z_{k0}^1 + \sum\limits_{k=1}^{K} \pi_k' Z_{k0}^2 + \sum\limits_{g=1}^{G} w_g' H_{g0} = 1$$

$$(1-U_i)v_i' \leqslant \psi_{ij} \leqslant (1-L_i)v_i', \ i=1,\cdots,m, \ j=1,\cdots,n$$

$$u_r' \geqslant 0, \ r=1,\cdots,s; \ v_i' \geqslant 0, \ i=1,\cdots,m; \ \varphi_d' \geqslant 0, \ d=1,\cdots,D$$

$$\pi_k' \geqslant 0, \ k=1,\cdots,K; \ w_g' \geqslant 0, \ g=1,\cdots,G; \ \eta_p'' \geqslant 0, \ p=1,\cdots,P$$

定理 6.2　模型(6.11)的最优值 σ_{Max} 是模型(6.9)可行的最大 σ。

证明： 有关该定理的证明，请参见附录 C。

对于某些给定的 $\sigma < \sigma_{\text{Max}}$，模型(6.9)可能不可行。因此，有以下定理 6.3。

定理 6.3　对于任何 $\sigma \in (0, \sigma_{\text{Max}}]$，对于模型(6.9)来说 σ 是可行的，模型(6.9)具有最优解和最优值。

证明： 有关该定理的证明，请参见附录 D。

定理 6.4　设 $E^*(\sigma)$ 是模型 (6.9) 中任意 $\sigma \in (0, \sigma_{\text{Max}}]$ 的最优值，则 $E^*(\sigma)$ 是 σ 的一个非递增连续函数。

证明：有关该定理的证明，请参见附录 E。

同样，当阶段二(领导者)更重要时，提出以下规划问题。在这一部分中，假定 X_{ij} 被分为 $(1-\partial_{ij})X_{ij}$ 和 $\partial_{ij}X_{ij}(i=1,\cdots,m)$，分别由阶段一和阶段二中的子 DMU 使用，这可以反映资源配置的比例约束。

$$\text{Max } E_{20}^2 = \sum_{k=1}^{K} \pi_k' Z_{k0}^2$$

$$\text{s.t.} \sum_{k=1}^{K} \pi_k' Z_{kj}^2 - \sum_{i=1}^{s} v_i' X_{ij} - \sum_{i=1}^{m} \zeta_{ij} X_{ij} - \sum_{p=1}^{P} \eta_p' R_{pj} - \sum_{d=1}^{D} \varphi_d' F_{dj} \leqslant 0, \ j=1,\cdots,n$$

$$\sum_{i=1}^{m} v_i' X_{i0} - \sum_{i=1}^{m} \zeta_{i0} X_{i0} + \sum_{p=1}^{P} \eta_p' R_{p0} + \sum_{d=1}^{D} \varphi_d' F_{d0} = 1 \tag{6.12}$$

$$L_i v_i' \leqslant \zeta_{ij} \leqslant U_i v_i', \ i=1,\cdots,s; \ j=1,\cdots,n$$

$$v_i' \geqslant 0, \ i=1,\cdots,m; \ \varphi_d' \geqslant 0, \ d=1,\cdots,D$$

$$\pi_k' \geqslant 0, \ k=1,\cdots,K; \ \eta_p' \geqslant 0, \ p=1,\cdots,P$$

阶段一中子 DMU 的相应效率是通过以下模型计算的：

$$\text{Max } E_{10}^2 = \beta\left(\sum_{r=1}^{s} u_r' Y_{r0} - \sum_{d=1}^{D} \varphi_d' F_{d0}\right)$$

$$\text{s.t.} \sum_{k=1}^{K} \pi_k' Z_{k0}^2 = E_{20}^{2*}$$

$$\sum_{r=1}^{s} u_r' Y_{rj} - \sum_{d=1}^{D} \varphi_d' F_{dj} - \sum_{i=1}^{m} \zeta_{ij} X_{ij} - \sum_{k=1}^{K} \pi_k' Z_{kj}^1 - \sum_{k=1}^{K} \pi_k' Z_{kj}^2 - \sum_{g=1}^{G} w_g' H_{gj} \leqslant 0, \ j=1,\cdots,n$$

$$\sum_{k=1}^{K} \pi_k' Z_{kj}^2 - \sum_{i=1}^{s} v_i' X_{ij} + \sum_{i=1}^{m} \zeta_{ij} X_{ij} - \sum_{p=1}^{P} \eta_p' R_{pj} - \sum_{d=1}^{D} \varphi_d' F_{dj} \leqslant 0, \ j=1,\cdots,n$$

$$\beta\left(\sum_{i=1}^{m} \zeta_{i0} X_{i0} + \sum_{k=1}^{K} \pi_k' Z_{k0}^1 + \sum_{k=1}^{K} \pi_k' Z_{k0}^2 + \sum_{g=1}^{G} w_g' H_{g0}\right) = 1 \tag{6.13}$$

$$\sum_{i=1}^{m} v_i' X_{i0} - \sum_{i=1}^{m} \zeta_{i0} X_{i0} + \sum_{p=1}^{P} \eta_p' R_{p0} + \sum_{d=1}^{D} \varphi_d' F_{d0} = 1$$

$$L_i v_i' \leqslant \zeta_{ij} \leqslant U_i v_i', \ i=1,\cdots,s, \ j=1,\cdots,n; \ \beta \geqslant 0$$

$$u_r' \geqslant 0, \ r=1,\cdots,s; \ v_i' \geqslant 0, \ i=1,\cdots,m; \ \varphi_d' \geqslant 0, \ d=1,\cdots,D$$

$$\pi_k' \geqslant 0, \ k=1,\cdots,K; \ w_g' \geqslant 0, \ g=1,\cdots,G; \ \eta_p' \geqslant 0, \ p=1,\cdots,P$$

模型 (6.13) 也可以被视为关于 β 的参数线性规划。因此，通过搜索整个 $0 \leqslant \beta \leqslant \beta_{\text{Max}}$ 区间来计算最优 E_{20}^{2*}，其中 β_{Max} 通过以下规划计算：

$$\beta_{\mathrm{Max}} = \mathrm{Max} \frac{1}{\displaystyle\sum_{i=1}^{m}\psi_{i0}X_{i0}+\sum_{k=1}^{K}\pi_k'Z_{k0}^1+\sum_{k=1}^{K}\pi_k'Z_{k0}^2+\sum_{g=1}^{G}w_g'H_{g0}}$$

$$\Leftrightarrow \mathrm{Min}\ \sum_{i=1}^{m}\psi_{i0}X_{i0}+\sum_{k=1}^{K}\pi_k'Z_{k0}^1+\sum_{k=1}^{K}\pi_k'Z_{k0}^2+\sum_{g=1}^{G}w_g'H_{g0}$$

$$\mathrm{s.t.}\ \sum_{k=1}^{K}\pi_k'Z_{k0}^2=E_{20}^{2*}$$

$$\sum_{r=1}^{s}u_r'Y_{rj}-\sum_{d=1}^{D}\varphi_d'F_{dj}-\sum_{i=1}^{m}\psi_{ij}X_{ij}-\sum_{k=1}^{K}\pi_k'Z_{kj}^1-\sum_{k=1}^{K}\pi_k'Z_{kj}^2-\sum_{g=1}^{G}w_g'H_{gj}\leqslant 0,\ j=1,\cdots,n$$

$$\sum_{k=1}^{K}\pi_k'Z_{kj}^2-\sum_{i=1}^{s}v_i'X_{ij}+\sum_{i=1}^{m}\psi_{ij}X_{ij}-\sum_{p=1}^{P}\eta_p'R_{pj}-\sum_{d=1}^{D}\varphi_d'F_{dj}\leqslant 0,\ j=1,\cdots,n \qquad (6.14)$$

$$\sum_{i=1}^{s}v_i'X_{i0}-\sum_{i=1}^{m}\psi_{ij}X_{i0}+\sum_{p=1}^{P}\eta_p'R_{p0}+\sum_{d=1}^{D}\varphi_d'F_{d0}=1$$

$$L_iv_i'\leqslant\psi_{ij}\leqslant U_iv_i',\ i=1,\cdots,s,\ j=1,\cdots,n$$

$$u_r'\geqslant 0,\ r=1,\cdots,s;\ v_i'\geqslant 0,\ i=1,\cdots,m;\ \varphi_d'\geqslant 0,\ d=1,\cdots,D$$

$$\pi_k'\geqslant 0,\ k=1,\cdots,K;\ w_g'\geqslant 0,\ g=1,\cdots,G;\ \eta_p'\geqslant 0,\ p=1,\cdots,P$$

定理 6.5　模型 (6.14) 的最优值 β_{Max} 是模型 (6.13) 可行的最大 σ。对于任何 $\beta\in(0,\beta_{\mathrm{Max}}]$，$\beta$ 对于模型 (6.13) 都是可行的，并且模型 (6.13) 具有最优解和最优值，此外，$E^*(\beta)\sum_{r=1}^{s}u_r'Y_{r0}-\sum_{d=1}^{D}\varphi_d'F_{d0}$ 是 $\sum_{r=1}^{s}u_r'Y_{r0}-\sum_{d=1}^{D}\varphi_d'F_{d0}$ 基于模型 (6.13) 的最优值，是 β 的非递增连续函数 (具体证明见定理 6.2、6.3、6.4 的证明)。

使用上述启发式算法，获得每个 DMU 的 E_{1j}^{1*}、E_{2j}^{1*}、E_{2j}^{2*} 和 E_{1j}^{2*}。

考虑表 6.1 所示的具有 10 个 DMU 的数值示例。每个 DMU 具有两个阶段，其中在阶段一中有 4 个投入，以输出一个期望的产出和一个非期望产出。在阶段二中投入了阶段一的非期望产出和另外 3 个投入，以产生反馈，该反馈作为其输入返回到阶段一。在此，两个子 DMU 共享两种资源。对于模型 (6.8) 和模型 (6.13) 的最优解，可以从一个小的 σ、β (如 0.001) 作为初始点开始，并设置一个小的增量 ($\Delta s=0.001$)。定理 6.2 和定理 6.5 表示可以对于每个 $\sigma_i=0.001+k\times0.001$，$\beta_i=0.001+k\times0.001$ 求解模型 (6.8) 和模型 (6.13)，直到 $\sigma=\sigma_{\mathrm{Max}}$，$\beta=\beta_{\mathrm{Max}}$。

表 6.2 显示了假设 $0\leqslant\partial_{ij}\leqslant1$ 的结果。第 2 列至第 5 列表示阶段一主导系统的情况，第 6 列至第 9 列表示阶段二主导系统的情况。表 6.2 包含 σ 和 β 的最大可能值以及最佳值 (即每个关联阶段达到最佳效率时)。

表 6.1　数值示例

DMU	X_1	X_2	H	Z_1	Y	F	R	Z_2
1	46	35	51	67	87	47	50	17
2	21	59	49	27	47	65	65	20
3	18	73	75	75	35	76	68	18
4	45	78	30	34	45	38	71	11
5	48	58	63	23	89	31	25	20
6	44	19	83	27	53	23	28	12
7	51	30	37	53	82	41	28	13
8	25	28	50	43	65	33	66	15
9	63	69	15	34	51	47	40	18
10	28	28	13	68	85	36	24	21

表 6.2　基于非合作模型的结果，Δs=0.001

DMU	阶段一主导				阶段二主导			
	σ_{Max}	σ^*	阶段一 E_{1j}^{1*}	阶段二 E_{2j}^{1*}	β_{Max}	β^*	阶段一	阶段二
1	4.578	3.814	1	0.5515	0.182	0.129	1	0.8947
2	3.281	3.281	1	0.8461	0.425	0.246	1	0.9549
3	1.782	0.916	1	0.1773	0.193	0.001	1	0.6394
4	0.980	[0.976,0.980]	1	0.1825	0.177	0.118	1	0.5688
5	9.249	[2.154,9.249]	1	1	0.465	[0.109,0.465]	1	1
6	18.478	[3.606,18.478]	1	1	0.296	[0.085,0.136]	1	1
7	11.996	[3.500,11.996]	1	1	0.172	[0.054,0.277]	1	1
8	7.029	7.029	1	0.9832	0.242	0.140	1	0.9973
9	1.211	1.205	1	0.3352	0.263	0.205	1	0.6843
10	1.497×10^{11}	[4.574,149718243625]	1	1	0.236	[0.001,0.208]	1	1

　　根据表 6.2，可以给出详细的解释。例如，当阶段一为领导者且达到最佳效率 $E_{21}^{1*}=1$ 时，阶段二的模型(6.8)，DMU$_1$ 具有唯一的 σ^*=3.814 与 E_{21}^{1*}=0.5515 的最佳效率相对应，而最大的 σ 是 4.578。如图 6.2 所示，阶段二的效率随着 σ 的增加而增加，直到 σ 等于 3.814 且当 σ>4.578 时模型(6.8)变得不可行。如前所述，σ 是阶段一到阶段二的投入资源比例，因此应该减少对阶段二的投入资源，以优化阶段一的效率。当 σ>3.814 时，阶段二的效率迅速下降，因此该比例不应超过 3.814。进一步分析表明，阶段二的最优效率与唯一的 σ^*=3.814 相关。当阶段二主导系统时，相应的 β 最大值和最优值分别为 0.182 和 0.129，已获得唯一的 β^*=0.129。我

们的模型已使所有领导者子 DMU 有效，这是对定理 6.1 的验证。

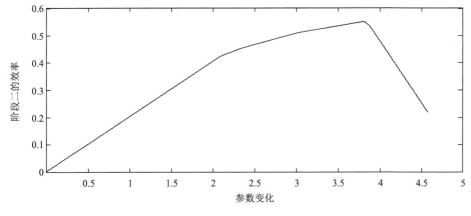

图 6.2　DMU$_1$ 的效率随 σ 的变化

通常可能会有多个 σ 值使阶段二具有相同的效率。例如，σ 值在[0.976, 0.980]内时，阶段二的 DMU$_4$ 具有相同效率 $E_{24}^{1*} = 0.1825$。当 $\sigma > 0.980$ 时，模型(6.9)可能不可行。对应于每个 σ 的 DMU$_4$ 的效率变化如图 6.3 所示。结果证明了定理 6.2 和定理 6.3 的正确性。

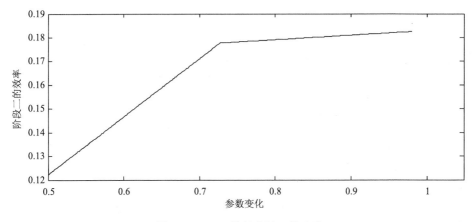

图 6.3　DMU$_4$ 的效率随 σ 的变化

前面针对定理 6.4 提到过，模型(6.9)的最优值是 σ 的非增连续函数。在下面图 6.4 中显示来自模型(6.9)的不同 DMU 的最优值和 σ 变化关系。

图 6.4 给出了 DMU$_1$、DMU$_3$、DMU$_4$、DMU$_9$ 的最优值变化趋势。从每条线的趋势，可知模型(6.9)的最优值的减小速度开始很慢，直到达到某个 σ 之后，开始迅速减少，这一结果证明了定理 6.4。

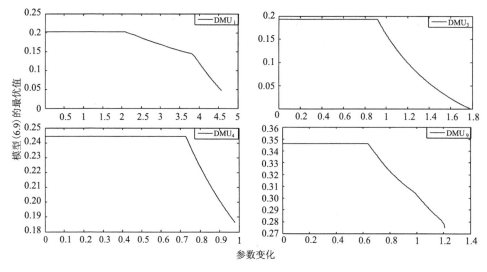

图 6.4　模型(6.9)中不同 DMU 的最优值变化

模型(6.2)基于一个较长的静态时间，将其视为一个完整的周期。当阶段一和二可以同时运行并连续将输出传递到另一阶段时，此静态结构是适当的。例如，当阶段一产生废水时，非期望产出会立即流入阶段二作为输入。当阶段二对水进行循环利用时，净化后的水立即连续不断地流回水库，阶段一从中获取水。在一个设计合理的生产系统中，阶段二的某些输出将在阶段结束之前提供给阶段一，反之亦然，即不同阶段在生产期间相互反馈。即使在其中一个阶段或两个阶段的输出在变为另一阶段的输入之前都被延迟的情况下，当所考虑的生产周期足够长时，此静态模型还是适用的。这种静态模型(例如，使用非合作效率指标)可以更好地分析每个子系统的效率。

接下来，考虑一种不同情况，阶段二不会连续流到阶段一。相反，阶段二的输出会延迟，并且仅在下一个生产阶段可用于阶段一。这可以模拟这样的情况，即不合格产品的处理只能大批量进行，在这种情况下，很自然地将每个批次的完成视为生产周期的结束。

将上述静态结构扩展到动态情况，如图 6.5 所示。此动态结构可能更适合分析生产过程中每个周期的效率。

图 6.5 显示了两个相邻的周期：t 和 $t+1$。在每个时期有两个阶段，与在图 6.1 中的先前结构相似。唯一的区别是，阶段二的反馈资源流将作为阶段一的新投入流向阶段 $t+1$；这就是在周期 t 中回收的不良输出，仅在周期 $t+1$ 中才用作输入。以下模型来度量具有 T 周期的整个系统和过程效率。

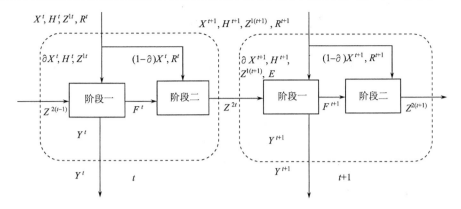

图 6.5 动态结构

$$\text{Max } E_0 = \sum_{t=1}^{T} \omega^t \frac{\sum_{r=1}^{s} u_r^t Y_{r0}^t - \sum_{d=1}^{D} \varphi_d^t F_{d0}^t + \sum_{k=1}^{K} \pi_k^t Z_{k0}^{2t}}{\sum_{i=1}^{m} v_i^t X_{i0}^t + \sum_{k=1}^{K} \pi_k^t Z_{k0}^{1t} + \sum_{k=1}^{K} \pi_k^t Z_{k0}^{2(t-1)} + \sum_{g=1}^{G} w_g^t H_{g0}^t + \sum_{p=1}^{P} \eta_p^t R_{p0}^t + \sum_{d=1}^{D} \varphi_d^t F_{d0}^t}$$

$$\text{s.t. } E_{1j}^t = \frac{\sum_{r=1}^{s} u_r^t Y_{rj}^t - \sum_{d=1}^{D} \varphi_d^t F_{dj}^t}{\sum_{i=1}^{m} v_i^t \partial_{ij}^t X_{ij}^t + \sum_{k=1}^{K} \pi_k^t Z_{kj}^{1t} + \sum_{k=1}^{K} \pi_k^t Z_{kj}^{2(t-1)} + \sum_{g=1}^{G} w_g^t H_{gj}^t} \leqslant 1, \ j=1,\cdots,n; t=1,\cdots,T$$

$$E_{2j}^t = \frac{\sum_{k=1}^{K} \pi_k Z_{kj}^{2t}}{\sum_{i=1}^{m} v_i^t (1-\partial_{ij}^t) X_{ij}^t + \sum_{p=1}^{P} \eta_p^t R_{pj}^t + \sum_{d=1}^{D} \varphi_d^t F_{dj}^t} \leqslant 1, \ j=1,\cdots,n; t=1,\cdots,T \quad (6.15)$$

$$u_r^t \geqslant 0, \ r=1,\cdots,s; \ v_i^t \geqslant 0, \ i=1,\cdots,m; \ \varphi_d^t \geqslant 0, \ d=1,\cdots,D$$

$$\pi_k^t \geqslant 0, \ k=1,\cdots,K; \ w_g^t \geqslant 0, \ g=1,\cdots,G; \ \eta_p^t \geqslant 0, \ p=1,\cdots,P; \ t=1,\cdots,T$$

$$L_i \leqslant \partial_{ij}^t \leqslant U_i, \ i=1,\cdots,m; \ j=1,\cdots,n$$

式中，$w_t, t=1,\cdots,T$ 是周期 t 的权重，权重是根据其重要性设置的。为了将模型 (6.15)转换为线性规划，以类似于上述 w_1 和 w_2 的定义，设置

$$w_t = \frac{\sum_{i=1}^{m} v_i^k X_{ij}^t + \sum_{k=1}^{K} \pi_k^t z_{kj}^{1t} + \sum_{k=1}^{K} \pi_k^t z_{kj}^{2(t-1)} + \sum_{g=1}^{G} w_g^t H_{gj}^t + \sum_{p=1}^{P} \eta_p^t R_{pj}^t + \sum_{d=1}^{D} \varphi^t F_{dj}^t}{\sum_{t=1}^{T} (\sum_{i=1}^{m} v_i^t X_{ij}^t + \sum_{k=1}^{K} \pi_k^t z_{kj}^{2(t-1)} + \sum_{g=1}^{G} w_g^t H_{gj}^t + \sum_{p=1}^{P} \eta_p^t R_{pj}^t + \sum_{d=1}^{D} \varphi_d^t F_{dj}^t)}$$

式中，分母表示整个周期内消耗的输入资源总量，分子表示每个周期消耗的输入

资源量。按照上述转换步骤，将模型(6.15)转换为以下线性模型：

$$
\text{Max } E_0 = \sum_{t=1}^{T}(\sum_{r=1}^{s} u_r^t Y_{r0}^t - \sum_{d=1}^{D} \varphi_d^t F_{d0}^t + \sum_{k=1}^{K} \pi_k^t Z_{k0}^{2t}) \sum_{r=1}^{s} u_r^t Y_{rj}^t - \sum_{d=1}^{D} \varphi_d^t F_{dj}^t
$$

$$
-(\sum_{i=1}^{m} \xi_{ij}^t X_{ij}^t + \sum_{k=1}^{K} \pi_k^t Z_{kj}^{1t} + \sum_{k=1}^{K} \pi_k^t Z_{kj}^{2(t-1)} + \sum_{g=1}^{G} w_g^t H_{gj}^t) \leqslant 1, \ j=1,\cdots,n, t=1,\cdots,T
$$

$$
\text{s.t.} \sum_{k=1}^{K} \pi_k Z_{kj}^{2t} - (\sum_{i=1}^{m}(v_i^t - \xi_{ij}^t)X_{ij}^t + \sum_{p=1}^{P} \eta_p^t R_{pj}^t + \sum_{d=1}^{D} \varphi_d^t F_{dj}^t) \leqslant 1, \ j=1,\cdots,n, \ t=1,\cdots,T
$$

$$
\sum_{t=1}^{T}(\sum_{i=1}^{m} v_i^t X_{i0}^t + \sum_{k=1}^{K} \pi_k^t Z_{k0}^{1t} + \sum_{k=1}^{K} \pi_k^t Z_{k0}^{2(t-1)} + \sum_{g=1}^{G} w_g^t H_{g0}^t + \sum_{p=1}^{P} \eta_p^t R_{p0}^t + \sum_{d=1}^{D} \varphi_d^t F_{d0}^t) = 1 \quad (6.16)
$$

$$
u_r^t \geqslant 0, \ r=1,\cdots,s; \ v_i^t \geqslant 0, i=1,\cdots,m; \ \varphi_d^t \geqslant 0, \ d=1,\cdots,D
$$

$$
\pi_k^t \geqslant 0, k=1,\cdots,K; w_g^t \geqslant 0, g=1,\cdots,G; \eta_p^t \geqslant 0, \ p=1,\cdots,P; t=1,\cdots,T
$$

$$
L_i v_i^t \leqslant \xi_{ij}^t \leqslant U_i v_i^t, \ i=1,\cdots,m; \ j=1,\cdots,n; t=1,\cdots,T
$$

用 $(u_r^{t*}, v_i^{t*}, \varphi_d^{t*}, \pi_k^{t*}, w_g^{t*}, \eta_p^{t*}, \xi_{ij}^{t*})$ 表示模型(6.16)的最优解，然后计算每个周期 t 的效率为

$$
E_0^t = \frac{\sum_{r=1}^{s} u_r^{t*} Y_{r0}^t - \sum_{d=1}^{D} \varphi_d^{t*} F_{d0}^t + \sum_{k=1}^{K} \pi_k^{t*} Z_{k0}^{2t}}{\sum_{i=1}^{m} v_i^{t*} X_{i0}^t + \sum_{k=1}^{K} \pi_k^{t*} Z_{k0}^{1t} + \sum_{k=1}^{K} \pi_k^{t*} Z_{k0}^{2(t-1)} + \sum_{g=1}^{G} w_g^{t*} H_{g0}^t + \sum_{p=1}^{P} \eta_p^{t*} R_{p0}^t + \sum_{d=1}^{D} \varphi_d^{t*} F_{d0}^t}
$$

命题 6.3 当且仅当 DMU_0 在每个周期内都是有效的(即 $E_0^t = 1, t=1,\cdots,T$)，DMU_0 在 T 周期内是有效的(即 $E_0 = 1$)。

证明：有关该命题的证明，请参考命题 6.1 的证明。

6.3 实证分析

本节提供有关中国 30 个省级地区(香港、澳门、台湾和西藏数据暂缺)的工业生产过程的真实案例。工业生产每年包括多个生产周期，并且生产子系统和废物处理子系统同时运行，因此本节重点说明静态结构模型。如果每年都知道工业生产时期，那么将其扩展到动态情况也是很直接的。图 6.6 显示了此实证分析的一般两阶段工业生产过程：一个是生产阶段，另一个是处理阶段。

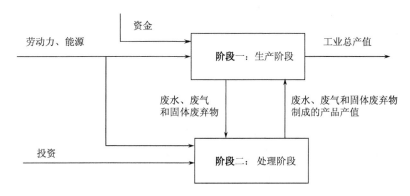

图 6.6　两阶段工业生产过程

6.3.1　数据描述

　　在工业生产子系统中，投入为劳动力、资金、能源以及废水、废气和固体废弃物制成的产品产值。产出为工业总产值、废水、废气和固体废弃物。其中，废水、废气和固体废弃物是三种非期望产出，也是第二阶段的输入，为中间非期望产出。第二阶段还投入了劳动力、能源以及处理"三废"的投资。此阶段的输出作为输入资源反馈到生产系统。在此两阶段过程中，劳动力和能源被视为两个子 DMU 中使用的共享资源。表 6.3 总结了此过程中使用的投入产出变量。

表 6.3　投入产出变量

子系统		变量	单位
生产阶段	投入	劳动力	万人
		资金	亿元
		能源	万 tce
		废水、废气、固体废弃物制成的产品产值	亿元
	产出	工业总产值	亿元
		工业废水排放	万 t
		工业废气排放	十亿 m³
		工业固体废弃物	万 t
处理阶段	投入	处理"三废"的投资	亿元
		劳动力	万人
		能源	万 tce
	产出	工业废水排放	万 t
		工业废气排放	十亿 m³
		工业固体废弃物	万 t
		废水、废气、固体废弃物制成的产品产值	亿元

表 6.4 中国 30 个地区工业生产投入和产出

DMU	区域	劳动力	能源	资金	工业生产总值	废水	废气	固体废弃物	投资	废水、废气和固体废弃物制成的产品产值
1	北京	124.15	6954	22750.58	13699.84	8198	4750	1269	1.9026	3.43658
2	天津	148.91	6818	14584.31	16751.82	19680	7686	1862	8.32203	19.26504
3	河北	344.67	27531	24943.75	31143.29	114232	56324	31688	10.67334	107.1801
4	山西	219.88	16808	18505.94	12471.33	49881	35190	18270	23.47653	42.63718
5	内蒙古	125.19	16820	14691.38	13406.11	39536	27488	16996	11.70925	27.23754
6	辽宁	401.74	20947	29076.78	36219.42	71521	26955	17273	14.25687	32.80902
7	吉林	139.81	8297	10196.15	13098.35	38656	8240	4642	6.2945	39.16633
8	黑龙江	147.6	11234	10471.17	9535.15	38921	10111	5405	4.22225	32.34714
9	上海	291.62	11201	27555.88	30114.41	36696	12969	2448	4.11153	17.03791
10	江苏	1153.88	25774	66134.06	92056.48	263760	31213	9064	15.52205	218.9749
11	浙江	857.58	16865	47282.79	51394.2	217426	20434	4268	11.39896	286.3867
12	安徽	264.87	9707	15930.28	18732	70971	17849	9158	4.51817	56.69216
13	福建	411.75	9809	16058.7	21901.23	124168	13507	7487	12.84866	37.50288
14	江西	199.16	6355	8637.45	13883.06	72526	9812	9407	5.95067	59.34731
15	山东	931.5	34808	53761.28	83851.4	208257	43837	16038	36.4491	187.1898
16	河南	479.27	21438	23467.42	34995.53	150406	22709	10714	12.07734	74.39088
17	湖北	294.97	15138	20894.32	21623.12	94593	13865	6813	24.24997	82.28357
18	湖南	272.44	14880	13038.95	19008.83	95605	14673	5773	13.43145	90.12068

续表

DMU	区域	劳动力	能源	资金	工业生产总值	废水	废气	固体废弃物	投资	废水、废气和固体废弃物制成的产品产值
19	广东	1568	26908	62626.9	85824.64	187031	24092	5456	20.90697	62.42653
20	广西	150.51	7919	8667.45	9644.13	165211	14520	6232	9.16614	51.02334
21	海南	12.44	1359	1621.38	1381.25	5782	1360	212	0.41153	3.16232
22	重庆	146.56	7856	8099.01	9143.55	45180	10943	2837	6.83182	29.13266
23	四川	351.67	17892	22564.76	23147.38	93444	20107	11239	7.00433	45.78465
24	贵州	80.3	8175	5960.13	4206.37	14130	10192	8188	6.51415	17.91425
25	云南	92.6	8674	9611.09	6464.63	30926	10978	9392	10.33956	65.45546
26	陕西	151.08	8882	14688.7	11199.84	45487	13510	6892	25.22795	29.34996
27	甘肃	71.34	5923	6487.35	4882.68	15352	6252	3745	13.63106	22.41208
28	青海	20.09	2568	3053.61	1481.99	9031	3952	1783	0.97472	5.51878
29	宁夏	29.04	3681	3293.16	1924.39	21977	16324	2465	2.9096	10.07503
30	新疆	60.18	8290	7911.97	5341.9	25413	9310	3914	6.67628	22.21873

表 6.4 提供了 30 个省级地区(香港、澳门、台湾和西藏由于数据缺失,不在考虑范围之内)的上述工业生产过程的数据,数据来自《2011 年中国统计年鉴》和《2011 年中国能源统计年鉴》。

6.3.2　结果分析

表 6.5 展示了模型(6.4)中每个省级区域的子 DMU 的加性效率测量结果。在本案例中,假设共享的劳动力和能源中 δ_{ij} 部分被划分到废物处理系统中,并设置为 $0.1 \leqslant \delta_{ij} \leqslant 0.3$。从表中可以看出,在此示例中,3 个区域有效,分别是江苏、江西和山东。还有一些效率较低的地区,如山西、贵州和宁夏。

表 6.5　基于加性效率测量的结果

DMU	1	2	3	4	5	6	7	8	9	10
E_j^{Add}	0.917	0.991	0.916	0.551	0.913	0.906	0.941	0.689	0.965	**1.000**
劳动力 ∂_j	0.100	0.100	0.252	0.230	0.157	0.155	0.181	0.237	0.100	0.114
能源 ∂_j	0.100	0.100	0.157	0.192	0.231	0.214	0.204	0.194	0.100	0.106
DMU	11	12	13	14	15	16	17	18	19	20
E_j^{Add}	0.901	0.816	0.889	**1.000**	**1.000**	0.946	0.759	0.925	0.978	0.730
劳动力 ∂_j	0.299	0.246	0.181	0.217	0.113	0.220	0.224	0.273	0.116	0.230
能源 ∂_j	0.300	0.216	0.226	0.110	0.127	0.193	0.191	0.195	0.100	0.174
DMU	21	22	23	24	25	26	27	28	29	30
E_j^{Add}	0.941	0.723	0.729	0.544	0.684	0.661	0.642	0.656	0.616	0.781
劳动力 ∂_j	0.140	0.237	0.224	0.238	0.300	0.230	0.250	0.240	0.209	0.239
能源 ∂_j	0.194	0.191	0.190	0.194	0.254	0.193	0.194	0.191	0.194	0.192

表 6.6 列出了两个阶段的非合作效率测度和相对效率。第 2 到第 6 列显示了阶段一主导系统的情况,而第 7 到 10 列显示了阶段二主导系统的情况。

该表还包括最大可能的 σ_{Max} 和 β_{Max},并给出了每个关联阶段达到最佳效率时的最优值 $\sigma^*(\Delta s = 0.01)$ 和 $\beta^*(\Delta s = 0.01)$。此外,在两种情况下,提出了共享劳动力资源的最佳分配比例。

从表 6.6 中可以看出,在两个阶段中都有 3 个有效区域。这些区域分别是江苏、江西和山东,这正是加性效率模型测算出的有效 DMU。当生产系统为领导者时,中国东部有更多有效地区。保持领导阶段的效率不变时,发现中国西部地区的废物处理系统效率都较低。但是,当废物处理系统处于领导地位时,这些地区的效率很高。因此,在保持生产系统的最佳效率的基础上,中国西部应该更加重视废物处理系统。

表 6.6 基于非合作效率测度的结果

DMU	σ_{Max}	σ^*	第一阶段主导						第二阶段主导			
			阶段一 E_{1j}^*	阶段二 E_{2j}^*	劳动力 ∂_j	能源 ∂_j	β_{Max}	β^*	阶段二 E_{2j}^*	阶段一 E_{1j}^*	劳动力 ∂_j	能源 ∂_j
1	9.64	[0.25,2.6]	1.00	0.25	0.1	0.1	4.046	[0.39,4.046]	0.247	1	0.11	0.3
2	20.04	[7.66,15.8]	1.00	0.84	0.1	0.1	0.143	[0.063,0.129]	0.844	1.000	0.10	0.10
3	6.33	5.34	1.00	0.45	0.3	0.1	0.370	0.075	1.000	0.907	0.13	0.12
4	2.33	2.33	0.65	0.06	0.3	0.3	0.101	0.062	0.938	0.432	0.10	0.10
5	5.98	4.91	1.00	0.49	0.19	0.3	0.101	0.097	0.923	0.911	0.10	0.10
6	7.87	6.06	1.00	0.28	0.17	0.3	0.105	0.063	0.492	0.857	0.12	0.12
7	8.33	4.29	1.00	0.59	0.3	0.3	0.277	0.067	1.000	0.937	0.12	0.23
8	4.39	4.39	0.76	0.04	0.3	0.3	0.220	0.111	1.000	0.655	0.10	0.10
9	15.73	8.12	1.00	0.42	0.1	0.1	0.137	0.137	0.425	0.991	0.10	0.10
10	49.82	[5,49.82]	1.00	1.00	0.1	0.1	0.236	[0.020,0.202]	1.000	1.000	0.30	0.24
11	3.37	2.72	1.00	0.39	0.29	0.3	1.000	0.321	1.000	0.869	0.11	0.10
12	3.48	3.48	0.93	0.01	0.3	0.3	0.257	0.111	1.000	0.795	0.13	0.16
13	1.20	1.2	0.97	0.15	0.3	0.3	0.102	0.015	0.770	0.855	0.10	0.10
14	1.79×10^13	[8.87,1.79×10^13]	1.00	1.00	0.1	0.1	0.333	[0.001,0.038]	1.000	1.000	0.23	0.10
15	126.17	[8.90,126.17]	1.00	1.00	0.1	0.1	0.207	[0.008,0.111]	1.000	1.000	0.10	0.10
16	5.09	3.94	1.00	0.42	0.29	0.3	0.103	0.001	1.000	0.928	0.10	0.12
17	4.38	4.38	0.87	0.06	0.3	0.3	0.299	0.067	1.000	0.742	0.12	0.24
18	3.72	3.72	0.97	0.02	0.3	0.3	0.392	0.017	1.000	0.923	0.10	0.17

续表

DMU	σ_{Max}	σ^{*}	第一阶段主导				β_{Max}	β^{*}	第二阶段主导			
			阶段一 E_{1j}^{1*}	阶段二 E_{2j}^{1*}	劳动力 ∂_j	能源 ∂_j			阶段二 E_{2j}^{2*}	阶段一 E_{1j}^{2*}	劳动力 ∂_j	能源 ∂_j
19	31.13	7.05	1.00	0.37	0.1	0.1	0.106	0.022	0.410	0.980	0.10	0.10
20	4.04	4.01	0.83	0.01	0.3	0.3	0.288	0.013	1.000	0.712	0.14	0.12
21	7.95	3.15	1.00	0.70	0.3	0.3	0.247	0.104	1.000	0.935	0.11	0.12
22	3.94	3.93	0.82	0.05	0.3	0.3	0.185	0.009	1.000	0.721	0.11	0.12
23	4.19	4.19	0.81	0.35	0.3	0.3	0.102	0.073	0.795	0.660	0.10	0.10
24	4.48	4.48	0.61	0.09	0.3	0.3	0.101	0.056	0.947	0.521	0.10	0.10
25	2.33	2.33	0.80	0.03	0.3	0.3	1.000	0.291	1.000	0.592	0.30	0.17
26	2.33	2.33	0.85	0.04	0.3	0.3	0.116	0.058	1.000	0.621	0.10	0.10
27	2.38	2.38	0.78	0.01	0.3	0.3	0.261	0.067	1.000	0.617	0.13	0.20
28	2.33	2.33	0.84	0.04	0.3	0.3	0.227	0.111	1.000	0.618	0.12	0.19
29	2.33	2.33	0.76	0.03	0.3	0.3	0.192	0.142	1.000	0.561	0.15	0.17
30	2.45	2.38	1.00	0.05	0.3	0.3	0.289	0.151	1.000	0.747	0.16	0.19

下面说明在估算河北省（DMU_3）两个阶段的相对非合作效率时所提出的计算程序。根据模型（6.6）和（6.12），其领先的子 DMU 的最大效率得分均为 $E_{1,3}^{1*} = E_{2,3}^{2*} = 1$。为了计算其后续子 DMU 的效率，首先通过求解模型（6.11）和（6.14）获得 $\sigma_{\text{Max}} = 6.33$ 和 $\beta_{\text{Max}} = 0.370$。之后，令 $\sigma_i = 0.01 + k\Delta\sigma$，$\beta_i = 0.001 + k\Delta\beta$，$\sigma_i \leqslant \sigma_{\text{Max}}, \beta_i \leqslant \beta_{\text{Max}}$ 并将步长设置为 $\Delta\sigma = 0.01, \Delta\beta = 0.001$。

图 6.7 显示了分别作为模型（6.8）和（6.13）中的跟随者的阶段二和阶段一的子 DMU 的最佳效率的变化。当阶段一为领导者时，其后续阶段二的效率增加，直到 $\sigma^* = 5.34(E_{2,3}^{1*} = 0.450)$。当 $\sigma > 5.34$ 时，河北省（DMU_3）第二阶段的最佳效率开始降低，直到 $\sigma = 6.33$。之后，分别计算出劳动和能源的 $\partial_{1j} = 0.3$ 和 $c = 0.1$，这意味着河北省应将 30% 的劳动力资源和 10% 的能源分配给废物处理系统，以保持生产系统的最佳效率。当阶段二成为领导者时，其跟随者阶段一的效率增加，直到 $\beta^* = 0.075(E_{1,3}^{2*} = 0.907)$。当 $\beta > 0.075$ 时，河北省第一阶段的最佳效率开始下降，直到 $\beta = 0.370$。$\partial_{1j} = 0.13$ 和 $\partial_{2j} = 0.12$ 表示河北省应分别将 87% 的劳动力和 88% 的能源分配给生产系统，以保持废物处理系统的最佳效率。图 6.7 中的结果验证

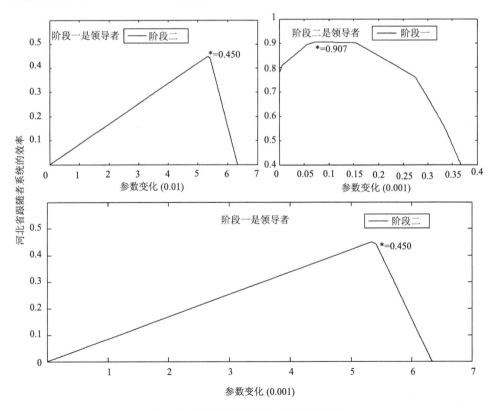

图 6.7　河北省跟随者系统的效率变化

了定理 6.3。为了验证定理 6.2，设置 $\sigma_i = \sigma_{\text{Max}} + k \times 0.01$，$\beta_i = \beta_{\text{Max}} + k \times 0.001$，$k = 1, 2 \cdots$ 发现模型 (6.8) 和 (6.13) 变得不可行。因此，作为河北省阶段二和阶段一的子 DMU 为跟随者时的最佳效率，分别为 $E_{2,3}^{1*} = 0.450$ 和 $E_{1,3}^{2*} = 0.907$。

启发式搜索方法的准确性取决于步长 $\Delta\sigma$ 和 $\Delta\beta$ 的选择。假设大多数 σ_{Max} 足够大，在计算过程中将步长设置为 $\Delta\sigma = 0.01$。对于较小的 σ_{Max}，将步长设置为 $\Delta\sigma = 0.001$。图 6.7 显示了河北省步长变化的影响，表明获得了相同的最佳效率。实际上，将步长设置 $\Delta\sigma = 0.000001$，最佳效率在 6 位小数内仍然相同。

在本章中，衡量了具有共享投入以及非期望产出再利用的两阶段网络结构系统的相对效率并检查了反馈情况，其中第一阶段的一些中间产出是非期望的，可以在第二阶段进行处理以产生一些所需的资源，以反馈到过程的第一阶段。对于资源再利用的反馈，产生了既充当输入又充当输出的变量(双角色变量)。实际上，许多 DMU 确实具有这种结构，例如，本章前面所讨论的循环经济中的废物再利用与资源回收子系统以及工厂中有缺陷产品的回收再利用。

为了评估此两阶段过程的效率，提出了一个加性模型和一个非合作模型。Chen 等(2010) 以及 Cooper、Seiford 和 Zhu(2011) 已证明加性效率是说明 DMU 整体性能的好方法，允许通过两个阶段之间的合作来优化整体效率。在两个阶段重要程度不同的情况下，加性效率是不合适的。例如，不受法律要求的约束时，工厂通常认为生产系统更为重要，但是在有严格的环境政策的地方，可能优先考虑废物处理系统。为了分析这种情况，引入了一种非合作的 Stackelberg 博弈来评估每个阶段的效率。由于资源的反馈以及两个阶段都存在共享流，因此非合作模型无法转换为线性规划。本章提出了一种启发式方法将这些非线性模型转换为参数线性规划。事实证明，这种启发式方法是找到跟随者阶段的最佳效率的好方法。另外，考虑了提出的两阶段网络结构的动态变化。最后，通过数据集说明了提出的方法，该数据集用于测量 30 个省级地区的工业生产绩效。同样，在许多实际的生产系统中，通常只有阶段一产生的所有不良产品中的一部分可以重复使用或处置到阶段二中，不幸的是，很难确定这些部分的真实数据。但是，测试了所有区域从 0.1 到 1 的通用比例，发现它们对每个区域的效率影响不大。因此，对所有区域影响较小并测试不同部分的结果可能需要进一步研究或证明。

6.4　本　章　小　结

本章构建了基于共享资源模式的两阶段环境效率评价模型，对资源循环再利用环境效率进行评价。以中国 30 个省级地区(香港、澳门、台湾和西藏数据暂缺)的工业生产过程为研究对象，分析了省级地区的生产阶段效率和治理阶段效率。

参 考 文 献

An Q, Yan H, Wu J, et al. 2016. Internal resource waste and centralization degree in two-stage systems: An efficiency analysis. Omega, 61: 89-99.

Badau F. 2015. Ranking trade resistance variables using data envelopment analysis. European Journal of Operational Research, 247(3): 978-986.

Beasley J E. 1995. Determining teaching and research efficiencies. Journal of the Operational Research Society: 441-452.

Charnes A, Cooper W W, Rhodes E. 1978. Measuring the efficiency of decision making units. European Journal of Operational Research, 2(6): 429-444.

Chen Y, Cook W D, Li N, et al. 2009. Additive efficiency decomposition in two-stage DEA. European Journal of Operational Research, 196(3): 1170-1176.

Chen Y, Du J, David S, et al. 2010. DEA model with shared resources and efficiency decomposition. European Journal of Operational Research, 207(1): 339-349.

Chen Y, Liang L, Yang F, et al. 2006. Evaluation of information technology investment: a data envelopment analysis approach. Computers Operations Research, 33(5): 1368-1379.

Chen Y, Zhu J. 2004. Measuring information technology's indirect impact on firm performance. Information Technology and Management, 5(1-2): 9-22.

Cook W D, Hababou M. 2001. Sales performance measurement in bank branches. Omega, 29(4): 299-307.

Cook W D, Liang L, Zhu J. 2010. Measuring performance of two-stage network structures by DEA: A review and future perspective. Omega, 38: 423-430.

Cook W D, Liang L, Zha Y, et al. 2009. A modified super-efficiency DEA model for infeasibility. Journal of the Operational Research Society, 60(2): 276-281.

Cooper W W, Seiford L M, Tone K. 2007. Data envelopment analysis: A comprehensive text with models, applications, references and DEA-Solver Software. Second editions. Springer, 490.

Cooper W W, Seiford L M, Zhu J. 2011. Handbook on data envelopment analysis. Springer, 164.

Erkman S, Ramaswamy R. 2003. Applied industrial ecology: a new platform for planning sustainable societies: focus on developing countries with case studies from India. Aicra Publishers.

Fukuyama H, Weber W L. 2010. A slacks-based inefficiency measure for a two-stage system with bad outputs. Omega, 38(5): 398-409.

Geng Y, Zhu Q, Doberstein B, et al. 2009. Implementing China's circular economy concept at the regional level: A review of progress in Dalian, China. Waste Management, 29(2): 996-1002.

Golany B, Roll Y. 1989. An application procedure for DEA. Omega, 17(3): 237-250.

Halkos G E, Tzeremes N G, Kourtzidis S A. 2014. A unified classification of two-stage DEA models. Surveys in Operations Research and Management Science, 19(1): 1-16.

Hua Z, Bian Y, Liang L. 2007. Eco-efficiency analysis of paper mills along the Huai River: an extended DEA approach. Omega, 35(5): 578-587.

Hu J, Xiao Z, Zhou R, et al. 2011. Ecological utilization of leather tannery waste with circular economy model. Journal of Cleaner Production, 19(2): 221-228.

Kao C, Hwang S N. 2008. Efficiency decomposition in two-stage data envelopment analysis: An application to non-life insurance companies in Taiwan. European Journal of Operational Research, 185(1): 418-429.

Korhonen P J, Luptacik M. 2004. Eco-efficiency analysis of power plants: an extension of data envelopment analysis. European Journal of Operational Research, 154(2): 437-446.

Lewis H F, Sexton T R. 2004. Network DEA: efficiency analysis of organizations with complex internal structure. Computers Operations Research, 31(9): 1365-1410.

Liang L, Cook W D, Zhu J. 2008. DEA models for two-stage processes: Game approach and efficiency decomposition. Naval Research Logistics(NRL), 55(7): 643-653.

Liang L, Wu J, Cook W D, et al. 2008. The DEA game cross-efficiency model and its Nash equilibrium. Operations Research, 56(5): 1278-1288.

Liang L, Yang F, Cook W D, et al. 2006. DEA models for supply chain efficiency evaluation. Annals of Operations Research, 145(1): 35-49.

Li Y, Chen Y, Liang L, et al. 2012. DEA models for extended two-stage network structures. Omega, 40(5): 611-618.

Lozano S, Gutiérrez E. 2011. Slacks-based measure of efficiency of airports with airplanes delays as undesirable outputs. Computers Operations Research, 38(1): 131-139.

Maghbouli M, Amirteimoori A, Kordrostami S. 2014. Two-stage network structures with undesirable outputs: A DEA based approach. Measurement, 48: 109-118.

Mathews J A, Tan H. 2011. Progress toward a circular economy in China. Journal of Industrial Ecology, 15(3): 435-457.

Murty S, Russell R R, Levkoff S B. 2012. On modeling pollution-generating technologies. Journal of Environmental Economics and Management, 64(1): 117-135.

Pearce D W, Turner R K. 1990. Economics of natural resources and the environment. JHU Press.

Scheel H. 2001. Undesirable outputs in efficiency valuations. European Journal of Operational Research, 132(2): 400-410.

Seiford L M, Zhu J. 1999. Profitability and marketability of the top 55 US commercial banks. Management Science, 45(9): 1270-1288.

Seiford L M, Zhu J. 2002. Modeling undesirable factors in efficiency evaluation. European Journal of Operational Research, 142(1): 16-20.

Sexton T R, Lewis H F. 2003. Two-stage DEA: An application to major league baseball. Journal of Productivity Analysis, 19(2-3): 227-249.

Shi G M, Bi J, Wang J N. 2010. Chinese regional industrial energy efficiency evaluation based on a DEA model of fixing non-energy inputs. Energy Policy, 38(10): 6172-6179.

Song M, Wang S, Liu W. 2014. A two-stage DEA approach for environmental efficiency measurement. Environmental Monitoring and Assessment, 186(5): 3041-3051.

Thanassoulis E, Kortelainen M, Johnes G, et al. 2011. Costs and efficiency of higher education institutions in England: a DEA analysis. Journal of the Operational Research Society, 62(7): 1282-1297.

Wang K, Huang W, Wu J, et al. 2014. Efficiency measures of the Chinese commercial banking system using an additive two-stage DEA. Omega, 44: 5-20.

Wu H Q, Shi Y, Xia Q, et al. 2014. Effectiveness of the policy of circular economy in China: A DEA-based analysis for the period of 11th five-year-plan. Resources, Conservation and Recycling, 83: 163-175.

Wu J, Liang L. 2010. Cross-efficiency evaluation approach to Olympic ranking and benchmarking: the case of Beijing 2008. International Journal of Applied Management Science, 2(1): 76-92.

Wu J, Zhu Q, Chu J, et al. 2016. Measuring energy and environmental efficiency of transportation systems in China based on a parallel DEA approach. Transportation Research Part D: Transport and Environment, 48: 460-472.

Xue B, Chen X P, Geng Y, et al. 2010. Survey of officials' awareness on circular economy development in China: based on municipal and county level. Resources, Conservation and Recycling, 54(12): 1296-1302.

Yang H, Pollitt M. 2009. Incorporating both undesirable outputs and uncontrollable variables into DEA: The performance of Chinese coal-fired power plants. European Journal of Operational Research, 197(3): 1095-1105.

Yang S, Feng N. 2008. A case study of industrial symbiosis: Nanning Sugar Co., Ltd. in China. Resources, Conservation and Recycling, 52(5): 813-820.

Yu Y, Shi Q. 2014. Two-stage DEA model with additional input in the second stage and part of intermediate products as final output. Expert Systems with Applications, 41(15): 6570-6574.

Zha Y, Liang L. 2010. Two-stage cooperation model with input freely distributed among the stages. European Journal of Operational Research, 205(2): 332-338.

Zhu J. 2000. Multi-factor performance measure model with an application to Fortune 500 companies. European Journal of Operational Research, 123(1): 105-124.

附录 A　模型(6.2)的线性变换步骤

步骤 1：CCR 变换。

设 $T = \dfrac{1}{A}, u_r' = Tu_r, \varphi_d' = T\varphi_d, \pi_k' = T\pi_k, v_i' = Tv_i, w_g' = Tw_g, \eta_p' = T\eta_p$。模型(6.2)变为模型(A.1)

$$\text{Max} \sum_{r=1}^{s} u_r' Y_{r0} - \sum_{d=1}^{D} \varphi_d' F_{d0} + \sum_{k=1}^{K} \pi_k' Z_{k0}^2$$

$$\text{s.t.} \sum_{r=1}^{s} u_r' Y_{rj} - \sum_{d=1}^{D} \varphi_d' F_{dj} - \sum_{i=1}^{m} v_i' \partial_{ij} X_{ij} - \sum_{k=1}^{K} \pi_k' Z_{kj}^1 - \sum_{k=1}^{K} \pi_k' Z_{kj}^2 - \sum_{g=1}^{G} w_g' H_{gj} \leqslant 0, \ j=1,\cdots,n$$

$$\sum_{k=1}^{K} \pi_k' Z_{kj}^2 - \sum_{i=1}^{m} v_i' (1-\partial_{ij}) X_{ij} - \sum_{p=1}^{P} \eta_p' R_{pj} - \sum_{d=1}^{D} \varphi_d' F_{dj} \leqslant 0, \quad j=1,\cdots,n$$

$$\sum_{i=1}^{s} v_i' X_{i0} + \sum_{k=1}^{K} \pi_k' Z_{k0}^1 + \sum_{k=1}^{K} \pi_k' Z_{k0}^2 + \sum_{g=1}^{G} w_g' H_{g0} + \sum_{p=1}^{P} \eta_p' R_{p0} + \sum_{d=1}^{D} \varphi_d' F_{d0} = 1$$

$$u_r' \geqslant 0, r=1,\cdots,s; v_i' \geqslant 0, i=1,\cdots,m, \varphi_d' \geqslant 0, d=1,\cdots,D$$

$$\pi_k' \geqslant 0, k=1,\cdots,K; w_g' \geqslant 0, g=1,\cdots,G; \eta_p' \geqslant 0, p=1,\cdots,P$$

$$L_i \leqslant \partial_{ij} \leqslant U_i, \quad i=1,\cdots,m; j=1,\cdots,n$$

(A.1)

步骤 2: 变量替换。

模型 (6.3) 仍然是非线性的,因为部分约束中有 $v_i' \partial_{ij}$。设 $\xi_{ij} = v_i' \partial_{ij}$,模型 (A.1) 转化为

$$\text{Max} \ E_0^{\text{Add}} = \sum_{r=1}^{s} u_r' Y_{r0} - \sum_{d=1}^{D} \varphi_d' F_{d0} + \sum_{k=1}^{K} \pi_k' Z_{k0}^2$$

$$\text{s.t.} \sum_{r=1}^{s} u_r' Y_{rj} - \sum_{d=1}^{D} \varphi_d' F_{dj} - \sum_{i=1}^{m} \xi_{ij} X_{ij} - \sum_{k=1}^{K} \pi_k' Z_{kj}^1 - \sum_{k=1}^{K} \pi_k' Z_{kj}^2 - \sum_{g=1}^{G} w_g' H_{gj} \leqslant 0, \ j=1,\cdots,n$$

$$\sum_{k=1}^{K} \pi_k' Z_{kj}^2 - \sum_{i=1}^{s} v_i' X_{ij} + \sum_{i=1}^{m} \xi_{ij} X_{ij} - \sum_{p=1}^{P} \eta_p' R_{pj} - \sum_{d=1}^{D} \varphi_d' F_{dj} \leqslant 0, \ j=1,\cdots,n$$

$$\sum_{i=1}^{m} v_i' X_{i0} + \sum_{k=1}^{K} \pi_k' Z_{k0}^1 + \sum_{k=1}^{K} \pi_k' Z_{k0}^2 + \sum_{g=1}^{G} w_g' H_{g0} + \sum_{p=1}^{P} \eta_p' R_{p0} + \sum_{d=1}^{D} \varphi_d' F_{d0} = 1$$

(A.2)

$$L_i v_i' \leqslant \xi_{ij} \leqslant U_i v_i', \xi_{ij} \geqslant 0, i=1,\cdots,s, j=1,\cdots,n$$

$$u_r' \geqslant 0, r=1,\cdots,s; v_i' \geqslant 0, i=1,\cdots,m; \varphi_d' \geqslant 0, d=1,\cdots,D$$

$$\pi_k' \geqslant 0, k=1,\cdots,K; w_g' \geqslant 0, g=1,\cdots,G; \eta_p' \geqslant 0, p=1,\cdots,P$$

求解线性模型 (A.2) 后,最优解为 $(u_r'^*, v_i'^*, \varphi_d'^*, \pi_k'^*, w_g'^*, \eta_p'^*, \xi_{ij}^*)$。

步骤 3: 求得每个 DMU 的最优解,因为 $\xi_{ij} = v_i' \partial_{ij}$,可得 $\partial_{ij} = \dfrac{\xi_{ij}}{v_i'}$。

附录 B　定理 6.1 的证明

首先,证明定理 6.1 的必要条件。根据定义 6.1,如果 DMU_0 总体上有效,则

$E_0^{\text{Add}} = 1$。因为 $E_0^{\text{Add}} = w_1 E_{10} + w_2 E_{20}$，且 $0 \leqslant E_{10} \leqslant 1$，$0 \leqslant E_{20} \leqslant 1$，因此，分效率 E_{10} 和 E_{20} 必须满足 $E_{10} = E_{20} = 1$。接下来，证明该命题的充分性。如果其两个子 DMU 有效，即 $E_{10} = E_{20} = 1$，则由于 $E_0^{\text{Add}} = w_1 E_{10} + w_2 E_{20}$，因此总效率 E_0^{Add} 必须等于 1。根据定义 6.1，DMU_0 必须总体有效。

当且仅当其两个子 DMU 有效时，DMU_0 才是总体有效的。

定理 6.1 的证明如下。

如果 $0 \leqslant \partial_{ij} \leqslant 1(L_i = 0, U_i = 1)$，模型 (6.6) 的对偶为

$$\text{Min } \theta$$

$$\text{s.t.} \sum_{j=1}^{n} \lambda_j H_{gj} \leqslant \theta H_{g0}, \forall g$$

$$\sum_{j=1}^{n} \lambda_j Y_{rj} \geqslant Y_{r0}, \forall r$$

$$\sum_{j=1}^{n} \lambda_j F_{dj} \leqslant F_{d0}, \forall d$$

$$\lambda_j X_{ij} + \rho_{ij} \geqslant 0, \forall i, j, j \neq 0 \qquad \text{(B.1)}$$

$$\lambda_0 X_{i0} - \theta X_{i0} + \rho_{i0} \geqslant 0, \forall i$$

$$\sum_{j=1}^{n} \lambda_j X_{ij} - \theta X_{i0} + \sum_{j=1}^{n} \rho_{ij} \leqslant 0, \forall i$$

$$\sum_{j=1}^{n} \lambda_j (Z_{kj}^1 + Z_{kj}^2) \leqslant \theta (Z_{k0}^1 + Z_{k0}^2), \forall k$$

$$\lambda_j \geqslant 0, \quad \rho_{ij} \geqslant 0, i = 1, \cdots, m, j = 1, \cdots, n$$

从约束 $\lambda_j X_{ij} + \rho_{ij} \geqslant 0, \forall i, j, j \neq 0$，可知 $\sum_{j=1,j\neq 0}^{n} \lambda_j X_{ij} + \sum_{j=1,j\neq 0}^{n} \rho_{ij} \geqslant 0$，同样第 6 个约束被写为

$$\sum_{j=1}^{n} \lambda_j X_{ij} - \theta X_{i0} + \sum_{j=1}^{n} \rho_{ij} = \sum_{j=1,j\neq 0}^{n} \lambda_j X_{ij} + \sum_{j=1,j\neq 0}^{n} \rho_{ij} + \lambda_0 X_{i0} - \theta X_{i0} + \rho_{i0} \leqslant 0 \quad \text{(B.2)}$$

因此 $\lambda_0 X_{i0} - \theta X_{i0} + \rho_{i0} \leqslant 0$。结合第 5 个约束，可知 $\lambda_0 X_{i0} - \theta X_{i0} + \rho_{i0} = 0$ 和 $\sum_{j=1,j\neq 0}^{n} \lambda_j X_{ij} + \sum_{j=1,j\neq 0}^{n} \rho_{ij} = 0$。由此可推出 $\lambda_j = 0$，$\rho_{ij} = 0, \forall i, j, j \neq 0$。再结合 $\sum_{j=1}^{n} \lambda_j Y_{rj} \geqslant Y_{r0}$，可知 $\lambda_0 \geqslant 1$。最终，从 $\sum_{j=1}^{n} \lambda_j H_{gj} \leqslant \theta H_{g0}$ 可得 $\theta_{\text{Min}} = 1$。这验证了当 $0 \leqslant \partial_{ij} \leqslant 1$ 时，领导的子 DMU 是有效的。

附录 C　定理 6.2 的证明

步骤 1：当 $\sigma \geqslant \sigma_{\text{Max}}$ 时，模型(6.9)没有可行解。

模型(6.9)等价于模型(C.1)

$$\text{Max} \sum_{k=1}^{K} \pi_k'' Z_{k0}^2$$

$$\text{s.t.} \frac{1}{\sigma}\left(\sum_{r=1}^{s} u_r'' Y_{r0} - \sum_{d=1}^{D} \varphi_d'' F_{d0}\right) = E_{10}^{1*}$$

$$\sum_{r=1}^{s} u_r'' Y_{rj} - \sum_{d=1}^{D} \varphi_d'' F_{dj} - \sum_{i=1}^{n} v'' X_{ij} + \sum_{i=1}^{m} \hat{\psi}_{ij} X_{ij} - \sum_{k=1}^{K} \pi_k'' Z_{kj}^1 - \sum_{k=1}^{K} \pi_k'' Z_{kj}^2 - \sum_{g=1}^{G} w_g'' H_{gj} \leqslant 0$$

$$\sum_{k=1}^{K} \pi_k'' Z_{kj}^2 - \sum_{i=1}^{m} \hat{\psi}_{ij} X_{ij} - \sum_{p=1}^{P} \eta_p'' R_{pj} - \sum_{d=1}^{D} \varphi_d'' F_{dj} \leqslant 0$$

$$\frac{1}{\sigma}\left(\sum_{i=1}^{n} v_i'' X_{i0} - \sum_{i=1}^{m} \hat{\psi}_{i0} X_{i0} + \sum_{k=1}^{K} \pi_k'' Z_{k0}^1 + \sum_{k=1}^{K} \pi_k'' Z_{k0}^2 + \sum_{g=1}^{G} w_g'' H_{g0}\right) = 1 \qquad \text{(C.1)}$$

$$\sum_{i=1}^{m} \hat{\psi}_{i0} X_{i0} + \sum_{p=1}^{P} \eta_p'' R_{p0} + \sum_{d=1}^{D} \varphi_d'' F_{d0} = 1$$

$$(1 - U_i) v_i'' \leqslant \psi_{ij} \leqslant (1 - L_i) v_i'' \quad i = 1, \cdots, s, \ j = 1, \cdots, n, \ \sigma \geqslant 0$$

$$u_r'' \geqslant 0, r = 1, \cdots, s; v_i'' \geqslant 0, i = 1, \cdots, m; \ \varphi_d'' \geqslant 0, \ d = 1, \cdots, D$$

$$\pi_k'' \geqslant 0, k = 1, \cdots, K; w_g'' \geqslant 0, g = 1, \cdots, G; \eta_p'' \geqslant 0, p = 1, \cdots, P$$

设 σ_{Max} 是保持模型(C.1)可行的最大 σ，并且 $\sigma_{\text{Max}} > \sigma$，$\sigma_{\text{Max}}$ 是模型(6.11)的最优解。

假设 $\left[v_i''(\hat{\sigma}_{\text{Max}}), \hat{\psi}_{ij}(\hat{\sigma}_{\text{Max}}), u_r''(\hat{\sigma}_{\text{Max}}), \varphi_d''(\hat{\sigma}_{\text{Max}}), \pi_k''(\hat{\sigma}_{\text{Max}}), w_g''(\hat{\sigma}_{\text{Max}}), \eta_p''(\hat{\sigma}_{\text{Max}})\right]$ 是模型(C.1)与 $\sigma_{\text{Max}} > 0$ 相关的可行解，模型(C.1)的约束为

$$\frac{1}{\hat{\sigma}_{\text{Max}}}\left(\sum_{r=1}^{s} u_r''(\hat{\sigma}_{\text{Max}}) Y_{r0} - \sum_{d=1}^{D} \varphi_d''(\hat{\sigma}_{\text{Max}}) F_{d0}\right) = E_{10}^{1*} \qquad \text{(C.2)}$$

$$\sum_{r=1}^{s} u_r''(\hat{\sigma}_{\text{Max}}) Y_{rj} - \sum_{d=1}^{D} \varphi_d''(\hat{\sigma}_{\text{Max}}) F_{dj} - \sum_{i=1}^{m} v_i''(\hat{\sigma}_{\text{Max}}) X_{ij} + \sum_{i=1}^{m} \hat{\psi}_{ij}(\hat{\sigma}_{\text{Max}}) X_{ij} - \sum_{k=1}^{K} \pi_k''(\hat{\sigma}_{\text{Max}}) Z_{kj}^1$$

$$- \sum_{k=1}^{K} \pi_k''(\hat{\sigma}_{\text{Max}}) Z_{kj}^2 - \sum_{g=1}^{G} w_g''(\hat{\sigma}_{\text{Max}}) H_{gj} \leqslant 0 \qquad \text{(C.3)}$$

$$\sum_{k=1}^{K} \pi_k''(\hat{\sigma}_{\text{Max}}) Z_{kj}^2 - \sum_{i=1}^{m} \hat{\psi}_{ij}(\hat{\sigma}_{\text{Max}}) X_{ij} - \sum_{p=1}^{P} \eta_p''(\hat{\sigma}_{\text{Max}}) R_{pj} - \sum_{d=1}^{D} \varphi_d''(\hat{\sigma}_{\text{Max}}) F_{dj} \leqslant 0 \quad \text{(C.4)}$$

$$\frac{1}{\hat{\sigma}_{\text{Max}}}\left(\sum_{i=1}^{m}v_i''(\hat{\sigma}_{\text{Max}})X_{i0}-\sum_{i=1}^{m}\hat{\psi}_{i0}(\hat{\sigma}_{\text{Max}})X_{i0}+\sum_{k=1}^{K}\pi_k''(\hat{\sigma}_{\text{Max}})Z_{k0}^1+\sum_{k=1}^{K}\pi_k''(\hat{\sigma}_{\text{Max}})Z_{k0}^2\right.$$

$$\left.+\sum_{g=1}^{G}w_g''(\hat{\sigma}_{\text{Max}})H_{g0}\right)=1 \tag{C.5}$$

$$\frac{1}{\hat{\sigma}_{\text{Max}}}\left(\sum_{i=1}^{m}\hat{\psi}_{i0}(\hat{\sigma}_{\text{Max}})X_{i0}+\sum_{d=1}^{D}\varphi_d''(\hat{\sigma}_{\text{Max}})F_{d0}+\sum_{p=1}^{P}\eta_p''(\hat{\sigma}_{\text{Max}})R_{p0}\right)=\frac{1}{\hat{\sigma}_{\text{Max}}} \tag{C.6}$$

设 $\dfrac{1}{\hat{\sigma}_{\text{Max}}}\left[v_i''(\hat{\sigma}_{\text{Max}}),\hat{\psi}_{ij}(\hat{\sigma}_{\text{Max}}),u''r(\hat{\sigma}_{\text{Max}}),\varphi_d''(\hat{\sigma}_{\text{Max}}),\pi_k''(\hat{\sigma}_{\text{Max}}),w_g''(\hat{\sigma}_{\text{Max}}),\eta_p''(\hat{\sigma}_{\text{Max}})\right]=$

$\left[v_i,\psi_{ij},u_r,\varphi_d,\pi_k,w_g,\eta_p\right]$，约束从 (C.1) 至 (C.5) 变为

$$\sum_{r=1}^{s}u_rY_{r0}-\sum_{d=1}^{D}\varphi_dF_{d0}=E_{10}^{1*} \tag{C.7}$$

$$\sum_{r=1}^{s}u_rY_{rj}-\sum_{d=1}^{D}\varphi_dF_{dj}-\sum_{i=1}^{m}v_iX_{ij}+\sum_{i=1}^{m}\psi_{ij}X_{ij}-\sum_{k=1}^{K}\pi_kZ_{kj}^1-\sum_{k=1}^{K}\pi_kZ_{kj}^2-\sum_{g=1}^{G}w_gH_{gj}\leqslant0 \tag{C.8}$$

$$\sum_{k=1}^{K}\pi_kZ_{kj}^2-\sum_{i=1}^{m}\psi_{ij}X_{ij}-\sum_{p=1}^{P}\eta_pR_{pj}-\sum_{d=1}^{D}\varphi_dF_{dj}\leqslant0 \tag{C.9}$$

$$\sum_{i=1}^{m}v_iX_{i0}+\sum_{i=1}^{m}\psi_{i0}X_{i0}+\sum_{k=1}^{K}\pi_kZ_{k0}^1+\sum_{k=1}^{K}\pi_kZ_{k0}^2+\sum_{g=1}^{G}w_gH_{g0}=1 \tag{C.10}$$

$$\hat{\sigma}_{\text{Max}}=\frac{1}{\displaystyle\sum_{i=1}^{m}\psi_{i0}X_{i0}+\sum_{d=1}^{D}\varphi_dF_{d0}+\sum_{p=1}^{P}\eta_pR_{p0}} \tag{C.11}$$

从约束 (C.2)～(C.11)，可知 $\left[v_i,\psi_{ij},u_r,\varphi_d,\pi_k,w_g,\eta_p\right]$ 是模型 (6.11) 的一个可行解，模型 (6.11) 的最优值通过 (C.10) 可知是 σ_{Max}。根据先前的假设，知道 $\sigma_{\text{Max}}>\sigma$。该结果表明模型 (6.11) 的最优值大于 σ_{Max}，这与模型 (6.11) 的最优值是 σ_{Max} 的假设相矛盾。因此，σ_{Max} 不是模型 (C.1) 或模型 (6.9) 可行的最大值。换句话说，模型 (6.9) 和模型 (B.2) 对于任何 $\sigma(\sigma>\sigma_{\text{Max}})$ 没有可行的解。

步骤 2：模型 (6.9) 和 (C.1) 在 σ_{Max} 处具有可行的解。

设 $\left[v_i'^*(\hat{\sigma}_{\text{Max}}),\psi_{ij}^*(\hat{\sigma}_{\text{Max}}),u_r'^*(\hat{\sigma}_{\text{Max}}),\varphi_d'^*(\hat{\sigma}_{\text{Max}}),\pi_k'^*(\hat{\sigma}_{\text{Max}}),w_g'^*(\hat{\sigma}_{\text{Max}}),\eta_p'^*(\hat{\sigma}_{\text{Max}})\right]$ 是模型 (6.11) 的最优解，σ_{Max} 是其最优值，满足：

$$\frac{1}{\displaystyle\sum_{i=1}^{m}\psi_{i0}(\sigma_{\text{Max}})X_{i0}+\sum_{d=1}^{D}\varphi_d'(\sigma_{\text{Max}})F_{d0}+\sum_{p=1}^{P}\eta_p'(\sigma_{\text{Max}})R_{p0}}=\sigma_{\text{Max}}$$

$$\sum_{r=1}^{s} u'_r(\sigma_{Max}) Y_{r0} - \sum_{d=1}^{D} \varphi'_d(\sigma_{Max}) F_{d0} = E_{10}^{1*}$$

$$\sum_{r=1}^{s} u'_r(\sigma_{Max}) Y_{rj} - \sum_{d=1}^{D} \varphi'_d(\sigma_{Max}) F_{dj} - \sum_{i=1}^{m} v'_i(\sigma_{Max}) X_{ij} + \sum_{i=1}^{m} \psi_{ij}(\sigma_{Max}) X_{ij} - \sum_{k=1}^{K} \pi'_k(\sigma_{Max}) Z_{kj}^1$$

$$- \sum_{k=1}^{K} \pi'_k(\sigma_{Max}) Z_{kj}^2 - \sum_{g=1}^{G} w'_g(\sigma_{Max}) H_{gj} \leqslant 0$$

$$\sum_{k=1}^{K} \pi'_k(\sigma_{Max}) Z_{kj}^2 - \sum_{i=1}^{m} \psi_{ij}(\sigma_{Max}) X_{ij} - \sum_{p=1}^{P} \eta'_p(\sigma_{Max}) R_{pj} - \sum_{d=1}^{D} \varphi'_d(\sigma_{Max}) F_{dj} \leqslant 0$$

$$\sum_{i=1}^{m} v'_i(\sigma_{Max}) X_{i0} - \sum_{i=1}^{m} \psi_{i0}(\sigma_{Max}) X_{i0} + \sum_{k=1}^{K} \pi'_k(\sigma_{Max}) Z_{k0}^1 + \sum_{k=1}^{K} \pi'_k(\sigma_{Max}) Z_{k0}^2$$

$$+ \sum_{g=1}^{G} w'_g(\sigma_{Max}) H_{g0} = 1$$

(C.12)

设 $\sigma_{Max}[v'_i(\sigma_{Max}), \psi_{ij}(\sigma_{Max}), u'_r(\sigma_{Max}), \varphi'_d(\sigma_{Max}), \pi'_k(\sigma_{Max}), w'_g(\sigma_{Max}), \eta'_p(\sigma_{Max})] = [\hat{v}_i, \hat{\psi}_{ij}, \hat{u}_r, \hat{\varphi}_d, \hat{\pi}_k, \hat{w}_g, \hat{\eta}_p]$，上述等价于：

$$\sum_{i=1}^{m} \hat{\psi}_{i0} X_{i0} + \sum_{d=1}^{D} \hat{\varphi}_d F_{d0} + \sum_{p=1}^{P} \hat{\eta}_p R_{p0} = 1$$

$$\frac{1}{\sigma_{Max}} \left(\sum_{r=1}^{s} \hat{u}_r Y_{r0} - \sum_{d=1}^{D} \hat{\varphi}_d F_{d0} \right) = E_{10}^{1*}$$

$$\sum_{r=1}^{s} \hat{u}_r Y_{rj} - \sum_{d=1}^{D} \hat{\varphi}_d F_{dj} - \sum_{i=1}^{m} \hat{v}_i X_{i0} + \sum_{i=1}^{m} \hat{\psi}_{ij} X_{ij} - \sum_{k=1}^{K} \hat{\pi}_k Z_{kj}^1 - \sum_{k=1}^{K} \hat{\pi}_k Z_{kj}^2 - \sum_{g=1}^{G} \hat{w}_g H_{gj} \leqslant 0 \quad \text{(C.13)}$$

$$\sum_{k=1}^{K} \hat{\pi}_k Z_{kj}^2 - \sum_{i=1}^{m} \hat{\psi}_{ij} X_{ij} - \sum_{p=1}^{P} \hat{\eta}_p R_{pj} - \sum_{d=1}^{D} \hat{\varphi}_d F_{dj} \leqslant 0$$

$$\frac{1}{\sigma_{Max}} \left(\sum_{i=1}^{m} \hat{v}_i X_{i0} - \sum_{i=1}^{m} \hat{\psi}_{i0} X_{i0} + \sum_{k=1}^{K} \hat{\pi}_k Z_{k0}^1 + \sum_{k=1}^{K} \hat{\pi}_k Z_{k0}^2 + \sum_{g=1}^{G} \hat{w}_g H_{g0} \right) = 1$$

可知当 $\sigma = \sigma_{Max}$ 时，模型(C.1)和模型(6.9)有可行解。

综上，模型(6.11)的最优值 σ_{Max} 是模型(6.9)可行的最大 σ。

附录 D　定理 6.3 的证明

设 $\left[v'_i(\sigma_{Max}), \psi_{ij}(\sigma_{Max}), u'_r(\sigma_{Max}), \varphi'_d(\sigma_{Max}), \pi'_k(\sigma_{Max}), w'_g(\sigma_{Max}), \eta'_p(\sigma_{Max}) \right]$ 是模型(6.9)的最优解，$E^*(\sigma_{Max})$ 是其最优值，则下述的模型(6.9)的约束被满足：

$$\sum_{r=1}^{s} u_r'^*(\sigma_{\text{Max}})Y_{r0} - \sum_{d=1}^{D} \varphi_d'^*(\sigma_{\text{Max}})F_{d0} = E_{10}^{1*} \tag{D.1}$$

$$\sum_{r=1}^{s} u_r'^*(\sigma_{\text{Max}})Y_{rj} - \sum_{d=1}^{D} \varphi_d'^*(\sigma_{\text{Max}})F_{dj} - \sum_{i=1}^{s} v_i'^*(\sigma_{\text{Max}})X_{ij} + \sum_{i=1}^{m} \psi_{ij}^*(\sigma_{\text{Max}})X_{ij}$$
$$- \sum_{k=1}^{K} \pi_k'^*(\sigma_{\text{Max}})Z_{kj}^1 - \sum_{k=1}^{K} \pi_k'^*(\sigma_{\text{Max}})Z_{kj}^2 - \sum_{g=1}^{G} w_g'^*(\sigma_{\text{Max}})H_{gj} \leqslant 0 \tag{D.2}$$

$$\sum_{k=1}^{K} \pi_k'^*(\sigma_{\text{Max}})Z_{kj}^2 - \sum_{i=1}^{m} \psi_{ij}^*(\sigma_{\text{Max}})X_{ij} - \sum_{p=1}^{P} \eta_p'^*(\sigma_{\text{Max}})R_{pj} - \sum_{d=1}^{D} \phi_d'^*(\sigma_{\text{Max}})F_{dj} \leqslant 0 \tag{D.3}$$

$$\sum_{i=1}^{m} v_i'^*(\sigma_{\text{Max}})X_{i0} - \sum_{i=1}^{m} \psi_{i0}^*(\sigma_{\text{Max}})X_{i0} + \sum_{k=1}^{K} \pi_k'^*(\sigma_{\text{Max}})Z_{k0}^1 + \sum_{k=1}^{K} \pi_k'^*(\sigma_{\text{Max}})Z_{k0}^2$$
$$+ \sum_{g=1}^{G} w_g'^*(\sigma_{\text{Max}})H_{g0} = 1 \tag{D.4}$$

$$\sum_{i=1}^{m} \psi_{i0}^*(\sigma_{\text{Max}})X_{i0} + \sum_{d=1}^{D} \varphi_d'^*(\sigma_{\text{Max}})F_{d0} + \sum_{p=1}^{P} \eta_p'^*(\sigma_{\text{Max}})R_{p0} = \frac{1}{\sigma_{\text{Max}}} \tag{D.5}$$

记 $\Delta\sigma = \sigma_{\text{Max}} - \sigma$，$\sigma \in [0, \sigma_{\text{Max}}]$。在 (D.5) 中选择任意非零 $R_{k0}, k \in [1, P]$，并且设其乘子为

$$\eta_k'(\sigma) = \eta_k'^*(\sigma_{\text{Max}}) + \frac{1}{R_{k0}}\left(\frac{1}{\sigma} - \frac{1}{\sigma_{\text{Max}}}\right) \geqslant \eta_k'^*(\sigma_{\text{Max}})$$

对于其他 $R_{p0}, p \neq k$，设 $\eta_p'(\sigma) = \eta_p'^*(\sigma_{\text{Max}})$，有

$$\sum_{i=1}^{m} \psi_{i0}^*(\sigma_{\text{Max}})X_{i0} + \sum_{d=1}^{D} \varphi_d'^*(\sigma_{\text{Max}})F_{d0} + \sum_{p=1}^{P} \eta_p'(\sigma_{\text{Max}})R_{p0} = \sum_{i=1}^{m} \psi_{i0}^*(\sigma_{\text{Max}})X_{i0}$$
$$+ \sum_{d=1}^{D} \varphi_d'^*(\sigma_{\text{Max}})F_{d0} + \sum_{p=1}^{P} \eta_p'^*(\sigma_{\text{Max}})R_{p0} + \frac{1}{\sigma} - \frac{1}{\sigma_{\text{Max}}} = \frac{1}{\sigma_{\text{Max}}} + \frac{1}{\sigma} - \frac{1}{\sigma_{\text{Max}}} = \frac{1}{\sigma} \tag{D.6}$$

其中 (D.6) 意味着任意 $\sigma \in [0, \sigma_{\text{Max}}]$ 满足等式 (D.4) 和等式 (D.3)

$$\sum_{k=1}^{K} \pi_k'^*(\sigma_{\text{Max}})Z_{kj}^2 - \sum_{i=1}^{m} \psi_{ij}^*(\sigma_{\text{Max}})X_{ij} - \sum_{p=1}^{P} \eta_p'(\sigma)R_{pj} - \sum_{d=1}^{D} \varphi_d'^*(\sigma_{\text{Max}})F_{dj}$$
$$= \sum_{k=1}^{K} \pi_k'^*(\sigma_{\text{Max}})Z_{kj}^2 - \sum_{i=1}^{m} \psi_{ij}^*(\sigma_{\text{Max}})X_{ij} - \sum_{p=1}^{P} \eta_p'^*(\sigma_{\text{Max}})R_{pj} \tag{D.7}$$
$$- \sum_{d=1}^{D} \varphi_d'^*(\sigma_{\text{Max}})F_{dj} - \left(\frac{1}{\sigma} - \frac{1}{\sigma_{\text{Max}}}\right) \leqslant 0$$

因此，对于任意 $\sigma \in [0, \sigma_{\text{Max}}]$，模型 (6.9) 的约束 (D.1)、(D.2)、(D.5)、(D.7) 全满足，这意味着 $[v_i'^*(\sigma_{\text{Max}}), \psi_{ij}^*(\sigma_{\text{Max}}), u_r'^*(\sigma_{\text{Max}}), \varphi_d'^*(\sigma_{\text{Max}}), \pi_k'^*(\sigma_{\text{Max}}), w_g'^*(\sigma_{\text{Max}}),$

$\eta'_p(\sigma)]$是一个可行解。

此外，对于任意可行解，$E^* = \sigma \sum\limits_{k=1}^{K} \pi'_k Z_{k0}^2 \leqslant \sigma\left(\sum\limits_{i=1}^{m} \psi_{i0} X_{i0} + \sum\limits_{p=1}^{P} \eta'_p R_{p0} + \sum\limits_{d=1}^{D} \varphi'_d F_{d0}\right) = 1$，这意味着模型(6.9)有界，存在最优解和最优值。

附录 E　定理 6.4 的证明

步骤 1：$E^*(\sigma)$ 是 σ 的非减函数。

假设 $\sigma_1, \sigma_2 \in (0, \sigma_{\text{Max}})$，且 $\sigma_1 \leqslant \sigma_2$。$[v_i'^{1*}(\sigma_1), \psi_{ij}^{1*}(\sigma_1), u_r'^{1*}(\sigma_1), \varphi_d'^{1*}(\sigma_1), \pi_k'^{1*}(\sigma_1),$ $w_g'^{1*}(\sigma_1), \eta_p'^{1*}(\sigma_1)]$ 和 $E^{1*}(\sigma_1)$ 以及 $[v_i'^{2*}(\sigma_2), \psi_{ij}^{2*}(\sigma_2), u_r'^{2*}(\sigma_2), \varphi_d'^{2*}(\sigma_2), \pi_k'^{2*}(\sigma_2), w_g'^{2*}$ $(\sigma_2), \eta_p'^{2*}(\sigma_2)]$ 和 $E^{2*}(\sigma_2)$ 分别是模型(6.9)与 σ_1, σ_2 对应的最优解和最优值，因此有

$$E^{1*} = \sum_{k=1}^{K} \pi_k'^{1*} Z_{k0}^2 \leqslant \sum_{i=1}^{m} \psi_{i0}^{1*} X_{i0} + \sum_{p=1}^{P} \eta_p'^{1*} R_{p0} + \sum_{d=1}^{D} \varphi_d'^{1*} F_{d0} = 1 \tag{E.1}$$

$$E^{2*} = \sum_{k=1}^{K} \pi_k'^{2*} Z_{k0}^2 \leqslant \sum_{i=1}^{m} \psi_{i0}^{2*} X_{i0} + \sum_{p=1}^{P} \eta_p'^{2*} R_{p0} + \sum_{d=1}^{D} \varphi_d'^{2*} F_{d0} = 1 \tag{E.2}$$

接下来，选择任意非零 $R_{k0}, k \in [1, P]$，并设置其乘子为

$$\eta_k' = \eta_k'^{*}(\sigma_2) + \frac{1}{R_{k0}}\left(\frac{1}{\sigma_1} - \frac{1}{\sigma_2}\right) \geqslant \eta_k'^{*}(\sigma_2) \tag{E.3}$$

对于其他 $R_{p0}, p \neq k$，设 $\eta_p'(\sigma) = \eta_p'^{2*}(\sigma_2)$。基于定理 6.3 的证明，可知当 $\sigma_1 = \sigma$，$\left[v_i'^{2*}(\sigma_2), \psi_{ij}^{2*}(\sigma_2), u_r'^{2*}(\sigma_2), \varphi_d'^{2*}(\sigma_2), \pi_k'^{2*}(\sigma_2), w_g'^{2*}(\sigma_2), \eta_p'^{2*}(\sigma_2)\right]$ 是模型(6.10)的可行解，并且最优值和 $\left[v_i'^{2*}(\sigma_2), \psi_{ij}^{2*}(\sigma_2), u_r'^{2*}(\sigma_2), \varphi_d'^{2*}(\sigma_2), \pi_k'^{2*}(\sigma_2), w_g'^{2*}(\sigma_2), \eta_p'^{2*}(\sigma_2)\right]$ 一样。因此有 $E^{2*}(\sigma_2) = E(\sigma_1) \leqslant E^{1*}(\sigma_1)$，这意味着 $E^{1*}(\sigma_2)$ 不大于 $E^{1*}(\sigma_1)$。因此 $E^*(\sigma)$ 是 σ 的非减函数，并且 $0 \leqslant E^*(\sigma) \leqslant 1$。

步骤 2：$E^*(\sigma)$ 是 σ 的连续函数。

设 $\rho(\sigma_0) \in (0, \sigma_{\text{Max}}]$ 是 $\sigma_0 \in (0, \sigma_{\text{Max}}]$ 的邻域，则 $E^*(\sigma)$ 在 $\rho(\sigma_0)$ 上有定义。对于任意的 $\sigma \in \rho(\sigma_0)$，$\sigma \to \sigma_0$，有下列极限

$$\lim_{\sigma \to \sigma_0} \sigma\left(\sum_{i=1}^{m} \psi_{i0} X_{i0} + \sum_{p=1}^{P} \eta_p' R_{p0} + \sum_{d=1}^{D} \varphi_d' F_{d0}\right) = \sigma_0\left(\sum_{i=1}^{m} \psi_{i0} X_{i0} + \sum_{p=1}^{P} \eta_p' R_{p0} + \sum_{d=1}^{D} \varphi_d' F_{d0}\right) \tag{E.4}$$

因此 $E^*(\sigma)$ 是一个定义在 $(0, \sigma_{\text{Max}}]$ 连续函数。

综上，可知模型(6.9)的 $E^*(\sigma)$ 是 σ 的非增连续函数。

第7章　均衡分配两阶段模式下废物再利用生态效率研究

根据第 6 章中关于资源环境效率评价中两个阶段之间关系的讨论，不难发现在实践中资源利用和环境治理是相对独立的两个子阶段，甚至在存在公共投入或者其他利益分配问题时两个阶段之间存在竞争关系，传统的两阶段模型难以对各子阶段的真实效率值水平进行度量。因此，本章基于均衡分配的原则构建合理的两阶段评价模型，对废物再利用的生态效率进行研究。

7.1　引　　言

当把 DEA 应用于能源与环境效率分析时，通常考虑生产过程中的能耗和污染物排放。在衡量能源效率时，研究者通常将能耗因素纳入评价。例如，Hu 和 Wang (2006) 提出，以往的大部分关于区域生产力和效率研究忽略了能源投入，于是他们将能源消费作为一种新的投入来衡量中国省级地区在 1995～2002 年的能源效率。在此之后，Zhang 等 (2011) 指出，当决策单元在生产规模上存在较大差异时，Hu 和 Wang (2006) 研究中的固定规模收益率 DEA 模型不适合应用于此情景。于是他们进一步将模型扩展为可变规模收益模型，然后将该模型用于研究 1980～2015 年 23 个发展中国家的能源效率。类似地，Zhang 等 (2011)、Hernández-Sancho 等 (2011) 还采用了非径向 DEA 方法测量了西班牙废水处理计划的效率指数。Wu 等 (2014) 综合运用了 DEA 方法和 Malmquist 指数，对 2006～2009 年中国省级地区的能源效率进行了统计分析。

当涉及环境效率分析时，学者们往往会把非期望产出 (污染排放) 考虑到其研究中。例如，Zhou 等 (2008) 讨论了几种 DEA 环境效率评估方法在固定规模收益率、非递增规模收益率和可变规模收益率假设下的差异，并采用不同的环境效率指标对 2002 年世界 8 个地区碳排放绩效进行了分析。Chang 等 (2013) 建议在没有投入或产出导向假设的情况下衡量决策单元的环境效率。因此他们提出了一种基于松弛测度的非径向 DEA 模型，并将其应用于我国运输行业的环境效率研究。类似地，以碳排放为非期望产出，Xie 等 (2014) 提出了环境效率评估的综合方法 (基于 SBM-DEA 模型和环境 Malmquist 指数)。他们的方法最终被用于经济合作与发展组织中 26 个成员国和金砖四国 (巴西、俄罗斯、印度和中国) 的电力工业效率分析。Yang 等(2015)使用了超效率 DEA 模型分析了 2000~2010 年中国省级地区的环境效率。最后，有关环境效率分析的其他相关研究成果可以参考 Song 等(2012)，该论文对基于 DEA 的环境效率分析进行了详细的文献综述。

近年来，许多学者倾向于将能源消耗和污染物排放两个因素综合考虑，对决策单元进行能源和环境效率分析。例如，Shi 等(2010)通过综合考虑能源消耗和非期望产出，对中国 34 个省级行政区域的能源效率进行了分析，并确定了 28 个地区最大的节能潜力。与此同时，Bian 和 Yang(2010)基于 Shannon 熵的方法建立了几种测量资源和环境总效率的 DEA 模型，其方法同时获得 DMU 的能源效率和环境效率。Wang 等(2013b)提出了一个联合生产 DEA 框架，该框架考虑了能源和非能源投入，以及期望和非期望产出。他们以新框架的基础，同时对传统的 DEA 模型进行了改进，并以该方法分析了 2000~2008 年中国省级地区的能源和环境效率。之后，Bi 等(2014)通过 SBM 模型评估了中国火力发电行业的效率。该研究通过对全要素能源效率和分解后的环境绩效指标的分析，进一步探讨了能源效率是否受到环境政策法规的影响。最后，更多关于能源和环境效率的研究成果可以参考 Wang 等(2013c)和 Wu 等(2015d)的研究成果。

生态效率的概念最早出现在 20 世纪 90 年代(Schaltegger，1996)，其反映了一个实体单位生产商品和服务的能力，该过程不仅消耗较少的自然资源，同时对环境造成的影响也较小(Picazo-Tadeo et al.，2012)。基于 DEA 的生态效率评价与能源和环境效率评价非常相似，Dyckhoff 和 Allen(2001)首次提出用 DEA 来衡量生态效率。他们指出，在评估中需要考虑到所消耗的材料和能源以及非期望产出(排放物或废物)，以获得总体的环境绩效指标。后来的学者们基于这一思想，展开了大量拓展的研究。例如，Korhonen 和 Luptacik(2004)提出了两种方法来处理生态效率分析中的非期望产出，并将其应用于某个欧洲国家的 24 个发电厂的生态效率研究。随后，Hua 等(2007)提出了一个产出导向的非径向 DEA 模型，对中国淮河流域 32 家造纸厂进行了生态效率分析。该研究同时考虑了造纸厂非自由处置投入的生化需氧量(Biochemical Oxygen Demand，BOD)指标和非期望产出的BOD。Picazo-Tadeo 等(2011)建议在估算资源消耗和排放污染的潜在减少量时考虑松弛变量，并把该方法应用于评估西班牙 171 个农场的生态效率。类似地，Picazo-Tadeo 等(2012)使用方向距离函数和DEA评估了西班牙一组橄榄种植农场的生态效率。Avadí 等(2014)综合运用了 DEA 和生命周期评估(Life Cycle Assessment，LCA)方法来测量秘鲁捕鱼业钢铁船队和木制船队的生态效率。同样地，使用"DEA+LCA"框架来衡量生态效率的也可见于 Lorenzo-Toja 等(2015)的研究中。

上述生态效率分析方法只考虑消耗资源、产生期望产出和非期望产出的生产阶段。然而，能够处理污染物排放和减少生产对环境影响的污染处理也是评价中需要考虑的一个重要子阶段(Wu et al.，2015a)。污染处理已经在一些研究中被考虑到了。例如，Wu 等(2015a)提出了评价中国区域节能减排效率的 DEA 两阶段网络模型。其中，用于处理第一阶段产生的废弃物的污染处理过程被刻画为总模型第二子阶段。类似的想法和处理也在体现在 Wu 等(2015b，2015e)和 Lozano(2015)的研究中。

　　在本章中，使用 DEA 两阶段网络框架来衡量中国省级地区的生态效率。每个区域都被视为一个两阶段的网络结构，其中第一阶段为生产过程，第二阶段为污染物处理过程。由于考虑了不同地区生产规模的差异，所以在规模报酬可变假设下提出了两阶段 DEA 模型。不同于传统的研究采用主-从模型对各子阶段的效率进行分解，我们提出了一个公平的效率分解模型，以避免每个地区两个子阶段的效率差异过大。由于所提出的效率分解模型是一个非线性规划问题，因此给出了一种线性求解算法。最后，该方法被用于中国省级地区生态效率分析的案例研究中。

7.2　基于均衡分配两阶段网络系统的废物再利用 环境绩效评价方法

　　参考到 Wu 等(2015a)的研究，使用两阶段网络结构来评估中国各地区的生态效率，如图 7.1 所示。在第一阶段，即生产阶段，各地区利用一定的投入资源，产生了期望产出和污染物排放(非期望产出)。在第二阶段，即污染处理阶段，该阶段使用其他投入来处理污染物排放，以减少其对环境的污染。

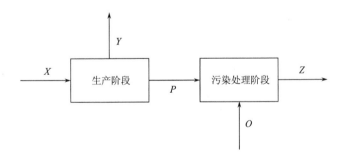

图 7.1　两阶段网络结构流程图

　　由图 7.1 可知，在评价各区域的生态效率时，同时考虑了各区域的生产阶段和污染物处理阶段。Y 是生产阶段(第一阶段)期望产出，P 是污染物(非期望产出)，O 是污染处理阶段(第二阶段)其他投入，Z 是污染处理阶段的产出(剩余污染和可能有用的产品)。

假设在生产阶段，每个 DMU_j 有 m 个输入，s 个期望产出，k 个非期望产出，分别表示为 $x_{ij}(i=1,2,\cdots,m)$，$y_{rj}(r=1,2,\cdots,s)$ 和 $p_{cj}(c=1,2,\cdots,k)$。对于被评估的 DMU_0，其第一阶段(Sub-DMU1)效率用以下 BCC 模型表示(Banker et al., 1984)。

$$E_0^1 = \text{Max} \frac{\sum_{r=1}^{s} \mu_r y_{r0} - \sum_{c=1}^{k} \phi_c^1 p_{c0} + u_1}{\sum_{i=1}^{m} \omega_i x_{i0}}$$

$$\text{s.t.} \quad \frac{\sum_{r=1}^{s} \mu_r y_{rj} - \sum_{c=1}^{k} \phi_c^1 p_{cj} + u_1}{\sum_{i=1}^{m} \omega_i x_{ij}} \leqslant 1, j=1,2,\cdots,n \qquad (7.1)$$

$$\omega_i, \mu_r, \phi_c^1 \geqslant 0, \forall i, r, c$$

$$u_1 \text{ free}$$

在模型(7.1)中，$\omega_i, \mu_r, \phi_c^1$ 分别为被评估 DMU_0 的第一阶段相应投入、期望产出和非期望产出的权重。同时从此模型可以看出，假设非期望产出为强处置性。

类似地，对于第二阶段，假设每个 DMU_j 使用 d 个其他投入来处理在第一阶段中产生的 k 个非期望产出，并且生成 f 个期望产出。其每个第二阶段的输入和输出分别表示为 $o_{vj}(v=1,2,\cdots,d)$ 和 $z_{lj}(l=1,2,\cdots,f)$。由模型(7.2)可见，对于被评估的 DMU_0，其第二阶段(Sub-DMU2)的效率是在规模报酬可变假设下得到的。

$$E_0^2 = \text{Max} \frac{\sum_{l=1}^{f} \gamma_l z_{l0} + u_2}{\sum_{v=1}^{d} \varphi_v o_{v0} + \sum_{c=1}^{k} \phi_c^2 p_{c0}}$$

$$\text{s.t.} \quad \frac{\sum_{l=1}^{f} \gamma_l z_{lj} + u_2}{\sum_{v=1}^{d} \varphi_v o_{vj} + \sum_{c=1}^{k} \phi_c^2 p_{cj}} \leqslant 1, j=1,2,\cdots,n \qquad (7.2)$$

$$\varphi_v, \gamma_l, \phi_c^2 \geqslant 0, \forall v, c, l$$

$$u_2 \text{ free}$$

在模型(7.2)中，φ_v，γ_l，ϕ_c^2 分别为被评估 DMU_0 第二阶段相应投入、污染物投入和产出的权重。值得一提的是，许多研究(Liang et al., 2008; Kao and Hwang, 2008; Chen et al., 2010)把中间产出(本章中的污染物排放量)在两个子阶段的权重设置为相同。这里假设 $\phi_c = \phi_c^1 = \phi_c^2 \ (c=1,2,\cdots,k)$。

1. 集中模式下的生态效率评价

上述模型 (7.1) 和 (7.2) 分别用于计算第一阶段 (Sub-DMU1) 和第二阶段 (Sub-DMU2) 的效率。单独测量两个子阶段不仅不能反映它们之间的联系，而且其整体效率无法得到。为了解决这个问题，在此提出了一个集权模型来评估集中式模式下的整体效率。在集中式模式下，两个 Sub-DMU 协同工作以最大限度地提高整体效率。其集权模型 (7.3) 如下所示。

$$\text{Max } E_0 = w_1 \times E_0^1 + w_2 \times E_0^2$$

$$\text{s.t. } \frac{\sum\limits_{r=1}^{s} \mu_r y_{r0} - \sum\limits_{c=1}^{k} \phi_c p_{c0} + u_1}{\sum\limits_{i=1}^{m} \omega_i x_{i0}} = E_0^1$$

$$\frac{\sum\limits_{l=1}^{f} \gamma_l z_{l0} + u_2}{\sum\limits_{v=1}^{d} \varphi_v o_{v0} + \sum\limits_{c=1}^{k} \phi_c p_{c0}} = E_0^2$$

$$\frac{\sum\limits_{r=1}^{s} \mu_r y_{rj} - \sum\limits_{c=1}^{k} \phi_c p_{cj} + u_1}{\sum\limits_{i=1}^{m} \omega_i x_{ij}} \leqslant 1, \, j = 1, 2, \cdots, n \qquad (7.3)$$

$$\frac{\sum\limits_{l=1}^{f} \gamma_l z_{lj} + u_2}{\sum\limits_{v=1}^{d} \varphi_v o_{vj} + \sum\limits_{c=1}^{k} \phi_c p_{cj}} \leqslant 1, \, j = 1, 2, \cdots, n$$

$$\varphi_v, \omega_i, \mu_r, \gamma_l, \phi_c \geqslant 0, \forall i, r, v, c, l$$

$$u_1, u_2 \text{ free}$$

在模型 (7.3) 中，w_1 和 w_2 分别为子阶段效率 Sub-DMU1 和 Sub-DMU2 的权重，其权重满足 $w_1 + w_2 = 1$。当且仅当 $E_0 = 1$ 时，DMU_0 被定义为整体有效。显而易见，当总阶段有效，其子阶段必定有效，即 $E_0^1 = E_0^2 = 1$。

值得注意的是，模型 (7.3) 为非线性规划，可以通过如下两个步骤将其转化为线性形式。

步骤一：选择合适的权重

根据 Chen 等 (2009) 和 Amirteimoori (2013) 的研究，将每个阶段的权重定义为其子阶段投入资源占整个系统总资源的比例，于是得

$$w_1 = \frac{\sum\limits_{i=1}^{m} \omega_i x_{i0}}{\sum\limits_{i=1}^{m} \omega_i x_{i0} + \sum\limits_{v=1}^{d} \varphi_v o_{v0} + \sum\limits_{c=1}^{k} \phi_c p_{c0}} \geqslant \alpha \tag{7.4}$$

$$w_2 = \frac{\sum\limits_{v=1}^{d} \varphi_v o_{v0} + \sum\limits_{c=1}^{k} \phi_c p_{c0}}{\sum\limits_{i=1}^{m} \omega_i x_{i0} + \sum\limits_{v=1}^{d} \varphi_v o_{v0} + \sum\limits_{c=1}^{k} \phi_c p_{c0}} \geqslant \alpha \tag{7.5}$$

式中，α 是每个子阶段可以接受的最小权重。设 $\alpha = 0.3$，把 w_1 和 w_2 代入模型 (7.3)，得到模型 (7.6)。

$$\text{Max } E_0 = \frac{\sum\limits_{r=1}^{s} \mu_r y_{r0} - \sum\limits_{c=1}^{k} \phi_c p_{c0} + \sum\limits_{l=1}^{f} \gamma_l z_{l0} + u_1 + u_2}{\sum\limits_{i=1}^{m} \omega_i x_{i0} + \sum\limits_{v=1}^{d} \varphi_v o_{v0} + \sum\limits_{c=1}^{k} \phi_c p_{c0}}$$

$$\text{s.t. } \frac{\sum\limits_{r=1}^{s} \mu_r y_{rj} - \sum\limits_{c=1}^{k} \phi_c p_{cj} + u_1}{\sum\limits_{i=1}^{m} \omega_i x_{ij}} \leqslant 1, \ j = 1, 2, \cdots, n$$

$$\frac{\sum\limits_{l=1}^{f} \gamma_l z_{lj} + u_2}{\sum\limits_{v=1}^{d} \varphi_v o_{vj} + \sum\limits_{c=1}^{k} \phi_c p_{cj}} \leqslant 1, \ j = 1, 2, \cdots, n$$

$$\frac{\sum\limits_{i=1}^{m} \omega_i x_{i0}}{\sum\limits_{i=1}^{m} \omega_i x_{i0} + \sum\limits_{v=1}^{d} \varphi_v o_{v0} + \sum\limits_{c=1}^{k} \phi_c p_{c0}} \geqslant \alpha \tag{7.6}$$

$$\frac{\sum\limits_{v=1}^{d} \varphi_v o_{v0} + \sum\limits_{c=1}^{k} \phi_c p_{c0}}{\sum\limits_{i=1}^{m} \omega_i x_{i0} + \sum\limits_{v=1}^{d} \varphi_v o_{v0} + \sum\limits_{c=1}^{k} \phi_c p_{c0}} \geqslant \alpha$$

$$\varphi_v, \omega_i, \mu_r, \gamma_l, \phi_c \geqslant 0, \forall i, r, v, c, l$$

$$u_1, u_2 \text{ free}$$

步骤二：Charnes-Cooper 变换

需要注意的是，模型 (7.6) 仍然是一个不能直接求解的非线性规划问题。通过 Charnes-Cooper 变换将其转化为线性规划问题 (Charnes and Cooper，1962)。

$$\diamondsuit t = 1 \bigg/ \left(\sum_{i=1}^{m} \omega_i x_{i0} + \sum_{v=1}^{d} \varphi_v o_{v0} + \sum_{c=1}^{k} \phi_c p_{c0} \right), \ \omega_i' = t\omega_i, \ \mu_r' = t\mu_r, \ \varphi_v' = t\varphi_v, \ \gamma_l' = t\gamma_l,$$

$\phi_c' = t\phi_c$，$u_1' = tu_1$，$u_2' = tu_2$，则模型 (7.6) 可以转换为线性规划模型 (7.7)。

$$\text{Max } E_0 = \sum_{r=1}^{s} \mu_r' y_{r0} - \sum_{c=1}^{k} \phi_c' p_{c0} + \sum_{l=1}^{f} \gamma_l' z_{l0} + u_1' + u_2'$$

$$\text{s.t.} \sum_{r=1}^{s} \omega_i' x_{i0} + \sum_{v=1}^{d} \varphi_v' o_{v0} + \sum_{c=1}^{k} \phi_c' p_{c0} = 1$$

$$\sum_{r=1}^{s} \mu_r' y_{rj} - \sum_{c=1}^{k} \phi_c' p_{cj} - \sum_{r=1}^{s} \omega_i' x_{ij} + u_1' \leqslant 0, \ j = 1, 2, \cdots, n$$

$$\sum_{l=1}^{f} \gamma_l' z_{lj} - \sum_{v=1}^{d} \varphi_v' o_{vj} - \sum_{c=1}^{k} \phi_c' p_{cj} + u_2' \leqslant 0, \ j = 1, 2, \cdots, n \qquad (7.7)$$

$$(\alpha - 1) \sum_{r=1}^{s} \omega_i' x_{i0} + \alpha \sum_{v=1}^{d} \varphi_v' o_{v0} + \alpha \sum_{c=1}^{k} \phi_c' p_{c0} \leqslant 0$$

$$\alpha \sum_{r=1}^{s} \omega_i' x_{i0} + (\alpha - 1) \sum_{v=1}^{d} \varphi_v' o_{v0} + (\alpha - 1) \sum_{c=1}^{k} \phi_c' p_{c0} \leqslant 0$$

$$\omega_i', \mu_r', \varphi_v', \gamma_l', \phi_c' \geqslant 0, \forall i, r, v, c, l$$

$$u_1, u_2 \text{ free}$$

2. 公平的生态效率分解

通过对上述模型 (7.7) 的求解，得到各决策单元的总效率 (也称为生态效率)。因此，也可以获得 Sub-DMU 的效率。然而，模型 (7.7) 的最优解可能不是唯一的，这可能导致 Sub-DMU 的效率也不唯一 (Kao and Hwang, 2008; Halkos et al., 2014)。为了解决这个问题，许多研究 (Kao and Hwang, 2008; Li et al., 2012) 结合斯坦伯格博弈理论，提出了领导者-追随者效率分解方法。然而，这种方法会导致领先阶段的效率非常高，而跟随阶段的效率通常较低，效率分解结果不公平，各结构中两个子阶段的效率存在较大差异。为了克服这一问题，在本小节中，提出了一种对子阶段的效率进行公平分解的方法。

在评价 DMU 的生态效率时，生产阶段和污染处理阶段都很重要。如果一个地区在第一阶段产生了非常高的效率，而在第二阶段产生了非常低的效率，这意味着该地区没有很好地处理污染物排放，其环境遭到严重破坏。相反，如果一个地区在生产阶段获得很低的效率，而在污染处理阶段获得非常高的效率，这表示尽管环境得到了非常有效的保护，该地区的生产力仍然很低。因此，需要提出一种公平的生态效率分解方法，从而可以获得具有公平效率的子阶段效率。在此，本章提出用以下模型 (7.8) 进行生态效率分解。

$$\text{Max } \Phi_0$$

$$\text{s.t. } E_0 = \frac{\sum_{r=1}^{s}\mu_r y_{r0} - \sum_{c=1}^{k}\phi_c p_{c0} + \sum_{l=1}^{f}\gamma_l z_{l0} + u_1 + u_2}{\sum_{i=1}^{m}\omega_i x_{i0} + \sum_{v=1}^{d}\varphi_v o_{v0} + \sum_{c=1}^{k}\phi_c p_{c0}}$$

$$E_0^1 = \frac{\sum_{r=1}^{s}\mu_r y_{r0} - \sum_{c=1}^{k}\phi_c p_{c0} + u_1}{\sum_{i=1}^{m}\omega_i x_{i0}} \geqslant \Phi_0 \tag{7.8}$$

$$E_0^2 = \frac{\sum_{l=1}^{f}\gamma_l z_{l0} + u_2}{\sum_{v=1}^{d}\varphi_v o_{v0} + \sum_{c=1}^{k}\phi_c p_{c0}} \geqslant \Phi_0$$

$$\frac{\sum_{r=1}^{s}\mu_r y_{rj} - \sum_{c=1}^{k}\phi_c p_{cj} + u_1}{\sum_{i=1}^{m}\omega_i x_{ij}} \leqslant 1, \ j = 1, 2, \cdots, n$$

$$\frac{\sum_{l=1}^{f}\gamma_l z_{lj} + u_2}{\sum_{v=1}^{d}\varphi_v o_{vj} + \sum_{c=1}^{k}\phi_c p_{cj}} \leqslant 1, \ j = 1, 2, \cdots, n$$

$$\frac{\sum_{i=1}^{m}\omega_i x_{i0}}{\sum_{i=1}^{m}\omega_i x_{i0} + \sum_{v=1}^{d}\varphi_v o_{v0} + \sum_{c=1}^{k}\phi_c p_{c0}} \geqslant \alpha$$

$$\frac{\sum_{v=1}^{d}\varphi_v o_{v0} + \sum_{c=1}^{k}\phi_c p_{c0}}{\sum_{i=1}^{m}\omega_i x_{i0} + \sum_{v=1}^{d}\varphi_v o_{v0} + \sum_{c=1}^{k}\phi_c p_{c0}} \geqslant \alpha$$

$$\varphi_v, \omega_i, \mu_r, \gamma_l, \phi_c \geqslant 0, \forall i, r, v, c, l$$

$$u_1, u_2 \text{ free}$$

在模型(7.8)中，E_0 是从模型(7.7)计算得到的总效率。第 2 和第 3 个约束条件保证 DMU$_0$ 中子阶段的效率不小于 Φ_0。第 4 和第 5 个约束条件保证所有的决策单元都在生产可能性集合中。第 6 和第 7 个约束条件表明，DMU$_0$ 中两个子阶段的效率的权重不应小于预定值 α。从模型(7.8)可以看出，总体效率保持在预定的最优值的情况下，最大化两个子阶段最小效率。显而易见，模型(7.8)的最优目标函数值在 0 和 1 之间，即 $\Phi_0^* \in [0,1]$，其中 Φ_0^* 是模型(7.8)的最优目标函数值。

模型(7.8)是一个非线性规划问题。为了解决非线性问题，给出模型(7.9)。

$$\text{Max } \xi_0$$

$$\begin{aligned}
&\text{s.t.} \sum_{r=1}^{s}\mu_r y_{r0} - \sum_{c=1}^{k}\phi_c p_{c0} + \sum_{l=1}^{f}\gamma_l z_{l0} + u_1 + u_2 = E_0\\
&\sum_{i=1}^{m}\omega_i x_{i0} + \sum_{v=1}^{d}\varphi_v o_{v0} + \sum_{c=1}^{k}\phi_c p_{c0} = 1\\
&\sum_{r=1}^{s}\mu_r y_{r0} - \sum_{c=1}^{k}\phi_c p_{c0} + u_1 - \Phi_0\sum_{i=1}^{m}\omega_i x_{i0} - s_1 = 0\\
&\sum_{l=1}^{f}\gamma_l z_{l0} + u_2 - \Phi_0\left(\sum_{v=1}^{d}\varphi_v o_{v0} + \sum_{c=1}^{k}\phi_c p_{c0}\right) - s_2 = 0\\
&\sum_{r=1}^{s}\mu_r y_{rj} - \sum_{c=1}^{k}\phi_c p_{cj} + u_1 - \sum_{i=1}^{m}\omega_i x_{ij} \leqslant 0,\ j=1,2,\cdots,n\\
&\sum_{l=1}^{f}\gamma_l z_{lj} + u_2 - \sum_{v=1}^{d}\varphi_v o_{vj} - \sum_{c=1}^{k}\phi_c p_{cj} \leqslant 0,\ j=1,2,\cdots,n\\
&(\alpha-1)\sum_{r=1}^{s}\omega_i x_{i0} + \alpha\sum_{v=1}^{d}\varphi_v o_{v0} + \alpha\sum_{c=1}^{k}\phi_c p_{c0} \leqslant 0\\
&\alpha\sum_{r=1}^{s}\omega_i x_{i0} + (\alpha-1)\sum_{v=1}^{d}\varphi_v o_{v0} + (\alpha-1)\sum_{c=1}^{k}\phi_c p_{c0} \leqslant 0\\
&s_1 \geqslant \xi_0\\
&s_2 \geqslant \xi_0\\
&\varphi_v, \omega_i, \mu_r, \gamma_l, \phi_c \geqslant 0, \forall i,r,v,c,l\\
&s_1, s_2, u_1, u_2 \text{ free}
\end{aligned} \tag{7.9}$$

从模型(7.9)可以看出，如果给 Φ_0 一个指定的值，模型就变成了一个线性规划问题。因此，在模型(7.8)和(7.9)的基础上，进一步给出了两个定理，这些定理可支撑模型(7.9)作为线性规划求解。

定理 7.1　假定模型(7.8)的最优目标函数值为 Φ_0^*。将 Φ_0 设定为一个特定的值 $\Phi_0' \in [0,1]$，然后对模型(7.9)进行求解，得到最优目标函数值 ξ_0'。若 $\xi_0' \geqslant 0$，则 $\Phi_0^* \geqslant \Phi_0''$，即 Φ_0' 为 Φ_0^* 的一个下界。

证明：当 $\Phi_0 = \Phi_0'$ 时，假设模型(7.9)的最优解为 $\{\omega_i', \mu_r', \varphi_v', \gamma_l', \phi_c', u_1', u_2', s_1', s_2', \xi_0', \forall i,r,v,c,l\}$。若 $\xi_0' \geqslant 0$，则从模型(7.9)的第 9 和第 10 个约束条件得到 $s_1' \geqslant 0$，

$s_2' \geqslant 0$。结合第 3 和第 4 个约束条件，得到 $\sum\limits_{r=1}^{s} \mu_r' y_{r0} - \sum\limits_{c=1}^{k} \phi_c' p_{c0} + u_1' - \Phi_0' \sum\limits_{i=1}^{m} \omega_i' x_{i0} =$

$s_1' \geqslant 0$ 及 $\sum\limits_{l=1}^{f} \gamma_l' z_{l0} + u_2' - \Phi_0' \left(\sum\limits_{v=1}^{d} \varphi_v' o_{v0} + \sum\limits_{c=1}^{k} \phi_c' p_{c0} \right) = s_2' \geqslant 0$。因此，$\left(\sum\limits_{r=1}^{s} \mu_r' y_{r0} - \sum\limits_{c=1}^{k} \phi_c' p_{c0} + u_1' \right) \Big/$

$\sum\limits_{i=1}^{m} \omega_i' x_{i0} \geqslant \Phi_0'$ 和 $\left(\sum\limits_{l=1}^{f} \gamma_l' z_{l0} + u_2' \right) \Big/ \left(\sum\limits_{v=1}^{d} \varphi_v' o_{v0} + \sum\limits_{c=1}^{k} \phi_c' p_{c0} \right) \geqslant \Phi_0'$。由此可得 $\{\omega_i', \mu_r', \varphi_v', \gamma_l',$

$\phi_c', u_1', u_2', s_1', s_2', \xi_0', \forall i, r, v, c, l\}$ 是模型 (7.8) 的可行解。即 $\Phi_0^* \geqslant \Phi_0'$，证毕。

定理 7.2　假定模型 (7.8) 的最优目标函数值为 Φ_0^*。将 Φ_0 设定为一个特定的值 $\Phi_0' \in [0,1]$，然后对模型 (7.9) 进行求解，得到最优目标函数值 ξ_0'。若 $\xi_0' < 0$，则 $\Phi_0^* < \Phi_0'$，即 Φ_0' 为 Φ_0^* 的一个上界。

证明：该定理可以用"反证法"加以证明。假设 $\xi_0' < 0$，那么 $\Phi_0^* \geqslant \Phi_0'$。令模型 (7.8) 的最优解为 $\{\omega_i^*, \mu_r^*, \varphi_v^*, \gamma_l^*, \phi_c^*, u_1^*, u_2^*, s_1^*, s_2^*, \xi_0^*, \forall i, r, v, c, l\}$，则从模型 (7.8) 第 2 及第 3 个约束条件可以得到 $E_0^1 = \left(\sum\limits_{r=1}^{s} \mu_r^* y_{r0} - \sum\limits_{c=1}^{k} \phi_c^* p_{c0} + u_1^* \right) \Big/ \sum\limits_{i=1}^{m} \omega_i^* x_{i0} \geqslant \Phi_0^* \geqslant \Phi_0'$ 及

$E_0^2 = \left(\sum\limits_{l=1}^{f} \gamma_l^* z_{l0} + u_2^* \right) \Big/ \left(\sum\limits_{v=1}^{d} \varphi_v^* o_{v0} + \sum\limits_{c=1}^{k} \phi_c^* p_{c0} \right) \geqslant \Phi_0^* \geqslant \Phi_0'$。令 $s_1^* = \sum\limits_{r=1}^{s} \mu_r^* y_{r0} - \sum\limits_{c=1}^{k} \phi_c^* p_{c0} +$

$u_1^* - \Phi_0' \sum\limits_{i=1}^{m} \omega_i^* x_{i0} \geqslant 0$，$s_2^* = \sum\limits_{l=1}^{f} \gamma_l^* z_{l0} + u_2^* - \Phi_0' \left(\sum\limits_{v=1}^{d} \varphi_v^* o_{v0} + \sum\limits_{c=1}^{k} \phi_c^* p_{c0} \right) \geqslant 0$ 以及 $\xi_0^* = \text{Min}\{s_1^*, s_2^*\} \geqslant$

0。可以轻易验证 $\{\omega_i^*, \mu_r^*, \varphi_v^*, \gamma_l^*, \phi_c^*, u_1^*, u_2^*, s_1^*, s_2^*, \xi_0^*, \forall i, r, v, c, l\}$ 为模型 (7.9) 的可行解，则必有 $\xi_0' \geqslant \xi_0^* \geqslant 0$，但与条件 $\xi' < 0$ 相矛盾。因此，若 $\xi' < 0$，则 $\Phi_0^* < \Phi_0'$。证毕。

在定理 7.1 和定理 7.2 的基础上，计算 DMU_0 效率时模型 (7.9) 可以作为线性规划求解，给出了如下算法。

算法 7.1　线性规划求解算法

步骤 1：令 $\overline{\Phi_0} = 1, \underline{\Phi_0} = -0.001, \Phi_0'' = (\overline{\Phi_0} + \underline{\Phi_0})/2$。

步骤 2：解出模型 (7.9)，令 $\Phi_0 = \Phi_0'$ 且将最优解表示为 $\{\omega_i', \mu_r', \varphi_v', \gamma_l', \phi_c', u_1', u_2', s_1', s_2', \xi_0', \forall i, r, v, c, l\}$。

　　步骤 2a：若 $\xi_0' \geqslant 0$，则令 $\underline{\Phi_0} = \Phi_0', \Phi_0^* = \Phi_0', \Phi_0' = (\overline{\Phi_0} + \underline{\Phi_0})/2$，以及令 $\{\omega_i^*, \mu_r^*, \varphi_v^*, \gamma_l^*, \phi_c^*, u_1^*, u_2^*, s_1^*, s_2^*, \xi_0^*, \forall i, r, v, c, l\} = \{\omega_i', \mu_r', \varphi_v', \gamma_l', \phi_c', u_1', u_2', s_1', s_2', \xi_0', \forall i, r, v, c, l\}$。然后前往步骤 3。

　　步骤 2b：若 $\xi_0' \leqslant 0$，令 $\overline{\Phi_0} = \Phi_0', \Phi_0' = (\overline{\Phi_0} + \underline{\Phi_0})/2$。

步骤 3：若 $\overline{\Phi_0} - \underline{\Phi_0} \leqslant \varepsilon$，算法终止，得到模型 (7.8) 的最优解 $\left\{\omega_i^*, \mu_r^*, \varphi_v^*, \gamma_l^*, \phi_c^*, u_1^*, u_2^*, s_1^*, s_2^*,\right.$ $\left.\xi_0^*, \forall i, r, v, c, l\right\}$。否则，返回到步骤 2。

在此算法中，ε 是一个足够小的正数，在此被设定成 0.0001。验证此算法的收敛性很容易，因为它使用了二分法的思想。设 $\underline{\Phi_0} = -0.001$，代替 $\underline{\Phi_0} = 0$ 为初始值，其原因是确保 $\xi_0' > 0$ 至少在算法中出现一次，在这种情况下，可以在算法终止之前获得最优解。

通过对上述模型 (7.8) 进行求解，对每个 DMU 进行生态效率分解，从而得到子阶段的效率。生态效率分解将产生更公平的结果，因为最大化了子阶段之间的最小效率。最后，子阶段的效率可使用式 (7.10) 和式 (7.11) 得到。

$$E_0^1 = \frac{\displaystyle\sum_{r=1}^{s} \mu_r^* y_{r0} - \sum_{c=1}^{k} \phi_c^* p_{c0} + u_1^*}{\displaystyle\sum_{i=1}^{m} \omega_i^* x_{i0}} \tag{7.10}$$

$$E_0^2 = \frac{\displaystyle\sum_{l=1}^{f} \gamma_l^* z_{l0} + u_2^*}{\displaystyle\sum_{c=1}^{k} \phi_c^* p_{c0} + \sum_{v=1}^{d} \varphi_v^* o_{v0}} \tag{7.11}$$

7.3　中国区域工业废物再利用实证分析

7.3.1　数据描述

本章将中国各区域视为一个两阶段结构系统，评估了其生态效率。图 7.2 详细地显示了各阶段的投入和产出。

图 7.2　两阶段结构图与变量选取

从图 7.2 可以看出，各个区域的生产阶段以劳动力、资本存量和能源消耗作为投入，产生期望产出 GDP，并伴随着非期望产出废水、废气和固体废弃物。在污染处理阶段，污染治理投资用于处理第一阶段产生的非期望产出(废水、废气和固体废弃物)，其产出为废水治理量、废气治理量和固体废弃物治理量。表 7.1 列出了投入和产出。

表 7.1　变量选取

类别	阶段	变量	单位
投入	一	劳动力	万人
	一	资本存量	十亿元
	一	能源消费量	百万 tce
	二	污染治理投资	十亿元
中间产出	一、二	废水	万 t
	一、二	废气	万 t
	一、二	固体废弃物	万 t
期望产出	一	GDP	百万元
	二	废水治理量	万 t
	二	废气治理量	万 t
	二	固体废弃物治理量	万 t

我们收集了中国 30 个省级地区(香港、澳门、台湾和西藏数据暂缺)2013 年的数据。数据主要来自 2014 年的《中国统计年鉴》、中国能源数据库和中国环境保护数据库。此外，数据收集过程中面临的另一个问题是，各区域的废气治理量在各资料库未直接给出。因此，本章提出了一种估算各地区废气治理量的方法。根据 2013 年《中国环境公报》，中国的废气治理量约占中国废气排放总量的 5.1%。使用以下公式估算废气治理量。

$$\mathrm{WG}_i = \mathrm{TWG} \times 0.051 \times \frac{I_i}{\sum\limits_{i=1}^{30} I_i}, i = 1, 2, \cdots, n \tag{7.12}$$

式中，WG_i 代表 DMU_i (地区 i)中废气处理量的估计值；TWG 代表中国废气排放总量；I_i 表示地区 i 用于废气治理所投入的资金成本。此外，表 7.2 列出了 30 个地区数据的统计性描述。从中可以看出，各决策单元的投入和产出数据差别很大，如劳动力、能源消耗和固体废弃物治理量。以劳动力为例，劳动力的最大值为2543.03，最小值为 66.54，标准差为 562.24。这一观察结果证明了所提出模型的规模报酬可变假设是正确的。

表 7.2　数据统计性描述

变量		最大值	最小值	平均数	标准差
	劳动力	2543.03	66.54	726.76	562.24
X	资本存量	36,789.07	2361.09	14,658.76	8802.68
	能源消费量	35,358.00	1720	14,249.67	8248.38
Y	污染治理投资	62,163.97	2101.05	20,973.39	15,171.08
	废水	862,471.08	21,953.03	231,647.60	179,881.80
P	废气	425.05	15.07	184.8	106.39
	固体废弃物	43,288.78	414.89	10,911.35	9295.1
O	GDP	881	26.6	298.55	196.31
	废水治理量	766,322.00	6533	164,136.33	153,180.45
Z	废气治理量	30.94	0.84	9.42	6.97
	固体废弃物治理量	23,428.61	7.22	2764.79	4726.7

7.3.2　结果分析

　　首先，通过模型(7.7)计算集中模式下中国各区域的生态效率，其结果列在表 7.3 的第 3 列。然后，通过模型(7.8)对子阶段的效率进行分解。鉴于其模型(7.8) 非线性，用 7.2 节中所提出的算法分别对每个 DMU 子阶段效率进行计算。以北京(DMU_1)为例，图 7.3 给出了该算法的计算过程。从图 7.3 可以看出，对于子阶段的最大最小效率，在整个过程中，上界不增，下界不增。最后经过 14 次迭代得到收敛值，其为模型(7.8)的最优解。利用该算法，把决策单元的整体效率进行分解为阶段一(Sub-DMU1)和阶段二(Sub-DMU2)的效率，其具体结果分别呈现在表 7.3 的第四列和第五列。

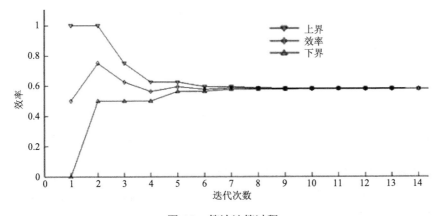

图 7.3　算法计算过程

表7.3　各地区效率值

DMU	地区	总效率	阶段一效率	阶段二效率
1	北京	0.8744	1	0.5813
2	天津	0.947	1	0.8233
3	河北	1	1	1
4	山西	0.8809	0.6029	1
5	内蒙古	0.9272	0.7574	1
6	辽宁	0.7249	0.717	0.7283
7	吉林	0.6547	0.6689	0.6216
8	黑龙江	0.556	0.5573	0.5531
9	上海	0.9101	1	0.7003
10	江苏	1	1	1
11	浙江	0.9507	0.8356	1
12	安徽	0.5851	0.6695	0.3882
13	福建	0.8611	0.8148	0.9692
14	江西	0.6432	0.6951	0.5222
15	山东	1	1	1
16	河南	0.9864	1	0.9547
17	湖北	0.6656	0.1743	0.8762
18	湖南	0.7911	0.5996	0.8732
19	广东	1	1	1
20	广西	0.8872	0.624	1
21	海南	1	1	1
22	重庆	0.518	0.6145	0.2929
23	四川	0.6472	0.6675	0.5997
24	贵州	0.8793	0.5978	1
25	云南	0.6674	0.5448	0.7199
26	陕西	0.909	0.6968	1
27	甘肃	0.619	0.5452	0.7912
28	青海	1	1	1
29	宁夏	1	1	1
30	新疆	0.569	0.6713	0.3304
	均值	0.8218	0.7351	0.8109

　　计算所得到效率值验证了本章之前提过的几点陈述。首先，以河北、江苏、山东、广东、海南、青海和宁夏为例，当且仅当两子阶段都有效时，该区域才能总体有效，反之亦然。其次，每个决策单元的总体效率值介于其两个子阶段的效

率值之间。这是因为总体效率是通过子阶段的效率值加权平均得到的。再次，每个决策单元的总体效率值通常更接近其两个子阶段的效率中较大的一个。以 DMU_4（山西省）为例，其总效率为 0.8809，阶段一（Sub-DMU1）和阶段二（Sub-DMU2）的效率分别为 0.6029 和 1。很明显，它的整体效率（0.8809）更接近 Sub-DMU2 的效率（1）。出现这种现象的主要原因是，集中式模型通过对效率更高的子阶段给予相对更高的重视（更大的权重），力求使被评价的决策单元的整体效率最大化。最后，每个决策单元的子阶段效率之间的差异通常不是很大，这表明每个决策单元的总体效率是公平分解的。

1. 总体效率分析

首先，以省级行政区为单位，通过计算各省级行政区生态效率，可以得出以下结论：在 30 个省级行政区中，只有 7 个省级行政区被评估为生态效率有效，即河北、江苏、山东、广东、海南、青海和宁夏。这也表示了大多数省级行政区的生态效率未达到有效。在非有效的地区中，重庆表现最差，其效率为 0.518。图 7.4 三维坐标系表示了各省级行政区的生态效率分布，从中可以看出，只有几个省级行政区位于坐标系的顶部。

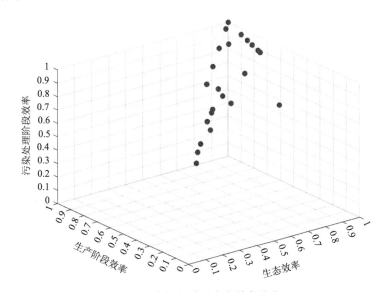

图 7.4　省级行政区生态效率分布

其次，平均总体效率为 0.8218，小于 0.90。生产阶段和污染处理阶段的平均效率分别为 0.7351 和 0.8109。从子阶段的平均效率来看，尽管大多数地区的两个子阶段都没有很高的效率，但其污染处理阶段的表现要优于生产阶段的表现。

最后,利用各省级行政区的生态效率(总体效率),可以将所有省级行政区进一步分为 4 个等级。表 7.4 中列出了该划分的详细结果。从表 7.4 中可知,只有 13 个省级行政区表现良好,其生态效率在 0.9 到 1 之间。总共 17 个省级行政区生态效率小于 0.9,即约占所有地区的 60%。这 17 省级行政区生态环保表现较差,需进一步研究分解后的子阶段效率,以确定这些省级行政区总阶段效率较低是因为某个子阶段表现不佳导致的,还是因为两个子阶段表现均较差导致的。此外,在表现不佳的 17 个省级行政区中,存在 10 个表现最差的省级行政区,其生态效率均小于 0.7。以上所有结果表明,中国大多数地区的生态环保表现较差,需要采取一些措施来提高生态效率。

表 7.4   各省级行政区生态效率等级划分

等级	生态效率值范围	省级行政区	数目	占比
1	(0.9,1]	宁夏、海南、广东、江苏、山东、河北、河南、浙江、天津、内蒙古、上海、陕西、海南	13	43.33%
2	(0.8,0.9]	广西、山西、贵州、北京、福建	5	16.67%
3	(0.7,0.8]	湖南、辽宁	2	6.67%
4	(0,0.7]	云南、湖北、吉林、四川、江西、甘肃、安徽、新疆、重庆、黑龙江	10	33.33%

2. 子阶段效率分析

为了进一步分析中国的生态效率,并阐明各地区生产阶段和污染处理阶段的状况,下面着重分析子阶段效率及其分解。

一般来说,考虑到总阶段和子阶段的效率,所有省级行政区可以分为四组。第一组是生态效率有效的省级行政区,即总体效率和子阶段效率都为"1"。这些省级行政区有着最佳的生态环保表现,应保持目前的生产阶段和污染处理阶段的能力。此外,该组地区生产过程和污染处理过程的表现可作为非有效地区的标杆,以改善生态效率非有效的地区表现。

第二组是拥有较高生产阶段效率而污染处理阶段效率低下的地区。在许多研究(Shi et al.,2010;Wang et al.,2013a;Wu et al.,2014)考虑到能源和环境效率分析中,该地区被误认为是环境效率较高的地区。这是因为在此组研究中,在评估区域环境效率时只考虑了生产阶段。然而,在本章中,当把污染处理阶段考虑进总体评价时,决策单元会变得效率低下。通过前面的分析,北京、天津、上海和河南就是这样的地区。以北京市为例,其生产阶段效率为 1,而污染处理阶段效率仅为 0.5813,其整体效率(生态效率)为 0.8744。尽管这些地区在生产阶段中表现良好(能源、劳动力和资本存量被有效地用于生产 GDP,非期望产出并不是很大),但在污染处理阶段中,污染物并没有得到很好的处理。这可能需要采取更严厉的政策来限制排放,还需要采用一些更先进的技术来处理这些地区的污染问题。

与第二组地区相反,第三组地区污染处理阶段效率为 1,但其生产阶段效率低下。这些地区有山西、内蒙古、贵州、广西和陕西。其原因可能是这些地区的生产技术落后。在旧的生产技术条件下,该组地区 GDP 只能通过过多资源耗能来实现,从而产生更多的污染。为了实现更好的生态效率,这一组的地区可以在其生产系统中采用更先进的科学技术。

最后一组是指子阶段的效率都不有效。在本章分析中,中国有 13 个省级行政区属于这一组。这一组的地区在生产阶段和污染处理阶段上都需要学习前三组的先进管理技术和生产技术,以提高其技术水平。中国 30%的地区只能在单个子阶段达到有效,47%的地区在这两个子阶段上都是非有效的,这些结果再次表明我国生态效率问题严重。

3. 中国三大地理区域生态效率分析

在此小节中,从区域划分的角度讨论生态效率的区域差异。本章分析的 30 个省级行政区分为三大地理区域:东部地区、中部地区和西部地区。东部地区包括北京、天津、河北、辽宁、山东、上海、江苏、浙江、福建、广东、海南。中部地区包括内蒙古、黑龙江、河南、湖北、山西、安徽、广西。西部地区有重庆、四川、贵州、云南、陕西、甘肃、青海、宁夏、新疆。

为了直观地刻画这三个地区的生态效率分布,计算了这三个地区的平均生态效率,其具体结果在表 7.5 中给出。从结果来看,可以得出以下结论。第一,东部地区的平均总效率远高于中西部地区。东部地区的平均总效率为 0.9335,中部和西部地区的平均总效率分别为 0.7578 和 0.7566。各子阶段的平均效率也出现了同样的情况,东部地区的生产阶段和污染处理阶段的平均效率分别远大于中部和西部地区。其原因可能是因为东部地区的生产技术水平和污染处理技术先进,对人才有着较大的吸引力,且政府执行相关政策来控制污染物的排放。第二,中西部地区平均总效率差异不大(0.0012)。这两类地区不仅总效率低,且子阶段效率的均值也较低。值得一提的是,它们的子阶段效率的排名是不同的。在生产阶段,中部地区的平均效率低于西部地区,而在污染处理阶段中,中部地区的平均效率较高。其原因是近年来中国大力开发中西部地区。该类地区的投入资源越来越大,而生产能力、污染处理技术和管理经验与以前相比变化不大。因此,两个子阶段的效率低下导致了总效率低。为了解决这一现状,中西部地区迫切需要借鉴学习东部高效率地区先进的生产能力、治理技术和管理经验。

表 7.5　三大地理区域效率均值

地区	总效率均值	阶段一效率均值	阶段二效率均值
东部	0.9335	0.9425	0.8911
中部	0.7578	0.6349	0.7789
西部	0.7566	0.7042	0.7482

7.4　本章小结

本章提出了一个基于规模报酬可变假设的两阶段 DEA 模型，并分析了 2013 年中国省级行政区的生态效率。其阶段一是生产阶段，阶段二是污染处理阶段，并从集中模式的角度评估各个省级行政区的生态效率。与传统的研究使用主从模型分解不同，本章提出了一个公平的效率分解模型，以避免两个子阶段效率相差过大。此外，由于解决效率分解模型是非线性的，难于求解，因此提出了一种线性求解模型的算法。研究结果表明，中国大多数地区的生态环保水平不高，需要进一步加强生产能力和污染物处理能力。与此同时，本章进一步为效率低下的地区给出了一些见解和建议。

未来可以从两个方面拓展该方向的工作。首先，仅使用 2013 年的数据分析了各省级行政区的生态效率，因此拓展研究可以考虑更多年份的数据，并对各个省级行政区生态效率进行动态分析。其次，本章基于使用公平性的观点来构造子阶段的效率，未来的研究可考虑采用其他方法来求解子阶段的效率。

参 考 文 献

Amirteimoori A. 2013. A DEA two-stage decision processes with shared resources. Central European Journal of Operations Research, 21(1): 141-151.

Avadí Á, Vázquez-Rowe I, Fréon P. 2014. Eco-efficiency assessment of the Peruvian anchoveta steel and wooden fleets using the LCA+DEA framework. Journal of Cleaner Production, 70: 118-131.

Banker R D, Charnes A, Cooper W W. 1984. Some models for estimating technical and scale inefficiencies in data envelopment analysis. Management Science, 30(9): 1078-1092.

Bi G B, Song W, Zhou P, et al. 2014. Does environmental regulation affect energy efficiency in China's thermal power generation? Empirical evidence from a slacks-based DEA model. Energy Policy, 66, 537-546.

Bian Y, Yang F. 2010. Resource and environment efficiency analysis of provinces in China: A DEA approach based on Shannon's entropy. Energy Policy, 38(4): 1909-1917.

Chang Y T, Zhang N, Danao D, et al. 2013. Environmental efficiency analysis of transportation system in China: A non-radial DEA approach. Energy Policy, 58: 277-283.

Charnes A, Cooper W W, Rhodes E. 1978. Measuring the efficiency of decision making units. European Journal of Operational Research, 2(4): 429-444.

Charnes A, Cooper W W. 1962. Programming with linear fractional functionals. Naval Research Logistics Quarterly, 9(3-4): 181-186.

Chen Y, Cook W D, Li N, et al. 2009. Additive efficiency decomposition in two-stage DEA. European Journal of Operational Research, 196(3): 1170-1176.

Chen Y, Du J, David Sherman H, et al. 2010. DEA model with shared resources and efficiency decomposition. European Journal of Operational Research, 207(1): 339-349.

Cook W D, Harrison J, Imanirad R, et al. 2013. Data envelopment analysis with nonhomogeneous DMUs. Operations Research, 61(3): 666-676.

Cook W D, Liang L, Zha Y, et al. 2009. A modified super-efficiency DEA model for infeasibility. Journal of the Operational Research Society, 60(2): 276-281.

Ding C, Li J. 2014. Analysis over factors of innovation in China's fast economic growth since its beginning of reform and opening up. AI Society, 29(3): 377-386.

Dyckhoff H, Allen K. 2001. Measuring ecological efficiency with data envelopment analysis(DEA). European Journal of Operational Research, 132(2): 312-325.

Dyson R G, Thanassoulis E. 1988. Reducing weight flexibility in data envelopment analysis. Journal of the Operational Research Society, 39(6): 563-576.

Emrouznejad A, Banker R, Lopes A L M, et al. 2014. Data envelopment analysis in the public sector. Socio-economic Planning Sciences, 48(1): 2-3.

Halkos G E, Tzeremes N G, Kourtzidis S A. 2014. A unified classification of two-stage DEA models. Surveys in Operations Research and Management Science, 19(1):1-16.

Hatami-Marbini A, Tavana M, Agrell P J, et al. 2015. A common-weights DEA model for centralized resource reduction and target setting. Computers Industrial Engineering, 79: 195-203.

Hernández-Sancho F, Molinos-Senante M, Sala-Garrido R. 2011. Energy efficiency in Spanish wastewater treatment plants: A non-radial DEA approach. Science of the Total Environment, 409(14): 2693-2699.

Hu J L, Wang S C. 2006. Total-factor energy efficiency of regions in China. Energy Policy, 34(17): 3206-3217.

Hua Z, Bian Y, Liang L. 2007. Eco-efficiency analysis of paper mills along the Huai River: An extended DEA approach. Omega, 35(5): 578-587.

Kao C, Hwang S N. 2008. Efficiency decomposition in two-stage data envelopment analysis: An application to non-life insurance companies in Taiwan. European Journal of Operational Research, 185(1): 418-429.

Korhonen P J, Luptacik M. 2004. Eco-efficiency analysis of power plants: An extension of data envelopment analysis. European Journal of Operational Research, 154(2): 437-446.

Li Y, Chen Y, Liang L, et al. 2012. DEA models for extended two-stage network structures. Omega, 40(5): 611-618.

Li Y, Lei X, Dai Q, et al. 2015. Performance evaluation of participating nations at the 2012 London Summer Olympics by a two-stage data envelopment analysis. European Journal of Operational Research, 243(3): 964-973.

Liang L, Cook W D, Zhu J. 2008. DEA models for two-stage processes: Game approach and efficiency decomposition. Naval Research Logistics(NRL), 55(7): 643-653.

Lorenzo-Toja Y, Vázquez-Rowe I, Chenel S, et al. 2015. Eco-efficiency analysis of Spanish WWTPs using the LCA+ DEA method. Water Research, 68: 651-666.

Lozano S. 2015. Technical and environmental efficiency of a two-stage production and abatement system. Annals of Operations Research, 27(2): 1-21.

Picazo-Tadeo A J, Beltrán-Esteve M, Gómez-Limón J A. 2012. Assessing eco-efficiency with directional distance functions. European Journal of Operational Research, 220(3): 798-809.

Picazo-Tadeo A J, Gómez-Limón J A, Reig-Martínez E. 2011. Assessing farming eco-efficiency: A data envelopment analysis approach. Journal of Environmental Management, 92(4): 1154-1164.

Schaltegger S. 1996. Corporate environmental accounting. Chichester: John Wiley and Sons Ltd.

Shi G M, Bi J, Wang J N. 2010. Chinese regional industrial energy efficiency evaluation based on a DEA model of fixing non-energy inputs. Energy Policy, 38(10): 6172-6179.

Song M, An Q, Zhang W, et al. 2012. Environmental efficiency evaluation based on data envelopment analysis: A review. Renewable and Sustainable Energy Reviews, 16(7): 4465-4469.

Wang K, Yu S, Zhang W. 2013a. China's regional energy and environmental efficiency: A DEA window analysis based dynamic evaluation. Mathematical and Computer Modelling, 58(5): 1117-1127.

Wang K, Lu B, Wei Y M. 2013c. China's regional energy and environmental efficiency: A range-adjusted measure based analysis. Applied Energy, 112: 1403-1415.

Wang K, Wei Y M, Zhang X. 2013b. Energy and emissions efficiency patterns of Chinese regions: A multi-directional efficiency analysis. Applied Energy, 104: 105-116.

Wu A H, Cao Y Y, Liu B. 2014. Energy efficiency evaluation for regions in China: An application of DEA and Malmquist indices. Energy Efficiency, 7(3): 429-439.

Wu J, Chu J F, Liang L. 2015c. Target setting and allocation of carbon emissions abatement based on DEA and closest target: An application to 20 APEC economies. Natural Hazards, 42(3): 1-18.

Wu J, Chu J, Sun J, et al. 2016. DEA cross-efficiency evaluation based on Pareto improvement. European Journal of Operational Research, 248(2): 571-579.

Wu J, Lv L, Sun J, et al. 2015a. A comprehensive analysis of China's regional energy saving and emission reduction efficiency: From production and treatment perspectives. Energy Policy, 84: 166-176.

Wu J, Xiong B, An Q, et al. 2015e. Total-factor energy efficiency evaluation of Chinese industry by using two-stage DEA model with shared inputs. Annals of Operations Research, 2(6): 429-444.

Wu J, Zhu Q, Chu J, et al. 2015b. Two-stage network structures with undesirable intermediate outputs reused: A DEA based approach. Computational Economics, 46(3): 1-23.

Wu J, Zhu Q, Chu J, et al. 2015d. Measuring energy and environmental efficiency of transportation systems in China based on a parallel DEA approach. Transportation Research Part D: Transport and Environment, 160(1): 144-156.

Xie B C, Shang, L F, Yang S B, et al. 2014. Dynamic environmental efficiency evaluation of electric power industries: Evidence from OECD (Organization for Economic Cooperation and Development) and BRIC (Brazil, Russia, India and China) countries. Energy, 74: 147-157.

Yang L, Ouyang H, Fang K, et al. 2015. Evaluation of regional environmental efficiencies in China based on super-efficiency-DEA. Ecological Indicators, 51: 13-19.

Yang M, Li Y, Chen Y, et al. 2014. An equilibrium efficiency frontier data envelopment analysis approach for evaluating decision-making units with fixed-sum outputs. European Journal of Operational Research, 239(2): 479-489.

Yuan J, Zhao C, Yu S, et al. 2007. Electricity consumption and economic growth in China: Cointegration and cofeature analysis. Energy Economics, 29(6): 1179-1191.

第 8 章　生产和治理模式下废物处理再利用环境效率研究

两阶段环境效率评价模型将环境效率评价的"黑箱"打开，能够分别对资源利用效率和环境治理效率进行精确评价，并提供更加详细和具体的绩效评价结果。其关键是将第一阶段生产造成的污染物当作第二阶段的投入连接两个子阶段，而现实中由于两个子阶段之间的相对独立性，作为第一阶段非期望产出的污染物对第二阶段而言是"不可自由支配"的投入，本章将围绕该问题构建基于 SBM 模型的两阶段环境效率评价模型。

8.1　引　　言

当前我国中央和各级地方政府高度重视绿色发展理念，通过制定一系列的政策和措施，着力推进绿色发展模式在各个地区的实现，逐渐使用绿色发展绩效来取代单纯的经济增长率，作为地方经济发展考核的关键性标准。这要求使用科学的方法对绿色发展进行合理的度量，本章将在前两章研究的基础上，通过构建合理的效率评价指标、模型和方法，实现对中国区域绿色发展效率的合理度量。改革开放以来，中国经济快速发展，取得了举世瞩目的成绩，逐渐成为全球第二大经济体。随着经济社会的飞速发展，所消耗的资源和能源数量不断攀升。然而，中国经济粗放式的发展模式导致了一些重要的经济发展问题，其中能源短缺和环境污染成为制约中国经济绿色发展的两个重要问题。绿色发展的关键在于通过促进投资和创新来平衡经济增长和环境可持续性，保证在可持续发展的前提下寻求新的经济增长点(Jakob and Edenhofer，2014)。为了实现绿色发展，中国政府采取了一系列措施来减少资源消耗和环境污染，并在"十一五"和"十二五"规划中都确定了明确的节能和减排目标，各级政府也制定了不同等级的环境规制政策。通过改进效率解决能源环境问题，被认为是实现绿色发展的重要途径。

为了更加合理有效地对中国各地区的效率进行评价和度量，很多学者将经济生产过程的效率分为"节能效率"和"减排效率"两个部分，并且通过构建相应的 DEA 模型进行评价(Ali and Seiford，1990；Scheel，2001；Liang et al.，2009)。使用 DEA 模型评价决策单元效率的关键在于，对非期望产出指标的处理，现有的方法有数据转换、构建 SBM 模型和构建 DDF 模型三类。为了进一步打开绩效评价的"黑箱"，发现各个被评价单元在节能和减排方面的具体表现，一些学者还通过构建两阶段的网络模型分别评价地区经济发展的"节能效率"和"减排效率"。Bian 等（2015）、Zhang 等（2018）都通过构建两阶段 SBM 模型对我国地区环境效率进行评价，分别就"节能效率"和"减排效率"进行度量。

　　然而，现有的研究大多集中于非期望产出指标的处理，以及通过两阶段网络结构模型实现效率的分解，大多都忽略了现实评价工作中的一类情况，即不可由决策单元自行支配的投入指标，不可支配投入。不可支配投入在地区经济发展中扮演着重要的角色，但是由于其具有的特殊性使得其往往不能由被评价单元自己控制，如地区经济发展中的固定资产投资，其不是由各地区自行确定的；又比如经济发展中的劳动力投入，从投入的角度来看是越少越好，但是现实中劳动力投入与地区就业直接相关，不能像其他投入一样任意减少。忽略了不可支配投入的特殊性，往往会导致效率评价的结果不具有现实意义和可实施性。因此，本书将我国地区环境效率评价中的投入指标分为"可自由支配投入"和"不可自由支配投入"，并将经济生产过程分为生产过程和治理过程，分别度量"节能效率"和"减排效率"，从而为决策者提供更加具有现实指导意义的效率评价结果。

8.2　模　型　构　建

8.2.1　两阶段理论框架构建

　　Bian 等（2015）在应用 DEA 模型来评价环境效率时，打开效率评价的"黑箱"，通过构建一组两阶段 DEA 理论模型，将每个决策单元的环境效率分为污染产生和污染治理两个阶段。Tone 等（2009）同样将生产阶段和治理阶段分开，通过构建两阶段的 SBM 模型，来实现对环境效率的准确评价。Zhang 等（2018）则基于两阶段的 SBM 评价模型，构建了一组动态效率评价模型，其中重点考虑了经济发展带来的环境问题对城市居民健康的影响。Li 等（2017）则构建了一组窗口两阶段 SBM 模型对中国区域工业系统的环境效率进行评价，该方法通过确定一个窗口期可以实现对环境效率的动态评价。Zhou 等（2018）应用两阶段 SBM 模型，对我国工业用水的环境效率进行评价，将其分为工业用水使用过程和工业污水治理过程两个阶段，通过分别对两个子阶段的效率值进行评价，得到整体的环境效率值结果。Song 等（2017）则将两阶段的效率评价模型应用于 2006～2010 年我国主要火电站的效率评价，同样将火电站的生产过程分为生产阶段和污染物治理阶段。由此可见，两阶段模型结构具备良好的特性，被广泛应用于环境效率评价。

　　基于上述两阶段效率评价研究成果，中国地区经济发展效率评价分为两个阶段，即生产阶段和环境治理阶段。在第一阶段，决策单元消耗各类能源资源生产各类产出，即期望产出和非期望产出(污染物)；在第二阶段，决策单元通过投入相应的环境治理投资，对第一阶段产生的污染物进行处置，并获得相应的期望产出(污染物处理量或者污染处理能力)。在现实经济社会中，创造污染物的生产过程的主体一般是企业和生产职能部门，而治理污染的主体大多是环保部门和污染治理企业。因而，本章将决策单元的生产过程分为如图 8.1 所示的两阶段。

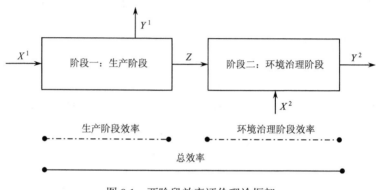

图 8.1　两阶段效率评价理论框架

基于图 8.1，本章可以构建决策单元的评价指标体系：第一阶段为生产阶段，各个被评价单元使用人力、资本和能源投入(X^1)，获得 GDP 等期望产出(Y^1)的同时，不可避免地产生一系列非期望产出，如废水、废气和固体废弃物(Z)；第二阶段为环境治理阶段，各地区通过投入环境治理资金(X^2)，对于第一阶段所产生的非期望产出 Z 进行处理，并获得相应的治理成果(Y^2)。

在此框架下，一个地区经济的绿色发展效率，由生产部门和环境治理部门的效率所共同决定。相比较于传统的黑箱模型，两阶段框架模型有助于决策者找出效率低下的真正原因，可以甄别整体效率不高前提下，决策单位在各个阶段的具体表现，进而给出明确的效率改进方案。

8.2.2　SBM 模型构建

假设有 n 个决策单元(DMU)，在第一阶段决策单元使用 M 个可自由支配投入和 H 个不可自由支配投入来生产 R 个期望产出和 P 个非期望产出。其中第 j 个 DMU 的第 m 个可自由支配投入、第 h 个不可自由支配投入、第 r 个期望产出与第 p 个非期望产出分别表示为 $x_{mj}^1, x_{hj}^{1n}, y_{rj}^1, z_{pj}$。在第二阶段，额外的 L 个投入被适用于处置非期望产出，并产生 U 个产出，其中第 j 个 DMU 的第 l 个投入和第 u 个产出表示为 x_2^{lj} 和 y_2^{uj}。此时将所有 DMUs 在第一阶段以及第二阶段的生产可能集(production possibility set，PPS)分别构建如下：

$$
T_{\text{DEA}}^{1}=\left\{\left(X^{1},X^{1N},Y^{1},Z\right)\in \text{Re}_{+}^{m+s}\left|\begin{array}{l}X^{1}\geqslant \sum\limits_{j=1}^{n}u_{j}X_{j}^{1},X^{1N}=\sum\limits_{j=1}^{n}u_{j}^{1}X_{j}^{1N},\\[3mm]Y^{1}\leqslant \sum\limits_{j=1}^{n}u_{j}^{1}Y_{j}^{1},Y^{b}\leqslant \sum\limits_{j=1}^{n}u_{j}^{1}Y_{j}^{b},\sum\limits_{j=1}^{n}u_{j}^{1}=1,u_{j}^{1}\geqslant 0\end{array}\right.\right\}\qquad(8.1)
$$

模型(8.1)给出在规模报酬可变假设下，决策单元在第一阶段的生产可能集，包含了四类指标：可自由支配投入、不可自由支配投入、期望产出和非期望产出。其中可自由支配投入和非期望产出都是越少越好，期望产出是越多越好，而不可自由支配投入则是无法自行调整。在此基础上，可以进一步构建第二阶段的生产可能集，如模型(8.2)所示：

$$
T_{\text{DEA}}^{2}=\left\{\left(X^{2},X^{2N},Y^{2},Y^{b}\right)\in \text{Re}_{+}^{m+s}\left|\begin{array}{l}X^{2}\geqslant \sum\limits_{j=1}^{n}u_{j}X_{j}^{2},X^{2N}=\sum\limits_{j=1}^{n}u_{j}^{2}X_{j}^{2N},\\[3mm]Y^{2}\leqslant \sum\limits_{j=1}^{n}u_{j}^{2}Y_{j}^{2},Y^{b}\leqslant \sum\limits_{j=1}^{n}u_{j}^{2}Y_{j}^{b},\sum\limits_{j=1}^{n}u_{j}^{2}=1,u_{j}^{2}\geqslant 0\end{array}\right.\right\}\qquad(8.2)
$$

模型(8.2)给出在规模报酬可变假设下，决策单元在第二阶段的生产可能集，包含了三类指标：可自由支配投入、不可自由支配投入和期望产出。其中第一阶段所产生非期望产出，在第二阶段被当作一种不可自由支配投入，即第二阶段使用一些投入来治理在第一阶段中产生的污染物，但是却无法影响到第一阶段的生产过程。根据以上构建的生产可能集，可以进一步建立两阶段 SBM 模型，第一阶段的 SBM 效率评价模型为

$$
\text{Min}\ \frac{1-\dfrac{1}{M}\sum\limits_{m=1}^{M}s_{m}^{1-}\big/x_{mo}^{1}-\dfrac{1}{P}\sum\limits_{p=1}^{P}s_{p}^{1-}\big/z_{po}}{1+\dfrac{1}{H}\sum\limits_{h=1}^{H}s_{h}^{1+}\big/y_{ho}^{1}}
$$

$$
\text{s.t.}\ \sum_{j=1}^{n}x_{mj}^{1}\lambda_{j}^{1}+s_{m}^{1-}=x_{m0}^{1},m=1,\cdots,M
$$

$$
\sum_{j=1}^{n}y_{rj}^{1}\lambda_{j}^{1}-s_{r}^{1+}=y_{r0}^{1},r=1,\cdots,R\qquad(8.3)
$$

$$
\sum_{j=1}^{n}x_{hj}^{1N}\lambda_{j}^{1}=x_{h0}^{1N},h=1,\cdots,H
$$

$$
\sum_{j=1}^{n}z_{pj}\lambda_{j}^{1}+s_{p}^{1-}=z_{p0},p=1,\cdots,P
$$

$$\sum_{j=1}^{n} \lambda_j^1 = 1$$

模型(8.3)用于评价决策单元第一阶段效率值,模型的目标函数可以度量决策单元消耗资源和能源、生产期望产出和非期望产出的效率水平。其中 $s_m^{1-}, s_r^{1+}, s_p^{1-}$ 分别用于测度可自由支配投入、期望产出和非期望产出的松弛变量,松弛变量不等于 0 意味着该指标存在改进空间。由于本书所关心的绿色发展中能源消耗主要在这一阶段完成,第一阶段的效率值又被定义为"节能效率":当且仅当模型(8.3)的目标函数等于 1 时,被评价单元的"节能效率"值是有效的,否则是无效的。对于无效决策单元而言,可以通过减少可自由支配投入、增加期望产出或者(和)减少非期望产出来提升效率值。类似地,测度第二阶段效率值水平的 SBM 模型为

$$\mathrm{Min} \frac{1 - \dfrac{1}{L} \sum_{l=1}^{L} s_l^{2-} / x_{lo}^2}{1 + \dfrac{1}{U} \sum_{u=1}^{U} s_u^{2+} / y_{uo}^2}$$

$$\mathrm{s.t.} \sum_{j=1}^{n} x_{lj}^2 \lambda_j^2 + s_l^{2-} = x_{l0}^2, l = 1, \cdots, L$$

$$\sum_{j=1}^{n} y_{uj}^2 \lambda_j^2 - s_q^{2+} = y_{u0}^2, u = 1, \cdots, U \qquad (8.4)$$

$$\sum_{j=1}^{n} z_{kj} \lambda_j^2 = z_{k0}, k = 1, \cdots, K$$

$$\sum_{j=1}^{n} \lambda_j^2 = 1$$

模型(8.4)的目标函数反映了评价决策单元第二阶段效率值水平的模型,可以度量决策单元使用一定投入,来处置第一阶段所产生的非期望产出的绩效水平。其中 s_l^{2-} 和 s_q^{2+} 分别用于测度第二阶段的可自由支配投入和期望产出的松弛变量,松弛变量不等于 0 意味着该指标存在改进空间。第二阶段主要关注污染物的处置,因而其效率值又被定义为"减排效率"。当且仅当模型(8.4)的目标函数等于 1 时,被评价单元的"减排效率"值是有效的,否则是无效的。对于无效决策单元而言,可以通过减少可自由支配投入或者(和)增加期望产出提升效率值。

基于 Tone 等(2009)所提出的用于评价两阶段 SBM 模型的"固定链接"模型,本章构建了一组用于评价中国地区绿色经济发展效率的两阶段 SBM 模型。

$$\text{Min } \frac{1 - \dfrac{1}{M}\sum_{m=1}^{M} s_m^{1-} / x_{mo}^{1} - \dfrac{1}{P}\sum_{p=1}^{P} s_p^{1-} / z_{po}}{1 + \dfrac{1}{H}\sum_{h=1}^{H} s_h^{1+} / y_{ho}^{1}}$$

$$\text{s.t.} \sum_{j=1}^{n} x_{mj}^{1} \lambda_j^{1} + s_m^{1-} = x_{m0}^{1}, m = 1, \cdots, M$$

$$\sum_{j=1}^{n} y_{rj}^{1} \lambda_j^{1} - s_r^{1+} = y_{r0}^{1}, r = 1, \cdots, R$$

$$\sum_{j=1}^{n} x_{hj}^{1N} \lambda_j^{1} = x_{h0}^{1N}, h = 1, \cdots, H$$

$$\sum_{j=1}^{n} z_{pj} \lambda_j^{1} = \sum_{j=1}^{n} z_{pj} \lambda_j^{2} = z_{p0}, p = 1, \cdots, P \qquad (8.5)$$

$$\sum_{j=1}^{n} x_{lj}^{2} \lambda_j^{2} + s_l^{2-} = x_{l0}^{2}, l = 1, \cdots, L$$

$$\sum_{j=1}^{n} y_{uj}^{2} \lambda_j^{2} - s_q^{2+} = y_{u0}^{2}, u = 1, \cdots, U$$

$$\sum_{j=1}^{n} \lambda_j^{1} = 1$$

$$\sum_{j=1}^{n} \lambda_j^{2} = 1$$

模型 (8.5) 综合了第一阶段模型和第二阶段模型，因而能够用于评价决策单元的综合效率水平。由于使用"固定链接"模型，模型的中间产出（第一阶段的非期望产出）在两个阶段中保持不变，因而目标函数中只包含第一阶段的可自由支配投入和期望产出以及第二阶段的期望产出。与模型 (8.3) 和 (8.4) 类似，当模型 (8.5) 的目标函数值等于 1 时，决策单元是有效的，否则需要通过改进投入或者产出来提高效率值。不难发现，模型 (8.5) 是非线性模型，因而难以求解，可以使用 CC 变换转换成如下线性模型：

$$\text{Min } t - \frac{1}{M}\sum_{m=1}^{M} S_m^{1-} / x_{mo}^{1} - \frac{1}{P}\sum_{p=1}^{P} S_p^{1-} / z_{po}^{1}$$

$$\text{s.t.} \sum_{j=1}^{n} x_{mj}^{1} \lambda_j^{1} + s_m^{1-} = t x_{m0}^{1}, m = 1, \cdots, M$$

$$\sum_{j=1}^{n} y_{rj}^{1} \lambda_j^{1} - s_r^{1+} = t y_{r0}^{1}, r = 1, \cdots, R$$

$$\sum_{j=1}^{n} x_{hj}^{1N} \lambda_j^1 = t x_{h0}^{1N}, h = 1, \cdots, H$$

$$\sum_{j=1}^{n} z_{pj} \lambda_j^1 = \sum_{j=1}^{n} z_{pj} \lambda_j^2 = z_{p0}, p = 1, \cdots, P$$

$$\sum_{j=1}^{n} x_{lj}^2 \lambda_j^2 + s_l^{2-} = t x_{l0}^2, l = 1, \cdots, L$$

$$\sum_{j=1}^{n} y_{uj}^2 \lambda_j^2 - s_q^{2+} = t y_{u0}^2, u = 1, \cdots, U \qquad (8.6)$$

$$1 + \frac{1}{H} \sum_{h=1}^{H} s_h^{1+} / y_{ho}^1 = t$$

$$\sum_{j=1}^{n} \lambda_j^1 = t$$

$$\sum_{j=1}^{n} \lambda_j^2 = t$$

模型(8.6)用于计算中国各地区绿色经济发展的综合效率值水平,其目标值结果与模型(8.5)所计算的结果一致。

8.3 实 证 分 析

8.3.1 数据描述

本节将以中国 30 个省级行政区的数据作为样本,来测算地区绿色经济发展效率,由于指标统计口径以及数据可得性的限制,本书选取了 2013~2015 年的面板数据进行分析,数据的来源分别是《中国统计年鉴》和《中国环境统计年鉴》。本书所使用的指标如表 8.1 所示,第一阶段中包含 5 个投入指标和 5 个产出指标,第二阶段包含 4 个投入指标和 3 个产出指标。

表 8.1 指标变量的选择以及定义

阶段	指标类型	指标	单位
生产阶段	不可变投入	年末单位从业人员数	百万人
		固定资产投资总额	千亿元
	可变投入	能源消费量	tce
		全年工业用水总量	亿 m³
		全年用电总量	亿 kW·h

续表

阶段	指标类型	指标	单位
生产阶段	期望产出	GDP	万亿元
		工业增加值	千亿元
	中间产出	工业废水排放量	亿 t
		工业固体废弃物产生量	千万 t
		工业二氧化硫排放量	万 t
污染治理阶段	投入	工业污染治理投资	亿元
	产出	集中式废气处理设施	套
		工业固体废弃物综合利用量	千万 t
		工业废水处理量	亿 t

根据 Zhou 等(2012)、Bian 等(2015)和 Wu 等(2016)的研究成果，选择了 16 个投入产出指标。表 8.2 列出了 2013～2015 年所有投入产出指标的统计性描述，通过比较可以发现，我国投入产出指标的地区性差异较大，例如，2015 年工业用水总量的最大值为 3643 亿 m^3，而最小值仅为 97.8 亿 m^3。此外，通过对三年数据进行比较可以发现，由于 2014 年固定资产投入额度较大，使得 2014 年的工业用水、能源和电力消耗达到最大，所产生的非期望产出(污染物)也达到最大。而第一阶段的期望产出、工业增加值和 GDP 在三年间保持稳定增长的趋势。

表 8.2　投入产出指标统计性描述

指标类型	指标	2013			2014			2015		
		最大值	最小值	均值	最大值	最小值	均值	最大值	最小值	均值
第一阶段不可变投入	年末单位从业人员数	19.6	0.5	6	19.6	0.4	6.1	19.4	0.4	6.2
	固定资产投资总额	36	1.2	13.9	41.6	1.5	15.8	47.4	1.8	17.3
第一阶段可变投入	能源消费量	220	2.9	56	238	2.4	53.5	239	2.9	44.4
	全年工业用水总量	3569	80.3	882	3980	90.7	919	3643	97.8	886
	全年用电总量	3.5	0.2	1.4	3.7	0.2	1.5	3.8	0.2	1.5
第一阶段期望产出	GDP	6.2	0.2	2.1	6.8	0.2	2.3	7.3	0.2	2.4
	工业增加值	26.9	0.5	8.8	29.1	0.5	9.2	3	0.5	9.2
中间产出	工业废水排放量	84.3	3	29.6	142	5	35.4	74.6	1.3	25.8
	工业固体废弃物产生量	22.1	0.7	7	20.5	0.8	6.8	20.6	0.7	6.6
	工业二氧化硫排放量	43.3	0.4	10.9	41.9	0.5	10.8	35.4	0.4	10.9
第二阶段投入	工业污染治理投资	145	3.2	61.2	136	3.2	58	153	3.2	62
第二阶段产出	集中式废气处理设施	384	1	76.7	363	1	80.5	359	1	55.3
	工业固体废弃物综合利用量	19.8	0.3	6.9	19.7	0.3	6.8	19.9	0.3	6.6
	工业废水处理量	76.6	0.7	16.4	78.8	0.8	16.7	59.8	0.6	14.8

8.3.2 效率评价结果

使用本书所构建的两阶段 SBM 模型，计算出 2013～2015 年中国 30 个省级行政区(香港、澳门、台湾、西藏数据暂缺)的总体效率值结果，如表 8.3 所示。总体而言，从 2013 年到 2015 年，我国绿色经济发展效率没有一个明显的上升趋势，2013 年平均效率值水平是 0.785，2014 年上升到 0.803，然而 2015 年又下降到 0.777，因而没有表现出来连续上升或者下降的变化趋势。此外，通过比较有效单元的数量，发现在 2013～2015 年大部分地区的整体效率都小于 1，例如，2013 年无效地区的数量为 16 个，2014 年和 2015 年无效地区的数量为 18 个。通过整体效率的比较发现，中国大部分地区的绿色经济发展水平存在改进之处。通过跨时间维度的比较，还可以发现不同地区的表现水平和效率变化趋势。

表 8.3   2013～2015 年中国 30 个省级行政区总体效率值结果

省级行政区	2013	2014	2015	省级行政区	2013	2014	2015
北京	1	1	0.8704	湖北	0.7447	0.2515	0.4397
天津	1	0.8019	1	湖南	0.0544	1	1
河北	1	1	1	广东	1	0.7039	1
山西	1	1	1	广西	1	0.8897	0.7544
内蒙古	0.2435	1	1	海南	1	1	1
辽宁	0.9154	0.9929	1	重庆	0.59	0.5769	0.5603
吉林	0.1455	0.1989	0.4405	四川	0.8845	0.9262	0.8638
黑龙江	0.7571	0.7722	0.5785	贵州	0.6387	0.6392	0.8901
上海	1	0.9218	0.3736	云南	0.9017	0.9657	0.8343
江苏	1	1	1	陕西	0.9949	0.9974	0.7061
浙江	1	1	0.666	甘肃	0.4664	0.0106	0.2332
安徽	0.8941	0.8196	0.7023	青海	1	1	1
福建	1	0.5549	0.5837	宁夏	0.3892	0.3872	0.5074
江西	0.3783	1	0.7152	新疆	1	1	1
山东	1	1	1	均值	0.785	0.803	0.777
河南	0.5542	0.6631	0.6008				

吉林和甘肃是表现最差的两个地区，3 年间的效率值水平都小于 0.5，具有较大的效率改进空间。部分地区的效率值水平在 3 年间有明显的上升趋势，例如，辽宁在 2013～2015 年效率值水平从 0.9154 上升到 0.9929，并于 2015 年达到有效。还有一些地区，如上海，在 2013～2015 年，效率值水平存在显著的下降趋势，亟须采取措施来提高效率值水平。

　　从效率评价结果不难发现，中国区域绿色发展效率存在较大的改进空间，在 2013～2015 年存在大量无效和低效的区域。尽管从"十二五"期间，中国政府就开始强调绿色发展，采取多种措施和政策鼓励"节能减排"，推动地区和企业实现绿色发展，然而由于历史原因以及区域经济发展的不平衡，很多地区距离实现绿色发展还有较大的差距，尤其是一些中部省份。此外，我国经济发展进入新常态以来，经济增长速度下行压力较大，这一方面推动了地区绿色发展的需求，另一方面又为地区绿色发展提出了新的挑战。对于地方政府而言，经济发展中面临的问题更加艰巨，其需要在经济增长和绿色发展之间寻求一个平衡点，这也导致了 2013～2015 年绿色发展效率没有得到稳步提升。从某种程度上，中国区域绿色发展效率不仅仅受到区域经济发展模式选择的影响，同时也受到宏观经济因素和外部环境的影响，为了进一步实现对中国各地区绿色经济发展效率的精确评价，找出每个地区低效的原因，本书分别使用模型 (8.3) 和 (8.4) 计算了 2013～2015 年 30 个地区的节能效率和减排效率，如表 8.4 所示。从表 8.4 中可以发现，不同地区在节能和减排方面的表现存在差异，主要集中在效率值水平较低的地区，分为三类：第一类，节能效率较高而减排效率较低，如 2013 年的吉林，其节能效率为 1 而减排效率为 6.8721，意味着吉林在节能方面表现较好，但是却需要将减排效率提高；第二类，减排效率较高而节能效率较低，如安徽，在 2013 年和 2014 年的减排效率都为 1，而节能效率小于 1；最后一类是节能和减排效率都小于 1 的地区，如宁夏在 2015 年节能效率和减排效率都是无效的，需要同时考虑通过节能和减排的方式实现效率改进。

表 8.4　2013～2015 年中国省级行政区节能效率和减排效率值结果

省级行政区	2013		2014		2015	
	节能效率	减排效率	节能效率	减排效率	节能效率	减排效率
北京	1	1	1	1	0.9997	1.1486
天津	1	1	0.9854	1.2288	1	1
河北	1	1	1	1	1	1
山西	1	1	1	1	1	1
内蒙古	0.9697	3.9826	1	1	1	1
辽宁	0.9665	1.0559	0.9929	1	1	1
吉林	1	6.8721	1	5.028	1	2.2699
黑龙江	1	1.3208	0.9462	1.2254	0.7745	1.3389
上海	1	1	0.9779	1.0609	0.6999	1.8731
江苏	1	1	1	1	1	1

续表

省级行政区	2013		2014		2015	
	节能效率	减排效率	节能效率	减排效率	节能效率	减排效率
浙江	1	1	1	1	0.9677	1.4531
安徽	0.8941	1	0.8196	1	0.7307	1.0404
福建	1	1	0.973	1.7533	0.752	1.2882
江西	0.9208	2.4343	1	1	0.7572	1.0587
山东	1	1	1	1	1	1
河南	0.9541	1.7216	0.8687	1.3102	0.8626	1.4357
湖北	0.7447	1	0.8456	3.3619	0.893	2.0307
湖南	1	18.378	1	1	1	1
广东	1	1	0.9932	1.4109	1	1
广西	1	1	0.9156	1.0291	0.8445	1.1194
海南	1	1	1	1	1	1
重庆	0.7118	1.2064	0.711	1.2325	0.7202	1.2854
四川	0.9336	1.0556	0.9801	1.0582	0.9518	1.1018
贵州	0.9555	1.496	0.7946	1.2431	0.9666	1.0859
云南	1	1.109	0.9975	1.0329	1	1.1987
陕西	1	1.0051	1	1.0026	1	1.4163
甘肃	0.642	1.3767	0.5908	55.771	0.7181	3.0789
青海	1	1	1	1	1	1
宁夏	0.601	1.5441	0.6063	1.5658	0.918	1.8091
新疆	1	1	1	1	1	1

　　由于我国资源相对匮乏,大量能源资源依赖进口,绿色发展不仅仅是要通过减排,减少经济发展对于生态环境的影响,还需要通过节能保证经济的可持续发展。然而,现有的政策大多仅仅从减排角度出发分析中国经济的绿色发展状况,通过减排政策来约束各地区对能源和资源的使用。通过本章的效率评价结果可以发现,很多地区在节能和减排两个方面的表现不存在直接的联系,往往表现出不同的效率值结果。这要求决策者不能仅仅关注各地区在减排方面的绩效和成绩,还需要关注其在节能方面的绩效表现。通过对地区节能效率的度量和关注,决策者不仅仅能够实现对于能源和资源的合理利用,还能够借助资源和能源的利用效率推断其减排表现,避免偷排漏排以及数据造假等现象,实现评价系统的完整闭环,确保绿色发展效率度量结果的科学性和有效性。

　　为了从空间分布上对我国不同地区的绿色经济发展效率进行展示，本书根据表 8.3 和表 8.4 的效率值结果，进一步分析了中国绿色经济发展效率的空间分布。从表 8.3 和表 8.4 可以看出，我国不同地区的节能效率表现要好于减排效率，且节能和减排效率较低的区域同样集中在中西部和东北区域。造成这一现象的重要原因是粗线条的产业和经济发展政策。近 20 年来，我国相继出台了西部大开发、中部崛起和振兴东北等产业政策，鼓励高能耗高污染的产业从东部地区向中西部和东北进行转移。

　　但是，中部地区和东北部地区之间差异明显，且在节能和减排两个方面区别更加明显。这意味着未来需要更加精细和差异化的产业和经济政策，以往粗线条的政策可能无法真正促进经济转型，推动绿色发展模式实施。尤其是在节能和减排政策上，需要根据各个地区的实际情况，提出差异化的政策和法规，保证各地区在最大程度上实现绿色发展。

　　本章所构建的效率评价模型，为无效决策单元提出效率改进的方案措施。就绿色经济发展而言，各地区通过节能和减排两个途径进行效率改进，以 2015 年为例，表 8.5 中列出了所有无效区域的效率改进目标值。通过比较发现，每个地区在不同类型的指标变量上的效率改进目标值都存在差异。例如，北京 2015 年在节能和减排两个方面都需要采取一定的改进措施，而在不同指标上却存在明显的差异性，节能方面其仅仅需要减少全年用电总量，无须减少工业用水总量和能源消费量，而在减排方面需要增加工业固体废弃物综合利用量和工业废水处理量，无须增加集中式废气处理设施的数量。因而，对于决策者而言，需要针对每个指标的具体表现和特征进行调整，不可采用简单的效率改进策略调整所有变量。根据计算结果，不难发现影响我国区域绿色发展效率有很多的因素，不同地区所面临的问题截然不同。从节能角度出发，各地区主要存在的问题是对水资源和能源的过度消耗问题，在工业用电方面则普遍表现较好，这也反映了我国当前资源能源的主要问题。对于中央和地方的决策者而言，应当根据这一事实调整产业结构，降低水资源和能源消耗型企业或者产业的占比。此外，从工业用水量的效率不难发现，水资源相对丰富的地区，如福建、湖北等，在水资源利用效率方面表现较差，导致该现象的主要原因是水资源的流失性，大量水资源无法存储，因此会导致"不用白不用"等现象。而随着南水北调等水利工程的建成，水资源在全国范围内的调度逐渐成为现实，各地区需要转变思维，通过绿色发展方式提高水资源的利用效率。

表8.5 2015年我国各地区效率改进目标值

地区	生产阶段			污染治理阶段		
	工业用水总量	全年用电总量	能源消费量	集中式废气处理设施	工业固体废弃物综合利用量	工业废水处理量
北京	0	0.75	0	0	0.22	4.05
天津	0	0	0	0	0	0
河北	0	0	0	0	0	0
山西	0	0	0	0	0	0
内蒙古	0	0	0	0	0	0
辽宁	0	0	0	0	0	0
吉林	0	0	0	27	2.53	49.32
黑龙江	12.89	0	1.64	2.17	33.4	0
上海	45.5	275.61	0	13.94	25.27	17.33
江苏	0	0	0	0	0	0
浙江	5	0	0	0	57.95	0
安徽	75.54	0	0	0	0	23.3
福建	53.95	0	0	0	32.72	0
江西	44.87	0	0	0	10.83	0
山东	0	0	0	0	0	0
河南	21.65	0	0	48.19	0	38.47
湖北	29.96	0	0	27.13	4.11	0
湖南	0	0	0	0	0	0
广东	0	0	0	0	0	0
广西	25.89	0	0	0	15.72	0
海南	0	0	0	0	0	0
重庆	25.86	33.27	0	2.07	13.31	3.4
四川	0	0	2.88	0	16.82	0
贵州	2.35	0	0.08	0	11.05	0
云南	0	0	0	3.02	4.83	24.79
陕西	0	0	0	6.83	0	16.54
甘肃	7.25	0	1.66	9.09	37.63	9.37
青海	0	0	0	0	0	0
宁夏	0.4	0	0.84	0	46.23	5.58
新疆	0	0	0	0	0	0

8.4 本章小结

改革开放以来,我国经济快速发展带来了严重的能源消耗和污染问题。随着供给侧结构性改革的推进以及"节能减排"战略的深入实施，我国各地区对于绿色发展的理念越来越重视，在节能和减排上取得了一些成效。本章从效率分析的角度出发，对我国 2013～2015 年 30 个地区的绿色发展效率进行评价，将经济绿色发展过程看作一个两阶段的生产过程，第一阶段是生产阶段，在此阶段使用能源、资源和各类投入生产形成 GDP 和工业增加值等期望产出，同时也不可避免地产生了各类以污染物为代表的非期望产出，在第二阶段各地区通过投入环境治理费用对这些污染物进行处置和治理，取得一定的治理成效。本章充分考虑了中国经济发展中生产阶段和环境治理阶段主体差异的现实，将绿色发展的评价过程分为生产和环境治理两个阶段。充分考虑了不同投入指标和产出指标效率值之间的差异，在此基础上构建了一组两阶段 SBM 模型对我国不同地区的绿色发展效率进行评价，主要得到以下结论。

第一，我国整体绿色发展效率仍有提升空间。近年来，尽管供给侧结构性改革取得显著效果，各地区对于环境保护的重视程度不断提高，逐渐改变传统的唯 GDP 的发展方式和模式，但根据本章的分析结果，我国绿色发展效率在 2013～2015 年并没有显著上升趋势，全国平均效率值仍然具有约 25%的改进空间，各地区应当进一步贯彻落实"节能减排"的相关政策，采取有效手段和举措提高绿色发展效率。

第二，我国绿色发展效率存在地区性差异。各地区的绿色发展效率受到诸多因素的影响，不仅仅与经济发展状况有关，更与经济发展模式相关，因而表现出较为明显的差异，其中中西部地区的绿色发展效率要普遍低于东部地区。因此，决策者应当针对这一特点，在宏观资源配置和政策制定等方面突出重点地区，而作为后进地区也应当主动寻求变化，尽快提高效率，实现绿色发展。

第三，我国各地区在节能和减排方面表现存在差异。根据计算结果可以发现，绿色发展效率较低的地区在节能和减排方面往往存在区别，其效率低下的原因可能来自节能、减排方面或者同时两方面的原因。进一步地，在不同的资源和能源的节约上以及不同污染物的治理上都存在显著差异。因此决策者有必要使用本章所构建模型，对各个指标进行深入的评价和分析，根据实际表现情况给出各个指标的改进方向和具体改进目标。

第四，绿色发展效率的差异为我国绿色发展战略制定提出了更高的要求。近年来，我国中央和各级地方政府高度重视推动绿色发展，并制定了一系列节能减排措施。然而，相关政策大多只考虑了"普适性"，并没有考虑各个地区绿色发展现状和问题的"特殊性"。在当前我国绿色发展取得初步成效的基础上，需要决策者基于各个地区自身的问题和特征，以及在不同方面表现的差异性，制定相应的政策和措施，减少"一刀切"式的粗放管理模式。

参 考 文 献

Ali A I, Seiford L M. 1990. Translation invariance in data envelopment analysis. Operations Research Letters, 9(6): 403-405.

Bian Y, Hu M, Xu H. 1972. Measuring efficiencies of parallel systems with shared inputs/outputs using data envelopment analysis. Kybernetes.

Bian Y, Hu M, Xu H. 2015. Measuring efficiencies of parallel systems with shared inputs/outputs using data envelopment analysis. Kybernetes, 44(3): 336-352.

Jakob M, Edenhofer O. 2014. Green growth, degrowth, and the commons. Oxford Review of Economic Policy, 30(3): 447-468.

Lawrence M, Seiford, Zhu J. 2002. Modeling undesirable factors in efficiency evaluation. European Journal of Operational Research.

Li Y, Shi X, Emrouznejad A, et al. 2017. Environmental performance evaluation of chinese industrial systems: a network sbm approach. Journal of the Operational Research Society, (12): 1-15.

Liang L, Li Y, Li S. 2009. Increasing the discriminatory power of dea in the presence of the undesirable outputs and large dimensionality of data sets with pca. Expert Systems with Applications, 36(3p2): 5895-5899.

Michael J, Ottmar E. 2015. Green growth, degrowth, and the commons. Oxford Review of Economic Policy, (3): 447-468.

Scheel H. 2001. Undesirable outputs in efficiency valuations. European Journal of Operational Research, 132(2): 400-410.

Song W, Bi G B, Wu J, et al. 2017. What are the effects of different tax policies on China's coal-fired power generation industry? An empirical research from a network slacks-based measure perspective. Journal of Cleaner Production, 142: 2816-2827.

Tone K, Tsutsui M. 2009. Network dea: a slacks-based measure approach. European Journal of Operational Research, 197(1): 243-252.

Zhang T, Chiu Y H, Li Y, et al. 2018. Air pollutant and health-efficiency evaluation based on a dynamic network data envelopment analysis. International Journal of Environmental Research Public Health, 15(9).

Zhou P, Ang B W, Wang H. 2012. Energy and CO_2 emission performance in electricity generation: a non-radial directional distance function approach. European Journal of Operational Research, 221(3): 625-635.

Zhou X, Luo R, Yao L, et al. 2018. Assessing integrated water use and wastewater treatment systems in china: a mixed network structure two-stage sbm dea model. Journal of Cleaner Production, 185(JUN.1): 533-546.

第9章 多阶段模式下工业废物处理再利用效率研究

目前大多数基于网络 DEA 模型对环境效率进行评价的研究中只考虑资源利用与污染治理之间的独立性,通过构建一组串联的两阶段 DEA 模型对环境效率进行评价。然而,现实中不同污染物的产生和治理往往由不同的工业部门完成和实现,且其效率值水平受到外部宏观环境因素的影响。为此,本章构建一组网络 DEA 模型,同时考虑工业生产中的串联和并联结构,并结合三阶段评价方法对外部环境的影响因素进行度量和分析。

9.1 引 言

近几十年来,中国的能源消耗和污染物排放(主要是废水和废气)显著增加,然而目前我国污染处理再利用的现状并不容乐观。例如,国内再生水的利用率仅占污水处理量的 10%左右,远低于发达国家 70%的利用率。因此,评价我国各省污染治理效率并提出改进意见具有重要的理论和现实意义。根据《中国环境统计年鉴》,工业污染包括废水、废气和固体废弃物。考虑到现实生产活动中固体废物没有统一的处理过程,并且造成的环境污染也远远低于废水和废气。本书主要研究工业废水和工业废气的处理效率。

中国大多数省份,工业废水和工业废气是由不同的生产部门进行处理,它们的运营效率也是不一样的。因此需要构建一套并行系统来评价他们的效率值,使用并行 DEA 模型来解决该问题。并行 DEA 模型是一种简单形式的网络 DEA 模型。传统的 DEA 将评估中的 DMU 视为黑盒子。因此,很难提供有关组织内低效率来源的信息。Fare 和 Grosskopf(2000)引入了网络 DEA 方法,通过明确地模拟每个 DMU 的内部机制来打开黑盒子。近年来,网络 DEA 已成为一种发展良好且得到广泛认可的评估模型。本书采用一个三阶段 DEA 模型来分析环境因素的工业污染物处理效率,并使用并行 DEA 模型来分析我国各个省份废水和废气的处理效率。

9.2 模 型 构 建

本章首先使用并行 DEA 方法来评估 DMU 的效率。然后采用随机前沿面分析(stochastic frontier approach, SFA)来消除环境变量和随机误差的影响。最后,根据计算结果调整输入，并重新使用并行 DEA 模型来分析 DMU 的效率。

1. 考虑非期望产出的并行 DEA 模型(第一阶段)

假设总共有 n 个 DMU，其中每个 DMU 都有 m 个投入和 s 个产出，针对每个 DMU$_j$，记它的第 i 个投入为 x_{ij}，第 r 个产出为 y_{rj}，假设每个 DMU 有 q_j 个子系统，每个子系统有相同的投入与产出，记为 X_{ij}^p 和 $Y_{ij}^p\ (p=1,2)$。每个工业废水和工业废气的处理设施投入产出记为 $\left(x_{ij}^1, i=1,2,\cdots,m1; x_{ij}^2, i=1,2,\cdots,m2\right)^{\mathrm{T}}$ 和 $\left(y_{rj}^1, r=1,2,\cdots,s1; y_{rj}^2, r=1,2,\cdots,s2\right)^{\mathrm{T}}$。相应的结构如图 9.1。

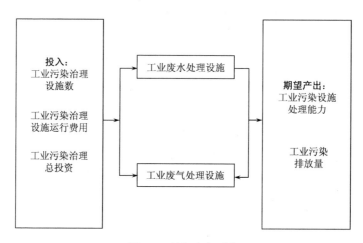

图 9.1 并行生产系统

参考 Wu(2012) 文献，使用系统内的总输入和输出，并通过使 $\left(\sum_{r=1}^{s1} \mu_r^1 y_{r0}^1 + \sum_{r=1}^{s2} \mu_r^2 y_{r0}^2\right) / \left(\sum_{i=1}^{m1} \omega_i^1 x_{i0}^1 + \sum_{i=1}^{m2} \omega_i^2 x_{i0}^2\right)$ 最大化的方法来重新计算 DMU 的效率。因此，并行模型的效率值可作如下计算：

$$\text{Max} \quad \sum_{r=1}^{s1} \mu_r^1 y_{r0}^1 + \sum_{r=1}^{s2} \mu_r^2 y_{r0}^2$$

$$\text{s.t.} \sum_{i=1}^{m1} \omega_i^1 x_{ij}^1 - \sum_{r=1}^{s1} \mu_r^1 y_{rj}^1 \geqslant 0$$

$$\sum_{i=1}^{m2} \omega_i^2 x_{ij}^2 - \sum_{r=1}^{s2} \mu_r^2 y_{rj}^2 \geqslant 0 \tag{9.1}$$

$$\sum_{i=1}^{m1} \omega_i^1 x_{i0}^1 = \frac{1}{2}$$

$$\sum_{i=1}^{m2} \omega_i^2 x_{i0}^2 = \frac{1}{2}$$

$$\omega_i^1, \mu_r^1, \omega_i^2, \mu_r^2 \geqslant 0$$

模型 (9.1) 仅针对期望的输入和产出而制定，当分析污染物处理的效率时，必须考虑非期望产出。因此，该模型必须适当改进以适用于本研究的问题。

参考其他一些环境效率评估研究，选择线性函数来处理非期望产出。废水处理设施的期望和非期望的产出表示为 $\left(y_{rj}^{1d}, r=1,2,\cdots,s1; y_{rj}^{1u}, r=1,2,\cdots,s1\right)^{\mathrm{T}}$，废气处理设施的期望和非期望的产出表示为 $\left(y_{rj}^{2d}, r=1,2,\cdots,s2; y_{rj}^{2u}, r=1,2,\cdots,s2\right)^{\mathrm{T}}$。因此，变换的非期望产出表示为 $\hat{y}_{rj}^{1u} = 10^6 - y_{rj}^{1u}$，$\hat{y}_{rj}^{2u} = 10^6 - y_{rj}^{2u}$。在考虑了非期望产出后，模型如下：

$$\mathrm{Max} \sum_{r=1}^{s1} \mu_r^{1d} y_{r0}^{1d} + \sum_{r=1}^{s1} \mu_r^{1u} \hat{y}_{r0}^{1u} + \sum_{r=1}^{s2} \mu_r^{2d} y_{r0}^{2d} + \sum_{r=1}^{s2} \mu_r^{2u} \hat{y}_{r0}^{2u}$$

$$\mathrm{s.t.} \sum_{i=1}^{m1} \omega_i^1 x_{ij}^1 - \sum_{r=1}^{s1} \mu_r^{1d} y_{rj}^{1d} - \sum_{r=1}^{s1} \mu_r^{1u} \hat{y}_{rj}^{1u} \geqslant 0$$

$$\sum_{i=1}^{m2} \omega_i^2 x_{ij}^2 - \sum_{r=1}^{s2} \mu_r^{2d} y_{rj}^{2d} - \sum_{r=1}^{s2} \mu_r^{2u} \hat{y}_{rj}^{2u} \geqslant 0 \qquad (9.2)$$

$$\sum_{i=1}^{m1} \omega_i^1 x_{i0}^1 = \frac{1}{2}$$

$$\sum_{i=1}^{m2} \omega_i^2 x_{i0}^2 = \frac{1}{2}$$

$$\omega_i^1, \mu_r^{1d}, \mu_r^{1u}, \omega_i^2, \mu_r^{2d}, \mu_r^{2u} \geqslant 0$$

2. 随机前沿面分析 (第二阶段)

Fried 等 (2002) 认为松弛变量值是原始输入值和目标输入值之间的差异，反映了总体无效性和有效性之间的差距，这种差距是由管理效率、环境因素和随机误差引起的。因此，不能区分 DMU 是由于管理效率低还是由于环境因素和随机错误引起的低效率。在第二阶段，使用随机前沿面模型 (SFA) 消除了环境因素和随机误差的影响，从而评估仅由管理因素引起的低效率。总调整值 (包括松弛和径向调整) 由第一阶段计算，SFA 回归模型可构建如下：

$$s_m = f^n\left(z_i; \beta^n\right) + v_{ni} + u_{ni}, n=1,2,\cdots,N; i=1,2,\cdots,m \qquad (9.3)$$

式中 $z_i = \left[z_{1i}, z_{2i}, \cdots, z_{ki}\right]$ 表示 K 个可观察的环境变量，$f^n\left(z_i; \beta^n\right)$ 是松弛边界，其中参数矢量 β^n 被估计并且组成误差结构 $\left(v_{ni} + u_{ni}\right)$。与随机成本前沿公式一致，假

设 $v_{ni} \sim N\left(0, \sigma_{vn}^2\right)$ 反映统计噪声并且 $v_{ni} \sim N^+\left(0, \sigma_{vn}^2\right)$ 表示管理无效率项，并且 v_{ni} 和 u_{ni} 是独立的。设 $\gamma = \sigma_{un}^2 / \left(\sigma_{un}^2 + \sigma_{vn}^2\right)$ 是技术无效率方差的比例。初始输入的调整可以通过以下等式从第二阶段 SFA 回归的结果构建：

$$x_{ni}^A = x_{ni} + \left[\text{Max}_i\left\{z_i, \hat{\beta}^n\right\} - z_i\hat{\beta}^n\right] + \left[\text{Max}\left\{\hat{v}_{ni}\right\} - \hat{v}_{ni}\right], n = 1, 2\cdots, N; i = 1, 2\cdots, m \quad (9.4)$$

上式右侧的第一次调整使所有生产者进入一个共同的操作环境，即样本中观察到的最不利的环境。第二次调整使所有生产者处于一种共同的自然状态，这是样本中遇到的最不幸的情况。x 的估计值通过使用 Jondrow(1982)方法获得：

$$\hat{E}\left[v_{ni} \middle| v_{ni} + u_{ni}\right] = s_{ni} - z_i\hat{\beta}^n - \hat{E}\left[u_{ni} \middle| v_{ni} + u_{ni}\right], n = 1, 2\cdots, N; i = 1, 2\cdots, m \quad (9.5)$$

3. 调整后的 DEA 模型(第三阶段)

在第三阶段中，将第二阶段中获得的调整后的输入数据和原始输出数据再次引入并行 DEA 模型，并计算每个 DMU 的效率值。由此产生的纯技术效率值仅基于管理水平，排除了环境因素和随机因素的干扰。

9.3 实 证 分 析

9.3.1 数据描述

所有使用的数据来自《中国统计年鉴》(2012～2016)和《中国环境统计年鉴》(2012～2016)。由于可获得的所需数据最新到 2015 年，将使用 2015 年数据完成主要计算。本研究参考实际情况及相关研究，设置了如下投入产出指标体系。投入指标包括工业污染治理设施数、工业污染设施运行费用和工业污染治理总投资。对于产出指标，考虑工业排放控制的环境影响和各省的实际情况，将工业污染设施处理能力设定为期望产出，工业污染排放量作为非期望产出。详情见表 9.1。

表 9.1 投入产出指标及统计描述

	类别	指标	单位	最大值	最小值	均值	标准值
废水处理设施	投入	设施数	套	9733	42	2684.7	2445.7
		设施运行费用	万元	883032	1241	221073.7	210657.4
		工业污染治理总投资	万元	164863	893	38198	41309.6
	期望产出	设施处理能力	万 t/日	3625	9	797.7	745.9
	非期望产出	废水排放量	万 t	206427	481	64354.2	53478.1
废气处理设施	投入	设施数	套	25673	288	9383.4	6934.1
		设施运行费用	万元	1843486	2882	601943.3	476549.7

续表

类别	指标	单位	最大值	最小值	均值	标准值
废气处理设施	投入 工业污染治理总投资	万元	9733	42	2684.7	2445.7
	期望产出 设施处理能力	万 m^3/h	883032	1241	221073.7	210657.4
	非期望产出 废气排放量	亿 m^3	164863	893	38198	41309.6

在工业污染物治理项目的宏观环境中，时间和空间环境因素对治理效率产生重大影响，且很难在短时间内改变。这种影响被归类为外部影响。参考高旭阔和张迪的研究（2018），本书选择环境因子变量来衡量经济和社会两个方面如何影响污染治理效率。在经济层面，人均 GDP 用于衡量各省之间的经济差异。一个省的经济水平直接反映该地区的发展程度和政府对环境保护项目的重视程度。GDP 越高，提供的环保项目就越多，在一定范围内提供更多的政策支持和资本投资将有助于提高污染物处理的效率，但过度投资将导致投资的冗余。然而，经济落后地区往往更加注重经济发展而忽视环保项目，导致污染物处理效率低下。在社会层面，选择城镇化率作为衡量各省之间社会差异的指标。一般而言，较高城镇化率的省份拥有更健全的公共服务设施，对污染物处理的基础设施建设更加重视，也拥有更好的管理系统。大多数城市化率低的省份则很少关注环境治理项目。

9.3.2　结果分析

1. 第一阶段实证结果

该阶段使用并行 DEA 模型，并考虑非期望产出以衡量 2015 年中国工业污染物处理的效率，获得各省的系统效率、废水处理效率和废气处理效率。如表 9.2 所示，系统效率、废水处理效率和废气处理效率的均值分别为 0.686、0.674 和 0.696。其中西藏是有效的，这表明西藏的工业污染物处理在废水处理和废气处理两方面都是有效的。其他地区的废水处理效率和废气处理效率还有很大的提高空间。

表 9.2　各省级行政区系统效率和子系统效率

省级行政区	系统效率	废水处理效率	废气处理效率
北京	0.771	0.742	0.801
天津	0.403	0.359	0.447
河北	0.950	1.000	0.901
山西	0.571	0.477	0.665
内蒙古	0.781	0.753	0.807

续表

省级行政区	系统效率	废水处理效率	废气处理效率
辽宁	0.852	1.000	0.703
吉林	0.852	1.000	0.703
黑龙江	0.981	0.963	1.000
上海	0.498	0.279	0.718
江苏	0.515	0.397	0.633
浙江	0.349	0.293	0.404
安徽	0.545	0.550	0.540
福建	0.701	0.666	0.734
江西	0.534	0.676	0.392
山东	0.544	0.473	0.615
河南	0.656	0.651	0.661
湖北	0.716	0.701	0.726
湖南	0.727	0.874	0.579
广东	0.411	0.356	0.465
广西	0.738	0.867	0.608
海南	0.702	1	0.404
重庆	0.687	0.708	0.665
四川	0.545	0.541	0.549
贵州	0.985	1	0.969
云南	0.581	0.571	0.591
西藏	1	1	1
陕西	0.664	0.419	0.908
甘肃	0.604	0.507	0.701
青海	0.796	1	0.592
宁夏	0.841	0.748	0.933
新疆	0.772	0.662	0.882
均值	0.686	0.674	0.696

本书还分析了2011~2015年各省级行政区的系统效率值,如表9.3所示。不同省份效率得分略有变化,但只有西藏一直保持有效。在国家的高度重视及地方政府的严格落实下,西藏的污染处理近年来一直保持高效,并且成效明显,其先进的管理经验与治理政策值得其他地区研究学习。这5年间各个省级行政区平均效率值没有明显变化,进一步分析各个省级行政区的效率值发现,污染物处理效率低下的省级行政区近年来并未有明显改进,说明2015年之前政府对工业污染处理的重视还不够,应提出改变现状的相应政策。目前,我国已经做出一些积极的

尝试，如第三方治理模式等，取得一定的成效，说明决策者已经意识到提高污染治理效率的迫切性，后面还需要进一步制定相关政策，以改善效率不高的现状。

表9.3　各省级行政区 2011～2015 年系统效率

省级行政区	2011	2012	2013	2014	2015
北京	0.708	0.714	0.758	0.646	0.771
天津	0.428	0.425	0.408	0.453	0.403
河北	0.737	0.768	0.827	0.925	0.950
山西	0.433	0.537	0.543	0.596	0.571
内蒙古	0.641	0.745	0.753	0.702	0.781
辽宁	0.853	0.808	0.852	0.755	0.852
吉林	0.769	0.867	0.835	0.886	0.852
黑龙江	0.851	0.931	0.955	0.872	0.981
上海	0.551	0.501	0.508	0.504	0.498
江苏	0.439	0.536	0.499	0.563	0.515
浙江	0.473	0.371	0.373	0.398	0.349
安徽	0.568	0.539	0.549	0.532	0.545
福建	0.749	0.717	0.710	0.737	0.701
江西	0.424	0.505	0.512	0.515	0.534
山东	0.686	0.554	0.572	0.568	0.544
河南	0.687	0.683	0.662	0.718	0.656
湖北	0.632	0.730	0.699	0.749	0.716
湖南	0.697	0.711	0.721	0.667	0.727
广东	0.456	0.451	0.420	0.501	0.411
广西	0.646	0.655	0.719	0.554	0.738
海南	0.630	0.727	0.687	0.759	0.702
重庆	0.815	0.712	0.712	0.744	0.687
四川	0.513	0.516	0.538	0.482	0.545
贵州	0.547	0.671	0.737	0.809	0.985
云南	0.527	0.577	0.570	0.573	0.581
西藏	1.000	1.000	1.000	1.000	1.000
陕西	0.697	0.666	0.670	0.670	0.664
甘肃	0.658	0.661	0.614	0.732	0.604
青海	0.732	0.751	0.783	0.772	0.796
宁夏	0.857	0.828	0.844	0.814	0.841
新疆	0.735	0.739	0.764	0.699	0.772
均值	0.656	0.675	0.681	0.662	0.686

上述的分析结果没有排除环境因素和随机误差的影响，因此各省级行政区的效率未能得到真正的反映，需要第二阶段的 SFA 模型。

2. 第二阶段实证结果

在这个阶段，第一阶段 DMU 中每个输入变量的松弛变量作为解释变量，人均 GDP 和城镇化率作为解释性环境变量进行 SFA 模型分析。在表 9.4 中，可以看出 LR 测试满足 SFA 回归中的 1%显著性检验，这表明外部环境因素显著影响输入松弛变量。r 的值接近 1 并且满足 1%的显著性水平，这表明管理因素的影响是至关重要的。此外，所有环境变量都通过输入松弛变量系数的显著性检验，表明输入冗余受外部环境因素的影响。

在表 9.4 中，环境变量的负系数估计表明环境变量的增加与输入松弛的减少相关联，较小的松弛变量与较少的资源浪费和较高的相对效率相关联。相反，正系数估计表明输入松弛的变量随着外部环境变量的增加而增加。

表 9.4　SFA 回归结果

| | 废水处理 | | | | | |
| | 设施数 | | 设施运行费用 | | 工业废水处理投资 | |
	系数估计	t 值	系数估计	t 值	系数估计	t 值
常数项	−411.1*	−411.0	−1230.4*	−1230.5	4916.1*	4916.10
人均 GDP	−16.3*	−1.6	2.1*	144.4	1.4*	31.8
城镇化率	6.5*	6.5	−125.1*	−125.2	−128.5*	−128.6
σ^2	3.1×10^5*	3.10×10^5	1.3×10^7	1.30×10^7	2.0×10^8*	2.00×10^8
γ	0.999*	194845.7	0.999*	191342.4	0.999*	111
极大似然估计	−213.7		−269.7		316.1	
单侧似然比检验值(LR)	23.8		28.2		19.8	
	废气处理					
	设施数		设施运行费用		工业废气处理投资	
	系数估计	t 值	系数估计	t 值	系数估计	t 值
常数项	−1230.5*	−1230.5	−34688*	−34691	12916*	12916
人均 GDP	−20.9*	−14.4	2.0*	4.3	1.7*	191.6
城镇化率	12.5*	12.6	−3029.8*	−3029.8	−61.2*	−70.7
σ^2	1.3×10^7*	1.30×10^7	3.5×10^{10}*	3.50×10^{10}	5.6×10^8*	5.60×10^8
γ	0.999*	191342.4	0.999*	32606.4	0.999*	122.2
极大似然估计	−269.7		−395.5		330.6	
单侧似然比检验值(LR)	28.3		20.4		22.9	

注：*代表 1%显著性。

具体来说，人均 GDP 和城镇化率的影响如下：

(1) 人均 GDP 反映了省级经济水平。人均 GDP 的系数对于处理设施运行费用和工业废水/废气处理投资的松弛变量均是正的，这表明经济发展的改善将导致输入冗余的增加。人均 GDP 越高，对废水/废气处理效率的提高反而越不利，污染物处理工程硬件设施的重复建设，与运营投资和管理水平的不匹配，将导致处理投资的资源闲置，从而降低废水和废气处理效率。此外，系数估计与废弃物处理设施的数量呈负相关，人均 GDP 的增加导致这些投入的减少。这意味着经济水平越发达，就越有利于提高废水和废气处理项目的效率。由于经济发达地区有足够的专项资金，可以保证废水和废气处理项目的基础设施建设和污染防治，减少污染物排放，并具有科学的管理技术水平体系，减少废水和废气处理项目内生因素的影响，从而提高效率。

(2) 城镇化率反映了各省之间的社会差异。城镇化率系数对于处理设施运行费用和工业废水/废气处理投资的松弛变量是负的，对处理设施的数量是正的。这是因为城镇化率高的省份拥有更先进的技术和管理模式，有利于提高处理设施的资金利用效率，虽然处理设施数相对更少，但实现了更高的处理能力，从而实现污染处理的高效。

3. 第三阶段实证结果

根据模型 (9.3)～(9.5) 变化，可以调整原始输入变量以消除环境变量和随机误差的影响，再使用并行 DEA 模型来重新评估 2015 年 30 个省级行政区的工业污染物处理效率，结果如表 9.5 所示。可以看出，消除环境变量和随机误差的影响后，工业污染物处理效率的平均系统效率、平均废水处理效率和平均废气处理效率分别为 0.887、0.908 和 0.866。比较表 9.2 和表 9.5 的结果，发现第三阶段的所有效率得分都显著高于第一阶段。这表明通过消除环境变量和随机误差，所有 DMU 都更接近效率边界，各省之间的污染治理效率差距不大。结果还表明，选择的环境变量对不同省份的效率值有显著影响。

表 9.5 第三阶段系统效率和子系统效率

省级行政区	系统效率	废水处理效率	废气处理效率
北京	0.952	0.977	0.926
天津	0.833	0.896	0.771
河北	1.000	1.000	1.000
山西	0.859	0.844	0.875
内蒙古	0.960	0.921	1.000
辽宁	0.956	0.912	1.000

续表

省级行政区	系统效率	废水处理效率	废气处理效率
吉林	0.928	1.000	0.856
黑龙江	1.000	1.000	1.000
上海	0.796	0.726	0.866
江苏	0.777	0.769	0.785
浙江	0.567	0.529	0.604
安徽	0.852	0.920	0.784
福建	0.819	0.875	0.763
江西	0.886	0.959	0.812
山东	0.758	0.801	0.716
河南	0.857	0.954	0.761
湖北	0.924	0.950	0.898
湖南	0.919	1.000	0.839
广东	0.814	0.829	0.791
广西	0.892	0.955	0.828
海南	0.961	1.000	0.922
重庆	0.939	0.982	0.896
四川	0.794	0.818	0.770
贵州	1.000	1.000	1.000
云南	0.810	0.820	0.799
西藏	1.000	1.000	1.000
陕西	0.915	0.896	0.934
甘肃	0.907	0.929	0.886
青海	0.944	0.990	0.898
宁夏	0.942	0.936	0.947
新疆	0.951	0.968	0.934
均值	0.887	0.908	0.866

9.3.3 实际工业污染物处理效率综合比较

为了便于比较，根据经济发展水平和地理位置，将省级行政区分为四组：东部、中部、西部和东北部地区。表 9.6 显示了中华人民共和国国家统计局的省级行政区划分。东部地区有 10 个省级行政区，其中大部分是沿海地区，其经济水平发展较高，受益于有利的地理位置和中国的政策支持；中部地区有 6 个省级行政区；西部地区有 12 个省级行政区；东北地区有 3 个省级行政区。中部、西部和东北地区的经济发展水平和城市化水平仍远远落后于东部地区。表 9.7 给出了各地区工业污染物平均处理效率。

表 9.6 省级行政区划分

区域	省级行政区
东部地区	北京，天津，河北，上海，江苏，浙江，福建，山东，广东，海南
中部地区	山西，安徽，江西，河南，湖北，湖南
西部地区	重庆，四川，西藏，贵州，云南，陕西，甘肃，青海，宁夏，新疆，广西，内蒙古
东北地区	黑龙江，辽宁，吉林

表 9.7 不同地区工业污染物平均处理效率

	系统效率	工业废水处理效率	工业废气处理效率
东部地区	0.827	0.840	0.814
中部地区	0.883	0.9383	0.828
西部地区	0.921	0.934	0.908
东北地区	0.961	0.971	0.952

根据第一阶段和第三阶段的效率，以各阶段所有省级行政区效率值均值为分割点，即大于均值为"高"，小于均值为"低"，将所有的被评级省份分为四组："高-高"、"高-低"、"低-高"和"低-低"，如图 9.2 所示。

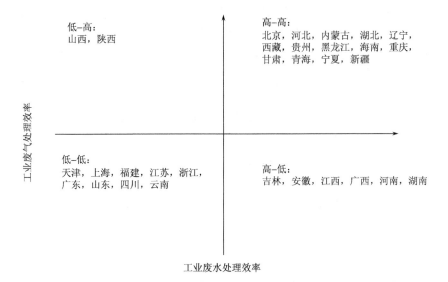

图 9.2 中国各省级行政区废水/废气处理效率分组

"高-高"组包括 14 个省级行政区，分别为北京、河北、内蒙古、湖北、辽宁、西藏、贵州、黑龙江、海南、重庆、甘肃、青海、新疆和宁夏。所有这些省级行政区的废水处理效率值相似，在 0.908 和 1 之间，废气处理效率从 0.866 到 1 不等，在废水和废气处理效率方面表现良好且相似。对于所有这些省级行政区，政府已经出台了相关政策来提高工业污染物处理效率。例如，根据"北京 2012～2020 大气污染防治措施"，政府明确了工业废气减排目标，细化了结构调整的分解，加强了工业能源优化。此外，还强调清洁生产、源头预防和控制。这些省级行政区先进的污染处理管理经验值得其他地区学习。

"高-低"组是指废水处理效率高但废气处理效率低的省级行政区，有 6 个省级行政区，分别为吉林、安徽、江西、广西、河南和湖南。对于这些省级行政区，废水处理效率相对优于废气处理，这表明当地政府需要更加重视和提高废气处理效率。2017 年 11 月 21 日，清洁空气联盟在北京发布了《大气 VOCs 在线监测系统评估工作指南》，这是废气治理的具有指导意义的重要文件。提高废气处理效率，就需要学习利用先进的废气处理技术，在国家的领导下，改善管理框架，全面提高效率。这些省级行政区需要加强对相关政策文件的学习，将先进科技运用于工业废气处理中以提高效率。

"低-高"组包含 2 个废水处理效率低、废气处理效率高的省份，即山西和陕西。这些省份位于中西部地区，资源紧张，导致废水处理效率低于全国平均水平。针对这种情况，国家需要通过增加经济和技术支持来提高废水处理效率。目前我国在废水处理技术上的研究成果显著，例如，在环境污染治理领域有着广阔应用前景的电子束处理工业废水技术。作为国家目前大力发展的先进废水处理技术，已经得到了国内外的普遍认可，被认为对提高废水处理效率，改善工业废水污染现状有重大意义。这两个省份需要充分利用国家的政策和技术支持，同时也应该加大工业废水处理技术投入，以实现废水高效处理。

"低-低"组包括天津、上海、福建、江苏、浙江、广东、山东、四川和云南，它们同时具有低废水处理效率和低废气处理效率。这些省级行政区大部分位于经济发达的东部地区，并有足够的污染控制投资，但由于管理模式等其他问题，污染物处理效率低。这些省级行政区需要更加关注废水和废气处理，学习国内外高效的管理经验，合理分配资源以提高效率。

9.4　本　章　小　结

本书采用三阶段 DEA 模型来衡量和比较中国省级行政区的工业污染物处理效率及其影响因素。考虑到工业废水和工业废气通常由不同的生产部门处理并且它们的操作效率不同，使用并行 DEA 模型来解决该问题。同时使用线性变化来处理非期望产出并计算了 2011～2015 年各省级行政区的效率。在考虑环境因素的条件下，5 年来只有西藏的工业污染治理是有效的，根据研究结果，其他省级行政区选择两个环境变量：人均 GDP 和城市化率，对每个省级行政区的污染物处理效率有显著影响。剔除环境因素后，各个省级行政区的效率值明显提高，说明通过消除环境变量和随机误差的影响，各省级行政区之间的污染治理效率差距不大。本书详细分析了这两个变量对每个指标的影响，并进一步计算了各省级行政区消除环境因素的效率值。结果表明，各省级行政区废物处理效率存在差距，具有区域特征。

经济最发达的东部地区系统效率值明显低于其他地区。此外，东部、西部和东北部地区的废水和废气处理效率相似，而只有中部地区的废气处理效率明显低于废水处理效率。针对各省级行政区系统效率和子系统效率的不同，不同的省级行政区应有不同的改进方向。对于每个特定省级行政区，应根据上述分组提高废水或废气处理效率，以提高系统效率。通过比较，环境因素(包括经济和社会两方面)对各省级行政区污染治理效率有显著影响，目前我国工业污染治理效率低下与地域发展不平衡密切相关。因此，提高污染治理效率，还要注意经济发展和城市化。特别是在中西部和东北地区，要抓住发展机遇，加快经济建设。地方政府要抓住中央的各种战略机遇，认真履行环境改善职责，发展西部经济，减小中西部差距，进而减少外部环境因素对工业污染治理行业的影响，协调各个地区的环境和经济水平。

参 考 文 献

高旭阔, 张迪. 2018. 考虑环境因素的城镇污水处理投资效率——基于三阶段 DEA 的方法. 中国环境科学, 38(9): 3594-3600.

Färe R, Grosskopf S. 2000. Theory and application of directional distance functions. Journal of Productivity Analysis, 13(2): 93-103.

Fried H O, Lovell C K, Schmidt S S, et al. 2002. Accounting for environmental effects and statistical noise in data envelopment analysis. Journal of Productivity Analysis, 17(1/2): 157-174.

Jondrow J, Lovell C K, Materov I S. 1982. On the estimation of technical inefficiency in the stochastic frontier production function model. Journal of Econometrics, 19(2-3): 233-238.

Wu J, Zhou Z, Tsai H. 2012. Measuring and decomposing efficiency in international tourist hotels in Taipei using a multidivision DEA model. International Journal of Hospitality Tourism Administration, 13(4): 259-280.

第10章 绿色发展视角下废物循环利用效率影响因素分析

上一章中考虑了环境效率评价过程中外部环境因素的影响，通过构建三阶段DEA模型来对决策单元的效率进行精确评价。然而，不可否认的是，在不同地区，外部环境对于资源利用和污染治理两个阶段的影响存在明显的差异性，尤其是经济发达地区和经济相对落后地区对于污染物治理的宏观影响方面。因此，本章将分别考虑外部环境因素对不同阶段效率值影响的异质性，通过构建一组新的DEA模型对环境效率进行评价。

10.1 引　　言

第8章采用SBM-DEA模型对各区域生产阶段效率、治理阶段效率及绿色发展效率进行了测度，结果显示各区域存在较大的差异。这种差异不仅仅是不同区域管理技术所造成的差异，也会受一定的随机影响因素以及环境因素的影响。而经典DEA并没有考虑这种外部环境的影响。经典DEA假设条件包括：所有决策单元都面临相同的外部环境；所有决策单元在相同的条件下进行生产活动；所有决策单元具有相同的投入产出。但管理实践中，并不是所有的假设条件在现实生产过程中都会被满足。与此同时，当面临不同的外部环境时，经典DEA方法无法去除环境因素与变量和随机误差对效率值评估的影响。有鉴于此，Fried等(2002)给出了由3个测量阶段联合构成的DEA模型，即三阶段DEA模型(Shyu and Chiang，2012)。三阶段DEA模型能够有效消除非经营类因素，即外部环境对决策单元效率值测量结果的影响，使得效率值能更真实地反映决策单元真正的管理水平。由于处理环境影响因素的良好特性，三阶段DEA模型被广泛应用于体育产业(García-Sánchez，2007)、商业及酒店(Shang et al.，2008)、节能政策(Li and Lin，2016)、银行系统(Zhou et al.，2019)、资源配置(An et al.，2019)等。

本章借鉴研究方法和因素分析有关的研究成果(陈巍巍等，2014；Battese et al.，2004；罗登跃，2012；金桂荣等，2014；刘华军等，2018；刘赢时等，2018)，并结合不同区域绿色发展水平实际状况，采用三阶段DEA模型探析绿色发展效率的影响因素，消除非经营类因素对DMU效率表现的影响，使得效率值能更真实地反映决策单元真正的管理水平。

10.2　三阶段模型设定

Fried 等 (2002) 在研究中提出，经典 DEA 方法未将环境和随机因素对决策单元效率的影响考虑在内，探讨了如何将环境因素和随机噪声引入 DEA 模型，用以评估环境因素对效率评估的影响。Fried 等 (2002) 仅剔除了环境因素，在此基础上同时将环境与随机因素对效率值的影响纳入到 DEA 模型，即三阶段 DEA 模型。三阶段 DEA 模型关键之处在于，如何在第二阶段剔除环境因素和随机因素。

10.2.1　第一阶段：传统 DEA 模型分析初始效率

DEA 模型用来研究系统中多投入多产出生产方式下决策单元间的相对有效性问题。假设系统中有 n 个待评估决策单元，系统中每个决策单元均拥有 m 个投入指标和 s 个产出指标。对某个决策单元 j 而言，其投入指标和产出指标分别为 $x_{ij}(i=1,2,\cdots,m)$ 和 $y_{ij}(r=1,2,\cdots,s)$，每个决策单元都至少有一个期望投入指标和一个期望产出指标，则投入导向下包络形式的 CCR 模型为

$$\text{Min } \theta_0 - \varepsilon\left(\sum_{i=1}^m s_i^- + \sum_{r=1}^s s_r^+\right)$$

$$\text{s.t. } \sum_{j=1}^n \lambda_j x_{ij} + s_i^- = \theta_0 x_{i0}, \ i=1,2,\cdots,m \tag{10.1}$$

$$\sum_{j=1}^n \lambda_j y_{ij} - s_r^+ = y_{i0}, \ r=1,2,\cdots,s$$

$$s_i^-, s_r^+, \lambda_j \geqslant 0, \forall i, r, j$$

在模型 (10.1) 中，决策单元的效率值为 θ_0，s_i^-、s_r^+ 分别为投入指标的投入冗余和产出指标的产出不足。若 $\theta_0=1$，且 $s_i^-=s_r^+=0$，则称决策单元 DMU_0 为 DEA 相对有效；如果 $\theta_0=1$，且 $s_i^-\neq 0$ 或者 $s_r^+\neq 0$ 时，则称决策单元 DMU_0 为相对弱 DEA 有效；如果 $\theta_0<1$，则称决策单元 DMU_0 为相对无效。

基于模型 (10.1)，Banker 等 (1984) 提出了改进的 DEA 模型，即 BCC 模型，用来处理规模报酬可变假设下的决策单元效率评价问题。对于任一待评估决策单元 DMU_0，投入导向下包络形式的 BCC 模型为

$$\text{Min } \theta_0 - \varepsilon\left(\sum_{i=1}^m s_i^- + \sum_{r=1}^s s_r^+\right)$$

$$\text{s.t.} \sum_{j=1}^n \lambda_j x_{ij} + s_i^- = \theta_0 x_{i0}, \ i=1,2,\cdots,m$$

$$\sum_{j=1}^{n} \lambda_j y_{ij} - s_r^+ = y_{i0}, \, r = 1, 2, \cdots, s$$

$$\sum_{j=1}^{n} \lambda_j = 1 \tag{10.2}$$

$$s_i^-, s_r^+, \lambda_j \geqslant 0, \forall i, r, j$$

在模型(10.2)中，各参数意义与模型(10.1)相同。BCC 模型计算出来的效率值为技术效率(technical efficiency，TE)，进一步分解为规模效率(scale efficiency，SE)和纯技术效率(pure technical efficiency，PTE)。

10.2.2 第二阶段：似 SFA 回归剔除环境因素和统计噪声

通过第一阶段测算，可以得到每一个待评估决策单元的效率值，以及每个待评估决策单元的松弛变量，即投入冗余及产出不足。投入指标的松弛变量，即冗余量，会受到多方面宏观因素的影响，但经典的 DEA 模型并没有考虑这些外部因素的影响，也无法有效剔除这些因素对效率值的影响。因此，在三阶段 DEA 模型中的第二阶段，SFA 模型能够将环境因素和随机误差从第一阶段的效率评估中分离出来，得到仅仅保留由管理因素造成的非有效的效率值。在三阶段 DEA 中，假设整个系统有 d 个外部环境变量可供观测，将每个决策单元的投入冗余量设为因变量，环境变量设为自变量，构建回归方程为

$$s_{ik} = f^i(z_k; \beta^i) + \upsilon_{ik} + \mu_{ik} \tag{10.3}$$

式中，s_{ik} 是第一阶段 k 个决策单元第 i 项投入的投入冗余，指的是该决策单元由无效到有效需要减少的资源投入，不仅仅包括第一阶段的松弛量。该指标包括径向的松弛值 $(1-\theta)x_{in}$（其中 θ 是第一阶段的第 i 个 DMU 的效率值）和非径向部分的松弛值 $z_k = [z_{1k}, z_{2k}, \cdots, z_{dk}]$（表示 d 个可观测到的环境变量），β^i 对应每一个环境变量的待评估参数。$f^i(z_k; \beta^i)$ 是所有 d 个环境变量对投入冗余 s_{ik} 的影响函数，即影响方式，一般假设 $f^i(z_k; \beta^i) = z_k \beta^i$。这种影响是一种线性组合的形式，不同因素之间具有一定的互补性和相互影响。$(\upsilon_{ik} + \mu_{ik})$ 是该函数的混合误差项，其中 υ_{ik} 表示函数的随机误差项，这里假设服从正态分布，即 $\upsilon_{ik} \sim N(0, \sigma_\upsilon^2)$；$\mu_{ik}$ 表示管理无效率项，这里假设服从截断正态分布，也就是 $\mu_{ik} \sim N^+(\mu^i, \sigma_u^2)$。$\upsilon_{ik}$ 和 μ_{ik} 相互独立，不存在相关性。为了区分无效率是由随机因素导致还是管理原因导致，引入变差率，该指标用技术无效率的方差与总方差的比值表示，即 $\gamma = \sigma_u^2 / (\sigma_u^2 + \sigma_\upsilon^2)$，其取值范围为 $[0,1]$。当变差率 γ 趋近于 1 时，表示主要由管理因素造成无效率；当 γ 趋近于 0 时，表示主要由随机原因造成无效率。

Fried 等(2002)认为,决策单元的效率受到管理无效率、环境因素和统计噪声的影响,因此有必要分离这三种影响。通过上述 SFA 模型的建立和应用,可以调整待评估决策单元投入指标对应的松弛变量大小,所有的待评估决策单元都可以调整至具有相同的外部环境条件。

在根据上述过程进行调整时,首先要确定最有效的决策单元,并以其为基准对其他决策单元的原始投入指标数据做调整,调整途径为

$$\hat{x}_{in} = x_{in} + \left[\underset{i}{\mathrm{Max}}\{z_i\hat{\beta}^n\} - z_i\hat{\beta}^n \right] - \left[\underset{i}{\mathrm{Max}}\{\hat{\upsilon}_{in}\} - \hat{\upsilon}_{in} \right], n = 1, 2, \cdots, N; i = 1, 2, \cdots, m \quad (10.4)$$

公式(10.4)包含了两步调整过程。经过第一个中括号内的调整过程,所有待评估决策单元都处于相同的外部运营环境;经过第二个中括号内的调整,所有待评估决策单元面临相同的统计噪声,即假设具有相同的随机因素影响。

10.2.3　第三阶段：测量消除影响因素的效率

经过第二阶段 SFA 模型调整后,待评估决策单元的投入指标值为 $\hat{x}_{in}$,与该待评估决策单元原产出指标值 y_{in},组成新的投入产出组合,即 $(\hat{x}_{in}, y_{in})$。对投入指标数据进行调整后,利用第一阶段的 SBM 模型,对新的投入产出组合 $(\hat{x}_{in}, y_{in})$ 进行重新测算,可得到待评估决策单元去除影响后的效率值。经过这三步处理,所得到的决策单元相对效率值,同时排除了外部运营环境因素的影响以及随机误差,能够更为真实地测度区域绿色发展效率水平。

10.3　影响因素实证结果分析

三阶段 DEA 模型主要用于环境影响因素分析,同时该方法也用于测量消除环境影响因素后的绿色发展效率。三阶段 DEA 中,第一阶段主要对绿色发展现状进行效率分析。考虑到现实中各种因素对效率表现的影响,在第二阶段利用一定的技术方法消除各种影响因素的作用。第三阶段则对消除影响之后的投入产出进行测算,以观察和分析消除影响因素之后的绿色发展效率。该方法的第一阶段结果在上一章进行了分析,本章则重点考虑消除环境影响因素,以及对消除影响之后的效率进行评价,并就第一阶段的结果进行比较分析,以进一步考虑如何充分利用环境因素提升效率。

10.3.1　影响因素选择

1. 理论分析

环境因素对区域绿色发展效率的影响既可以是正向的,也可以是负向的,影

响的具体效果需要进一步确定。正向影响因素对绿色发展效率有积极促进作用，相反，负向影响因素对绿色发展效率有抑制或阻碍作用。此外，还存在一些影响因素，其对资源效率的影响方向无法直接确定，可能存在积极促进作用，亦或有阻碍作用。鉴于既有文献在研究中选取的衡量指标不同，检验的数据类型也不同，现有研究及其文献得出的结论也不一致。中国区域绿色发展是系统性工程，影响中国区域绿色发展效率的环境因素十分复杂。通过分析相关文献不难发现，经济制度、地理位置、资本存量、经济发展水平、人口数量、政府影响力、城市化进程、能源消费结构、科技进步水平等因素被用于绿色发展效率相关影响的分析。各种因素对各个区域绿色发展效率的影响是不同的，表现在方向和程度两个方面。因此，在进行实证检验之前，首先要确定最有可能对绿色发展效率产生影响的环境因素范畴。根据陈巍巍等(2014)提出的观点，三阶段 DEA 假设造成无效的因素主要在环境、随机事件和管理因素等三大方面。三者中，管理因素的影响主要体现在决策单元内部，随机事件则是决策者无法有效预测的。因此，对绿色发展效率影响因素的分析，更多应该集中于宏观社会经济环境因素方面。针对本书绿色生产和污染处理两个阶段的研究，本章分别针对不同阶段开展影响因素的研究，如图10.1 所示。

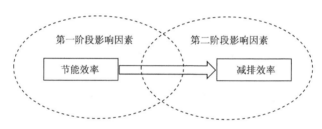

图 10.1　不同阶段影响因素结构图

根据某影响因素在区域绿色发展过程中所处领域，分为政策性因素、经济性因素和民生性因素。政策性因素对区域经济发展、绿色发展有直接的影响力，如政府投资额度与方向会带来不同领域投资额度的变动、政府对环保的要求会对生产实施以及环境处理带来影响等；经济发展水平则会直接影响到设施建设情况以及发展进程，如人均 GDP 水平；民生性因素则会直接影响投资方向及环境治理程度，如城镇化水平的提升可以有效推进基础设施建设，进一步促进生产效率提升。

根据 Yue 等(2015)关于绿色发展的研究，本书将对关键影响因素进行计量分析。本章把这些关键因素设为计量经济学的解释变量，资源投入冗余为计量经济学的被解释变量，从而建立三阶段 DEA 模型中的第二阶段模型，即 SFA 模型。进一步，根据影响因素收集对应的数据，对数据进行影响因素模型参数的估算，然后对初步结果进行显著性检验，并依据检验结果对影响因素进行分析。通过显著性检验的影响因素，则是对冗余资源产生重要影响的关键因素。本章所选关键环境变量如表 10.1 所示。

表 10.1　绿色发展影响因素选择

发展阶段	影响因素	重点参考文献
第一阶段	政府支持力度	Yue 等 (2015)；曹鹏和白永平 (2018)
	城镇化水平	王兵等 (2014)；刘赢时等 (2018)
	产业结构	赵领娣等 (2016)；王兵和侯冰清 (2017)
	能源消费结构	王勇和刘厚莲 (2015)；隋俊等 (2015)
第二阶段	科技进步程度	姚西龙等 (2015)；刘瑞翔和安同良 (2012)
	环境规制程度	李斌等 (2013)；张华等 (2017)
	经济发展水平	周利梅和李军军 (2018)；王兵和黄人杰 (2014)
	能源消费结构	王勇和刘厚莲 (2015)；隋俊等 (2015)

2. 指标解释

根据对影响因素的理论分析，政府支持力度、城镇化水平、产业结构、能源消费结构、科技进步程度、环境规制程度、经济发展水平等影响因素将作为对绿色发展效率产生影响的因素进行实证研究。

1）政府支持力度

中国现在正处于从经济高速发展向高质量发展转型时期，政府部门的宏观调控作用非常重要。为了促进区域经济协调发展、绿色发展，政府出台一系列政策措施，同时在财政支出方面也体现出较大的力度。

2）城镇化水平

中国是城乡二元化社会结构，虽然城市化进程不断加快，但不同区域城市化进程差异较大，造成城乡经济发展差距较大。改革开放 40 多年来，中国城市化进程明显加快，城乡经济发展差别不断缩小，区域发展逐步实现城乡经济一体化，进而实现城乡共同繁荣，这也是我国绿色经济发展的重要目标之一。城市化进程的快慢在一定程度上会影响绿色发展和环境治理。

3）产业结构

产业结构是指国民经济中各产业的构成及其比例关系，即工业、农业及服务业在国民经济中的比例关系。依据既有研究，产业结构尤其是工业结构对绿色发展效率有着直接的影响。本书对区域绿色发展效率进行分析时分为两个阶段，即生产阶段和污染处理阶段。产业结构对绿色发展的影响更多体现在第一阶段。

4)能源消费结构

目前能源消费主要包括煤炭、汽油、煤油、柴油、天然气、原油等,其中一些能源在消耗过程中会产生较多污染物,如煤炭,而有些产生污染物则较少,如天然气。按照能源的清洁程度,将能源消耗分为清洁能源和非清洁能源。近年来,中国非常重视清洁能源的发展,清洁能源的使用在能源消费结构中比例上升,有利于优化能源消费结构,保证绿色发展的方向,是区域经济实现绿色发展的有效选择。

5)科技进步程度

科技进步是提高经济发展效率的重要因素。一般而言,技术进步是指技术所涵盖的各种形式知识的积累、革新与改进。随着创新驱动发展战略深入实施及创新型国家建设不断推进,企业、研究机构、高等学校三大执行主体研究与试验发展经费投入力度进一步加大。我国研发经费投入总体规模逐年加大,投入经费结构不断优化,在一定程度上积极推动了创新发展和绿色发展战略的实施,为区域绿色发展提供了资源支持与科技储备。

6)环境规制程度

首先,政府环境规制是绿色创新过程中不可缺少的因素,该因素对绿色创新有较大的影响。在实施环境规制过程中,政府在绿色发展理念引导下,通过设定环保法律及规章制度等,对在生产过程中破坏环境的经济主体进行强制约束和引导。不同经济主体在执行过程中并没有选择权,必须遵守政府制定的诸如排污标准、排污范畴、技术标准等规定,否则该经济主体将会受到相应的管理处罚。

7)经济发展水平

既有研究文献表明,绿色发展、环境污染和经济增长之间存在显著关系,即存在库兹涅茨倒 U 型曲线(Grossman and Krueger,1991)。因此,经济发展水平是对绿色发展效率产生影响关键因素之一。

10.3.2 数据来源及处理

1. 数据来源

依据上述分析,本书研究环境对绿色发展效率的影响时,选择的影响因素包括政府支持力度、城镇化水平、产业结构、能源消费结构、科技进步程度、环境规制程度、经济发展水平 7 个因素。根据理论分析和既有研究文献分析发现,这 7 个关键影响因素中,政府支持力度、城镇化水平、产业结构主要在第一阶段,即生产阶段,对绿色效率产生影响,科技进步程度、环境规制程度、经济发展水平主要在第二阶段,即污染物处置阶段,对绿色发展效率产生影响,而能源消费结构则既会影响到第一阶段的非期望产出,又会影响到第二阶段的治理投入。

政府支持力度由地方财政支出占 GDP 比重来表示，其数据来源于《中国统计年鉴 2016》中地方财政一般预算支出(亿元)与生产总值(亿元)两个指标。城市化水平用区域内城镇人口占总人口比重表示，其数据来源于《中国统计年鉴 2016》年末城镇人口数(人口抽样调查/万人)、年末常住人口数(人口抽样调查/万人)两个指标比值。

产业结构用区域内第二产业增加值与 GDP 的比重来表示，其数据来源于《中国统计年鉴 2016》第二产业增加值(亿元)与生产总值(亿元)两个指标。

能源消费结构指标用非清洁能源消耗量占全部能源消耗量的比重表示，其数据来源于《中国统计年鉴 2016》中煤炭、原油、柴油、汽油、煤油、天然气、电力消耗量。

科技进步程度用研究与试验发展经费投入强度占 GDP 的比重来表示，其数据来源于《中国统计年鉴 2016》各地区研究与试验发展经费投入强度指标。

环境规制程度用地方财政环境保护支出占 GDP 比重来表示，其数据来源于《中国统计年鉴 2016》地方财政环境保护支出(亿元)指标。

经济发展水平用实际人均 GDP 来表示，其数据来源于《中国统计年鉴 2016》人均地区生产总值(元)指标。

2. 数据处理

根据陈巍巍等(2014)的观点，在三阶段 DEA 中第二阶段进行 SFA 测量时，作为被解释变量输入的松弛变量虽然有单位，但是 DEA 模型对量纲没有任何限制，既有研究中对量纲也没有统一的标准要求。通过以上分析，环境变量指标的选择，重点依据该指标是否对输入的松弛变量产生相应作用，而与其本身的量纲并没有直接关系。因此，环境变量作为影响因素，可以按照 DEA 数据处理要求进行成比例地扩大和缩小。

除经济发展水平指标是非比例指标外，本书选取的环境变量均是比例指标。首先对经济发展水平进行比例化处理，对人均 GDP 取对数作为比例性环境变量。

此外，陈巍巍等(2014)在研究中发现，环境变量在整体上的取值应该遵循如下规则：①$U_{it} > 0$，因为 U_{it} 处在 0 处截断的非负正态分布；②$X_{ni}^{*} - X_{ni} > 0.001$，若环境变量及随机因素对输入值影响不大，则该方法意义不大。按照其处理原则和条件，对所有比例型环境变量进行了标准化。所有环境变量的统计性描述如表 10.2 所示。

表 10.2　环境变量统计性描述

统计指标	政府支持力度	城镇化水平	产业结构	能源消费结构	科技进步程度	环境规制程度	经济发展水平
最大值	2.4181	1.521	1.1669	1.975	4.1732	4.3877	1.0718
最小值	0.5051	0.7293	0.4563	0.2678	0.1877	0.4183	0.9407
中位数	0.932	0.9577	1.0565	0.9164	0.8342	0.822	0.9873
标准差	0.4098	0.2068	0.1801	0.4316	0.7694	0.7493	0.0365

10.3.3　基于 SFA 的随机前沿影响因素

在三阶段 DEA 方法的第二阶段，将第一阶段测算应用的 6 种投入变量的松弛变量作为被解释变量，即年末单位从业人数、固定资产投资总额、能源消费量、全年工业用水量、全年用电量以及工业污染治理投入的冗余量作为因变量，将政府支持力度、城镇化水平、产业结构、能源消费结构、科技进步程度、环境规制程度、经济发展水平指标作为自变量，利用 SFA 方法进行回归。当回归结果系数为正值时，表示增加该解释变量将会使得对应松弛量增加，导致资源冗余增加，即会降低绿色发展效率；反之，当回归结果系数是负值时，表示该解释变量将会使得对应松弛量减少，导致资源冗余减少，节约资源，即会提升绿色发展效率。应用 SFA 方法及 Froniter 软件进行回归测算，结果如表 10.3 所示。

表 10.3　基于 SFA 的第二阶段环境影响因素回归结果

第一阶段环境影响因素	年末单位从业人员数	固定资产投资总额	第一阶段工业用水量	全年用电量	能源消费量	第二阶段污染治理投资额	第二阶段环境影响因素
政府支持力度	−79.2744***	−1.9543	−7.0664*	0.2197**	0.0009	1.8228**	科技进步程度
城镇化水平	−146.7464***	−2.7983	0.8336	0.7448***	−0.0177	−0.3763	环境规制程度
产业结构	40.279***	0.2363	17.8169***	−0.0117	−0.0106	−29.091***	经济发展水平
能源消费结构	−94.7909***	−0.7805	−6.3638**	0.2342**	0.0041	1.9325*	能源消费结构
σ^2	39323.368	7.9743	901.2093	0.2459	0.4915	284.451	σ^2
γ	0.9958	0.9998	0.9999	0.9983	0.9999	0.9998	γ
似然函数对数	−176.17	−56.61	−120.26	−73.21	−108.41	−100.37	似然函数对数

注：***、**、*分别表示该系数在 1%、5%和 10%水平下通过显著性检验。

从表 10.3 中可见，每个投入变量对应的回归 γ 值(变差率)都比较大，接近 1。在混合误差项中，由管理无效率造成的影响占有主导地位，说明存在无效率项，适合采用 SFA 方法进行回归分析。此外，环境影响因素对绝大部分投入都有较为显著的影响，对个别投入变量的资源冗余影响不显著。各个环境因素的影响分析

具体如下:

1)政府支持力度影响分析

政府支持力度对年末单位从业人数、全年工业用水量、全年用电量的松弛量回归系数分别为负数、负数及正数,且分别在 1%、10%和 5%水平上显著,表示用财政预算占 GDP 比重表示的政府支持力度与从业人员数、工业用水量的冗余量呈负向关系,与用电量冗余量呈正向关系,说明加大政府支持力度在一定程度上会导致人员数冗余、用水量冗余减少,而用电量冗余增加。同时可以看到,政府支持力度的提升,总体上而言有利于投入资源冗余减少,有利于绿色发展效率改进。政府支持力度加大,在一定程度上会创造更多的就业岗位以促进区域绿色经济发展,同时推动相关行业的就业需求增加。与此同时,从资源节约角度而言,目前政府更倾向于对电力节约的控制,对用水的节约控制则不理想。

2)城镇化水平影响分析

城镇化水平对年末单位从业人数、固定资产投资总额及能源消耗量冗余量的回归系数均为负值,表示城镇化进程对从业人数、固定资产投资总额及能源消耗冗余量是负向影响,但只对年末从业人数的影响在 1%水平下通过了检验,表明城镇化进程的提升可以有效降低从业人数冗余,与政府支持力度相似。同时,城镇化进程对全年工业用水量及全年用电量冗余量的回归系数均为正数,表示城镇化进程对二者有正向影响,但只有对用电量的影响通过了 1%水平的检验,表明城镇化进程的提升会较为显著地节省用电量。这与政府支持力影响因素的影响方向一致。综合来看,城镇化进程可以促进就业岗位的增加,同时可以节省用电量。

3)产业结构影响分析

产业结构对年末单位从业人数、全年工业用水量冗余量的回归系数都是正值,且都在 1%水平上通过了显著性检验,表示产业结构对从业人员数及全年工业用水量冗余量的影响是正向的,即第二产业比重增加会导致从业人员数及全年工业用水量冗余增加,不易于绿色发展效率的提升。这说明在一定程度上工业提供就业岗位的机会要低于农业和服务业,即我国工业已经逐步转为非劳动密集型产业。与此同时,通过表 10.3 还可以看到,产业结构对用电量和能源消耗量冗余量有负向影响,即第二产业比重的增加会降低二者的冗余量,提升效率,但是影响不显著。

4)能源消费结构影响分析

能源消费结构对从业人员数、全年工业用水量冗余量的回归系数是负数,且分别在 1%和 5%水平下通过显著性检验,表明能源消费结构对从业人数及工业用水量冗余量都有较为显著的负向影响,即非清洁能源消耗比重增加会减少人员和工业用水的冗余量。此外，能源消费结构对用电冗余量的回归系数是正值，且在 5%水平下通过显著性检验，说明非清洁能源比重提升会增加全年用电量的冗余量，即非清洁能源与电力之间有相互替代作用，这与本书能源结构的分析相一致。

5)治理阶段效率影响因素分析

所谓第二阶段影响因素分析是指在污染物处理阶段，对投入资源可能产生影响的环境因素进行分析。这里主要包括科技进步程度、环境规制程度、经济发展水平以及能源消费结构，如表 10.3(右侧第一列和右侧第二列)所示。

从表 10.3 中可见，科技进步程度、经济发展水平以及能源消费结构对污染治理投资额冗余量的回归系数分别为正值、负值及正值，且分别在 5%、1%和 10%水平下通过了显著性检验，说明这三个因素对污染物处理投资额冗余量有较为显著的正向、负向及正向影响。这表明，科技进步程度提升会加大污染物治理投资冗余量，意味着科技进步速度可以有效提升各种资源的利用程度，使得目前投入更显冗余；经济发展水平提升会显著降低污染物治理投资冗余量，意味着经济发展水平提升会使污染治理投入需求增加，提升目前资源的利用程度；能源消费结构则可以在一定程度上增加污染物处理投资冗余量，即非清洁能源比重增加会进一步迫使技术水平进步，提升污染物处理程度。

10.3.4　去除环境影响后效率分析

以第二阶段的测算结果为依据，对我国 30 个省级行政区(香港、澳门、台湾、西藏数据暂缺)绿色发展资源投入指标对应的数据进行适当调整(其过程如 10.2.2 节所述)。经过调整，作为决策单元的所有区域都处于相同环境，并且假设受到相同的随机因素影响。基于此，测量各个区域绿色发展效率，并将去除环境因素的效率与之前的效率结果进行对比分析。根据模型(10.3)对我国区域绿色发展第一阶段的五个投入、对第二阶段的第一个外部投入对应的松弛变量进行外部环境调整，随后再以调整后的投入指标数据，与原产出指标数据作为新的投入产出组合，利用模型(10.1)～(10.3)对我国各区域绿色发展效率重新进行评估。重新测算的效率值结果如表 10.4 所示。

从表 10.4 效率均值(最后一行)可见，生产阶段效率由调整前的 0.9186 升为调整后的 0.9421，上升了 0.0235，说明外部宏观因素的存在加大了能源投入的冗余程度，致使调整前的效率值稍低。治理阶段效率由调整前的 1.3011 上升到调整后的 1.4073，上升了 0.1062，说明外部宏观环境促进了治理阶段效率的提升。整体效率是由生产阶段效率和治理阶段效率二者共同作用所致。整体效率由调整前的 0.7773 下降为调整后的 0.7565，这主要是由治理阶段效率降低所导致的。综合

表10.4　2015 年中国地区绿色发展效率值

地区	生产阶段效率		治理阶段效率		整体效率	
	调整前	调整后	调整前	调整后	调整前	调整后
北京	0.9997	1	1.1486	1.1868	0.8704	0.8426
天津	1	1	1	1	1	1
河北	1	1	1	1	1	1
山西	1	1	1	1	1	1
内蒙古	1	1	1	1	1	1
辽宁	1	1	1	1	1	1
吉林	1	1	2.2699	2.2699	0.4405	0.4405
黑龙江	0.7745	0.8208	1.3389	1.3349	0.5785	0.6149
上海	0.6999	0.9024	1.8731	2.0812	0.3736	0.4336
江苏	1	1	1	1	1	1
浙江	0.9677	1	1.4531	1.3993	0.666	0.7146
安徽	0.7307	0.8715	1.0404	1.2546	0.7023	0.6947
福建	0.752	0.8944	1.2882	2.2227	0.5837	0.4024
江西	0.7572	0.877	1.0587	1.6836	0.7152	0.5209
山东	1	1	1	1	1	1
河南	0.8626	0.8354	1.4357	1.5075	0.6008	0.5542
湖北	0.893	0.9157	2.0307	2.7253	0.4397	0.336
湖南	1	0.8208	1	1.31	1	0.6266
广东	1	1	1	1	1	1
广西	0.8445	0.8957	1.1194	1.1131	0.7544	0.8047
海南	1	1	1	1	1	1
重庆	0.7202	0.7748	1.2854	1.2854	0.5603	0.6028
四川	0.9518	0.9501	1.1018	1.1042	0.8638	0.8604
贵州	0.9666	0.9722	1.0859	1.0753	0.8901	0.9042
云南	1	1	1.1987	1	0.8343	1
陕西	1	1	1.4163	1.777	0.7061	0.5628
甘肃	0.7181	0.784	3.0789	3.0789	0.2332	0.2546
青海	1	1	1	1	1	1
宁夏	0.918	0.9483	1.8091	1.8091	0.5074	0.5242
新疆	1	1	1	1	1	1
均值	0.9186	0.9421	1.3011	1.4073	0.7773	0.7565

而言，外部环境因素促进了整体效率的提升，主要是促进了治理阶段效率的提升，这与我国绿色发展理念相一致。但宏观环境因素也导致了生产阶段效率的下降，说明存在一些宏观环境因素没有起到积极推进节能的作用，如第二产业所占比重的增加，就会降低清洁能源的利用程度。

依据调整后生产阶段效率、治理阶段效率上升与下降的不同，将变动趋势分为 4 个象限，如图 10.2 所示。

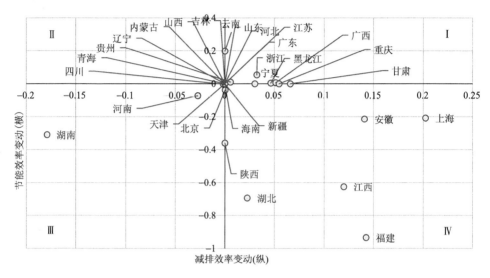

图 10.2　不同区域生产阶段效率与治理阶段效率变动象限图

如图 10.2 所示，第一象限（Ⅰ）为生产阶段效率上升、治理阶段效率上升的区域，该象限内分布的省份较少，最为突出的为浙江，即去除环境因素影响后，浙江的节能与治理阶段效率均实现了增长。第二象限（Ⅱ）为生产阶段效率上升、治理阶段效率下降的区域，但该区域内并没有出现任何省份，说明环境因素没有造成生产阶段效率上升但治理阶段效率下降的结果。第三象限（Ⅲ）为生产阶段效率与治理阶段效率均下降的区域，但出现的省份也不多，仅有湖南和河南两个省份，其中湖南节能与治理阶段效率下降都比较多。这说明湖南省宏观环境因素对本区域绿色发展影响比较大，而且是积极促进了本地的节能与治理阶段效率提升。第四象限（Ⅳ）为生产阶段效率上升但治理阶段效率下降的区域，该区域内出现的省市比较多，其中安徽、江西、湖北、福建、上海变动明显，尤其是福建去除环境效率影响后治理阶段效率下降最多，这从反向说明福建宏观政策环境对治理阶段效率提升起到积极的推动作用。相比较而言，上海的宏观环境政策对上海生产阶段效率的提升并没有起到显著作用。

从图 10.2 中还可以看到，不管是生产阶段效率，还是治理阶段效率，不少省市的变动趋势很小，或者没有变动。这在一定程度上表明，不同省份受到环境因素的影响程度差异较大，有些省份绿色发展效率受到影响很小。

10.4　本　章　小　结

本章主要结论如下：

第一，各个区域生产阶段效率在一定程度上受到宏观环境因素影响。首先，各区域生产阶段效率在去除宏观环境影响后有所提升，但不同区域变化幅度和方向存在差异。其次，第二阶段 SFA 回归分析结果表明，宏观环境因素对年末单位从业人数均有较为显著的影响，均通过了 1% 的显著性检验，但是对固定资产投资影响不显著。这在一定程度上说明，经济发展就业岗位受到宏观环境影响较大，而固定资产投资各个区域宏观环境因素未体现出较大影响差异。

第二，各个区域治理阶段效率也在一定程度上受到宏观环境因素影响。首先，各区域治理阶段效率在去除宏观环境影响后有所下降，但不同区域变化幅度和方向存在差异。其次，第一二阶段 SFA 回归分析结果表明，科技进步程度、经济发展水平以及能源消费结构对污染治理投资额有较大影响，分别在 5%、1% 和 10% 水平下通过显著性检验。污染治理投资额受经济发展水平影响最大，即治理阶段效率的提升更多要通过经济发展水平提升来实现。

第三，各个区域绿色发展效率在去除环境影响后，也存在较大幅度的变动，但不同区域变动方向存在较大差异。从全国范围来看，绿色发展效率均值在去除环境影响后出现了一定幅度的下降，这在一定程度上说明，各个区域的宏观环境因素对绿色发展效率的提升起到了积极的促进作用。

从全国来看，各个区域生产阶段效率、治理阶段效率以及区域绿色发展效率，都存在很大的后续提升空间。基于本书的实证研究结果，提出以下建议供参考。

第一，加大政府支持力度，该措施可以有效降低从业人员和固定资产的冗余程度，同时增加用电量的冗余程度。这意味着，财政支持力度加大，在一定程度上会创造更多的就业岗位以促进区域绿色经济发展，同时推动相关行业的就业需求增加。与此同时，从资源节约角度看，政府目前更倾向于对电力节约的控制。

第二，加快提升城镇化水平。根据实证结果，城镇化水平的提升会较为显著地减少从业人员冗余以及节省用电量。城镇化的不断推进，可以创造更多的就业岗位，同时城镇化可以推进集约用电比例的提升，从而有效节约用电。城镇化进程的推进可以有效提升区域绿色发展生产阶段效率。

第三，积极调整产业结构，尤其是降低第二产业在国民经济中比重。产业结构对从业人数及工业用水量冗余量有正向影响，即第二产业比重的增加会增加二者的冗余量，降低效率。随着智能化和自动化水平的不断提升，工业领域逐渐由劳动密集型转为技术密集型，导致冗余量增加。

第四，实证结果显示，非清洁能源消耗比重增加会减少人员和工业用水的冗余量，也就是会提升人员及工业用水的使用量，降低其利用效率。政府应积极推动清洁能源的使用，调整能源消费结构，降低非清洁能源占比。

第五，实证结果显示，科技进步程度可以有效提升各种资源的利用程度；经济发展水平提升会使污染治理投入需求增加，提升目前资源的利用程度。从这个角度而言，为了提升治理阶段效率，政府应积极制定政策，引导我国各方面加大科技开发投入，并积极利用良好的经济发展环境，提高经济发展水平，促进高质量发展。

第六，整体来看，除北京外，在去除环境影响后，绿色发展效率降低的省份基本在中西部，即经济发展相对不发达的区域。从这个角度而言，环境影响会促进这些区域的绿色发展效率提升。有鉴于此，这些地方区域政府应该继续按照目前政策方向，加大支持力度。

参 考 文 献

曹鹏, 白永平. 2018. 中国省域绿色发展效率的时空格局及其影响因素. 甘肃社会科学, (4): 242-248.

陈巍巍, 张雷, 马铁虎, 等. 2014. 关于三阶段 DEA 模型的几点研究. 系统工程, (9): 144-149.

金桂荣, 张丽. 2014. 中小企业节能减排效率及影响因素研究. 中国软科学, (1).

李斌, 彭星, 欧阳铭珂. 2013. 环境规制、绿色全要素生产率与中国工业发展方式转变——基于 36 个工业行业数据的实证研究. 中国工业经济, (4): 56-68.

刘华军, 李超, 彭莹, 等. 2018. 中国绿色全要素生产率增长的空间不平衡及其成因解析. 财经理论与实践, 39(5): 118-123.

刘瑞翔, 安同良. 2012. 资源环境约束下中国经济增长绩效变化趋势与因素分析——基于一种新型生产率指数构建与分解方法的研究. 经济研究, (11): 35-48.

刘赢时, 田银华, 罗迎. 2018. 产业结构升级、能源效率与绿色全要素生产率. 财经理论与实践, 39(1): 118-126.

罗登跃. 2012. 三阶段 DEA 模型管理无效率估计注记. 统计研究, 29(004): 105-108.

隋俊, 毕克新, 杨朝均, 等. 2015. 制造业绿色创新系统创新绩效影响因素——基于跨国公司技术转移视角的研究. 科学研究, 33(3): 440-448.

王兵, 侯冰清. 2017. 中国区域绿色发展绩效实证研究: 1998—2013 年——基于全局非径向方向性距离函数. 中国地质大学学报: 社会科学版, 17(006): 24-40.

王兵, 黄人杰. 2014. 中国区域绿色发展效率与绿色全要素生产率: 2000—2010——基于参数共同边界的实证研究. 产经评论, (1): 16-35.

王兵, 唐文狮, 吴延瑞, 等. 2014. 城镇化提高中国绿色发展效率了吗? 经济评论, (4): 38-49.

王勇, 刘厚莲. 2015. 中国工业绿色转型的减排效应及污染治理投入的影响. 经济评论, (4): 17-30, 44.

姚西龙, 牛冲槐, 刘佳. 2015. 创新驱动、绿色发展与我国工业经济的转型效率研究. 中国科技论坛, (1): 57-62.

张华, 丰超, 时如义. 2017. 绿色发展: 政府与公众力量. 山西财经大学学报, (11): 15-28.

赵领娣, 张磊, 徐乐, 等. 2016. 人力资本、产业结构调整与绿色发展效率的作用机制. 中国人口·资源与环境, (26): 114.

周利梅, 李军军. 2018. 基于 sbm-tobit 模型的区域环境效率及影响因素研究——以福建省为例. 福建师范大学学报(哲学社会科学版), (01), 57-64: 81.

An Q, Wen Y, Ding T, et al. 2019. Resource sharing and payoff allocation in a three-stage system: Integrating network DEA with the Shapley value method. Omega, 85: 16-25.

Banker R D, Charnes A, Cooper W W. 1984. Some models for estimating technical and scale inefficiencies in data envelopment analysis. Management Science, 30(9): 1078-1092.

Battese G E, Rao D P, O'donnell C J. 2004. A metafrontier production function for estimation of technical efficiencies and technology gaps for firms operating under different technologies. Journal of Productivity Analysis, 21(1): 91-103.

Fried H O, Lovell, C K, Yaisawarng S S S. 2002. Accounting for environmental effects and statistical noise in data envelopment analysis. Journal of Productivity Analysis, 17(1-2): 157-174.

Fried H O, Schmidt S S, Yaisawarng S. 1999. Incorporating the operating environment into a nonparametric measure of technical efficiency. Journal of Productivity Analysis, 12(3): 249-267.

García-Sánchez I M. 2007. Efficiency and effectiveness of Spanish football teams: a three-stageDEA approach. Central European Journal of Operations Research, 15(1): 21-45.

Grossman G M, Krueger A B. 1991 Environmental impacts of a North American free trade agreement. CEPR Discussion Papers, 8(2):223-250.

Li K, Lin B. 2016. Impact of energy conservation policies on the green productivity in China's manufacturing sector: Evidence from a three-stage DEA model. Applied Energy, 168: 351-363.

Reinhard S, Lovell C K, Thijssen G J. 2000. Environmental efficiency with multiple environmentally detrimental variables; estimated with SFA and DEA. European Journal of Operational Research, 121(2): 287-303.

Shang J K, Hung W T, Lo C F, et al. 2008. Ecommerce and hotel performance: three-stage DEA analysis. The Service Industries Journal, 28(4): 529-540.

Shyu J, Chiang T. 2012. Measuring the true managerial efficiency of bank branches in Taiwan: a three-stage DEA analysis. Expert Systems with Applications, 39(13): 11494-11502.

Yue L W, Wu C Y, Zhang M. 2015. Research on the evaluating method of non-renewable energy efficiency based on China's provincial data: green growth perspective. Applied Mechanics Materials, 733: 303-308.

Zhou X, Xu Z, Chai J, et al. 2019. Efficiency evaluation for banking systems under uncertainty: A multi-period three-stage DEA model. Omega, 85: 68-82.

第 11 章　基于双目标 DEA 模型的废物处理再利用设施选址研究

自从 1995 年 Athanassopoulos 和 Storbeck 提出基于 DEA 模型的空间效率评价方法后，基于 DEA 的绩效评价方法被视为解决选址问题的一种有效的途径。在环境治理和污染物处理中，如何确定污染物处理设施的选址是一个关键性的问题，其是决定地区环境治理效率的关键环节。本章将以安徽省固体废弃物处理设施的选址问题为例，构建基于双目标的 DEA 模型。

11.1　引　　言

11.1.1　问题描述

安徽省工业发展迅速，对工业固体废弃物处理设施的需求也在增大，而省内只有位于合肥市的一座大型固体废弃物处理设施。为了减少环境污染和对人体的危害，需要选取多个地点建设新的大型工业固体废弃物处理设施。由于成本和技术的限制，在短时间内在所有城市建设处理设施是不现实的，所以应优先选择建设成本和运输成本相对较低，以及服务范围相对较广的地址作为建设地点。关于选址问题有许多不同的研究角度和研究方法，本章通过各个地址的投入资源与能够产生的效益判断它们的优劣性，符合效率评价方法中投入资源和产生效益之间的关系，由于 DEA 方法可以处理多个投入和产出且无须假设权重的优点，本章采用非径向-双目标 DEA 模型对安徽省辖区内 16 个地级市建设工业固体废弃物处理设施的效率进行评价。选择地级市作为评价地点的原因为相对于县级乡级城镇，地级市的交通便利，方便对废弃物进行运输，经济发达，更容易达到废弃物处理设施的技术要求。选择双目标 DEA 模型的原因为产出中包含非期望产出，而且并非污染物这样的可以再次处理的非期望产出，采用双目标 DEA 模型可以平衡期望产出最大和非期望产出最小之间的关系。

11.1.2　投入产出指标

本章的投入包括两部分，分别是建设地址的工业用地价格和人均年工资水平。如文献综述中所提到的，用于衡量选址优劣的指标通常为成本和利润。在本书中，由于建设工业固体废弃物处理设施的侧重点在于减少工业固体废弃物带来的污染危害，因此将成本而不是利润作为投入。受经济原因的影响，建设建筑设施通常具有成本预算，建设完成后设施运转也需要耗费成本，成本一向是选址问题中所考虑的重要因素之一，成本可分为材料成本、人工成本、各类直接费用和间接费用。其中材料成本、直接费用和间接费用等在安徽各地区基本一致，因此没有将这些计算在内，只考虑了用地的成本和雇佣工作人员的成本，安徽省各市的工业用地价格与工资水平各自具有差异，可以用作建设工业固废处理设施的成本指标，对比各市的投入优劣。其中工业用地价格数据来源于各市国土资源局信息网，人均年工资水平数据来源于《2018 安徽统计年鉴》。

本章的产出包括三部分，分别为工业企业个数、工业固体废弃物总量和总距离。产出的选取参照了选址问题中的最短距离和最大覆盖问题，以覆盖范围内需求最多和总运输距离最短为目标，其中工业企业个数和工业固体废弃物总量反映所选地址可服务范围内的需求，总距离反映所选地址到其服务范围内各需求点的运输距离。数据来源于《2018 安徽统计年鉴》。由于固体废弃物处理厂的服务范围没有具体的数据规定，根据各地级市之间的距离将服务范围定为 200 千米。工业企业数量为作为决策单元的地级市与其服务范围内的地级市辖区内的工业企业数量的总和，工业企业数量越多，说明能服务到的工业企业越多。同样地，工业固体废弃物数量为作为决策单元的地级市与其服务范围内的地级市辖区内的工业固体废弃物的总和，固体废弃物数量越多，说明服务范围内的地区对工业固体废弃物处理设施的需求越高。工业企业个数与工业固体废弃物总量均为期望产出，这两项数值越高，对应的决策单元作为处理设施建设地点所能发挥的作用越大。总距离为作为决策单元的地级市与其服务范围内地级市的距离之和。总距离实际上代表的是建设处理厂后的运输成本和运输时间。总距离是一个非期望产出，总距离越短则运输成本越低，然而随着服务范围内城市的增加，在前两项期望产出增加的同时，总距离也同样在增加。在本章中使用非径向-双目标 DEA 模型来平衡期望产出和非期望产出，获取 DEA 有效的决策单元。

表 11.1 列出了各决策单元的两项投入和三项产出，包括工业用地价格、人均年工资水平、工业企业数量、工业固体废弃物总量和总距离。表中的数据来自《2018 安徽统计年鉴》，是安徽省 2017 年的统计数据。

表 11.1　安徽省内地级市 2017 年部分数据

地级市	工业用地价格/(元/m²)	人均年工资水平/元	工业企业数量/个	工业固体废弃物总量/万 t	总距离/km
合肥	410	74683	3329	9238	1294
淮北	328	60372	1426	4365	517
亳州	220	53596	1428	2337	393
宿州	175	53461	1426	4365	451

续表

地级市	工业用地价格/(元/m²)	人均年工资水平/元	工业企业数量/个	工业固体废弃物总量/万 t	总距离/km
蚌埠	313	59096	2982	6739	1016
阜阳	185	57010	1481	4131	607
淮南	303	65621	2982	6739	980
滁州	170	65273	3007	6656	919
六安	175	63004	1797	4773	585
马鞍山	341	71809	2989	5846	718
芜湖	382	65067	3461	6196	1017
宣城	233	64163	2353	4999	632
铜陵	352	64090	2944	5906	784
池州	175	60397	2944	5906	929
安庆	363	55491	1962	3267	727
黄山	209	66197	1326	2421	612

11.2　非径向-双目标 DEA 模型介绍

在本章所采用的产出中，总距离是一个非期望产出，随着工业企业数量和工业固体废弃物数量这两个期望产出的增加，总距离也会不可避免地增加。现实中存在很多类似的例子，如工厂生产过程中不仅生产各种产品，还会排出废物和废水等。而传统的 DEA 模型往往只将期望产出考虑在内，完全以增加期望产出为目标，没有考虑非期望产出会随之一同增加，这样不符合实际应用，尽量减少非期望产出也应当被考虑在提高效率的目标中。图 11.1 表示了考虑非期望产出时的期望产出前沿面和非期望产出前沿面，随着投入的增加，期望产出和非期望产出都会增加，因此只考虑增加期望产出，或只考虑减少非期望产出都是不现实的，达到最高效率必须在期望产出和非期望产出之间达到平衡。对于非期望产出的处理，Koopmans(1951)提出的 ADD 方法，把非期望产出转换成期望产出，但有可能变为负值，使得效率评价失去意义；Färe 等(2002)首先提出的曲线测度法，通过非线性规划方法处理非期望产出并应用到环境效率评价中；Chung 等(1997)提出的方向距离函数方法，根据决策者的偏好设定期望产出增加、非期望产出减少的方向，缺点是由于主观判断而影响了效率评价的客观性；Hailu 和 Veeman(2001)提出将非期望产出作为投入来处理，但必须与其他投入的变化倍数相同，不能反映真实的生产过程；Seiford 和 Zhu(2002)提出的线性转换函数法，将非期望产出变换成为期望产出，再通过传统 DEA 模型进行效率评价，但只能应用于规模报酬可变的情况。考虑非期望产出的环境效率文献中，一般将排放物等污染作为非期望产出，Wu 等 (2016) 提出了一种两阶段系统 DEA 模型来解决环境效率评价中的非期望产出问题，具体分为生产子系统和污染处理子系统，分别代表不同的利益偏好，生产子系统对应短期利益，污染处理子系统对应长期利益。Geng 等 (2017) 将投入分为能源投入和非能源投入，产出分为期望产出和非期望产出，通过能源 DEA 交叉模型对能源和环境效率进行评价。Guo 等 (2018) 将工业烟、粉尘和煤烟排放作为非期望产出，通过 DEA 模型评价了耗煤量的效率。

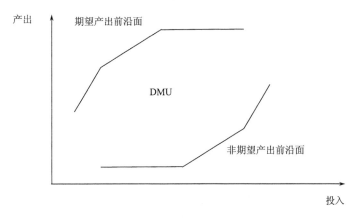

图 11.1　投入、期望产出和非期望产出

与以上环境效率评价文献不同的是，本书中的非期望产出并非污染物，而是随服务范围扩大而增加的距离。在其他文献中，处理非期望产出的方法有转换为期望产出，或作为第二阶段的投入来处理等，但对于本书的总距离参数都不太适用。因此，本章参照宋马林等 (2011) 所提出的考虑非期望产出的非径向-双目标 DEA 环境效率评价模型，对安徽省内 16 个地级市建设工业固体废弃物处理设施的效率进行评价。选取该模型的原因是将期望产出最大和非期望产出最小同时作为追求的目标，使期望产出和非期望产出达到平衡，在工业企业数量和工业固体废弃物数量较大的情况下，使总距离不至于过大，在服务范围尽可能广的同时选取运输距离最短的地址。

首先假设有 n 个需要进行效率评价的决策单元，各有 $i(i=1,2,\cdots,m)$ 个投入，$r(r=1,2,\cdots,s)$ 个期望产出，$t\,(t=1,2,\cdots,k)$ 个非期望产出。向量 $X_j=(x_{1j},x_{2j},\cdots,x_{mj})^{\mathrm{T}}(j=1,2,\cdots,n)$ 表示第 j 个决策单元 DMU_j 的 m 个投入，向量 $Y_j=(y_{1j},y_{2j},\cdots,y_{sj})^{\mathrm{T}}(j=1,2,\cdots,n)$ 表示 DMU_j 的 s 个期望产出，向量 $Z_j=(z_{1j},z_{2j},\cdots,z_{tj})^{\mathrm{T}}$ $(j=1,2,\cdots,n)$ 表示 DMU_j 的 k 个非期望产出，$\omega=(\omega_1,\omega_2,\cdots,\omega_m)^{\mathrm{T}}$ 为投入的权重向量，$\mu=(\mu_1,\mu_2,\cdots,\mu_s)^{\mathrm{T}}$ 为期望产出的权重向量，$\gamma=(\gamma_1,\gamma_2,\cdots,\gamma_t)^{\mathrm{T}}$ 为非期望产出的权重向量。设 α_r 为投入一定的条件下期望产出的效率值，β_t 为投入一定的条

件下非期望产出的效率值, $\lambda_j(j=1,2,\cdots,n)$ 为投入组合的权重。记 DMU_{j0} 的投入为 $x_{ij0}(i=1,2,\cdots,m)$, 期望产出为 $y_{rj0}(r=1,2,\cdots,s)$, 非期望产出为 $z_{tj0}(t=1,2,\cdots,k)$, 可以建立以下双目标模型, 当 α_r 满足最大值大于 1, β_t 满足最小值小于 1 时, 能够找到与 DMU_{j0} 相比投入更少、期望产出更多、非期望产出更少的决策单元, 因此只有当 α_r 和 β_t 的最优值均为 1 时, 被评价的决策单元才是有效的。

$$\mathrm{Max}\sum_{r=1}^{s}\alpha_r;\mathrm{Min}\sum_{t=1}^{k}\beta_t$$

$$\mathrm{s.t.}\sum_{j=1}^{n}\lambda_j x_{ij}\leqslant x_{ij0},i=1,\cdots,m$$

$$\sum_{j=1}^{n}\lambda_j y_{rj}\geqslant\alpha_r y_{rj0},r=1,\cdots,s \tag{11.1}$$

$$\sum_{j=1}^{n}\lambda_j z_{tj}\leqslant\beta_t z_{tj0},t=1,\cdots,k$$

$$\lambda_j\geqslant 0,j=1,\cdots,n$$

$$\alpha_r\geqslant 0,\beta_t\geqslant 0$$

设 $\theta_r(0<\theta_r<1)$ 为第 r 项期望产出的权重, $\xi_t(0<\xi_t<1)$ 为第 t 项非期望产出的权重, 则可以通过线性加权法把式 (11.1) 中的两个目标转换为一个, h_0 为 DMU_{j0} 的效率值, 上述模型变为

$$\mathrm{Max}\,h_0=\sum_{r=1}^{s}\theta_r\alpha_r-\sum_{t=1}^{k}\xi_t\beta_t$$

$$\mathrm{s.t.}\sum_{j=1}^{n}\lambda_j x_{ij}\leqslant x_{ij0},i=1,\cdots,m$$

$$\sum_{j=1}^{n}\lambda_j y_{rj}\geqslant\alpha_r y_{rj0},r=1,\cdots,s \tag{11.2}$$

$$\sum_{j=1}^{n}\lambda_j z_{tj}\leqslant\beta_t z_{tj0},t=1,\cdots,k$$

$$\lambda_j\geqslant 0,j=1,\cdots,n$$

$$\alpha_r\geqslant 0,\beta_t\geqslant 0$$

生产可能集为

$$G=\left\{(X,Y,Z)\left|\sum_{j=1}^{n}\lambda_j X_j\leqslant X,\sum_{j=1}^{n}\lambda_j Y_j\geqslant Y,\sum_{j=1}^{n}\lambda_j Z_j\leqslant Z,\lambda_j\geqslant 0,j=1,\cdots,n\right.\right\} \tag{11.3}$$

则可以构建如下所示的多目标规划，其中 $F(X,Y,Z) = \begin{pmatrix} X \\ -Y \\ Z \end{pmatrix}$。

$$\text{Min}\, F(X,Y,Z)$$
$$(X,Y,Z) \in G \tag{11.4}$$

本章中共有 16 个决策单元，两项投入，一项非期望产出，两项期望产出，故 $n=16, m=2, s=2, k=1$。在本章中将期望产出和非期望产出看作具有相同重要性，在实际情况中可根据决策者的偏好自行设定。设两项期望产出的权重均为 1，非期望产出的权重为 1，则 $\theta_1 = \theta_2 = 1$，$\xi_1 = 1$，若 $\alpha_1 = \alpha_2 = 1$，$\beta_1 = 1$，则所评价的决策单元有效，其最优值 $h_{\text{Max}} = (1+1) - 1 = 1$。

11.3　结果与分析

使用 Lingo 软件求解，并在表 11.2 列出了双目标 DEA 模型效率评价的结果，分别是投入一定时两项期望产出的效率值、投入一定时一项非期望产出的效率值和加权后的最优值。当期望产出和非期望产出的效率值均为 1、最优值 h 等于 1 时，决策单元有效，则由效率评价结果中最优值的大小，将 16 个决策单元分为四部分，h 值越大，决策单元效率越低。$h=1$，决策单元共有 7 个，分别为合肥、宿州、蚌埠、滁州、马鞍山、铜陵和池州；$1 < h \leqslant 1.5$，决策单元共有 4 个，分别为淮南、六安、芜湖和宣城；$1.5 < h \leqslant 3$，决策单元共有 4 个，分别为淮北、亳州、阜阳和安庆；$h > 3$，决策单元只有黄山。从结果可以看出，有效单元集中在安徽省的东北部、中部和中南部；最优值稍大的非有效单元分布在安徽省的中部左侧和东南部；最优值更大一些的非有效单元分布在安徽省的西北部和西南部；最优值最大，也就是效率最低的单元黄山位于安徽省的东南部。

表 11.2　双目标 DEA 模型效率评价结果

地级市	期望产出		非期望产出	最优值
	α_1	α_2	β_1	h
合肥	1.00	1.00	1.00	1.00
淮北	2.08	1.50	1.85	1.73
亳州	1.02	1.89	1.18	1.73
宿州	1.00	1.00	1.00	1.00
蚌埠	1.00	1.00	1.00	1.00
阜阳	1.50	1.27	1.17	1.60
淮南	0.99	0.90	0.83	1.06

续表

地级市	期望产出		非期望产出	最优值
	α_1	α_2	β	h
滁州	1.00	1.00	1.00	1.00
六安	1.66	1.33	1.58	1.41
马鞍山	1.00	1.00	1.00	1.00
芜湖	0.86	1.01	0.82	1.05
宣城	1.23	1.25	1.34	1.14
铜陵	1.00	1.00	1.00	1.00
池州	1.00	1.00	1.00	1.00
安庆	1.01	1.60	0.90	1.71
黄山	2.30	2.89	1.59	3.60

由表 11.2 所示的投入产出中可以看出，合肥的两项投入和一项非期望产出都比较大，但两项期望产出较之其他单元都处于最前列；宿州的两项期望产出较小，但其投入和非期望产出都比较小；蚌埠的非期望产出较大，但其投入较小，期望产出在所有单元中也比较大；滁州和池州的非期望产出比较大，但它们的投入较小，期望产出也处于较高水平；马鞍山和铜陵的投入、期望产出与非期望产出都比较平均，没有非常大的数据，也没有非常小的数据。相互比较可以看出，淮北和宿州因为距离靠近的缘故，它们所覆盖的城市相同，由此得到的工业企业数量和工业固体废弃物总量这两个产出也完全相同，但宿州的两项投入和一项非期望产出均小于淮北，宿州为有效单元而淮北为非有效单元；对比铜陵和池州，同样为期望产出相同，但铜陵的两项投入小于池州，而非期望产出大于池州，这两个决策单元均为有效决策单元。对比有效单元和非有效单元，可以看出有效单元较之非有效单元有着突出的指标数据，或是整体数据更优，效率评价的结果与投入产出数据基本吻合。但由于此模型只能评价决策单元是否有效，不能对各决策单元进行完全排序，有效单元几乎占了所有单元的一半，评价结果对选址问题没有太大的帮助，因此将此结果作为参考，在下一章通过交叉效率模型对各地级市和选址方案进行进一步的效率评价，并将结果进行对比分析，获取更多信息。

11.4 本 章 小 结

本章主要通过双目标 DEA 模型，对安徽省内 16 个地级市作为工业固体废弃物处理设施的有效性进行了评价，以人均年工资水平和工业用地价格为投入，工业企业数量和工业固体废弃物数量作为期望产出，总距离作为非期望产出，并以一定投入下期望产出最大、非期望产出最小为目标进行效率评价。结果显示，16 个地级市中共有 7 个为有效单元，其余为非有效单元。各单元的有效性与其投入产出情况基本吻合，可以作为判断选址的依据，但精确程度不足，因此需要进一步进行具体效率评价和效率排名。

参 考 文 献

宋马林, 曹秀芬, 吴杰. 2011. 一个新的考虑非期望产出的非径向——双目标 DEA 模型. 管理科学, 24(4): 113-120.

Chung Y H, Fire R, Grosskopf S. 1997. Productivity and undesirable outputs: a directional distance function approach. Journal of Environmental Management, 51(3): 229-240.

Färe R, Grosskopf S, Lovell C A K, et al. 2002. Multilateral productivity comparisons when some outputs are undesirable: a nonparametric approach. The Review of Economics and Statistics: 90-98.

Geng Z, Dong J, Han Y, et al. 2017. Energy and environment efficiency analysis based on an improved environment DEA cross-model: Case study of complex chemical processes. Applied Energy, 205: 465-476.

Guo P, Qi X, Zhou X, et al. 2018. Total-factor energy efficiency of coal consumption: an empirical analysis of China's energy intensive industries. Journal of Cleaner Production, 172: 2618-2624.

Hailu A, Veeman T S. 2001. Non-parametric productivity analysis with undesirable outputs: an application to the Canadian pulp and paper industry. American Journal of Agricultural Economics, 83(3): 605-616.

Koopmans T C. 1951. An analysis of production as an efficient combination of activities. Activity Analysis of Production and Allocation.

Seiford L M, Zhu J. 2002. Modeling undesirable factors in efficiency evaluation. European Journal of Operational Research, 142(1): 16-20.

Wu J, Yin P, Sun J, et al. 2016. Evaluating the environmental efficiency of a two-stage system with undesired outputs by a DEA approach: An interest preference perspective. European Journal of Operational Research, 254(3): 1047-1062.

第12章 考虑决策单元空间关系的工业固体废弃物处理设施选址研究

根据上一章的分析，不难发现 DEA 方法在选址问题中有较好的应用与结合，可以通过 DEA 方法与污染物处理设施选址问题的结合提高地区环境治理效率。然而，传统的 DEA 方法中并没有考虑到决策单元之间的空间关系，因而无法被应用于多设施选址问题，本章将进一步在 DEA 方法中融合决策单元之间的空间关系，解决多污染物处理设施的选址问题。

12.1 问题描述和投入产出介绍

12.1.1 问题描述

为防止选址距离过近造成覆盖范围重叠和资源浪费，本章通过交叉效率 DEA 模型对安徽省内 16 个地级市及多个地址组合建设固体废弃物处理设施的效率进行评价。在建立地址组合方案时，由于存在建设成本和管理成本而资源有限，本章不考虑在每个城市均建设大型工业固废处理设施，处理设施数量过多则所需成本过高，数量过少则会无法对整个地区的工业固体废弃物进行及时处理。综合考虑安徽省的面积和地级市的数量，最终决定在 16 个地级市中选择 4 个进行处理设施的建设。将 16 个地级市分别进行组合后，共产生了 1820 个（包括 4 个地点）组合，每个组合即为本章中进行效率评价的地址组合，如合肥、淮北、亳州和宿州，即为其中的一个组合，其他的组合均由 16 个地级市进行四四组合产生，组合内城市的顺序不会产生任何影响。在对地址组合进行效率评价时，除了通常考虑的成本因素之外，由于本章是将 4 个地址作为整体来进行评价的，还需要考虑到在这 4 个地址建设处理设施后的整体服务范围，以及在服务范围内的运输成本。

12.1.2 投入与产出指标

本章的投入与上一章相同，分别是建设地址的工业用地价格和人均年工资水平。因为只需要考虑建设地址的成本，与覆盖范围内的其他城市无关，所以 4 个建设地址组合的用地价格和工资水平即为 4 个地点的这两个参数之和。

本章的产出包括 4 个部分，分别为覆盖范围内地级市数量、总距离、工业企业个数和工业固体废弃物总量，在第 11 章的基础上增加了覆盖范围内地级市总量一项产出。在地址组合内的 4 个地址建设处理设施后整体的覆盖范围可以反映该组合对整个安徽省范围内的工业固体废弃物的处理能力，覆盖范围越广说明地址组合越优秀。与第 11 章相同，根据各地级市之间的距离将服务范围定为 200 km。地址组合的覆盖城市总数为距离 4 个建设地点 200 km 范围内的地级市总量，如果服务地址小于 200 km，那么它不会被重复计算。这项产出的选取参照了选址问题中的最大覆盖问题，在服务站数量和服务半径确定的情况下，以所覆盖的需求量最大为目标选取最优分布，在本章中覆盖城市数量可以在一定程度上代表地址组合所覆盖的需求量。与第 11 章相比，增加这个产出的意义在于能够更清晰明确地反映出地址组合的覆盖范围大小，如果存在覆盖范围较广，但范围内城市的工业企业和工业固体废弃物较少的地址组合，这样的组合也可以作为决策时的参考对象之一，不至于效率过低。同时，由于决策单元的数量比较多，增加一项产出可以适当增加它们之间的区分度。

总距离为地址组合内 4 个建设地址与其覆盖范围内地级市的距离之和，由于方案内的 4 个地点是作为整体来考虑的，所以如果服务地址大于 200 km，那么只有最短的距离会被计算在内。总距离是一个非期望产出，本章所采用的交叉效率 DEA 模型中没有具体对非期望产出的处理，因此选取了大数减方法来将非期望产出转换为期望产出，先将非期望产出转换为负值，然后加上一个足够大的正数，使得最终得到的结果均为正值，这个值就是转换得到的期望产出。

工业企业数量为地址组合内 4 个建设地址与其覆盖范围内的地级市辖区内的工业企业数量的总和。同样地，工业固体废弃物数量为地址组合内 4 个建设地址与其覆盖范围内的地级市辖区内的工业固体废弃物的总和。除总距离之外的三项产出均为期望产出，与对单独地址进行评价不同，不是简单地由 4 个地址的各项参数相加得到，而是根据它们之间的空间关系进行整合计算得出，反映了选址方案整体的服务范围和所需最短距离。

12.2 交叉效率 DEA 模型介绍

本章采用的是交叉效率 DEA 模型。由于交叉效率 DEA 模型中的效率评估是 DMU 的自我评价与相互评价结合得到最终的效率，因此与其他模型的效率评估相比更具差异性，区别于传统只能判断 DMU 是否为有效的模型，交叉效率模型可以得到所有 DMU 的效率值，并对其进行完全排序。Sexton 等 (1986) 开发了交叉评估方法，目的是识别性能最佳的 DMU，并使用与所有 DMU 相关联的交叉效率分数对 DMU 进行排名。Anderson 等 (2002) 指出这个模型有两个主要优点，一个是能够提供一个独特的 DMU 排序序列，另一个是可以消除不切实际的权重方案。

下面介绍本章采用的交叉效率 DEA 模型。通过 CCR 模型可以计算出每个

$DMU_d(d = 1, \cdots, n)$ 的最佳权重 $\omega_d'^{\mathrm{T}}$ 和 $\mu_d'^{\mathrm{T}}$。根据最佳权重 $\omega_d'^{\mathrm{T}}$ 和 $\mu_d'^{\mathrm{T}}$ 可以计算出 DMU_d 和 DMU_j 的交叉效率，计算方法如下：

$$E_{dj} = \frac{\mu_d'^{\mathrm{T}} Y_j}{\omega_d'^{\mathrm{T}} X_j}, j = 1, \cdots, n \tag{12.1}$$

$DMU_j(j = 1, \cdots, n)$ 的交叉效率值则为表达式 (12.1) 计算出 $E_{dj}(d = 1, \cdots, n)$ 的均值，如表达式 (12.2) 所示。这样计算得出的 DMU_j 的效率值就是它的交叉效率值。

$$E_j = \frac{1}{n} \sum_{d=1}^{n} E_{dj} \tag{12.2}$$

在本章研究中选取交叉效率模型的原因是，存在地理位置相邻的多个地址，其覆盖范围可能相差不大，而采用交叉效率方法进行互相评价，充分利用了决策单元的投入产出信息，比较决策单元之间的相对效率，对各个方案的效率值进行完全排序，使优劣关系更加明显，更容易辨别最优方案。本章中地址组合数量众多，达到 1820 个，使用交叉效率 DEA 模型可以增加各组合的区分度，放大差异，将它们的效率值进行充分排序。

12.3　结果与分析

表 12.1 和表 12.2 分别列出了效率值前十名和后十名建设地址组合的投入产出和效率值，表 12.1 为效率值降序排名，表 12.2 为效率值升序排名。使用交叉效率 DEA 模型进行计算后结果表明，最有效率的建设地点组合是(亳州，宿州，蚌埠，池州)。在服务范围设定为 200 km 的情况下，该组合覆盖了 14 个地级市，总数仅比覆盖最多地级市的组合少一个，在 1820 个组合中排名第 10 位。该组合总距离为 1683 km，在 1820 个组合中排名第 1620 位。该组合覆盖的工业企业数量为 5085 个，在 1820 个组合中排名第 55 位，工业固体废弃物总量为 11601 万吨，在 1820 个组合中排名第 28 位。该组合 4 个建设地址的工业用地价格之和为 883 元/m²，在 1820 个组合中排名第 154 位。该组合人均年工资水平为 56637.5 元，在 1820 个组合中排名第 1805 位。除总距离和人均年工资水平外，此选址组合在投入和产出中都处于前列。另外，亳州位于安徽西北部，宿州和蚌埠位于东北部，池州位于西南部，所以该组合中包括了安徽省的 3 个地理区域。

表 12.1　效率值前十名组合的投入产出和效率值

地址组合	工业用地价格 /(元/m²)	人均年工资 水平/元	覆盖范围内地 级市数量/个	总距离 /km	工业企业 数量/个	工业固体废 弃物总量/万 t	效率值
(亳州，宿州， 蚌埠，池州)	220.75	56637.5	14	1683	5085	11601	0.9842
(亳州，宿州， 芜湖，池州)	238	58130.25	13	1378	4573	10421	0.9789
(亳州，宿州， 蚌埠，铜陵)	265	57560.75	14	1570	5075	10319	0.9738
(宿州，阜阳， 芜湖，池州)	229.25	58983.75	13	1376	4476	10752	0.9684
(亳州，宿州， 阜阳，池州)	188.75	56116	13	1641	4568	11311	0.9667
(宿州，芜湖， 池州，安庆)	273.75	58604	12	1185	4193	9769	0.9659
(亳州，宿州， 六安，池州)	186.25	57614.5	12	1378	4285	10327	0.9655
(亳州，宿州， 阜阳，铜陵)	233	57039.25	13	1495	4558	10029	0.9641
(亳州，宿州， 滁州，池州)	185	58181.75	12	1353	4285	10327	0.9632
(宿州，蚌埠， 阜阳，池州)	212	57491	14	1741	5145	11407	0.9586

表 12.2　效率值排名后十名组合的投入产出和效率值

地址组合	工业用地价 格/(元/m²)	人均年工 资水平/元	覆盖范围内地 级市数量/个	总距离 /km	工业企业 数量/个	工业固体废 弃物总量/万 t	效率值
(马鞍山，芜湖， 宣城，黄山)	291.25	66809	8	964	3134	3969	0.7348
(合肥，滁州， 六安，黄山)	241	67289.25	14	1472	3788	9260	0.7567
(合肥，淮南， 滁州，六安)	264.5	67145.25	13	1802	4456	10936	0.7592
(滁州，马鞍山， 芜湖，黄山)	275.5	67086.5	10	1251	3382	8391	0.7593
(滁州，马鞍山， 宣城，黄山)	238.25	66860.5	9	1162	3184	837	0.7593
(合肥，阜阳， 淮南，六安)	268.25	65079.5	12	1667	3681	10271	0.7608

续表

地址组合	工业用地价格/(元/m²)	人均年工资水平/元	覆盖范围内地级市数量/个	总距离/km	工业企业数量/个	工业固体废弃物总量/万 t	效率值
(合肥，六安，安庆，黄山)	289.25	64843.75	11	1461	3331	8865	0.7608
(滁州，马鞍山，芜湖，宣城)	281.5	66578	10	1263	3382	8391	0.7608
(六安，马鞍山，芜湖，黄山)	276.75	66519.25	11	1399	4012	6912	0.7618
(合肥，阜阳，滁州，六安)	235	64992.5	11	1542	3668	9007	0.7619

效率值排名第二的建设资源分配地点组合为(亳州，宿州，芜湖，池州)，效率值排名第三的建设资源分配地点组合为(亳州，宿州，蚌埠，铜陵)，其中芜湖位于安徽省东南部，铜陵位于安徽省中南部，组合中的城市均没有出现距离过近覆盖范围重复的问题，基本都属于安徽省的不同地理区域。在效率值排名前几位的组合中，亳州、宿州和池州出现次数较多，这几个城市作为建设地点的效率值也较高。效率值排名最末位的地址组合为(马鞍山，芜湖，宣城，黄山)，其中马鞍山位于安徽省东部，芜湖和宣城均位于安徽省东南部，黄山位于安徽省南部，在地理位置上很接近，总体覆盖范围较小，这也表明了多个建设地点不宜距离过近，会导致资源无法得到充分利用。

如表 12.2 所示，在效率值最低的 10 个组合中，黄山、安庆、六安、马鞍山和合肥出现的频率较高。第 11 章的结果中有效单元分别为合肥、宿州、蚌埠、滁州、马鞍山、铜陵和池州，其中宿州、蚌埠、铜陵和池州都出现在了效率值排名前三的组合中。相互比较发现，池州、宿州和蚌埠在第 11 章中为有效单元，在本章中也频繁出现在效率值高的地址组合中；合肥、马鞍山在第 11 章中为有效单元，但却大多出现在本章的低效率值组合中；亳州在第 11 章为非有效单元，但出现在本章的高效率值组合中；黄山、安庆和六安在第 11 章中为非有效单元，也出现在本章中的低效率值组合中。有效单元和高效率值组合、非有效单元和低效率值组合接近的原因大致相同，都是因为单元本身的投入产出突出，在地址组合中同样被优先选择。而有效单元出现在低效率值组合中的原因，一方面由于本章加入了覆盖范围内城市数量的期望产出，另一方面这些低效率值组合不仅包含的地址自身效率不高，并且相互之间距离较近，如效率最低的组合内地址都集中在安徽省东南部，非有效单元出现在高效率组合中的原因，是其在组合中能够发挥更大的作用，与其他地址结合后整体服务范围更广，总距离更短。这两种评价结果之间的对比也说明考虑决策单元空间关系后，效率评价的结果会有一定的差异，筛选出了覆盖范围重叠的选址方案，比单独评价所能得到的有用信息更多，更具有参考价值。

除了对组合的效率评价之外，本章还对 16 个建设地址进行了单独的效率评价。单独评价的投入和产出与组合的投入产出相同，投入是工业用地价格和人均年工资水平，产出是覆盖范围内地市级数量、总距离、工业企业数量和工业固体废弃物总量。服务范围也设为 200 km，覆盖范围产出是距离 DMU200 km 内的地级市总数，总运输距离是 DMU 与覆盖范围内的地级城市之间的距离之和，并使用大数减的方法将此非期望产出转换成期望产出。工业企业数量是 DMU 内 4 个地点和覆盖范围内地级市的工业企业数量总和，工业固体废弃物数量是 DMU 内 4 个地点和覆盖范围内地级市的固体废弃物总和。效率评价所使用的模型仍然是交叉效率 DEA 模型。表 12.3 列出了 16 个 DMU 的投入产出和效率值。其中，最有效的地点是池州，效率第二名和第三名的地点是滁州和宿州。效率值最低的地点是黄山。

表 12.3　安徽省内地级市的投入产出和效率值

地级市	工业用地价格/(元/m²)	人均年工资水平/元	覆盖范围内地级市数量/个	总距离/km	工业企业数量/个	工业固体废弃物总量/万 t	效率值
池州	175	60397	7	929	2944	5096	0.9622
滁州	170	65273	6	919	3007	6656	0.9231
宿州	175	53461	4	451	1426	4365	0.9039
蚌埠	313	59096	7	1016	2982	6739	0.8377
六安	175	63004	4	585	1797	4773	0.8208
阜阳	185	57010	4	607	1481	4131	0.8155
宣城	233	64163	5	632	2353	4999	0.7938
淮南	303	65621	7	980	2982	6739	0.7870
铜陵	352	64090	7	784	2944	5906	0.7807
芜湖	382	65067	8	1017	3461	6169	0.7772
亳州	220	53596	3	393	1428	2337	0.7698
合肥	410	74683	9	1294	3329	9238	0.7194
马鞍山	341	71809	6	718	2989	5846	0.7149
安庆	363	55491	5	727	1962	3267	0.7019
淮北	328	60372	4	517	1426	4365	0.6799
黄山	209	66197	4	612	1326	6421	0.6568

将组合的效率值与单个地点的效率值进行比较，效率值前四名的单个地点分别是池州、滁州、宿州和蚌埠，有 3 个地点与最高效率值组合(亳州，宿州，蚌埠，池州)相同。滁州位于安徽省东部，单独 4 个地点只覆盖了安徽省的东部和南部区

域，与最高效率值组合相比覆盖范围重叠更多，所以以组合形式进行效率评价所选择的地点整体优于单独评价所选择的地点，考虑决策单元空间关系对于选择合适的建设地点是有必要的。

本章选取了安徽省的 16 个地级市作为工业固体废弃物处理设施建设地址，并将其分别进行组合，得到 1820 个包含 4 个建设地址的不同组合。本章用交叉效率 DEA 模型来进行效率评价，其中各 DMU 的投入包括资源分配地点的工业用地价格和人均年工资水平，产出包括资源分配地点组合的覆盖范围内地级市数量、总运输距离、资源分配地点及其覆盖范围内的城市的工业固体废弃物产生量和工业企业数量。由此对 1820 个资源分配地点组合进行评价，得到的结果显示效率高的资源分配地点组合确实覆盖范围较广，组合内地点分处于安徽省的不同区域，有效避免了资源重叠和浪费的问题。

12.4　鲁棒性检验

为了探究综合工业固体废弃物处理中心的服务范围和建设地址数量对最终效率评价结果的影响，本章对这两个参数进行了鲁棒性检验。

考虑到工业固体废弃物处理设施的服务范围限制和各地级市之间的距离，将服务范围从 200 km 分别变为 100 km、150 km 和 250 km，在其他条件如投入产出计算方式不变的情况下重新进行效率评价。表 12.4 列出了服务范围为 100 km 情况下效率值排名前十的组合及其投入产出和效率值。在服务范围为 100 km 的情况下，效率值排名前三位的组合分别为(亳州，宿州，芜湖，池州)、(亳州，宿州，芜湖，安庆)和(亳州，宿州，蚌埠，池州)。原本排名第一的组合(亳州，宿州，蚌埠，池州)排名变为第三位，原本排名第二的组合(亳州，宿州，芜湖，池州)排名变为第一位，原本排名第三的组合(亳州，宿州，蚌埠，铜陵)排名变为第 50 位。总的来说，组合效率值排名变动不大，效率值排名靠前的组合内包含的建设地址也基本相同。

表 12.4　服务范围为 100 km 时，效率值前十名组合的投入产出和效率值

地址组合	工业用地价格/(元/m²)	人均年工资水平/元	覆盖范围内地级市数量/个	总距离/km	工业企业数量/个	工业固体废弃物总量/万 t	效率值
(亳州，宿州，芜湖，池州)	238	58130.25	5	297	1879	5729	0.9772
(亳州，宿州，芜湖，安庆)	285	56903.75	5	328	1810	5592	0.9740
(亳州，宿州，蚌埠，池州)	220.75	56637.5	4	238	1078	5407	0.9717

续表

地址组合	工业用地价格/(元/m²)	人均年工资水平/元	覆盖范围内地级市数量/个	总距离/km	工业企业数量/个	工业固体废弃物总量/万 t	效率值
(宿州, 蚌埠, 芜湖, 池州)	261.25	59505.25	6	358	2060	8046	0.9703
(亳州, 宿州, 六安, 池州)	186.25	57614.5	4	251	1533	3936	0.9700
(亳州, 宿州, 蚌埠, 芜湖)	272.5	57805	5	324	1786	7712	0.9699
(宿州, 六安, 芜湖, 池州)	226.75	60482.25	6	371	2515	6575	0.9682
(亳州, 宿州, 六安, 芜湖)	238	58782	5	337	2241	6241	0.9676
(亳州, 宿州, 阜阳, 池州)	188.75	56116	3	177	897	3090	0.9675
(宿州, 蚌埠, 芜湖, 安庆)	308.25	58428.75	6	390	1991	7909	0.9674

表 12.5 列出了服务范围为 150 km 情况下效率值排名前十的组合及其投入产出和效率值。在覆盖范围为 150 km 的情况下，效率排名前三位的组合分别为(亳州，宿州，蚌埠，芜湖)、(亳州，宿州，蚌埠，宣城)和(亳州，宿州，蚌埠，池州)。原本排名第一的组合(亳州，宿州，蚌埠，池州)排名变为第三位，原本排名第二的组合(亳州，宿州，芜湖，池州)排名变为第 23 位，原本排名第三的组合(亳州，宿州，蚌埠，铜陵)排名变为第四位，同样变动不大。

表 12.5　服务范围为 150 km 时，效率值前十名组合的投入产出和效率值

地址组合	工业用地价格/(元/m²)	人均年工资水平/元	覆盖范围内地级市数量/个	总距离/km	工业企业数量/个	工业固体废弃物总量/万 t	效率值
(亳州, 宿州, 蚌埠, 芜湖)	272.5	57805	11	1086	4101	10070	0.9810
(亳州, 宿州, 蚌埠, 宣城)	235.25	57579	9	879	3158	9566	0.9741
(亳州, 宿州, 蚌埠, 池州)	220.75	56637.5	10	995	3303	7688	0.9717
(亳州, 宿州, 蚌埠, 铜陵)	265	57560.75	12	1216	4275	9045	0.9700
(亳州, 宿州, 六安, 芜湖)	238	58782	11	1135	4101	10070	0.9657
(宿州, 蚌埠, 芜湖, 安庆)	308.25	58278.75	10	929	3721	9418	0.9639

续表

地址组合	工业用地价格/(元/m²)	人均年工资水平/元	覆盖范围内地级市数量/个	总距离/km	工业企业数量/个	工业固体废弃物总量/万 t	效率值
(亳州, 宿州, 阜阳, 芜湖)	240.5	57283.5	10	1037	3465	9224	0.9624
(宿州, 阜阳, 六安, 芜湖)	229.25	59635.5	10	969	3721	9418	0.9610
(宿州, 阜阳, 芜湖, 安庆)	276.25	57757.25	9	821	3085	8572	0.9609
(宿州, 蚌埠, 阜阳, 芜湖)	263.75	58658.5	10	978	3721	9418	0.9605

表 12.6 列出了服务范围为 250 km 情况下效率值排名前十的组合及其投入产出和效率值。在覆盖范围为 250 km 的情况下,效率值排名前三位的组合分别为(亳州, 宿州, 蚌埠, 池州)、(亳州, 宿州, 阜阳, 池州)和(宿州, 蚌埠, 芜湖, 池州)。原本效率排名第一的组合(亳州, 宿州, 蚌埠, 池州)排名不变,原本效率排

表 12.6　服务范围为 250 km 时,效率值前十名组合的投入产出和效率值

地址组合	工业用地价格/(元/m²)	人均年工资水平/元	覆盖范围内地级市数量/个	总距离/km	工业企业数量/个	工业固体废弃物总量/万 t	效率值
(亳州, 宿州, 蚌埠, 池州)	220.75	56637.5	14	1683	5085	11601	0.9908
(亳州, 宿州, 阜阳, 池州)	188.75	56116	14	1885	5085	11601	0.9785
(宿州, 蚌埠, 芜湖, 池州)	261.25	59505.25	15	1698	5350	11603	0.9780
(亳州, 宿州, 蚌埠, 芜湖)	272.5	57805	15	1899	5290	11798	0.9739
(宿州, 蚌埠, 阜阳, 池州)	212	57491	14	1741	5145	11407	0.9708
(宿州, 淮南, 芜湖, 池州)	258.75	61136.5	15	1583	5350	11604	0.9696
(亳州, 宿州, 蚌埠, 铜陵)	265	57560.75	14	1570	5075	10319	0.9689
(宿州, 阜阳, 六安, 铜陵)	221.75	59391.25	15	1880	5350	10604	0.9643
(亳州, 宿州, 芜湖, 池州)	238	58130.25	14	1612	4856	11404	0.9642
(亳州, 宿州, 阜阳, 铜陵)	233	57039.25	14	1721	5075	10319	0.9634

名第二的组合(亳州, 宿州, 芜湖, 池州)变为第九位, 原本排名第三的组合(亳州, 宿州, 蚌埠, 铜陵)排名变为第七位。由此得出, 从 100 km 到 250 km 范围内的覆盖范围改变对工业固废处理设施建设地址组合的效率影响不大。

表 12.7 列出了资源分配地点数量变为 3 个时, 效率值排名前十的组合及其投入产出和效率值。将资源分配地点数量由 4 个变为 3 个后, 组合数量也由 1820 个变为 560 个。在其他条件不变的情况下重新进行效率评价, 效率排名前三的组合分别为(亳州, 宿州, 池州)、(亳州, 宿州, 铜陵)和(宿州, 阜阳, 池州)。与原本效率排名前三的组合相比, 其中包含的建设地点基本重叠, 组合方式也基本相同, 因此将建设地址数量变为 3 个对工业固废处理设施建设地址组合的效率值影响不大。由此可以看出, 对于 3 个建设地址和 4 个建设地址的情况, 对建设地址的选择基本相同。因此, 将工业固体废弃物处理设施建设地址的数量从 4 个改为 3 个, 对最优选择影响不大。这表明即使处理设施中的数量在以后可能发生变化, 例如施工后又获得了额外的建设资金, 本章的方法也仍然有效。

表 12.7　建设地址数量为 3 个时, 效率值前十名组合的投入产出和效率值

地址组合	工业用地价格/(元/m²)	人均年工资水平/元	覆盖范围内地级市数量/个	总距离/km	工业企业数量/个	工业固体废弃物总量/万 t	效率值
(亳州, 宿州, 池州)	190	55818	12	1499	4285	10327	0.9845
(亳州, 宿州, 铜陵)	249	57049	12	1354	4275	9045	0.9723
(宿州, 阜阳, 池州)	178.33	56956	12	1498	4188	10659	0.9698
(宿州, 芜湖, 池州)	244	59642	12	1258	4193	9769	0.9632
(宿州, 蚌埠, 池州)	221	57651	14	1794	5145	11407	0.9607
(亳州, 蚌埠, 池州)	236	57696	13	1656	4828	11433	0.9592
(宿州, 阜阳, 铜陵)	237.33	58187	12	1352	4178	9377	0.9576
(宿州, 六安, 池州)	175	58954	12	1424	4345	10133	0.9575
(宿州, 池州, 安庆)	237.67	56450	11	1355	3905	9675	0.9560
(亳州, 宿州, 芜湖)	259	57375	13	1587	4573	10421	0.9552

12.5　本 章 小 结

本章首先通过交叉效率 DEA 模型对安徽省内 16 个地级市，分别四四组成的地址组合进行了效率评价。与上一章的单独效率评价不同，本章对多个地址组成的选址方案进行整体评价，考虑方案内各地址之间的空间关系，将空间影响也计算在内，由此避免单独效率评价时，所选多个效率高的地址之间相互距离较近的问题。由于组合方案较多，因此采用区分度大的交叉效率 DEA 模型进行效率评价。以工业用地价格和人均年工资水平为投入，工业企业数量、工业固体废弃物数量、覆盖范围和总距离为产出，各产出均为考虑空间关系后的方案整体指标。同时还通过相同的模型和数据对 16 个地级市进行了单独效率评价。将整体评价结果与第 11 章结果对比，发现效率值高的方案与第 11 章中的有效单元具有一定的差异，说明整体效率评价所能反映信息更多，更具有参考价值。将效率值高的地址组合方案与单独效率评价取前四名的地址相对比，在投入产出相差地址组合的重叠范围更少，说明考虑空间影响后的效率评价结果比单独评价结果更能够有效地利用资源。本章最后对服务范围和组合内地址数量进行了鲁棒性检验，检验结果表明服务范围的变动和组合内地址数量的变动对最终结果的影响有限。

参 考 文 献

Anderson T R, Hollingsworth K, Inman L. 2002. The fixed weighting nature of a cross-evaluation model. Journal of Productivity Analysis, 17(3): 249-255.

Sexton T R, Silkman R H, Hogan A J. 1986. Data envelopment analysis: Critique and extensions. New Directions for Program Evaluation, 1986(32):73-105.

第四部分　资源配置篇

第13章 含有非期望产出的内部资源配置

13.1 引　言

　　资源配置是企业管理的重要组成部分。如何分配可利用资源对企业的发展起着至关重要的作用，因此该问题已经引起了企业管理者和研究者的广泛关注。近年来，DEA方法被广泛运用于该领域，给资源配置的研究带来了新的活力。

　　DEA根据现有的实例确定出分段的线性前沿面，基于此前沿面给决策者制定同时考虑资源和期望产出的决策方案提供参考。基于 DEA 的资源配置问题研究分为两大类，上一章已进行详细说明，这里就不再赘述。到目前为止，有很多关于 DEA 资源配置的研究。Hadi-Vencheh 等 (2008) 提出一个逆 DEA 模型用于估计当产出增加时需要增加的资源投入量；Karabati 等 (2001) 通过 min-max-sum 目标函数考虑了一组离散的资源配置问题；Basso 和 Peccati (2001) 提出了一种动态规划算法以实现最优资源配置方法；Amireimoori 和 Shafiei (2006) 建立一个 DEA 模型，用于在总产出事先确定时如何分配资源同时设定产出目标。Beasley (2003) 建立了一个资源配置模型用于最大化所有决策单元的总效率；Golany 等 (1993) 提出了目标设定模型用于在考虑组合总目标时如何分配资源；Korhonen 和 Syrjänen (2004)、Hadi-Vencheh 等 (2008) 也通过 DEA 方法建立了相应资源配置模型。

　　虽然此类研究已经很多，但是大都是考虑经济因素的资源配置，至今鲜有人考虑同时存在经济因素和环境因素的资源配置问题，尽管环境因素在企业运作中越来越重要。经济因素通常指生产过程中期望的产出，例如，收入、满意度、利润等。环境因素一般是非期望的产出，例如，废气污染和废物。由于公众关注和政府环境政策的出台，这些非期望产出受到了越来越多的关注，因此很有必要将其考虑在资源配置研究中。

　　以 DEA 为基础的非期望研究已经受到了研究者的广泛关注。第一个重要的非期望研究 Färe 等 (1989) 提出，之后得到了迅速发展。这方面的研究分为两大类：一类是直接方法，另一类是间接方法。直接方法的基础是 Färe 等 (1989) 的工作，在他的研究中将产出的强可自由处理替换为弱可自由处理。间接方法进一步分为两类：一类是把非期望产出作为投入处理，这种方法仅仅需要明确哪些因素是越少越好，哪些因素是越多越好即可，方法简单明了，但是不足之处在于它不能反映真实的生产过程；另一类是对非期望产出进行数据转换，然后再将其进行效率评估，代表性的工作有非线性单调递减转型法 Scheel(2001)和线性单调递减转型法(Seiford and Zhu，2002)。

　　本章将对同时考虑经济因素(期望产出)和环境因素(非期望产出)的资源配置问题进行研究。不同于 Lozano 等(2009)工作，本章所分配的资源是指下一期可能的资源。下一期资源可能大于、可能等于、也可能小于本期资源量。三种不同的情形反映在模型中对应着三种不同的约束。在每一种情形中，资源配置都有两个策略，每个策略设计都包含两个步骤，旨在最小化非期望产出和最大化期望产出，但是两个目标的优先级不同。第一种策略优先最大化期望产出，然后再优化非期望产出，这种策略对以下组合较为适合，如高技术企业(大多污染很少)和大型超市。第二种策略优先最小化非期望产出，然后再追求最大化期望产出，这类策略对环境因素考虑较重的组织适用，如造纸厂和生态园。

13.2　含有非期望产出的资源配置方法建模

13.2.1　环境 DEA 技术

　　假设生产过程中既生产了期望产出，也生产了非期望产出。假设 $X = (x_1,\cdots,x_n)$，$U = (u_1,\cdots,u_n)$，$Y = (y_1,\cdots,y_n)$ 分别代表投入、非期望产出和期望产出。相应的生产技术描述如下：

$$T = \left\{(X,U,Y) \mid X\text{可以生产}(U,Y)\right\} \tag{13.1}$$

　　假设 (x,y) 在生产可能集中，即 $(x,y)\in T$，对于任何 y'，如果 $y' \leqslant y$，其满足 $(x,y')\in T$，那么该产出是强可处理的。假设 (x,y) 在生产可能集中，即 $(x,y)\in T$，如果对于任意 μy，$\mu\in[0,1]$，满足 $(x,\mu y)\in T$，那么该产出是弱可处理的。为了合理地描述同时包含期望产出和非期望产出的生产技术，本章采用 Färe 等(1989)的假设。在这些假设下，非期望产出是弱可自由处理的，期望产出是强可自由处理的。为了将问题一般化，进一步将投入分为两类：一类是自由处理的投入 X，如材料；另一类是非自由处理的投入 D，如大型机器和房产。由于大多数的生产，产出并不能随着投入增加而成比例地增加，而是有一定的规模效益，所以本章选用生产技术规模收益可变的假设。那么，在非期望产出弱可处理下的生产技术表述为

$$T = \left\{(X,D,U,Y) \mid \lambda^{\mathrm{T}}X \leqslant x, \lambda^{\mathrm{T}}D = d, \lambda^{\mathrm{T}}V \geqslant \mu v, \lambda \geqslant 0, \lambda^{\mathrm{T}}e = 1, \mu \geqslant 1\right\} \tag{13.2}$$

13.2.2　分配方法

假定有 n 个决策单元。DMU_j 的投入、产出向量为 (x_j, d_j, u_j, y_j)，$j = 1, \cdots, n$。每个决策单元消耗 m 个自由处理的投入 $X_j = (x_{ij}, \cdots, x_{mj})^{\mathrm{T}}$ 和 k 个非可自由处理的投入 $D_j = (d_{1j}, \cdots, d_{kj})^{\mathrm{T}}$，生产 p 个非期望产出 $U_j = (u_{1j}, \cdots, u_{pj})^{\mathrm{T}}$ 和 q 个期望产出 $Y_j = (y_{1j}, \cdots, y_{qj})^{\mathrm{T}}$。总是希望通过合理的资源分配生产更多的期望产出和更少的非期望产出。两个目标表示如下：

(1)最大化期望产出：$\mathrm{Max} \dfrac{1}{q} \displaystyle\sum_{r=1}^{q} \dfrac{\sum\limits_{j=1}^{n} y'_{rj}}{\sum\limits_{j=1}^{n} y_{rj}}$，其中 r 用于标记期望产出。

(2)最小化非期望产出：$\mathrm{Min} \dfrac{1}{p} \displaystyle\sum_{t=1}^{p} \dfrac{\sum\limits_{j=1}^{n} u'_{tj}}{\sum\limits_{j=1}^{n} u_{tj}}$，其中 t 用于标记非期望产出。

通过新决策单元(资源配置后的单元)产出与旧决策单元(资源配置前的单元)产出的比值消除产出之间的量纲，这样方便目标的集合。通过比例化后的新指标加总作为资源配置的优化目标，不仅消除了各指标间的量纲问题，同时均衡了各指标在目标中的重要性。

下面研究针对三种情形的一般约束。

如果下一期的新资源比本期的资源量多，各新决策单元期望产出将不小于旧决策单元的期望产出，即

$$y'_{rj} \geqslant y_{rj}, \forall r, \forall j \tag{13.3}$$

如果下一期的新资源比本期的资源量少，各新决策单元的非期望产出将不大于旧决策单元的非期望产出，即

$$u'_{tj} \leqslant u_{tj}, \forall t, \forall j \tag{13.4}$$

如果下一期的资源量等于本期的，那么通过资源配置，期望新单元的期望产出比以前多，非期望产出比以前少，也就是说同时满足约束(13.3)和约束(13.4)。

上述约束在现实中都是合理的。如果在下一期中投入更多的资源，那么肯定希望能获得更多的期望产出；如果在下一期中投入相对较少的资源，那么肯定希望产出更少的非期望产出。如果下一期的资源和本期的一样，那么两种期望都是可能的。需要指出的是，假定资源分配前后生产前沿面并没有改变。

当下一期可分配资源量大于本期时，有两种不同的方案用于解决该问题。方

案 1 包括两步。第一步是优化期望产出，如模型(13.5)。

$$\text{Max} \frac{1}{q} \sum_{r=1}^{q} \frac{\sum_{k=1}^{n} y'_{rk}}{\sum_{j=1}^{n} y_{rj}}$$

$$\sum_{j=1}^{n} \lambda_{jk} x_{ij} \leqslant x'_{ik}$$

$$\sum_{j=1}^{n} \lambda_{jk} y_{rj} \geqslant y'_{rk}$$

$$\sum_{j=1}^{n} \lambda_{jk} u_{tj} = u'_{tk} \tag{13.5}$$

$$y'_{rk} \geqslant y_{rk}$$

$$\sum_{k=1}^{n} x'_{ik} \leqslant g_i$$

$$i = 1, \cdots, m, r = 1, \cdots, s, t = 1, \cdots, p, k = 1, \cdots, n, j = 1, \cdots, n$$

这个模型目的在于：在每个决策单元不减少期望产出的情况下，最大化期望产出。y'^{*}_{rj} 指 DMU_j 的第 r 个期望产出的最优值。当前解是模型(13.5)的一个可行解，所以它至少有个可行解的目标函数值等于 1。因此，模型(13.5)的最优解必定大于等于 1。同时由于模型(13.5)可能存在多解问题，在此基础上提出了模型(13.6)，用于进一步优化非期望产出。

$$\text{Min} \frac{1}{p} \sum_{t=1}^{p} \frac{\sum_{k=1}^{n} u'_{tk}}{\sum_{j=1}^{n} u_{tj}}$$

$$\sum_{j=1}^{n} \lambda_{jk} x_{ij} \leqslant x'_{ik}$$

$$\sum_{j=1}^{n} \lambda_{jk} D_{sj} \leqslant d_{sk}$$

$$\sum_{j=1}^{n} \lambda_{jk} y_{rj} \geqslant y'^{*}_{rk} \tag{13.6}$$

$$\sum_{j=1}^{n} \lambda_{jk} u_{tj} = u'_{tk}$$

$$y'^{*}_{rk} \geqslant y_{rk}$$

$$\sum_{k=1}^{n} x'_{ik} \leqslant g_i$$

$$i = 1, \cdots, m, r = 1, \cdots, s, t = 1, \cdots, p, k = 1, \cdots, n, j = 1, \cdots, n$$

从模型(13.5)和模型(13.6)可以看出，该方案优先考虑期望产出。这类方案适合对环境要求不严格的产业，比如 IT 产业。这类产业在生产过程中产生的污染较小，不需要过多考虑环境，在追求利润最大化的情况下再优化非期望产出即可。

类似地，方案 2 包含以下两步。第一步是最小化非期望产出，如模型(13.7)。

$$\mathrm{Min} \frac{1}{p} \sum_{t=1}^{p} \frac{\sum_{j=1}^{n} u'_{tj}}{\sum_{j=1}^{n} u_{tj}}$$

$$\sum_{j=1}^{n} \lambda_{jk} x_{ij} \leqslant x'_{ik}$$

$$\sum_{j=1}^{n} \lambda_{jk} y_{rj} \geqslant y'_{rk}$$

$$\sum_{j=1}^{n} \lambda_{jk} u_{tj} = u'_{tk} \tag{13.7}$$

$$y'_{rk} \geqslant y_{rk}$$

$$\sum_{k=1}^{n} x'_{ik} \leqslant g_i$$

$$i = 1, \cdots, m, r = 1, \cdots, s, t = 1, \cdots, p, k = 1, \cdots, n, j = 1, \cdots, n$$

比较模型(13.5)，该模型旨在保证各新决策单元非期望产出不增加的情况下优化非期望产出。在模型(13.7)获得最优解 $u_{tj}'^{*}$ 基础上，通过模型(13.8)，进一步优化期望产出。

$$\mathrm{Max} \frac{1}{q} \sum_{r=1}^{q} \frac{\sum_{j=1}^{n} y'_{rj}}{\sum_{j=1}^{n} y_{rj}}$$

$$\sum_{j=1}^{n} \lambda_{jk} x_{ij} \leqslant x'_{ik} \tag{13.8}$$

$$\sum_{j=1}^{n} \lambda_{jk} y_{rj} \geqslant y'_{rk}$$

$$\sum_{j=1}^{n} \lambda_{jk} u_{tj} = u_{tk}'^{*}$$

$$y_{rk}' \geqslant y_{rk}$$

$$\sum_{k=1}^{n} x_{ik}' \leqslant g_i$$

$$i = 1, \cdots, m, r = 1, \cdots, s, t = 1, \cdots, p, k = 1, \cdots, n, j = 1, \cdots, n$$

在这个方案中，最小化非期望产出是优先的。许多组织会优先考虑这点，尤其是政府相关部门，它们更多的目的不是创造利润而是更好地创造福利，减少非期望的产出无疑是重要的一点。目前，越来越多的国家开始采取积极有力的措施用于解决环境问题。因此，方案 2 在现实中存在着广泛的应用。

类似地，如果下一期的资源量少于本期的资源量，那么相关的模型很容易建立，仅仅需要用约束 $u_{tk}' \leqslant u_{tk}, k = 1, \cdots, n$ 代替约束 $y_{rk}' \geqslant y_{rk}, k = 1, \cdots, n$ 即可。如果下一期的资源量等于本期的资源量，仅仅需要使相关模型同时包含 $u_{tk}' \leqslant u_{tk}, k = 1, \cdots, n$ 和 $y_{rk}' \geqslant y_{rk}, k = 1, \cdots, n$。

13.2.3 相关讨论

上述提出的方法具有很大的灵活性，当对各指标看重程度不同时，可以在目标中对其设定不同的权重（δ_r 对应第 r 个期望产出或 σ_t 对应第 t 个非期望产出），即替换模型 (13.4) 的目标为 $\mathrm{Max} \sum\limits_{r=1}^{q} \left[\delta_r \left(\dfrac{\sum\limits_{t=1}^{k} y_{rt}'}{\sum\limits_{j=1}^{n} y_{rj}} \right) \right]$ 和替换模型 (13.6) 的目标为

$$\mathrm{Min} \sum_{t=1}^{p} \left[\sigma_t \left(\frac{\sum\limits_{k=1}^{n} u_{tk}'}{\sum\limits_{j=1}^{n} u_{tj}} \right) \right]。$$

13.3 实例分析

为了更好地解释和说明上述的资源配置方案，本节选用了安徽省 32 个沿淮造纸厂。每个造纸厂通过投入人力和资金，生产出纸的同时排放污染物。人力指造纸厂所有的人力资源量(labor)；资金是指投入在本期生产活动的资金量(capital)；纸产量是反映造纸厂盈利水平的重要标准，是期望产出纸量(paper)；污染程度这里通过生化耗氧量(biochemical oxygen demand, BOD)衡量，是非期望产出，BOD

是水中有机物等需氧污染物质含量的一个综合指示，它说明水中有机物由于微生物的生化作用进行氧化分解，使之无机化或气体化时所消耗水中溶解氧的总数量，其值越高说明水中有机污染物质越多，污染也就越严重。数据来源于安徽环境保护局、阜阳环境保护局和淮南环境保护局。详细的数据见表 13.1。

表 13.1　沿淮造纸厂的原始数据

编号	人力/人	资金/千万元	纸量/万 t	生化耗氧量/t	生化耗氧量定额/t
1	1077	2.9599	2.7582	21.4290	26.8452
2	452	3.5890	2.9514	19.8062	23.3606
3	319	5.9019	1.4700	12.3287	18.3147
4	1075	4.8928	2.2354	9.1559	11.1630
5	813	4.0797	2.0669	11.9146	11.9146
6	850	5.2396	0.8222	5.2037	10.0819
7	1090	3.0228	1.5066	3.6054	9.0494
8	122	3.1731	0.8066	3.7278	6.5775
9	297	2.2774	1.9125	8.0765	13.8485
10	1047	1.4919	0.7601	8.9060	12.6009
11	1010	3.9401	1.1579	4.8940	10.5167
12	262	3.2365	2.3216	4.0835	4.5835
13	551	4.4486	2.1698	4.8750	7.9018
14	671	1.7897	0.8127	4.5334	7.0692
15	577	2.3109	1.1549	6.1362	8.5654
16	208	3.3982	1.0295	7.0186	12.3860
17	667	5.3319	2.9881	28.4877	33.2039
18	878	3.4504	1.9076	13.1680	14.1680
19	640	3.1098	1.2176	6.1616	10.6113
20	927	3.3452	0.5187	1.4533	1.5042
21	167	4.3297	2.4005	22.5809	27.3043
22	903	3.8552	2.3085	26.3390	29.1779
23	720	1.9083	0.6545	3.0787	3.0787
24	629	3.4682	2.7599	21.7332	24.5954
25	152	5.5717	2.3748	5.3061	6.1214
26	1010	4.6471	1.7323	9.1360	10.2507
27	578	2.5133	1.0617	5.0049	5.5956
28	384	2.2474	0.9083	4.4373	8.1642
29	166	3.9681	1.5151	10.6127	15.9031
30	894	1.3685	0.9911	4.7758	6.5614
31	143	5.3502	2.5260	17.4677	22.0696
32	879	2.8732	2.7721	26.9134	31.6652
合计	20158	113.0903	54.5731	342.3508	444.7538

一个决策单元对应一个造纸厂。表 13.1 的第六列是非期望产出 BOD 的上限 (BOD-Quota)，造纸厂的污染不能超过这一界限。为了方便说明，定义原始数据所在年为"当期"。由于每个决策单元的人力相对稳定，本章假设下一期的人力和本期的一致。而资金的投入相对较灵活，是可自由处理变量。如果下一期的资金总量是 150 千万元，那么它大于本期的总资金 113.0903 千万元，所以属于情形 1。根据上节内容可知，资源配置需要满足约束 $y'_{rj} \geqslant y_{rj}, \forall r, \forall j$，同时由于对产出 BOD 有约束，因此也需要满足约束 $u'_{ik} \geqslant u_{ik}^{\text{upper}}, \forall i, \forall k$。

方案 1 优先最大化期望产出，接着最小化非期望产出。对于造纸厂，通过以下模型进行优化。

$$\text{Max} \frac{\sum_{k=1}^{n} y'_{1k}}{\sum_{j=1}^{n} y_{1j}}$$

$$\sum_{j=1}^{n} \lambda_{jk} x_{1j} \leqslant x_{1k}$$

$$\sum_{j=1}^{n} \lambda_{jk} x_{2j} \leqslant x'_{2k}$$

$$\sum_{j=1}^{n} \lambda_{jk} y_{1j} \geqslant y'_{1k} \qquad (13.9)$$

$$\sum_{j=1}^{n} \lambda_{jk} u_{1j} = u'_{1k}$$

$$y'_{rk} \geqslant y_{rk}$$

$$u'_{1k} \leqslant u_{ik}^{\text{upper}}$$

$$\sum_{k=1}^{n} x'_{ik} \leqslant g_2$$

$$k = 1, \cdots, n, \ j = 1, \cdots, n$$

和

$$\text{Min} \frac{\sum_{k=1}^{n} u'_{tk}}{\sum_{j=1}^{n} u_{tj}}$$

$$\sum_{j=1}^{n} \lambda_{jk} x_{1j} \leqslant x_{1k}$$

$$\sum_{j=1}^{n} \lambda_{jk} x_{2j} \leqslant x_{2k}'$$

$$\sum_{j=1}^{n} \lambda_{jk} y_{1j} \geqslant y_{1k}'^{*}$$

$$\sum_{j=1}^{n} \lambda_{jk} u_{1j} = u_{1k}' \qquad (13.10)$$

$$y_{rk}' \geqslant y_{rk}$$

$$u_{1k}' \leqslant u_{ik}^{\text{upper}}$$

$$\sum_{k=1}^{n} x_{ik}' \leqslant g_2, \, k=1,\cdots,n, \, j=1,\cdots,n$$

x_{1k} 代表 DMU_k 的"劳动力"；x_{2k}，x_{2k}' 代表 DMU_k 的资金；g_2 代表下一期的资金总量；y_{1k}，y_{1k}' 代表期望产出"纸的产量"，u_{1k}，u_{1k}' 代表非期望产出"BOD"；x_{1j}，x_{2j}，y_{1j}，u_{1j}，$j=1,\cdots,n$ 是常数项；x_{2k}'，y_{1k}'，u_{1k}'，$k=1,\cdots,n$，λ_{jk}，$j=1,\cdots,n$，$k=1,\cdots,n$ 是变量。

通过上述模型，获得相应的资源配置如表 13.2。

表 13.2　通过模型(13.9)和(13.10)得出的结果

编号	人力/人	资金/千万元	纸量/万 t	生化耗氧量/t
1	1077	8.7993	7.1557	26.8452
2	452	3.5449	2.9514	12.0960
3	319	2.4461	2.0542	8.6748
4	1075	6.6850	4.9415	11.1630
5	813	6.5046	4.8646	11.9146
6	850	6.2503	4.6012	10.0819
7	1090	5.6842	4.1780	9.0494
8	122	0.9761	0.8066	3.2170
9	297	2.2774	1.9125	8.0765
10	1047	7.7663	5.7211	12.6009
11	1010	6.5931	4.8472	10.5167
12	262	3.2365	2.3216	4.0835
13	551	4.3996	3.2819	7.9018
14	671	4.3557	3.2088	7.0692
15	577	4.8749	3.6263	8.5654
16	208	1.5949	1.3394	5.6563
17	667	5.1146	4.2951	18.1381

续表

编号	人力/人	资金/千万元	纸量/万 t	生化耗氧量/t
18	878	7.4570	5.6042	14.1680
19	640	5.6015	4.2080	10.6113
20	927	1.0053	0.7338	1.5042
21	167	4.3297	2.4005	22.5809
22	903	6.9242	5.8148	24.5558
23	720	1.9920	1.4592	3.0787
24	629	4.8232	4.0504	17.1048
25	152	5.5059	2.3748	6.1214
26	1010	6.2577	4.6150	10.2507
27	578	3.4743	2.5571	5.5956
28	384	3.1173	2.4629	8.1642
29	166	2.1593	1.5151	3.5455
30	894	4.1590	3.0537	6.5614
31	143	5.3502	2.5260	17.4677
32	879	6.7402	5.6602	23.9032
合计	20158	150	111.1425	350.8636

将下一期的资金按方案 1(模型 13.9 和模型 13.10)全部分配给 32 个决策单元。在效率可变的情况下,总的期望产出是本期的两倍多。两个因素可能导致以下现象产生:一是使用了更多的资源;二是系统中各决策单元都将表现得更为有效以便追求更多的产出。但与此同时,由于生产加大,非期望产出 BOD 也有所增加。

方案 2 则是先优化非期望产出,然后再优化期望产出。对于这种情况,建立如下模型。

$$
\text{Min} \ \frac{\sum\limits_{k=1}^{n} u'_{tk}}{\sum\limits_{j=1}^{n} u_{tj}}
$$

$$
\sum_{j=1}^{n} \lambda_{jk} x_{1j} \leqslant x_{1k}
$$

$$
\sum_{j=1}^{n} \lambda_{jk} x_{2j} \leqslant x'_{2k}
$$

$$
\sum_{j=1}^{n} \lambda_{jk} y_{1j} \geqslant y'_{1k}
$$

(13.11)

$$\sum_{j=1}^{n}\lambda_{jk}u_{1j}=u'_{1k}$$

$$y'_{rk}\geqslant y_{rk}$$

$$u'_{1k}\leqslant u_{ik}^{\text{upper}}$$

$$\sum_{k=1}^{n}x'_{ik}\leqslant g_2$$

$$k=1,\cdots,n,\ j=1,\cdots,n$$

和

$$\text{Max}\ \dfrac{\sum\limits_{k=1}^{n}y'_{1k}}{\sum\limits_{j=1}^{n}y_{1j}}$$

$$\sum_{j=1}^{n}\lambda_{jk}x_{1j}\leqslant x_{1k}$$

$$\sum_{j=1}^{n}\lambda_{jk}x_{2j}\leqslant x'_{2k}$$

$$\sum_{j=1}^{n}\lambda_{jk}y_{1j}\geqslant y'_{1k} \tag{13.12}$$

$$\sum_{j=1}^{n}\lambda_{jk}u_{1j}=u'^{*}_{1k}$$

$$y'_{rk}\geqslant y_{rk}$$

$$u'_{1k}\leqslant u_{ik}^{\text{upper}}$$

$$\sum_{k=1}^{n}x'_{ik}\leqslant g_2$$

$$k=1,\cdots,n,\ j=1,\cdots,n$$

上述模型相应的变量意义同模型(13.9)和模型(13.10)。通过这两个模型，获得资源配置方案如表 13.3 所示。

表 **13.3**　通过模型**(13.11)**和**(13.12)**得出的结果

编号	人力/人	资金/千万元	纸量/万 t	生化耗氧量/t
1	1077	4.8305	2.7582	4.8514
2	452	5.1675	2.9514	5.1913
3	319	4.3771	1.4700	2.5856

续表

编号	人力/人	资金/千万元	纸量/万 t	生化耗氧量/t
4	1075	4.4851	2.2354	3.9319
5	813	4.4829	2.0669	3.6355
6	850	4.0727	0.8222	1.4462
7	1090	4.1669	1.5066	2.6500
8	122	4.2274	0.8066	1.4187
9	297	4.5637	1.9125	3.3639
10	1047	4.0066	0.7601	1.3370
11	1010	4.0948	1.1579	2.0366
12	262	4.7673	2.3216	4.0835
13	551	4.6123	2.1698	3.8165
14	671	4.1241	0.8127	1.4295
15	577	4.2242	1.1549	2.0314
16	208	4.2710	1.0295	1.8108
17	667	5.1394	2.9881	5.2558
18	878	4.3885	1.9076	3.3553
19	640	4.2240	1.2176	2.1417
20	927	4.0020	0.5187	0.9123
21	167	6.3545	2.4005	5.2335
22	903	4.5799	2.3085	4.0605
23	720	4.0843	0.6545	1.1512
24	629	4.9604	2.7599	4.8544
25	152	6.5469	2.3748	5.3061
26	1010	4.2740	1.7323	3.0470
27	578	4.2024	1.0617	1.8674
28	384	4.2053	0.9083	1.5976
29	166	4.4451	1.5151	2.7134
30	894	4.0917	0.9911	1.7433
31	143	6.3137	2.5260	17.4677
32	879	4.8990	2.7721	4.8759
合计	20158	147.1853	54.5731	111.2030

如表 13.3 所示,尽管系统投入了更多的资源,但非期望产出 BOD 值仅为 111.2030,远少于原始数据的 BOD 总量。然而,期望产出却并未因为投入资源的增加而增加,这一现象可以看作减少非期望产出的成本。

比较表 13.2 和表 13.3 数据,发现表 13.2 中的期望产出纸总产量多于表 13.3 的纸总产量;而表 13.3 中的非期望产出 BOD 比表 13.2 的少。这主要是由于两个方案的不同目的引起。除此之外,方案 2 消耗的资金投入量要比方案 1 少。目前,为了实现能源的可持续利用和减少污染，我国越来越重视环境保护。现在已经出台了很多环境保护政策减少或限制污染物的排放，例如，鼓励发展高新技术等低碳性产业，限制高污染产业尤其是高污染低效率企业。

13.4　本 章 小 结

本章主要通过数据包络分析方法研究考虑环境因素的三种不同的配置情形，分别就预测的下一期资源大于、等于或小于本期资源量，建立了不同的约束，并进行相应的建模分析。最后，将之用于淮河造纸厂的分析中，实证结果验证了方法的有效性。

参 考 文 献

Amirteimoori A, Shafiei M. 2006. Characterizing an equitable omission of shared resources: a DEA-based approach. Applied Mathematics and Computation, 177(1): 18-23.

Basso A, Peccati L A. 2001. Optimal resource allocation with minimum activation levels and fixed costs. European Journal of Operational Research, 131(3): 536-549.

Beasley J E. 2003. Allocating fixed costs and resources via data envelopment analysis. European Journal of Operational Research, 147(1): 198-216.

Färe R, Grosskopf S, Lovell C K, et al. 1989. Multilateral productivity comparisons when some outputs are undesirable: a nonparametric approach. The Review of Economics and Statistics: 90-98.

Golany B, Phillips F Y, Rousseau J J. 1993. Models for improved effectiveness based on DEA efficiency results. IIE Transactions, 25(6): 2-10.

Hadi-Vencheh A, Foroughi A A, Soleimani-damaneh M. 2008. A DEA model for resource allocation. Economic Modelling, 25(5): 983-993.

Karabati S, Kouvelis P, Yu G. 2001. A min-max-sum resource allocation problem and its applications. Operations Research, 49(6): 913-922.

Korhonen P, Syrjänen M. 2004. Resource allocation based on efficiency analysis. Management Science, 50(8): 1134-1144.

Lozano S, Villa G, Brännlund R. 2009. Centralised reallocation of emission permits using DEA. European Journal of Operational Research, 193(3): 752-760.

Seiford L M, Zhu J. 2002. Modeling undesirable factors in efficiency evaluation. European Journal of Operational Research, 142(1): 16-20.

Scheel H. 2001. Undesirable outputs in efficiency valuations. European Journal of Operational Research, 132(2): 400-410.

Yan H, Wei Q, Hao G. 2002. DEA models for resource reallocation and production input/output estimation. European Journal of Operational Research, 136(1): 19-31.

第14章 资源重新配置与产出目标设定研究

在管理决策中，经常会出现这样的情况：决策者需要在一组 DMU 之间分配或者重新分配有限的资源，来提高 DMU 的效率以及更好地利用有限的资源。本章提出了一种基于 DEA 的资源再分配和目标设定的方法，以提高 DMU 的环境绩效。首先，本章给出了能确定各 DMU 在资源分配和目标设定过程中的最大收益模型，并提出了一个 DMU 对资源分配和目标设定结果的满意度的概念。然后，在 DEA 公共权重评价框架下，提出了一个集中资源分配和目标设定模型，用于对 DMU 的可自由分配的投入进行重新分配并为其设定产出目标。通过所提出的方法得到 DMU 资源再分配和目标设定的结果，它不仅可以保证所有调整后的 DMU 在新的生产周期内都是环境有效的，而且可以使所有 DMU 的最小满意度最大化。最后，本章将所提出的方法应用于中国 30 个区域公路运输系统的资源配置和产出目标设定的实证研究。

14.1 引 言

DEA 是由 Charnes 等(1978)提出的一种非参数方法，用于一组同质的 DMU 的相对效率评价。其中，每个 DMU 消耗一个或多个投入来生产一个或多个产出(Cook et al.，2013；Wu et al.，2016)。传统的 DEA 模型(CCR 模型)的主要思想是最大化被评估 DMU 的加权投入产出比值，同时保持所有 DMU 的这种比值不大于 1(Wu et al.，2016a)。在 DEA 中，将每个 DMU 得到的最大比率值定义为其效率值，如果一个 DMU 的效率值等于 1，则称其为 DEA 有效(Wang and Chin，2010)。DEA 有很好地识别最佳生产前沿和对 DMU 排序的能力，所以它一直被广泛应用于学校(Abramo et al.，2011)、医院(Hofmarcher et al.，2002)、银行分行(Sherman and Gold，1985；Laplante and Paradi，2015)等的效率评估和标杆管理。

除了对 DMU 进行标杆管理和排名之外，DEA 还被广泛应用于其他领域，如固定成本分配(Cook and Kress，1999；Beasley，2003；Cook and Zhu，2005；Li et al.，2013b)、并购(Berger and Humphrey，1992；Sherman and Rupert，2006)、生态效率分析(Hua et al.，2007)、网络系统分析(Du et al.，2014a)。在 DEA 的所有扩展应用中，资源分配是最受欢迎的应用之一。Beasley(2003)提出了一个基于 DEA 的资源分配模型，其中 DMU 的资源分配和产出目标设定可以同时进行。此外，所提出模型的目标函数是在资源分配后最大化调整后 DMU 的平均效率。

Lozano and Villa(2004)引入了两种集中资源分配模型，这两种模型都是将所有 DMU 的效率最大化作为首要目标。在两个模型中，分别将总投入的消耗和总产出的产量最小化和最大化。Asmild 等(2009)扩展了 Lozano 和 Villa(2004)的模型。他们建议，投入和产出的调整只应针对预先确定的低效 DMU 进行，可以根据决策者的不同偏好产生不同的资源分配结果的几种模型。Fang(2013)进一步扩展了 Lozano 和 Villa、Asmild 等提出的模型。他们提出了一个新的广义模型，并利用结构效率(Li and Cheng, 2007)将模型中的总投入收缩分解为三个组成部分：总技术效率、总配置效率和可再转移效率。Lotfi 等(2013)提出了一种基于 DEA 公共权重方法的分配机制，并认为他们所提出的方法可以确保资源被公平地分配，且对 DMU 的新投入和产出进行相同的内生估计。Du 等(2014b)引入了针对资源配置的 DEA 交叉效率评价机制。他们的模型是以最大化 DMU 总产出变化为目的在 DMU 之间分配资源。他们提出了一种算法来确定 DMU 最终的资源分配结果。Yang 和 Zhang(2015)利用 DMU 的效率设计了特征函数。他们提出了一个广义的 Shapley 值用来公平地解决资源分配问题。Fang(2015)注意到,在资源分配过程中,效率值很低的 DMU 的资源急剧减少可能会引起组织抵制,这些 DMU 很难在一个步骤中实现新的目标效率。他提出了一个集中资源分配模型可以使 DMU 一步一步地改进到有效前沿面。

　　上述研究在 DMU 之间分配资源时，没有考虑到 DMU 的非期望产出。然而，在许多实际生产场景中，非期望产出经常出现，例如，造纸厂的废水、燃煤电厂的废气和制造业的固体废弃物。为了解决这个问题，一些学者考虑了资源分配过程中出现非期望产出的情况。例如，Li 等(2013a)提出了一些考虑了 DMU 非期望产出的资源分配模型。它们的模型是同时考虑了 DMU 投入减少、非期望产出减少和期望的产出增加的多目标线性规划问题。Wu 等(2013)提出了一些考虑经济和环境因素的资源分配模型，并进一步分析了下一个时期的给定资源分别大于、小于和等于当前时期资源的情形。另一个考虑非期望产出的典型的资源分配问题是碳排放权分配问题，其中碳排放权被当作生产过程中的投入资源。碳排放权分配是一个使用特定机制在所有 DMU 之间分配总排放权的过程(Sun et al.，2014)。类似的研究可见于 Gomes 和 Lins(2008)、Andersen 和 Bogetoft(2007)、Lozano 等(2009)、Chiu 等(2013)、Feng 等(2015)以及 Wang 和 Wei(2016)。关于碳排放权分配与考虑非期望产出的资源分配的研究，相似之处在于所有的研究都考虑了分配过程中的环境因素。这两种研究的区别在于：在碳排放权分配的研究中，碳排放权通常被认为是一种在生产过程中的有限资源(投入)，这种资源需要在一组 DMU 之间进行分配。相比之下，在考虑非期望产出的资源分配的研究中，碳排放通常被当作非期望产出，在构建用于测量 DMU 的环境效率的模型时需要特别处理。

本章的目标是用 DEA 解决资源再分配和目标设定问题，以提高 DMU 的环境绩效和最大化其满意度。首先，提出了一个模型用来确定在资源再分配过程中每个 DMU 的最大收益。基于 DMU 的最大收益，定义了各 DMU 对资源再分配和目标设定结果的满意度。然后，基于 DMU 的满意度，提出了一个集中模型来确定DMU 的最佳资源分配和目标设定结果。该方法所产生的资源再分配和目标设定结果不仅能使所有的 DMU 在新的生产周期内都实现环境有效，而且能使所有DMU 之间的最小满意度最大化。

14.2　考虑非期望产出的 DEA 模型

假设有 n 个 DMU 需要评估。每个 DMU 有 m 个投入和 s 个产出。每个 DMU_j $(j=1,2,\cdots,n)$ 的投入和产出分别表示为向量 $\boldsymbol{X}_j=\left(x_{1j},x_{2j},\cdots,x_{mj}\right)^{\mathrm{T}}\in\mathfrak{R}_+^m$ 和 $\boldsymbol{Y}_j=\left(y_{1j},y_{2j},\cdots,y_{mj}\right)^{\mathrm{T}}\in\mathfrak{R}_+^s$。根据 Charnes 等(1978)提出的 DEA 表示为

$$E_d = \mathrm{Max}\, \frac{\boldsymbol{\mu}_d^{\mathrm{T}}\times\boldsymbol{Y}_d}{\boldsymbol{\omega}_d^{\mathrm{T}}\times\boldsymbol{X}_d}$$

$$\mathrm{s.t.}\ \frac{\boldsymbol{\mu}_d^{\mathrm{T}}\times\boldsymbol{Y}_j}{\boldsymbol{\omega}_d^{\mathrm{T}}\times\boldsymbol{X}_j}\leqslant 1,\ j=1,2,\cdots,n \tag{14.1}$$

$$\boldsymbol{\omega}_d\geqslant 0$$

$$\boldsymbol{\mu}_d\geqslant 0$$

式中，$\boldsymbol{\mu}_d=\left(\mu_{1d},\mu_{2d},\cdots,\mu_{sd}\right)^{\mathrm{T}}\in\mathfrak{R}_+^s$ 和 $\boldsymbol{\omega}_d=\left(\omega_{1d},\omega_{2d},\cdots,\omega_{md}\right)^{\mathrm{T}}\in\mathfrak{R}_+^m$ 分别是投入与产出的权重向量。每个 "0" 是一个零向量。对每个 DMU_d 求解模型(14.1)，可以得到它的效率 E_d 和最优解 $\left\{\boldsymbol{\omega}_d^{\mathrm{T}},\boldsymbol{\mu}_d^{\mathrm{T}}\right\}$。如果 $E_d=1$ 和 $\boldsymbol{\omega}_d^{\mathrm{T}},\boldsymbol{\mu}_d^{\mathrm{T}}>0$，则 DMU_d 是 DEA有效。

然而，上述模型(14.1)不能直接用于 DMU 的环境效率评估，因为它不能处理出现非期望产出的情况。在这里，介绍如何在 DEA 中处理非期望产出。一般来说，根据对非期望产出的假设，处理非期望产出的方法分为两类：第一类最初是由 Färe 等(1989)提出的，他们假设非期望产出是弱可处置性的且不连续，并给出了一种新的参考技术，即通过在对非期望产出的约束中使用严格相等来加以区别对待。在上述假设下，只有当所有产出(包括理想产出)按比例减少时，才能减少非期望产出。这意味着消除所有非期望产出的唯一方法是停止生产(Zhou et al.，2008)。Färe 等(1989)的方法在许多考虑非期望产出的研究中被广泛应用(Chen et al.，2015；Liu et al.，2015；Wang and Wei，2016)。但需要注意的是，当使用乘

数形式的 DEA 模型时，很难对非期望产出的弱可处置性假设进行描述。另一类方法假设非期望产出是强可处置性的。具体来说，假设在不影响理想产出的情况下减少非期望产出。基于这一假设，提出了几种方法。例如，一种简单的方法是将非期望产出作为模型中的投入（Hailu and Veeman，2001）。然而，这种方法不能反映真实的生产过程（Färe and Grosskopf，2003）。另一种具有代表性的方法是将非期望产出转化为与期望产出变量相似的变量，并使用标准的 DEA 模型来测量DMU 的效率（Golany and Roll，1989；Seiford and Zhu，2002）。这种方法已被广泛地接受并应用于许多出现非期望产出研究中（Hua et al.，2007；Wang et al.，2012；Wu et al.，2016a）。因此，在本章中，也对非期望产出采用了强可处理性假设，并使用这种数据转换方法来处理非期望产出。

此外，由于在本章中考虑了资源的重新分配，所以应该对不可自由分配的投入加以区分。假设每个 DMU_j 使用 m 个可自由分配的投入（ $\boldsymbol{X}_j = \left(x_{1j}, x_{2j}, \cdots, x_{mj}\right)^{\mathrm{T}} \in \mathfrak{R}_+^m$ ）和 p 个不可自由分配的投入（ $\boldsymbol{F}_j = \left(f_{1j}, f_{2j}, \cdots, f_{pj}\right)^{\mathrm{T}} \in \mathfrak{R}_+^p$ ）以产生 s 个期望产出（ $\boldsymbol{Y}_j = \left(y_{1j}, y_{2j}, \cdots, y_{mj}\right)^{\mathrm{T}} \in \mathfrak{R}_+^s$ ）和 k 个非期望产出（ $\boldsymbol{U}_j = \left(u_{1j}, u_{2j}, \cdots, u_{kj}\right)^{\mathrm{T}} \in \mathfrak{R}_+^k$ ）。然后，给出了当非期望产出和不可自由分配的投入出现时 DMU 效率评估的模型（14.2）。

$$E_d = \mathrm{Max}\, \frac{\boldsymbol{\mu}_d^{\mathrm{T}} \times \boldsymbol{Y}_d + \boldsymbol{\upsilon}_d^{\mathrm{T}} \times \left(\boldsymbol{V} - \boldsymbol{U}_d\right)}{\boldsymbol{\omega}_d^{\mathrm{T}} \times \boldsymbol{X}_d + \boldsymbol{\varphi}_d^{\mathrm{T}} \times \boldsymbol{F}_d}$$

$$\mathrm{s.t.}\, \frac{\boldsymbol{\mu}_d^{\mathrm{T}} \times \boldsymbol{Y}_j + \boldsymbol{\upsilon}_d^{\mathrm{T}} \times \left(\boldsymbol{V} - \boldsymbol{U}_j\right)}{\boldsymbol{\omega}_d^{\mathrm{T}} \times \boldsymbol{X}_j + \boldsymbol{\varphi}_d^{\mathrm{T}} \times \boldsymbol{F}_j} \leqslant 1,\, j = 1, 2, \cdots, n \qquad (14.2)$$

$$\boldsymbol{\omega}_d \geqslant 0$$
$$\boldsymbol{\mu}_d \geqslant 0$$
$$\boldsymbol{\upsilon}_d \geqslant 0$$
$$\boldsymbol{\varphi}_d \geqslant 0$$

式中，$\boldsymbol{\omega}_d = \left(\omega_{1d}, \omega_{2d}, \cdots, \omega_{md}\right)^{\mathrm{T}} \in \mathfrak{R}_+^m$、$\boldsymbol{\varphi}_d = \left(\varphi_{1d}, \varphi_{2d}, \cdots, \varphi_{pd}\right)^{\mathrm{T}} \in \mathfrak{R}_+^p$、$\boldsymbol{\mu}_d = \left(\mu_{1d}, \mu_{2d}, \cdots, \mu_{sd}\right)^{\mathrm{T}} \in \mathfrak{R}_+^s$ 和 $\boldsymbol{\upsilon}_d = \left(\upsilon_{1d}, \upsilon_{2d}, \cdots, \upsilon_{kd}\right)^{\mathrm{T}} \in \mathfrak{R}_+^k$ 是分别对应于可自由分配的投入、不可自由分配的投入、期望产出和非期望产出的权重向量。$\boldsymbol{V}$ 是用于对非期望产出的数据进行转换的合适向量，应满足 $\boldsymbol{V} - \boldsymbol{U}_d > 0\,(d = 1, 2, \cdots, n)$。

模型（14.2）是一个非线性规划问题。可以用 Charnes-Cooper 转换（Charnes and Cooper，1962）把它转换成线性形式。令 $t = 1 / \boldsymbol{\omega}_d^{\mathrm{T}} \boldsymbol{X}_d + \boldsymbol{\varphi}_d^{\mathrm{T}} \boldsymbol{F}_d$，$\boldsymbol{\omega}_d' = t\boldsymbol{\omega}_d$，$\boldsymbol{\mu}_d' = t\boldsymbol{\mu}_d$ 和 $\boldsymbol{\upsilon}_d' = t\boldsymbol{\upsilon}_d$。那么，上述模型（14.2）可以转化为以下等价的线性模型（14.3）。

$$E_d = \mathrm{Max}\, \boldsymbol{\mu}_d'^{\mathrm{T}} \times \boldsymbol{Y}_d + \boldsymbol{\upsilon}_d'^{\mathrm{T}} \times \left(\boldsymbol{V} - \boldsymbol{U}_d\right)$$

$$\text{s.t.}\ \boldsymbol{\omega}_d^{\prime T} \times \boldsymbol{X}_d + \boldsymbol{\varphi}_d^{\prime T} \times \boldsymbol{F}_d = 1$$

$$\boldsymbol{\mu}_d^{\prime T} \boldsymbol{Y}_j + \boldsymbol{\upsilon}_d^{\prime T}\left(\boldsymbol{V} - \boldsymbol{U}_j\right) - \boldsymbol{\omega}_d^{\prime T} \boldsymbol{X}_j - \boldsymbol{\varphi}_d^{\prime T} \boldsymbol{F}_j \leqslant 0,\ j = 1, 2, \cdots, n \qquad (14.3)$$

$$\boldsymbol{\omega}_d^{\prime} \geqslant 0$$

$$\boldsymbol{\mu}_d^{\prime} \geqslant 0$$

$$\boldsymbol{\upsilon}_d^{\prime} \geqslant 0$$

$$\boldsymbol{\varphi}_d^{\prime} \geqslant 0$$

通过对每个DMU_d求解考虑环境因素(非期望产出)的模型(14.3)，可以获得其环境效率E_d。如果$E_d = 1$且从模型(14.3)得到的所有最优权重都大于零，则DMU_d是环境有效的。

14.3　资源再分配和目标设定建模

在实际情况下,决策者通常希望通过重新分配所有资源(在案例中是可自由分配的投入)以及为其设定新的生产目标,以便在下一个时期内实现与当前生产情况相比更好的环境绩效。在新的生产中,当 DMU 的投入资源发生变化时,DMU 的产出可能会因此发生变化并需要进行估计。在考虑 DMU 的资源再分配和预计生产目标时,DMU 将考虑以下两个目标:首先,每个 DMU 都希望能在其新的预计产量下达到有效的环境绩效。其次,每个 DMU 将在新的生产中追求它自己的总估计收益的最大化。在本章中,加权的期望产出以及非期望产出变化的总和减去 DMU 的加权投入变化的总和的结果,被认为是 DMU 从资源再分配和目标设定中产生的收益。

14.3.1　最大收益识别模型和满意度

在本小节中,提出了一个模型用来确定在对所有 DMU 进行资源再分配和目标设定时每个 DMU 的最大收益,引入了 DMU 对资源再分配和目标设定结果的满意度的概念。

从单个 DMU 的角度来看,每个 DMU 都希望在资源再分配和目标设定过程中优化其期望产出变化(增加)以及非期望的产出变化(减少)的总和。此外,重新分配的资源的变化将导致每个 DMU 的成本变化(增加或减少)。这里,提出如下的针对$\text{DMU}_d\left(d = 1, 2, \cdots, n\right)$在资源再分配和目标设定过程中确定其最大收益的模型。

$$\overline{\theta}_d = \text{Max}\ \boldsymbol{\mu}_d^T \Delta \boldsymbol{Y}_d + \boldsymbol{\upsilon}_d^T \Delta \boldsymbol{U}_d - \boldsymbol{\omega}_d^T \Delta \boldsymbol{X}_d$$

$$\text{s.t.} \frac{\boldsymbol{\mu}_d^T \left(\boldsymbol{Y}_j + \Delta \boldsymbol{Y}_j\right) + \boldsymbol{\upsilon}_d^T \left[\boldsymbol{V} - \left(\boldsymbol{U}_j - \Delta \boldsymbol{U}_j\right)\right]}{\boldsymbol{\omega}_d^T \left(\boldsymbol{X}_j - \Delta \boldsymbol{X}_j\right) + \boldsymbol{\varphi}_d^T \boldsymbol{F}_j} = 1,\ j = 1, 2, \cdots, n$$

$$\frac{\boldsymbol{\mu}_d^{\mathrm{T}} Y_j + \boldsymbol{\upsilon}_d^{\mathrm{T}} \left(\boldsymbol{V} - \boldsymbol{U}_j \right)}{\boldsymbol{\omega}_d^{\mathrm{T}} X_j + \boldsymbol{\varphi}_d^{\mathrm{T}} F_j} \leqslant 1, \ j = 1, 2, \cdots, n$$

$$\boldsymbol{\omega}_d^{\mathrm{T}} \sum_{j=1}^n \left(\boldsymbol{X}_j + \Delta \boldsymbol{X}_j \right) + \boldsymbol{\varphi}_d^{\mathrm{T}} \sum_{j=1}^n \boldsymbol{F}_j = n$$

$$\sum_{j=1}^n \Delta \boldsymbol{X}_j = 0$$

$$\alpha \times \boldsymbol{X}_j + \Delta \boldsymbol{X}_j \geqslant 0, \ j = 1, 2, \cdots, n$$

$$\alpha \times \boldsymbol{X}_j - \Delta \boldsymbol{X}_j \geqslant 0, \ j = 1, 2, \cdots, n$$

$$\beta \times \boldsymbol{Y}_j \geqslant \Delta \boldsymbol{Y}_j \geqslant 0, \ j = 1, 2, \cdots, n$$

$$0 \leqslant \Delta \boldsymbol{U}_j \leqslant \gamma \times \boldsymbol{U}_j, \ j = 1, 2, \cdots, n \qquad (14.4)$$

$$\Delta \boldsymbol{Y}_j \geqslant 0, \ j = 1, 2, \cdots, n$$

$$\boldsymbol{\omega}_d \geqslant 0$$

$$\boldsymbol{\mu}_d \geqslant 0$$

$$\boldsymbol{\upsilon}_d \geqslant 0$$

$$\boldsymbol{\varphi}_d \geqslant 0$$

式中，$\Delta \boldsymbol{X}_j$、$\Delta \boldsymbol{Y}_j$ 和 $\Delta \boldsymbol{U}_j$ 表示与 DMU_j 的投入、期望产出和非期望产出对应的调整量的向量。$\boldsymbol{\mu}_d^{\mathrm{T}} \Delta \boldsymbol{Y}_d + \boldsymbol{\upsilon}_d^{\mathrm{T}} \Delta \boldsymbol{U}_d - \boldsymbol{\omega}_d^{\mathrm{T}} \Delta \boldsymbol{X}_d$ 表示 DMU_d 在资源再分配和目标设定之后获得的收益。模型 (14.4) 中，第一个约束组确保调整后 DMU 的产量在帕累托有效前沿上，即调整后的 DMU 在通过一组公共权重评估时都是环境有效的。第 2 个约束组表示将 DMU 先前的生产数据用作比较的基础，以评估新的调整后的 DMU 生产。第 3 个约束用来避免一般解。第 4 个约束组保证用于再分配的资源的总值保持不变。为了使模型有界，基于 Du 等 (2014b) 的研究，使用第 5~8 个约束组对投入和产出的变化施加约束。在这些约束组中，α、β 和 γ 是参数，分别用来表示再分配资源、期望产出和非期望产出的最大变化比例。在本章的应用中，令 $\alpha = 0.4$、$\beta = 1.5$ 和 $\gamma = 0.4$。每个 DMU_j 的可自由分配的投入在资源再分配过程中可以增加或减少，$\Delta \boldsymbol{X}_j$ 是自由变量。$\Delta \boldsymbol{Y}_j$ 和 $\Delta \boldsymbol{U}_j$ 被限制为不小于零，以避免发生期望产出的减少和非期望产出的增加的情况。

模型 (14.4) 是一个非线性规划问题。令 $\Delta \hat{\boldsymbol{Y}}_j = \left(\Delta \hat{y}_{1j}, \Delta \hat{y}_{2j}, \cdots, \Delta \hat{y}_{sj} \right)^{\mathrm{T}} = \left(\mu_{1d} \Delta y_{1j}, \mu_{2d} \Delta y_{2j}, \cdots, \mu_{sd} \Delta y_{sj} \right)^{\mathrm{T}}$，$\Delta \hat{\boldsymbol{X}}_j = \left(\Delta \hat{x}_{1j}, \Delta \hat{x}_{2j}, \cdots, \Delta \hat{x}_{mj} \right)^{\mathrm{T}} = \left(\omega_{1d} \Delta x_{1j}, \omega_{2d} \Delta x_{2j}, \cdots, \omega_{md} \Delta x_{mj} \right)^{\mathrm{T}}$ 和 $\Delta \hat{\boldsymbol{U}}_j = \left(\Delta \hat{u}_{1j}, \Delta \hat{u}_{2j}, \cdots, \Delta \hat{u}_{kj} \right)^{\mathrm{T}} = \left(\upsilon_{1d} \Delta u_{1j}, \upsilon_{2d} \Delta u_{2j}, \cdots, \upsilon_{kd} \Delta u_{kj} \right)^{\mathrm{T}}$。非线性模型 (14.4) 被转换成下面的线性模型 (14.5)。

$$\bar{\theta}_d = \text{Max} \sum_{r=1}^{s} \Delta \hat{y}_{rd} + \sum_{l=1}^{k} \Delta \hat{u}_{ld} - \sum_{i=1}^{m} \Delta \hat{x}_{ij}$$

$$\text{s.t.} \ \boldsymbol{\mu}_d^{\text{T}} Y_j + \sum_{r=1}^{s} \Delta \hat{y}_{rj} + \boldsymbol{\upsilon}_d^{\text{T}} \left(V - U_j \right) + \sum_{l=1}^{k} \Delta \hat{u}_{lj} - \boldsymbol{\omega}_d^{\text{T}} X_j - \sum_{i=1}^{m} \Delta \hat{x}_{ij} - \boldsymbol{\varphi}_d^{\text{T}} F_j \leqslant 0 \left(j = 1, 2, \cdots, n \right)$$

$$\boldsymbol{\mu}_d^{\text{T}} Y_j + \boldsymbol{\upsilon}_d^{\text{T}} \left(V - U_j \right) - \boldsymbol{\omega}_d^{\text{T}} X_j - \boldsymbol{\varphi}_d^{\text{T}} F_j \leqslant 0 \left(j = 1, 2, \cdots, n \right)$$

$$\boldsymbol{\omega}_d^{\text{T}} \sum_{j=1}^{n} X_j + \boldsymbol{\varphi}_d^{\text{T}} \sum_{j=1}^{n} F_j = n$$

$$\sum_{j=1}^{n} \Delta \hat{X}_j = 0 \tag{14.5}$$

$$\alpha \times \omega_{id} x_{ij} + \Delta \hat{x}_{ij} \geqslant 0, i = 1, 2, \cdots, m; j = 1, 2, \cdots, n$$

$$\alpha \times \omega_{id} x_{ij} - \Delta \hat{x}_{ij} \geqslant 0, i = 1, 2, \cdots, m; j = 1, 2, \cdots, n$$

$$0 \leqslant \Delta \hat{y}_{rj} \leqslant \beta \times \mu_{rd} y_{rj}, r = 1, 2, \cdots, s; j = 1, 2, \cdots, n$$

$$0 \leqslant \Delta \hat{u}_{lj} \leqslant \gamma \times \upsilon_{ld} u_{lj}, l = 1, 2, \cdots, k; j = 1, 2, \cdots, n$$

$$\boldsymbol{\omega}_d \geqslant 0$$

$$\boldsymbol{\mu}_d \geqslant 0$$

$$\boldsymbol{\upsilon}_d \geqslant 0$$

$$\boldsymbol{\varphi}_d \geqslant 0$$

在模型 (14.5) 中，由于 $\sum_{j=1}^{n} \Delta \hat{X}_j = 0$，将第 3 个约束组简化为 $\boldsymbol{\omega}_d^{\text{T}} \sum_{j=1}^{n} X_j + \boldsymbol{\varphi}_d^{\text{T}} \sum_{j=1}^{n} F_j = n$。关于模型 (14.5)，给出下面的定理 14.1。

定理 14.1 模型 (14.5) 对于任意 $\text{DMU}_d \left(d = 1, 2, \cdots, n \right)$ 总存在可行解。

证明： 假设模型 (14.3) 的最优解是 $\left\{ \boldsymbol{\omega}_d'^{*\text{T}}, \boldsymbol{\varphi}_d'^{*\text{T}}, \boldsymbol{\mu}_d'^{*\text{T}}, \boldsymbol{\upsilon}_d'^{*\text{T}} \right\}$，令 $\beta = \boldsymbol{\omega}_d'^{*\text{T}} \sum_{j=1}^{n} X_j + \boldsymbol{\varphi}_d'^{*\text{T}} \sum_{j=1}^{n} F_j$，$\boldsymbol{\omega}_d = \frac{n}{\beta} \boldsymbol{\omega}_d'^{*}$，$\boldsymbol{\varphi}_d = \frac{n}{\beta} \boldsymbol{\varphi}_d'^{*}$，$\boldsymbol{\mu}_d = \frac{n}{\beta} \boldsymbol{\mu}_d'^{*}$，$\boldsymbol{\upsilon}_d = \frac{n}{\beta} \boldsymbol{\upsilon}_d'^{*}$，$\Delta \hat{Y}_j = \left(1, 1, \cdots, 1 \right)^{\text{T}} \times \left(\boldsymbol{\omega}_d^{\text{T}} X_j + \boldsymbol{\varphi}_d^{\text{T}} F_j - \boldsymbol{\mu}_d^{\text{T}} Y_j - \boldsymbol{\upsilon}_d^{\text{T}} \left(V - U_j \right) \right) / s$，$\forall j$，$\Delta \hat{X}_j = 0$，$\Delta U_j$ 和 $\Delta \hat{U}_j = 0$，$\forall j$。很容易证得解 $\left\{ \boldsymbol{\omega}^{\text{T}}, \boldsymbol{\varphi}^{\text{T}}, \boldsymbol{\mu}^{\text{T}}, \boldsymbol{\upsilon}^{\text{T}}, \Delta \hat{X}_j, \Delta \hat{Y}_j, \Delta \hat{U}_j, \forall j \right\}$ 满足模型 (14.5) 中所有的约束。因此 $\left\{ \boldsymbol{\omega}^{\text{T}}, \boldsymbol{\varphi}^{\text{T}}, \boldsymbol{\mu}^{\text{T}}, \boldsymbol{\upsilon}^{\text{T}}, \Delta \hat{X}_j, \Delta \hat{Y}_j, \Delta \hat{U}_j, \forall j \right\}$ 是模型 (14.5) 的可行解以及模型 (14.5) 总是可行的。**证毕**。

定理 14.1 说明模型 (14.5) 总有一个可行解。通过对每个 DMU_d 求解的模型

(14.5)，可以获得它的最大可能收益 $\bar{\theta}_d$。此外，一个 DMU 的收益不应小于其他 DMU 为追求其最大收益而求解模型(14.5)时得到的最优解中所获得的最小收益。基于每个 DMU$_j$ 在资源再分配和目标设定过程中能够获得的最大和最小收益，给出以下定义来表示每个 DMU$_j$ 的满意度。

定义 14.1 假设 $\left\{\boldsymbol{\omega}^{\mathrm{T}}, \boldsymbol{\varphi}^{\mathrm{T}}, \boldsymbol{\mu}^{\mathrm{T}}, \boldsymbol{\upsilon}^{\mathrm{T}}, \Delta \hat{\boldsymbol{X}}_j, \Delta \hat{\boldsymbol{Y}}_j, \Delta \hat{\boldsymbol{U}}_j, \forall j\right\}$ 是资源再分配和目标设定的一个可行解。根据这个结果，DMU$_j$ 的满意度定义为

$$S_j = \frac{\displaystyle\sum_{r=1}^{s} \Delta \hat{y}_{rd} + \sum_{l=1}^{k} \Delta \hat{u}_{ld} - \sum_{i=1}^{m} \Delta \hat{x}_{ij} - \underline{\theta}_j}{\bar{\theta}_j - \underline{\theta}_j} \tag{14.6}$$

从(14.6)可以看出，$S_j \in [0.1]$。如果 DMU$_j$ 资源再分配和目标设定的结果为其最大的收益 $\bar{\theta}_d$，则满意度为 1，即 $S_j = 1$。如果 DMU$_j$ 资源再分配和目标设定的结果为其最小的收益 $\underline{\theta}_d$，则 $S_j = 0$。

14.3.2 集中式资源再分配和目标设定模型

上述模型(14.5)可以在资源再分配和目标设定过程中确定每个 DMU 的最大收益。此外，它可以为每个 DMU 生成其最有利的资源重新分配和目标设置的结果。然而，应该注意的是，任何特定的 DMU$_d$ 由模型(14.6)中得到的资源再分配和目标设置的结果通常不能被所有 DMU 接受，因为该结果偏向于一个 DMU$_d$。此外，由于每个 DMU 都有对自己最有利的资源再分配和目标设定结果，因此很难从所有 DMU 各自偏好的资源再分配和目标设定结果中选择一个合适结果。因此，在这一小节中，建议从集中的角度考虑所有 DMU 的满意度，使用公共权重 DEA 模型对所有 DMU 进行资源再分配和目标设置。这种资源再分配和目标设定模型可以写成下面的模型(14.7)。

$$\text{Max } S_{\text{Min}}$$

$$\text{s.t. } \boldsymbol{\mu}^{\mathrm{T}} Y_j + \sum_{r=1}^{s} \Delta \hat{y}_{rd} + \boldsymbol{\upsilon}^{\mathrm{T}}\left(\boldsymbol{V} - \boldsymbol{U}_j\right) + \sum_{l=1}^{k} \Delta \hat{u}_{ld} - \boldsymbol{\omega}^{\mathrm{T}} \boldsymbol{X}_j - \sum_{i=1}^{m} \Delta \hat{x}_{ij} - \boldsymbol{\varphi}^{\mathrm{T}} \boldsymbol{F}_j \leqslant 0, \ j = 1, 2, \cdots, n$$

$$\boldsymbol{\mu}^{\mathrm{T}} Y_j + \boldsymbol{\upsilon}^{\mathrm{T}}\left(\boldsymbol{V} - \boldsymbol{U}_j\right) - \boldsymbol{\omega}^{\mathrm{T}} \boldsymbol{X}_j - \boldsymbol{\varphi}^{\mathrm{T}} \boldsymbol{F}_j \leqslant 0, \ j = 1, 2, \cdots, n$$

$$\boldsymbol{\omega}^{\mathrm{T}} \sum_{j=1}^{n} \boldsymbol{X}_j + \boldsymbol{\varphi}^{\mathrm{T}} \sum_{j=1}^{n} \boldsymbol{F}_j = n$$

$$\sum_{j=1}^{n} \Delta \hat{\boldsymbol{X}}_j = 0 \tag{14.7}$$

$$S_j = \frac{\sum_{r=1}^{s} \Delta \hat{y}_{rd} + \sum_{l=1}^{k} \Delta \hat{u}_{ld} - \sum_{i=1}^{m} \Delta \hat{x}_{ij} - \underline{\theta}_j}{\overline{\theta}_j - \underline{\theta}_j} \geqslant S_{Min}, \quad j = 1, 2, \cdots, n$$

$$0 \leqslant \Delta \hat{u}_{lj} \leqslant \gamma \times \varphi_l u_{lj}, \quad l = 1, 2, \cdots, k; j = 1, 2, \cdots, n$$

$$\alpha \times \omega_{ij} x_{ij} + \Delta \hat{x}_{ij} \geqslant 0, \quad i = 1, 2, \cdots, m; j = 1, 2, \cdots, n$$

$$\alpha \times \omega_{ij} x_{ij} - \Delta \hat{x}_{ij} \geqslant 0, \quad i = 1, 2, \cdots, m; j = 1, 2, \cdots, n$$

$$\mu_{rd} \overline{y}_{rj} - \Delta \hat{y}_{rj} \geqslant 0, \quad r = 1, 2, \cdots, s; j = 1, 2, \cdots, n$$

$$\Delta \hat{Y}_j \geqslant 0, \quad j = 1, 2, \cdots, n$$

$$S_{Min} \geqslant 0$$

$$\omega_d \geqslant 0$$

$$\mu_d \geqslant 0$$

$$\upsilon_d \geqslant 0$$

$$\varphi_d \geqslant 0$$

模型(14.7)中的约束组具有与模型(14.5)中相同的含义。与定理 14.1 一样，很容易证明模型(14.7)总是可行的。模型(14.7)的约束条件不仅可以使用一组公共的权重来确保所有 DMU 都环境有效，而且还可以得到资源再分配和目标设置的结果，即最大化所有 DMU 之间的最低满意度。通过对所有 DMU 求解模型(14.7)，可以得到最优解 $\left\{ \omega^{*T}, \varphi^{*T}, \mu^{*T}, \upsilon^{*T}, \Delta \hat{X}_j^*, \Delta \hat{Y}_j^*, \Delta \hat{U}_j^*, \forall j \right\}$。最优的资源再分配结果通过如下等式(14.8)计算得

$$\Delta x_{ij}^* = \Delta \hat{x}_{ij}^* / \omega_i^*, \quad i = 1, 2, \cdots, m; j = 1, 2, \cdots, n \tag{14.8}$$

同样地，每个 DMU 的产出目标可以通过如下等式(14.9)和(14.10)得

$$\Delta y_{rj}^* = \Delta \hat{y}_{rj}^* / \mu_r^*, \quad r = 1, 2, \cdots, s; j = 1, 2, \cdots, n \tag{14.9}$$

$$\Delta u_{lj}^* = \Delta \hat{u}_{lj}^* / \upsilon_l^*, \quad l = 1, 2, \cdots, k; j = 1, 2, \cdots, n \tag{14.10}$$

值得注意的是，本节提出的模型也可以用来解决一种或多种资源需要在一组 DMU 之间分配的经典的资源分配问题。假设与本期生产中的投入资源相比，下一期生产中的投入资源的变化表示为向量 ΔR。用约束 $\sum_{j=1}^{n} \Delta \hat{X}_j = \Delta R$ 代替模型(14.7)中的约束 $\sum_{j=1}^{n} \Delta \hat{X}_j = 0$，可以得到一个在所有 DMU 之间分配资源的新模型。

14.4　中国区域公路运输系统的应用

14.4.1　案例背景和数据

在过去的几十年里，中国经济发展取得了巨大的进步(Ding and Li，2014)。据中国国家统计局的数据显示，2014 年中国国内生产总值(GDP)达到 63.61 万亿元，约为 1978 年中国实行"改革开放"政策时的 174 倍(3650.2 亿元)。此外，中国在 2012 年超过日本成为世界第二大经济体。然而，经济的快速发展伴随着自然资源的过度开发和大量污染物的产生，这给环境带来了严重的破坏，阻碍了中国经济的可持续发展(Wu et al.，2016b)。在中国所有的行业中，公路运输是典型的高能耗、高污染排放行业(Chang et al.，2013；Wu et al.，2016b)。许多研究(Fu et al.，2013；Song et al.，2015；Wu et al.，2016b)指出，中国公路运输行业在很大程度上对环境不利，并且在最近几十年中环境效率低下。因此，有必要采取一些措施来改善中国公路运输部门的环境绩效。

资源配置问题在我国公路运输行业中普遍存在。每年大量的能源和资本投资需要分配给区域公路运输系统，以保证其运行。区域公路运输系统之间适当的资源分配对其良好的环境绩效起着至关重要作用。一方面，如果一个区域公路运输系统被分配的资源太多，则会造成资源的浪费且该系统的环境效率值不会太高。另一方面，如果一个区域公路运输系统被分配的资源太少，则不足以维持其正常运行，它的环境效率值当然不会很高。因此，在新的生产周期之前，确定在区域公路运输系统之间合适的资源分配以改善其环境绩效是很重要的。此外，公路运输系统产出目标的预估将为决策者提供有意义的信息以支持决策。

在本节中，将所提出的方法应用于中国区域公路运输系统的资源分配和目标设定。区域公路运输系统被当作 DMU，与 Wu 等(2016b)相似，两个可自由分配的投入、三个不可自由分配的投入、两个期望的产出和一个非期望的产出被用来评估区域公路运输系统的环境效率。表 14.1 列出了 DMU 的投入和产出变量的详细描述。

2012 年中国省级区域的投入和产出数据来自《2013 年中国统计年鉴》《2013 年中国能源统计年鉴》《2013 年中国交通统计年鉴》和中国交通统计网站。这里应该注意的是，DMU 的 CO_2 排放量没有具体的公开的数据，因此必须进行估算。此处使用的 CO_2 排放量的详细估算方法可参考已经发表的研究报告(Wu et al.，2016b)，其中该数据集也用于实证研究部分。表 14.2 列出了 30 个 DMU 的原始数据和描述性统计分析。

表 14.1　DMU 的变量

类型	变量	符号	单位
可自由分配的投入	能源消费量	$X1$	万 tce
	资本投资	$X2$	亿元
不可自由分配的投入	公路里程	$F1$	km
	乘客座位总数	$F2$	个
	公路营运载货汽车吨位	$F3$	t
期望产出	旅客周转量	$Y1$	亿/km
	货物周转量	$Y2$	千万 t/km
非期望产出	CO_2 排放量	$U1$	t

表 14.2　DMU 的原始数据和描述性统计分析

DMU	$X1$	$X2$	$F1$	$F2$	$F3$	$Y1$	$Y2$	$U1$
北京	999	506	21492	688646	705198	421	1001	19704533
天津	461	506	15391	357103	304727	315	7844	9442013
河北	929	1433	163045	779780	9241756	1369	10605	18036517
山西	843	936	137771	410503	4179485	423	3341	16431661
内蒙古	1351	988	163763	398179	2946074	436	5870	28612138
辽宁	1591	909	105562	757578	4103404	977	11564	33072606
吉林	498	498	93208	419916	1864434	536	1596	10454885
黑龙江	836	573	159063	526646	2953249	560	2002	18384633
上海	1887	520	12541	548591	1698934	182	20373	39407962
江苏	1492	1226	154118	1639611	5254975	1872	7904	30228290
浙江	1221	1119	113550	1032800	2534201	1318	9183	25079856
安徽	576	465	165157	946386	4318585	1825	9818	11742232
福建	802	1208	94661	531908	1477468	556	3871	16614899
江西	481	457	150595	492156	1821929	956	3434	9809084
山东	2697	1457	244586	1016987	8671807	1836	11078	55909076
河南	962	813	249649	1400262	6445077	2084	9490	19145039
湖北	1409	1031	218151	894766	1588247	1361	4440	30294409
湖南	922	1172	234040	1075748	1767915	1637	3977	18769284
广东	2707	1677	194943	1618126	4320857	2998	9566	55773192
广西	746	792	107906	905561	1789790	1048	4111	15605033
海南	313	100	24265	157897	207753	173	1548	6588566
重庆	605	715	120728	578403	1112363	598	2653	12541441
四川	888	1743	293499	1139068	2337831	1310	2238	17806158
贵州	544	589	164542	598186	754429	632	1175	10954916

续表

DMU	X1	X2	F1	F2	F3	Y1	Y2	U1
云南	904	904	219052	774035	1854055	569	1123	18918804
陕西	942	809	161411	585096	1958003	898	3192	18778815
甘肃	352	253	131201	405846	988821	666	2352	6731119
青海	121	134	65988	84626	425007	110	528	2475785
宁夏	159	106	26522	160423	869615	121	1066	3133778
新疆	534	388	165909	637151	1943109	536	1615	11066140
最大值	2707	1743	293499	1639611	9241756	2998	20373	55909076
最小值	121	100	12541	84626	207753	110	528	2475785
均值	959.09	800.78	139077	718732.8	2681303	944.13	5285.28	19717095.48
标准差	621.75	438.52	73037.4	387080.9	2244362	680.4	4477.62	12940981.01

14.4.2　资源分配和目标设定的结果

在区域公路运输系统中，可自由分配的投入，即能源消耗和资本投资，是需要在 DMU 之间分配的资源。在此案例研究中，假设这两种投入在新的生产周期中的总变化都为零。此外，在下一个生产周期中三种不可自由分配的投入保持不变。基于本章提出的方法，在 DMU 之间分配所有资源，并给出 DMU 在新生产周期的新产出目标。除此之外，使用模型(14.3)评估了 DMU 的原始的和新的环境效率。结果列于表 14.3 和表 14.4。

表 14.3　CCR 效率计算结果

DMU	变量					原始 CCR 效率	新 CCR 效率	满意度
	X1	X2	Y1	Y2	U1			
北京	−399.56	−202.40	631.74	1501.65	−7881813.16	1	1	0.5476
天津	30.11	−35.55	14.58	4539.35	−1834151.25	1	1	0.7926
河北	40.49	82.47	83.62	7365.07	−3713214.23	1	1	0.2888
山西	−3337.21	−374.32	289.80	5011.65	−6572664.59	0.6315	1	0.3006
内蒙古	1.20	10.06	78.58	5196.47	−5889257.38	0.7954	1	0.4693
辽宁	168.93	52.86	82.01	7998.88	−6578641.35	0.863	1	0.5434
吉林	32.32	15.05	100.4	1128.97	−2140964.23	0.7439	1	0.4035
黑龙江	−1.95	−2.75	111.52	1570.40	−3667246.88	0.5675	1	0.4659
上海	−754.86	−207.92	50.97	30560.1	−15763185	1	1	0.7315
江苏	74.31	68.80	69.51	6308.39	−60588173.75	0.8940	1	0.5518
浙江	90.05	84.95	283.22	6631.62	−4924343.84	0.8538	1	0.6919
安徽	133.38	82.91	5.61	982.93	−2092267.01	1	1	0.2888

续表

DMU	变量					原始 CCR 效率	新 CCR 效率	满意度
	X1	X2	Y1	Y2	U1			
福建	55.84	77.01	267.24	2752.75	−3356522.73	0.6620	1	0.4626
江西	115.78	95.57	1.65	708.41	−1708419.35	1	1	0.2888
山东	277.83	51.91	268.72	7166.32	−11448134.96	0.9618	1	0.3309
河南	21.14	27.57	407.42	7336.26	−3890030.12	0.7718	1	0.3157
湖北	108.81	69.49	189.94	3280.37	−5957555.62	0.9857	1	0.5074
湖南	61.35	100.64	114.31	2807.94	−3665168.19	1	1	0.5066
广东	538.25	254.29	55.96	4949.68	−10360715.92	1	1	0.2888
广西	32.33	43.65	479.58	3053.65	−3095972.93	0.9355	1	0.5177
海南	24.15	1.65	10.05	951.51	−1312194.41	1	1	0.4271
重庆	32.49	30.97	23.36	1909.07	−2533768.04	0.7152	1	0.5873
四川	−57.47	−87.85	161.06	1887.10	−3753575.46	0.7604	1	0.3596
贵州	14.50	12.65	172.40	894.65	−2245116.89	0.9228	1	0.5839
云南	−361.68	−361.60	179.77	1685.10	−7567521.72	0.4469	1	0.6574
陕西	21.70	23.22	49.08	2447.94	−3867879.93	0.8134	1	0.4459
甘肃	27.03	12.32	10.94	1326.65	−1323852.24	1	1	0.4562
青海	−2.78	−3.74	7.52	409.48	−522506.5	1	1	0.4965
宁夏	1.14	1.03	5.54	852.24	−621216.76	1	1	0.5487
新疆	12.34	5.97	26.62	1237.00	−2215631.8	0.5404	1	0.5072

表 14.4 公共权重效率计算结果

DMU	变化比率					原始公共权重效率	改进后公共权重效率
	X1	X2	Y1	Y2	U1		
北京	−40.00	−40.00	150.00	150.00	−40.00	0.4060	1
天津	6.52	7.02	4.63	57.87	−19.43	0.7514	1
河北	4.36	5.75	6.11	69.45	−20.59	0.6372	1
山西	−40.00	−40.00	68.50	150.00	−40.00	0.4061	1
内蒙古	0.09	1.02	18.00	88.52	−20.58	0.4654	1
辽宁	10.62	5.81	8.39	69.17	−19.89	0.6388	1
吉林	6.49	3.02	18.72	70.73	−20.48	0.6571	1
黑龙江	−0.23	−0.48	19.93	78.43	−19.95	0.4946	1
上海	−40.00	−40.00	27.99	150.00	−40.00	0.3812	1
江苏	4.98	5.61	3.71	79.81	−20.04	0.6222	1
浙江	7.38	7.59	21.50	72.21	−19.63	0.7368	1
安徽	23.15	17.84	0.31	10.01	−17.82	0.9948	1

续表

DMU	变化比率					原始公共权重效率	改进后公共权重效率
	X1	X2	Y1	Y2	U1		
福建	6.97	6.38	48.06	71.10	−20.20	0.5836	1
江西	24.09	20.92	0.17	20.63	−17.42	0.9965	1
山东	10.30	3.56	14.63	64.69	−20.48	0.6834	1
河南	2.20	3.39	19.55	77.30	−20.32	0.7490	1
湖北	7.72	6.74	13.95	73.89	−19.67	0.8261	1
湖南	6.65	8.59	6.98	70.61	−19.53	0.8620	1
广东	19.88	15.16	1.87	51.74	−18.58	0.9653	1
广西	4.33	5.51	45.76	74.29	−19.84	0.6911	1
海南	7.71	1.65	5.81	61.46	−19.92	0.8662	1
重庆	5.37	4.33	3.91	71.95	−20.20	0.6170	1
四川	−6.47	−5.04	12.29	84.31	−21.08	0.6216	1
贵州	2.66	2.15	27.29	76.16	−20.49	0.6344	1
云南	−40.00	−40.00	31.61	150.00	−40.00	0.4032	1
陕西	2.30	2.87	5.47	76.69	−20.60	0.7733	1
甘肃	7.69	4.88	1.64	56.41	−19.67	0.9374	1
青海	−2.30	−2.79	6.83	77.61	−21.10	0.8227	1
宁夏	0.72	0.98	4.58	79.97	−19.82	0.5542	1
新疆	2.31	1.54	4.91	76.62	−20.02	0.4757	1

在表 14.3 中，第 2~6 列列出了 DMU 的可自由分配的投入和产出的变化，第 7~8 列列出了当前 DMU 的原始 CCR 效率及调整后新 CCR 效率，最后一列列出了 DMU 对最终资源分配结果的满意度。表 14.4 中，第 2~6 列列出了 DMU 的可自由分配的投入和产出的变化比率，第 7~8 列列出了 DMU 的原始公共权重效率和改进后公共权重效率。这里值得注意的是，用于 DMU 效率评估的公共权重集是由模型(14.7)得到的。

14.4.3　分析和讨论

1. 效率评价和改进结果分析

首先，利用自我评价结果和公共权重评价结果分析了 DMU 的环境效率。从 DMU 的原始 CCR 效率中，可以看到 12 个 DMU 是环境有效的，分别是北京、天津、河北、上海、安徽、江西、湖南、广东、海南、甘肃、青海和宁夏的公路运输系统。其他 18 个 DMU 都不是环境有效的，其中云南的环境效率值最低 (0.4469)。然而，模型(14.3)评价 DMU 得到的总权重具有灵活性，这导致效率评价结果不能被所有的 DMU 所接受。因此,使用模型(14.7)得到最终的公共权重集,该模型最大化所有 DMU 之间的最小满意度,并且这些权重用在了当前 DMU 的环境效率评价中。使用原始的公共权重时,没有 DMU 被评价为环境有效。这意味着从集中的角度评价时,DMU 的环境绩效并不好。一般而言,效率值大于 0.9 的 DMU 被认为具有良好的绩效,但只有安徽、江西、广东和甘肃的 DMU 环境效率值大于 0.9。因此,从目前的 DMU 的环境效率评价结果来看,特别是从共同权重评价结果来看,中国大多数区域公路运输系统表现不佳。

为了改善 DMU 的环境绩效,建议为 DMU 确定适当的资源分配并设定新的生产目标,以获得新的调整后的 DMU 的产量。从调整后的 DMU 的效率评估结果可以看出,无论是在自我评价还是在共同权重评价的结果中,所有 DMU 都变得环境有效。以四川为例,如果在下一阶段(2013 年)生产中,其能源消耗、资本投资和 CO_2 排放量分别减少 6.47%、5.04%和 21.08%,旅客周转量和货物周转量分别增加 12.29%和 84.31%,则无论是在自我评价还是在共同权重评价的结果中,都可以达到环境有效。

此外,考虑 DMU 对资源分配结果的满意度。表 14.3 显示,最大化 DMU 最小满意度的结果为 0.2888,这个值并不高。在所有 DMU 中,天津对结果的满意度最高,为 0.7926。这些结果表明,很难获得使所有 DMU 都非常满意的资源再分配和目标设定结果。然而,从集中的角度去考虑所有 DMU 的满意度,会使 DMU 之间的满意度差异不大。此外,所提出的模型最大化了所有 DMU 的满意度,即使 DMU 的满意度变得不是很高。

总之,所提出的方法可以为 DMU 进行分配资源和预估新的生产目标,以改进其环境绩效。

2. 资源配置和目标设定结果分析

现在来看资源分配和目标设定的结果,得出以下结论。

首先,7 个 DMU 的能源分配减少,其中减少最多的是北京、山西、上海和云南。在新的生产周期中,它们各自需要将能耗降低 40.00%。黑龙江省的能源消耗减少是最小的,只需要减少 0.23%,其他 27 个 DMU 分配的能源需要增加。其中,江西的增幅最大,为 24.09%。政府需要减少 7 个 DMU 的资本投资:云南、山西、北京、上海、四川、青海和黑龙江。在资金投入减少的 DMU 中,云南、山西、北京和上海的减幅达到 40.00%。其他 23 个 DMU 的资本投资需要增加,但可以看出,DMU 的增加比例一般不是很高。其中,江西的增量比例最大,为 20.92%。宁夏的最低增量比例为 0.98%。

其次,在新的目标结果中可以看到,DMU 的期望产出有很大的增长潜力,特别是货物周转量。从整体角度来看,DMU 的客运量和货物周转量分别可增加

42327.3 亿人每公里和 1244515.9 亿吨每公里，分别占当前总量的 14.94%和
78.48%。从单个 DMU 的角度来看，所有 DMU 的期望产出预计在资源分配后都
会增加。其中，北京客运量增量占比最大，达到目前水平的 150%。此外，山西
客运量的增长比例也很高。在新的生产周期内，其客运量可增加 68.50%。与客运
量的增量比例相比，各 DMU 在货运量中的增量比例要高得多。在资源再分配后，
28 个 DMU 的货物周转量增加 50%以上。其中，上海、云南、山西和北京的增量
最大，各达到 150%的增量比例。

最后，考虑 DMU 非期望产出的减少比例。从表 14.4 中的计算结果可以看出，
预计在新的生产期内，所有 DMU 的 CO_2 排放量都将减少。上海、云南、北京和
山西的减幅最大，都减少当前碳排放量的 40%。实际上，这 4 个 DMU 根据它们
最初的公共权重效率值排列在所有 DMU 的最后四位。其他 DMU 的碳排放减少
比例的数值一般很接近，介于 17.82%和 21.10%之间。

资源分配和目标设定结果为支持国家一级的决策提供了重要的和有价值的信
息。根据表 14.3 和表 14.4 中的计算结果，在新的生产阶段，中国政府通过分配资
源和设定新的生产目标，能够优化所有 DMU 的生产规模，从而在不增加资源消
耗的情况下实现期望产出的产量的增加和非期望产出的产量的减少。此外，所有
DMU 都将在生产效率前沿进行生产，它们都将是环境有效的。因此，中国交通
系统的整体环境效率都将得到提高。

3. 政策建议

基于以上分析，现提出以下政策建议，以改善中国区域公路运输系统的环境
绩效。

首先，实证研究的一个基本意义是，中国政府应当利用本书提出的方法或其
他合适的资源再分配方法，对投资于区域公路运输系统的资源进行及时调整。从
这项研究中，可知目前公路运输系统之间的资源分配是不恰当的。具体来说，在
一些公路区域运输系统中，资源配置不足以维持生产，并且由于资源的限制，这
些系统环境效率低。然而，在其他的一些区域公路运输系统中，所分配的能源和
资本大大超过了环境有效运行所需的资源，多余的能源和资本造成了资源的浪费。
因此，如果政府在运输系统之间重新分配资源，区域运输系统就可以实现更高的
环境绩效。区域运输系统新调整的投入资源更适合其实际生产情况。资源将得到
更好的利用，资源的浪费也会更少。此外，区域生产系统的新的预计产出目标为
系统在新的生产时期实现环境有效提供了良好的指导。

其次，中国政府应加大投资，鼓励发展新的物流和客运平台，尤其是互联网
技术。从上述分析的目标设定结果可以看出，各区域公路运输系统在增加总客运
量和货物总周转量方面都有很大的潜力。这些结果反映在现实中表现为许多公共

汽车和小汽车(尤其是私家车)在道路上行驶时很多座位是空着的、许多卡车在道路上行驶时负载不足。尽管有这种未能完全利用的部分存在,每天运输(客运或货运)的需求仍然很大。车辆使用效率低下的主要原因是供需之间缺乏协调。因此,政府必须鼓励开发新的物流和客运平台,利用新开发的互联网技术,使供需双方能够及时交流信息。例如,优步和滴滴打车等手机应用允许私人汽车车主在合适的情况下将乘客带到目的地,类似的合作物流平台可以避免或至少减少因卡车载重量不足而造成的浪费。

最后,政府应该更加重视并加大对中国绿色交通建设的投入。从我国区域公路运输系统的环境效率评价结果来看,我国区域公路运输现状较差,高速公路运输系统的环境效率大多低下。此外,从目标设定的结果来看,可以看出各地区减少 CO_2 排放的潜力很大。一方面,中国政府应该加大投资,治理公路运输系统排放导致的环境污染。另一方面,应鼓励新的先进技术(例如新能源汽车和先进的汽车废气处理技术)取代旧技术,从而减少 CO_2 排放。

14.5　本章小结

本章提出了一个资源分配和目标设定模型,用于改善 DMU 的环境绩效。首先,引入了考虑非期望产出的 DEA 模型。其次,给出了在资源再分配和目标设定过程中各 DMU 获得最大收益的最大收益识别模型。基于各 DMU 的最大和最小收益目标,引入了各 DMU 对资源再分配和目标设定结果的满意度的概念。在此基础上,提出了一个集中式资源再分配和目标设定模型,用于资源再分配和目标设定。该方法有两个优点:它保证了调整后的 DMU 在新的生产周期内都是环境有效的,并且产生的资源再分配和目标设定结果能使 DMU 的最小满意度最大化。最后,将该方法应用于中国 30 个区域公路运输系统的资源再分配和目标设定。实证分析表明,在保持总投入现有水平的前提下,中国区域公路运输系统具有增加期望产出和减少非期望产出的巨大潜力。

本章至少可以得出三个进一步的研究方向。第一,在实证研究中,只考虑了一年的区域公路运输系统数据,可以收集两年或两年以上的数据,并对模型进行扩展,以实现区域公路运输系统的动态资源分配和目标设定。第二,建议为每个 DMU 设定一个最低可接受满意度,并制定相应的资源再分配和目标设定方法。第三,在本章的应用部分,CO_2 排放被认为是运输系统中的一种非期望产出,而在一些实际情况下,CO_2 排放被认为是一种有限的资源,需要在一组 DMU 之间进行分配。对目前学者们所提出的资源分配和目标设定方法进行进一步的分析和分类是一个很好的研究方向,其中一方面将 CO_2 排放许可视为需要在 DMU 之间分配的资源,另一方面将 CO_2 排放看作非期望产出,在对问题进行建模时需要进行特殊处理。

参 考 文 献

Abramo G, Cicero T, D'Angelo C A. 2011. A field-standardized application of DEA to national-scale research assessment of universities. Journal of Informetrics, 5(4): 618-628.

Andersen J L, Bogetoft P. 2007. Gains from quota trade: theoretical models and an application to the Danish fishery. European Review of Agricultural Economics, 34(1): 105-127.

Asmild M, Paradi J C, Pastor J T. 2009. Centralized resource allocation BCC models. Omega, 37(1): 40-49.

Beasley J E. 2003.Allocating fixed costs and resources via data envelopment analysis. European Journal of Operational Research, 147(1): 198-216.

Berger A N, Humphrey D B. 1992. Megamergers in banking and the use of cost efficiency as an antitrust defense. Antitrust Bull, 37(3): 541-600.

Chang Y T, Zhang N, Danao D, et al. 2013. Environmental efficiency analysis of transportation system in China: a non-radial DEA approach. Energy Policy, 58: 277-283.

Charnes A, Cooper W W. 1962. Programming with linear fractional functionals. Naval Research Logistics Quarterly, 9(3-4): 181-186.

Charnes A, Cooper W W, Rhodes E. 1978. Measuring the efficiency of decision making units. European Journal of Operational Research, 2(6): 429-444.

Chen P C, Yu M M, Chang C C, et al. 2015. The enhanced Russell-based directional distance measure with undesirable outputs: numerical example considering CO_2 emissions. Omega, 53: 30-40.

Chiu Y H, Lin J C, Hsu C C, et al. 2013. Carbon emission allowances of efficiency analysis: application of super SBM ZSG-DEA model. Polish Journal of Environmental Studies, 22(3): 653-666.

Cook W D, Harrison J, Imanirad R, et al. 2013. Data envelopment analysis with nonhomogeneous DMUs. Operations Research, 61(3): 666-676.

Cook W D, Kress M. 1999. Characterizing an equitable allocation of shared costs: a DEA approach. European Journal of Operational Research, 119: 652-661.

Cook W D, Zhu J. 2005. Allocation of shared costs among decision making units: a DEA approach. Computers & Operations Research, 32: 2171-2178.

Ding C, Li J. 2014. Analysis over factors of innovation in China's fast economic growth since its beginning of reform and opening up. AI & Society, 29(3): 377-386.

Du J, Chen Y, Huo J. 2014a. DEA for non-homogenous parallel networks. Omega, 56: 122-132.

Du J, Cook W D, Liang L, et al. 2014b. Fixed cost and resource allocation based on DEA cross-efficiency. European Journal of Operational Research, 235(1), 206-214.

Fang L. 2013. A generalized DEA model for centralized resource allocation. European Journal of Operational Research, 228(2): 405-412.

Fang L. 2015. Centralized resource allocation based on efficiency analysis for step-by-step improvement paths. Omega, 51: 24-28.

Färe R, Grosskopf S. 2003. Nonparametric productivity analysis with undesirable outputs: comment. American Journal of Agricultural Economics, 85(4):1070-1074.

Färe R, Grosskopf S, Lovell C K, et al. 1989. Multilateral productivity comparisons when some outputs are undesirable: a nonparametric approach. The Review of Economics and Statistics, 71(1): 90-98.

Feng C, Chu F, Ding J, et al. 2015. Carbon Emissions Abatement(CEA)allocation and compensation schemes based on DEA. Omega, 53: 78-89.

Fu P, Zhan Z, Wu C. 2013. Efficiency analysis of Chinese Road Systems with DEA and order relation analysis method: externality concerned. Procedia-Social and Behavioral Sciences, 96: 1227-1238.

Golany B, Roll Y. 1989. An application procedure for DEA. Omega, 17(3): 237-250.

Gomes E G, Lins M E. 2008. Modelling undesirable outputs with zero sum gains data envelopment analysis models. European Journal of Operational Research, 59(5): 616-623.

Hailu A, Veeman T S. 2001. Non-parametric productivity analysis with undesirable outputs: an application to the Canadian pulp and paper industry. American Journal of Agricultural Economics, 83(3): 605-616.

Hofmarcher M M, Paterson I, Riedel M. 2002. Measuring hospital efficiency in Austria - a DEA approach. Health Care Management Science, 5(1): 7-14.

Hua Z S, Bian Y W, Liang L. 2007. Eco-efficiency analysis of paper mills along the Huai River: an extended DEA approach. Omega, 35(5): 578-587.

LaPlante A E, Paradi J C. 2015. Evaluation of bank branch growth potential using data envelopment analysis. Omega, 52: 33-41.

Li H, Yang W, Zhou Z, et al. 2013a. Resource allocation models' construction for the reduction of undesirable outputs based on DEA methods. Mathematical and Computer Modelling, 58(5): 913-926.

Li S K, Cheng Y S. 2007. Solving the puzzles of structural efficiency. European Journal of Operational Research, 180(2): 713-722.

Li Y J, Yang M, Chen Y, et al. 2013b. Allocating a fixed cost based on data envelopment analysis and satisfaction degree. Omega, 41: 55-60.

Liu W, Zhou Z, Ma C, et al. 2015. Two-stage DEA models with undesirable input-intermediate-outputs. Omega, 56: 74-87.

Lotfi F H, Hatami-Marbini A, Agrell P J, et al. 2013. Allocating fixed resources and setting targets using a common-weights DEA approach. Computers & Industrial Engineering, 64(2): 631-640.

Lozano S, Villa G. 2004. Centralized resource allocation using data envelopment analysis. Journal of Productivity Analysis , 22(1): 143-161.

Lozano S, Villa G, Brännlund R. 2009. Centralised reallocation of emission permits using DEA. European Journal of Operational Research,193(3): 752-760.

O'Neill L, Rauner M, Heidenberger K, et al. 2008. A cross-national comparison and taxonomy of DEA-based hospital efficiency studies. Socio-Economic Planning Sciences, 42(3): 158-189.

Seiford L M, Zhu J. 2002. Modeling undesirable factors in efficiency evaluation. European Journal of Operational Research, 142(1): 16-20.

Sherman H D, Gold F. 1985. Bank branch operating efficiency: evaluation with data envelopment analysis. Journal of Banking & Finance, 9(2): 297-315.

Sherman H D, Rupert T J. 2006. Do bank mergers have hidden or foregone value? Realized and unrealized operating synergies in one bank merger. European Journal of Operational Research, 168(1): 253-268.

Song M, Zheng W, Wang Z. 2016. Environmental efficiency and energy consumption of highway transportation systems in China. International Journal of Production Economics, 181: 441-449.

Sun J, Wu J, Liang L, et al. 2014. Allocation of emission permits using DEA: centralised and individual points of view. International Journal of Production Research, 52: 419-435.

Wang K, Wei Y M. 2016. Sources of energy productivity change in China during 1997-2012: a decomposition analysis based on the Luenberger productivity indicator. Energy Economics, 54: 50-59.

Wang K, Wei Y M, Zhang X A. 2012. Comparative analysis of China's regional energy and emission performance: Which is the better way to deal with undesirable outputs? Energy Policy, 46: 574-584.

Wang Y M, Chin K S. 2010. Some alternative models for DEA cross-efficiency evaluation. International Journal of Production Economics, 128: 332-338.

Wu D D. 2011. Estimation of potential gains from mergers in multiple periods: a comparison of stochastic frontier analysis and Data Envelopment Analysis. Annals of Operations Research, 186(1): 357-381.

Wu J, An Q, Ali S, et al. 2013. DEA based resource allocation considering environmental factors. Mathematical and Computer Modelling, 58(5-6): 1128-1137.

Wu J, Chu J, Sun J, et al. 2016a. DEA cross-efficiency evaluation based on Pareto improvement. European Journal of Operational Research, 248(2): 571-579.

Wu J, Zhu Q, Chu J, et al. 2016b. Measuring energy and environmental efficiency of transportation systems in China based on a parallel DEA approach. Transportation Research Part D: Transport and Environment, 48: 460-472.

Yang M, Li Y, Chen Y. 2014. An equilibrium efficiency frontier data envelopment analysis approach for evaluating decision-making units with fixed-sum outputs. European Journal of Operational Research, 239(2): 479-489.

Yang Z, Zhang Q. 2015, Resource allocation based on DEA and modified Shapley value. Applied Mathematics and Computation, 263: 280-286.

Yuan J, Zhao C, Yu S. 2007. Electricity consumption and economic growth in China: Cointegration and co-feature analysis. Energy Economics, 29(6): 1179-1191.

Zhou P, Ang B W, Poh K L. 2008. A survey of data envelopment analysis in energy and environmental studies. European Journal of Operational Research, 189(1): 1-18.

第15章 目标设定下碳减排任务分配研究

碳减排分配作为解决全球变暖问题的一种有效方法，近年来已成为一个热门的研究课题，并引起了广泛关注。然而，传统的碳减排分配方法通常设定最远目标作为 DMU 的有效目标，而忽略了 DMU 不希望最大化(最小化)它们的一些投入(产出)。此外，总的碳减排水平通常是主观确定的，并未考虑到目前的二氧化碳排放的情况。为了克服这些不足，将 DEA 及其最接近目标的技术引入到碳减排分配问题中。首先，本章提出了一个两阶段的方法来确定 DMU 的最优总碳减排水平。然后，给出了另一个两阶段方法，用于在 DMU 之间分配之前确定的最优总碳减排水平。在碳减排分配中，为 DMU 设置新的投入和产出目标时，更具灵活性。最后，本章将所提出的方法应用于 20 个亚太经济合作组织(APEC)经济体的碳减排目标设定和分配。

15.1 引　　言

随着全球环境的恶化，环保与治理问题已经引起了全世界的高度重视(Wang and Xu，2014；Wu et al.，2015；Li et al.，2015)。受到广泛关注的环境问题之一是全球变暖(Yi et al.，2011；Wang et al.，2013a,；Yu et al.，2014；Trenberth et al.，2014；Jiang et al.，2015)。温室气体排放是导致全球变暖的主要原因，它带来了前所未见的气候变化，威胁着人类的生存和发展(Feng et al.，2015；Wang et al.，2013b)。根据 2007 年政府间气候变化专门委员会(IPCC)的报告，CO_2 排放量约占温室气体排放总量的 77%(Chiu et al.，2013)。采取行动实施碳减排变得越来越紧迫。

APEC 成立于 1989 年，包括最发达的和增长最快的经济体，在过去 20 年中吸引了最多的外国资本、技术和管理经验(Hu and Kao，2007)。2008 年，APEC 成员的总人口为 25 亿，经济总量约占全球国内生产总值的 57%(Ke and Hu，2011)。APEC 的碳排放情况十分严峻，根据世界银行的报告，2011 年 APEC 的碳排放约占世界碳排放总量的 60%(World Bank，2014)。APEC 有义务减少碳排放，但控制碳排放是一项共同责任，任何一个实体都不应单独承担全部责任(Wei et al.，2013)。因此，很有必要提出切实有效的方法来设定最佳总的碳减排水平，并在一组责任实体之间分配总碳减排值。

本章主要研究碳减排的目标设定和分配问题。碳排放是生产过程中产生的非期望产出。此外,生产实体通常使用多个投入来生产多个产出。因此,引入的方法应该能够处理具有多种投入和产出的生产实体,产出包含非期望产出。DEA 恰好符合上述要求。

DEA 是一种非参数方法,用于评价一组同质 DMU 的效率,其中 DMU 的多个投入被消耗以产生多个产出。最近,DEA 已经扩展到许多领域,如固定成本分配(Cook and Kress,1999;Cook and Zhu,2005;Li et al.,2013)、企业兼并与收购(Berger and Humphrey,1992;Wu et al.,2011)、网络系统分析(Du et al.,2014;An et al.,2015b)和生态效率分析(Hua et al.,2007)。

在 DEA 的这些应用中,研究最广泛的是资源配置。Golany 和 Tamir(1995)提出了一个基于 DEA 可用于 DMU 间的资源分配的线性规划模型。投入和产出目标是通过在模型中对投入的特殊限制下最大化总产出而产生的。Athanassopoulos(1995)将目标规划技术和 DEA 方法相结合,提出了一种在多级规划问题中进行资源分配和目标设定的方法。这项工作被 Athanassopoulos(1998)进一步扩展到多级多单位组织结构的资源分配和目标设定。Beasley(2003)提出了一种基于 DEA 的方法,可用于 DMU 同时分配投入资源和设定产出目标。他们模型的目标是最大化 DMU 的平均效率。Lozano 和 Villa(2004)提出了两个基于 DEA 的集中式资源分配模型。他们的模型基于这样的假设,即管理者倾向于最大化个人的效率,同时要求 DMU 的投入和产出分别最小化和最大化。Lozano 等(2004)随后将此方法用于西班牙市政当局设定回收玻璃量的目标,目标是最大化所有市政当局的回收玻璃总量。Asmild 等(2009)扩展了 Lozano 和 Villa(2004)、Lozano 等(2004)提出的集中式模型。他们建议修改模型,只考虑对预先确定的无效 DMU 进行生产调整,并提供了一个根据决策者的偏好生成最优解的方法。这些先前的研究仅考虑在 DMU 之间分配资源并为它们设定目标。相比之下,Bi 等(2011)考虑了一种新的情况,即 DMU 的生产系统为一种两阶段并行系统。他们在这样的系统中进一步提出了基于 DEA 的资源分配和目标设定方法。Karsu 和 Morton(2014)考虑了投入(资源)被分配给不同类别实体的问题。他们的方法可以为实体生成资源分配结果,从而在不同类别的实体之间实现理想公平化。Fang(2015)注意到 DMU 很难一步实现其目标效率,特别是对于那些低效率的 DMU。因此,他提出了一种带有逐步改进的集中资源分配方法。

与传统的资源分配问题相比,碳减排分配不同于被称作"资源"的分配。碳减排分配是一个使用特定机制在 DMU 之间分配总碳减排配额的过程(Sun et al.,2014)。分配给每一个 DMU 的碳减排值并不被视为一种有用的投入,而是用于对其碳排放权施加限制。最近,许多研究使用 DEA 来解决碳减排、碳排放权和再分配问题。Gomes 和 Lins(2008)提出了 ZSG-DEA 模型。这一模型被用于确定各 DMU 之间碳排放的全局平衡分配。Andersen 和 Bogetoft(2007)提供了一种方法用来分析来自配额交易的潜在收益，并将该方法应用于分析丹麦渔业。Lozano 等 (2009)基于 DEA 提出了两种对排放权进行集中再分配的三阶段方法。他们方法的优点是：它是单位不变的，并且不需要关于 DMU 的投入和产出的价格信息。Wu 等(2013)认为，在讨价还价博弈中，DMU 之间相互竞争最多的是排放权。随后，他们提出了一种在 DMU 之间公平削减和再分配排放权的方法。Sun 等(2014)根据 DMU 的当前投入和产出，提出了在 DMU 之间分配排放权的方法。他们的两种方法分别从集中和个体决策的视角提出。Chiu 等(2013)也关注排放权分配的公平性。他们使用 ZSG-DEA 模型在 24 个欧盟成员国之间分配排放权和重新分配排放配额。Feng 等(2015)提出了一个两步的碳减排分配和补偿方法。第一步，基于 DEA 方法确定各 DMU 的最优碳排放水平；第二步，基于分配结果使用两个补偿方案作为补充。

除了使用 DEA 分配排放权，还可以用其他方法，如 Grandfathering 法。事实上，在大多数现实世界的排放交易系统中，主要考虑 Grandfathering 法(Stavins，1998)。在 Ackerman 和 Moomaw(1997)、Cason 和 Gangadharan(2003)等著作中可以看到分配排放权使用 Grandfathering 法的例子。然而，Goulder 等(1997)指出，与其他分配排放权方法相比，Grandfathering 法是效率最低的方法。另一个典型的分配排放权方法是基于产出的分配方法(Cason and Gangadharan，2003)。这种方法使用动态数据作为分配排放权的基础，在国际市场上很流行。在 Jensen 和 Rasmussen(2000)、Burtraw 等(2001)、Fischer 和 Fox(2004)等著作中可以看到这两种分配排放权方法的更多比较和应用。

在本章中，旨在利用 DEA 方法解决碳减排分配问题。现有的排放权分配模型通常假设在分配之后 DMU 在帕累托有效前沿上生产(Lozano et al.，2009；Fang，2015)。这一目标通常是通过在分配中考虑最小化 DMU 的投入和最大化其产出来实现的。这种设定目标的方式通常将为每个 DMU 设定在帕累托有效前沿上的最远目标(Aparicio et al.，2007；Aparicio and Pastor，2014；An et al.，2015a)。然而，有时 DMU 希望在分配中尽可能少地改变它们的一些投入和产出。例如，一个国家希望将其能源消耗调整到最小值，但同时又不希望其劳动力数量减少到最小，因为这将导致该国失业率上升。此外，在目前的大多数研究中，总碳减排水平是由作者主观给出的，而没有考虑到目前 DMU 的碳排放情况。为了克服这些不足，首先，将 DEA 最近目标技术引入到碳减排分配中。然后，提出了一个两阶段的碳减排目标设定方法，用于确定 DMU 的最优总碳减排水平。此外，给出了另一个两阶段方法，用于在 DMU 之间分配总的碳减排值。该方法在设定 DMU 的新的投入和产出目标方面提供了一个最佳的总碳减排水平和更大的灵活性。

本章余下部分组织如下。15.2 节介绍了本章中需要用到的基础理论。15.3 节探讨了碳减排的目标设定方法。15.4 节给出了新的碳减排分配模型。15.5 节将新的碳减排分配模型应用于 20 个 APEC 经济体的碳减排目标设定和分配。最后，15.6 节给出了结论和进一步的扩展。

15.2 帕累托前沿集的构建

在这一节中，首先简要介绍 DEA，并介绍一个模型来评估包含非期望产出的 DMU。然后，确定 DMU 的帕累托有效前沿。

15.2.1 含有非期望产出的 DEA 模型介绍

假设有 n 个待评价的 DMU。每个 DMU 有 m 个投入和 s 个产出，分别表示为 $x_{ij}(i=1,2,\cdots,m)$ 和 $y_{rj}(r=1,2,\cdots,s)$。Charnes 等(1978)提出了第一个 DEA 模型(CCR 模型)，该模型的产出导向包络形式表示为

$$\text{Min } \theta_d - \varepsilon \left(\sum_{i=1}^{m} s_i^- + \sum_{r=1}^{s} s_i^+ \right)$$

$$\text{s.t.} \sum_{j=1}^{n} \lambda_j x_{ij} + s_i^- = \theta_d x_{id}, i=1,2,\cdots,m$$

$$\sum_{j=1}^{n} \lambda_j y_{rj} - s_r^+ = y_{rd}, r=1,2,\cdots,s \tag{15.1}$$

$$s_i^- \geqslant 0, i=1,2,\cdots,m$$

$$s_r^+ \geqslant 0, r=1,2,\cdots,s$$

$$\lambda_j \geqslant 0, j=1,2,\cdots,n$$

在模型(15.1)中，$\varepsilon > 0$ 是非阿基米德值，s_i^- 和 s_i^+ 是松弛变量。通过求解模型(15.1)，可以得到每个 DMU_d 的一个最优目标函数值，即 θ_d^*，它被定义为 DMU_d 的 CCR 效率。

然而，在 CCR 模型中，产出都是期望产出。它不能有效地评估包含非期望产出的 DMU。为了解决这一问题，本章采用了 Färe 等(2004)提出的投入导向评价模型，该模型可以写为

$$\text{Min } E_d - \varepsilon \left(\sum_{i=1}^{m} s_i^- + \sum_{r=1}^{s} s_r^+ \right)$$

$$\text{s.t.} \sum_{j=1}^{n} \lambda_j x_{ij} + s_i^- = E_d x_{id}, i=1,2,\cdots,m$$

$$\sum_{j=1}^{n} \lambda_j y_{rj} - s_r^+ = y_{rd}, r=1,2,\cdots,s$$

$$\sum_{j=1}^{n}\lambda_j u_{pd} = u_{pd}, p = 1, 2, \cdots, i \tag{15.2}$$

$$s_i^- \geqslant 0, i = 1, 2, \cdots, m$$

$$s_r^+ \geqslant 0, r = 1, 2, \cdots, s$$

$$\lambda_j \geqslant 0, j = 1, 2, \cdots, n$$

$$E_d \text{ free}$$

在模型 (15.2) 中，$x_{ij}(i = 1, 2, \cdots, m)$、$y_{rj}(r = 1, 2, \cdots, s)$ 和 $u_{pj}(p = 1, 2, \cdots, i)$ 分别表示 DMU$_j$ 的投入、期望产出和非期望产出。正如 Chung 等 (1997) 和 Färe 等 (2004) 所述，模型 (15.2) 具有两个性质，即零联合性和弱可处置性。零联合性意味着只有在生产停止时，非期望产出才会被消除。弱可处置性意味着减少非期望的产出需要同时减少期望产出。

针对每个 DMU$_d$ 求解模型 (15.2)，可以得到最优解 $\{\lambda_j^*(j = 1, 2, \cdots, n),$ $s_i^{-*}(i = 1, 2, \cdots, m), s_r^{+*}(r = 1, 2, \cdots, s), E_d^*\}$。根据最优解，给出以下定义 15.1。

定义 15.1　对于 $\forall i, r$，如果有 $E_d^* = 1$ 和 $s_i^{-*} = s_r^{+*} = 0$，则 DMU$_d$ 环境有效。

15.2.2　帕累托有效前沿集构建

使用上述模型 (15.2)，DMU 的生产可能集表示为

$$T = \{(x_i, y_r, u_p, \forall i, r, p) \mid \sum_{j=1}^{n}\lambda_j x_{ij} \leqslant x_i, \forall i$$

$$\sum_{j=1}^{n}\lambda_j y_{rj} \geqslant y_r, \forall r \tag{15.3}$$

$$\sum_{j=1}^{n}\lambda_j u_{pj} = u_p, \forall p$$

$$\lambda_j \geqslant 0, \forall j\}$$

生产可能集 T 是在规模报酬不变 (CRS) 的条件下提出的。在规模非递减、规模非递增和规模可变报酬的假设下，可以通过分别增加约束 $\sum_{j=1}^{n}\lambda_j \leqslant 1$、$\sum_{j=1}^{n}\lambda_j \geqslant 1$ 和 $\sum_{j=1}^{n}\lambda_j = 1$ 来扩展模型 (15.2)。假设待评价 DMU$_0$ 的投入产出向量为 (X_0, Y_0, U_0)，T 中的任意 DMU 写作 (X, Y, U)。E 包含了所有环境有效的 DMU。下面给出定理。

定理 15.1　T 中支配 DMU$_0$ 的 DMU(X, Y, U) 处于帕累托前沿 $\Leftrightarrow \exists \lambda_j, d_j \geqslant 0,$ $b_j \in \{0, 1\}, j \in E, s_i^- \geqslant 0, \forall i, s_r^+ \geqslant 0, \forall r, \omega_i \geqslant 1, \forall i, \mu_r \geqslant 1, \forall r, \nu_p \geqslant 1, \forall p$，有

$$X = \sum_{j \in E} \lambda_j X_j$$

$$Y = \sum_{j \in E} \lambda_j Y_j$$

$$U = \sum_{j \in E} \lambda_j U_j$$

$$\sum_{j \in E} \lambda_j x_{ij} = x_{i0} - s_i^-, \forall i$$

$$\sum_{j \in E} \lambda_j y_{rj} = y_{r0} + s_r^+, \forall r \qquad (15.4)$$

$$\sum_{j \in E} \lambda_j u_{pj} = u_{p0} - s_i^-, \forall p$$

$$-\sum_{i=1}^{m} \omega_i x_{ij} + \sum_{r=1}^{s} \mu_r y_{rj} - \sum_{p=1}^{i} \gamma_p u_{pj} + d_j = 0, j \in E$$

$$d_j \leqslant M b_j, j \in E$$

$$\lambda_j \leqslant M(1 - b_j), j \in E$$

式中，M 是一个非常大的值。

定理 15.1 的证明可以很容易地从 Aparicio 等(2007)的定理证明中得到，在这里省略它。

从定理 15.1，得到帕累托有效前沿集为

$$T^{\text{Pareto}} = \left\{ (x_i, y_r, u_p, \forall i, r, p) \mid \sum_{j=1}^{n} \lambda_j x_{ij} \leqslant x_i, \forall i \right.$$

$$\sum_{j=1}^{n} \lambda_j y_{rj} \geqslant y_r, \forall r$$

$$\sum_{j=1}^{n} \lambda_j u_{pd} = u_p, \forall p \qquad (15.5)$$

$$-\sum_{i=1}^{m} \omega_i x_{ij} + \sum_{r=1}^{s} \mu_r y_{rj} - \sum_{p=1}^{i} \gamma_p u_{pj} + d_j = 0, j \in E$$

$$d_j \leqslant M b_j, j \in E$$

$$\lambda_j \leqslant M(1 - b_j), j \in E$$

$$\left. \lambda_j \geqslant 0, \omega_i \geqslant 1, \mu_r \geqslant 1, v_p \geqslant 1, \forall i, i, r, p \right\}$$

帕累托有效前沿集 T^{Pareto} 可以通过分别增加约束 $\sum_{j=1}^{n} \lambda_j \leqslant 1$、$\sum_{j=1}^{n} \lambda_j \geqslant 1$ 和

$\sum\limits_{j=1}^{n} \lambda_j = 1$ 而扩展到非递减、非递增和可变规模收益的假设。在 CRS 下，帕累托有

效前沿集可以简化为

$$T^{\text{Pareto}} = \left\{ \left(x_i, y_r, u_p, \forall i, r, p \right) \mid \sum_{j=1}^{n} \lambda_j x_{ij} \leqslant x_i, \forall i \right.$$

$$\sum_{j=1}^{n} \lambda_j y_{rj} \geqslant y_r, \forall r \tag{15.6}$$

$$\sum_{j=1}^{n} \lambda_j u_{pd} = u_p, \forall p$$

$$\left. \lambda_j \geqslant 0, \forall j \right\}$$

在式 (15.6) 中，确定了帕累托有效前沿集、帕累托有效前沿集的单元可以作为 DMU 进行碳减排分配时的目标。基于帕累托有效前沿集，不仅可以用最远目标为 DMU 设置新的投入和产出目标，还可以通过使用替代目标函数作为最近目标来为 DMU 设置新的投入和产出目标。

15.3 碳减排目标设定模型

一般来说，当在 DMU 之间进行碳减排分配时，模型将为每个 DMU 设定投入和产出目标，以希望其在分配后能在帕累托有效前沿上生产。在传统的碳减排分配模型中，这一目标通常通过最大化总期望产出和最小化总投入来实现。然而，有时 DMU 不希望最小化（最大化）它们的一些特定投入（产出）。例如，如果像国家这样的 DMU 将劳动力数量视为一种投入，其中一些国家可能不希望最小化这种投入，因为这将导致国内失业率上升。这种产出的实例可以是需求相对不变的一些产品，例如，发电厂的净发电量。如果生产这样的产品过多，公司将在市场上找不到销售额外产品的需求，这将导致公司遭受一些损失。因此，尽管 DMU 希望在帕累托有效边界上获得目标生产规模，但也可能希望它们的一些产出（投入）被最大化（最小化）的同时，另一些其他投入和期望产出被尽可能少地改变。因此，这里将每个 DMU_j 的投入和期望产出划分为

$$\boldsymbol{X}_j = \begin{bmatrix} X_j^1 \\ X_j^2 \end{bmatrix} \tag{15.7}$$

$$\boldsymbol{Y}_j = \begin{bmatrix} Y_j^1 \\ Y_j^2 \end{bmatrix} \tag{15.8}$$

在式 (15.7) 和式 (15.8) 中，X_j^1 和 X_j^2 分别表示 DMU_j 最少改变的投入和最小化的

投入。Y_j^1 和 Y_j^2 分别表示变化最小的产出和最大化的产出。

当在 DMU 之间进行碳减排分配时,决策者面临的第一个问题是 DMU 需要减少多少碳排放总量。总的来说,总碳减排量 Δu^* 原是由国际惯例预先确定的。例如,《京都议定书》要求发达国家在 2008～2012 年期间减少 5.2%的温室气体排放(Feng et al., 2015)。在这一节,提出了一个两阶段的最佳碳减排目标识别方法,可用于获得 DMU 的最佳碳减排量。两阶段方法如下所示。

阶段一:考虑最小化改变投入/产出的变化。

$$\text{Min } \frac{1}{m_1}\sum_{i=1}^{m_1}\frac{\Delta x_i^1}{\sum\limits_{j=1}^n x_{ij}^1} + \frac{1}{s_1}\sum_{s=1}^{s_1}\frac{\Delta y_r^1}{\sum\limits_{j=1}^n y_{rj}^1}$$

$$\text{s.t.} \sum_{j\in E}\lambda_j x_{ij}^1 = \sum_{j=1}^n \lambda_j x_{ij}^1 - \Delta x_i^1, \ i=1,2,\cdots,m_1$$

$$\sum_{j\in E}\lambda_j x_{ij}^2 = \sum_{j=1}^n \lambda_j x_{ij}^2 - \Delta x_i^2, \ i=m_1+1,\cdots,m$$

$$\sum_{j\in E}\lambda_j y_{rj}^1 = \sum_{j=1}^n \lambda_j y_{rj}^1 + \Delta y_r^1, \ r=1,2,\cdots,s_1$$

$$\sum_{j\in E}\lambda_j y_{rj}^2 = \sum_{j=1}^n \lambda_j y_{rj}^2 + \Delta y_r^2, \ r=s_1+1,\cdots,s$$

$$\sum_{j\in E}\lambda_j u_{pj} = \sum_{j=1}^n u_j - \Delta u \tag{15.9}$$

$$0 \leqslant \Delta x_i^1 \leqslant \sum_{j=1}^n x_{ij}^1, \ i=1,2,\cdots,m_1$$

$$0 \leqslant \Delta x_i^2 \leqslant \sum_{j=1}^n x_{ij}^2, \ i=m_1+1,\cdots,m$$

$$0 \leqslant \Delta y_r^1, \ r=1,2,\cdots,s_1$$

$$0 \leqslant \Delta y_r^2, \ r=s_1+1,\cdots,s$$

$$0 \leqslant \Delta u \leqslant \sum_{j=1}^n u_j$$

$$\lambda_j \geqslant 0, j\in E$$

阶段二:考虑最大化投入/产出的变化。

$$\text{Max } \frac{1}{m-m_1}\sum_{i=m_1+1}^m\frac{\Delta x_i^2}{\sum\limits_{j=1}^n x_{ij}^2} + \frac{1}{s-s_1}\sum_{r=s_1+1}^s\frac{\Delta y_r^2}{\sum\limits_{j=1}^n y_{rj}^2}$$

$$\text{s.t.} \sum_{j \in E} \lambda_j x_{ij}^1 = \sum_{j=1}^n \lambda_j x_{ij}^1 - \Delta x_i^{1*}, \quad i = 1, 2, \cdots, m_1$$

$$\sum_{j \in E} \lambda_j x_{ij}^2 = \sum_{j=1}^n \lambda_j x_{ij}^2 - \Delta x_i^2, \quad i = m_1 + 1, \cdots, m$$

$$\sum_{j \in E} \lambda_j y_{rj}^1 = \sum_{j=1}^n \lambda_j y_{rj}^1 + \Delta y_r^{1*}, \quad r = 1, 2, \cdots, s_1$$

$$\sum_{j \in E} \lambda_j y_{rj}^2 = \sum_{j=1}^n \lambda_j y_{rj}^2 + \Delta y_r^2, \quad r = s_1 + 1, \cdots, s$$

$$\sum_{j \in E} \lambda_j u_{pj} = \sum_{j=1}^n u_j - \Delta u$$

$$0 \leqslant \Delta x_i^2 \leqslant \sum_{j=1}^n x_{ij}^2, \quad i = m_1 + 1, \cdots, m \qquad (15.10)$$

$$0 \leqslant \Delta y_r^2, \quad r = s_1 + 1, \cdots, s$$

$$0 \leqslant \Delta u \leqslant \sum_{j=1}^n u_j$$

$$\lambda_j \geqslant 0, \quad j \in E$$

在模型(15.10)中，$\Delta x_i^{1*} (i = 1, 2, \cdots, m_1)$ 和 $\Delta y_r^{1*} (r = 1, 2, \cdots, s_1)$ 是模型(15.9)的最优解。Δu 代表总的已确定的碳减排量。此外，这里应该注意的是，在模型(15.9)和模型(15.10)中的目标函数具有单位不变性。从这个两阶段方法可以看出，在第一阶段，最小化投入 X_j^1 和期望产出 Y_j^1 的总变化。这表明，当为整个系统的投入 X_j^1 和期望产出 Y_j^1 设定目标时，努力在帕累托有效边界上获得最近目标。在第二阶段，分别最大 Y_j^2 和 X_j^2 的总增量和减量。因此，为整个系统的 Y_j^2 和 X_j^2 设定的新目标是最远目标。

基于模型(15.10)，给出定理15.2。

定理 15.2 模型(15.10)的最优值相对于总碳减排值 Δu 是凹的，即 $f(\Delta u) = F^*(\Delta u)$ 相对于 Δu 是凹的，其中 $F^*(\Delta u)$ 是模型(15.10)的最优目标函数值。

定理15.2的证明很容易从 Feng 等(2015)对定理15.1的证明中推导出来。因此，在这里省略它。

从定理15.2中可知，从总体来看，存在一个最优的总碳减排值 Δu^*。整个系统应该把这个最优的总碳减排值作为要实现的目标。因此，通过使用所提出的碳减排目标识别方法，可以获得 DMU 的最佳总碳减排值。

15.4　碳减排分配模型

在 15.3 节，确定了 DMU 的最佳碳减排值。在本节中，进一步给出了一种在所有 DMU 之间分配最优碳减排值的方法。从一个集中的角度在 DMU 之间进行碳减排分配，采用两阶段方法。在第一阶段，最小化所有 DMU 的投入 X_j^1 和期望产出 Y_j^1 的变化量之和。在阶段一中使用的模型如下。

阶段一：最小化投入/产出的总变化。

$$\text{Min} \frac{1}{m_1} \sum_{k=1}^{n} \sum_{i=1}^{m_1} \frac{\left| x_{ik}^1 - \hat{x}_{ik}^1 \right|}{x_{ik}^1} + \frac{1}{s_1} \sum_{k=1}^{n} \sum_{r=1}^{s_1} \frac{\left| y_{rk}^1 - \hat{y}_{rk}^1 \right|}{y_{rk}^1}$$

$$\text{s.t.} \sum_{j \in E} \lambda_j x_{ij}^1 = \hat{x}_{ik}^1, \quad i = 1, 2, \cdots, m_1, \ k = 1, 2, \cdots, n$$

$$\sum_{j \in E} \lambda_j x_{ij}^2 = \hat{x}_{ik}^2, \quad i = m_1 + 1, \cdots, m, \ k = 1, 2, \cdots, n$$

$$\sum_{j \in E} \lambda_j y_{rj}^1 = \hat{y}_{rk}^1, \quad r = 1, 2, \cdots, s_1, \ k = 1, 2, \cdots, n$$

$$\sum_{j \in E} \lambda_j y_{rj}^2 = \hat{y}_{rk}^2, \quad r = s_1 + 1, \cdots, s, \ k = 1, 2, \cdots, n$$

$$\sum_{k=1}^{n} \hat{x}_{ik}^1 \leqslant \sum_{k=1}^{n} x_{ik}^1, \quad i = 1, 2, \cdots, m_1$$

$$\sum_{k=1}^{n} \hat{x}_{ik}^2 \leqslant \sum_{k=1}^{n} x_{ik}^2, \quad i = m_1 + 1, \cdots, m$$

$$\sum_{k=1}^{n} \hat{y}_{rk}^1 \geqslant \sum_{k=1}^{n} y_{rk}^1, \quad r = 1, 2, \cdots, s_1$$

$$\sum_{k=1}^{n} \hat{y}_{rk}^2 \geqslant \sum_{k=1}^{n} y_{rk}^2, \quad r = s_1 + 1, \cdots, s \tag{15.11}$$

$$\sum_{j \in E} \lambda_{jk} u_j = u_k - \Delta u_k, \quad k = 1, 2, \cdots, n$$

$$\sum_{k=1}^{n} \Delta u_k = \Delta u^*$$

$$0 \leqslant \hat{x}_{ik}^1, \quad i = 1, 2, \cdots, m_1, \ k = 1, 2, \cdots, n$$

$$0 \leqslant \hat{x}_{ik}^2, \quad i = m_1 + 1, \cdots, m, \quad k = 1, 2, \cdots, n$$

$$0 \leqslant \hat{y}_{ik}^1, \quad r = 1, 2, \cdots, s_1, \ k = 1, 2, \cdots, n$$

$$0 \leqslant \hat{y}_{ik}^2, \quad r = s_1 + 1, \cdots, s, \ k = 1, 2, \cdots, n$$

$$0 \leqslant \Delta u_k \leqslant cu_k$$

$$\lambda_j \geqslant 0, \quad j \in E$$

模型(15.11)中的目标函数也可以解释为：在帕累托有效边界上为 DMU 寻找最近目标。在模型(15.11)中，$c \in [0,1]$ 是一个参数，它表示在分配中 DMU 的最大碳减排可降低比例。模型(15.11)寻求将所有 DMU 的投入 X_j^1 和期望产出 Y_j^1 的绝对偏差之和最小化的条件有：

(1)DMU 的新生产规模目标处于帕累托有效前沿。

(2)总的 DMU 投入没有增加。

(3)总的 DMU 产出没有减少。

(4)总的碳减排水平等于 Δu^*。

注意，模型(15.11)是一个不能直接求解的非线性规划问题，所以假设：
$x_{ik}'^1 = 0.5\left[\left|x_{ik}^1 - \hat{x}_{ik}^1\right| + \left(x_{ik}^1 - \hat{x}_{ik}^1\right)\right], x_{ik}''^1 = 0.5\left[\left|x_{ik}^1 - \hat{x}_{ik}^1\right| - \left(x_{ik}^1 - \hat{x}_{ik}^1\right)\right], y_{rk}'^1 = 0.5\left[\left|y_{rk}^1 - \hat{y}_{rk}^1\right| + \left(y_{rk}^1 - \hat{y}_{rk}^1\right)\right], y_{rk}''^1 = 0.5\left[\left|y_{rk}^1 - \hat{y}_{rk}^1\right| - \left(y_{rk}^1 - \hat{y}_{rk}^1\right)\right]$，模型(15.11)等价地转化为

$$\text{Min} \frac{1}{m_1}\sum_{k=1}^{n}\sum_{i=1}^{m_1}\frac{x_{ik}'^1 + x_{ik}''^1}{x_{ik}^1} + \frac{1}{s_1}\sum_{k=1}^{n}\sum_{r=1}^{s_1}\frac{y_{rk}'^1 + y_{rk}''^1}{y_{rk}^1}$$

$$\text{s.t.} \sum_{j \in E}\lambda_j x_{ij}^1 = \hat{x}_{ik}^1, \quad i = 1,2,\cdots,m_1, \ k = 1,2,\cdots,n$$

$$\sum_{j \in E}\lambda_j x_{ij}^2 = \hat{x}_{ik}^2, \quad i = m_1+1,\cdots,m, \ k = 1,2,\cdots,n$$

$$\sum_{j \in E}\lambda_j y_{rj}^1 = \hat{y}_{rk}^1, \quad r = 1,2,\cdots,s_1, \ k = 1,2,\cdots,n$$

$$\sum_{j \in E}\lambda_j y_{rj}^2 = \hat{y}_{rk}^2, \quad r = s_1+1,\cdots,s, \ k = 1,2,\cdots,n$$

$$\sum_{j \in E}\lambda_{jk} u_j = u_k - \Delta u_k, \quad k = 1,2,\cdots,n$$

$$\sum_{k=1}^{n}\hat{x}_{ik}^1 \leqslant \sum_{k=1}^{n}x_{ik}^1, \quad i = 1,2,\cdots,m_1$$

$$\sum_{k=1}^{n}\hat{x}_{ik}^2 \leqslant \sum_{k=1}^{n}x_{ik}^2, \quad i = m_1+1,\cdots,m$$

$$\sum_{k=1}^{n}\hat{y}_{rk}^1 \geqslant \sum_{k=1}^{n}y_{rk}^1, \quad r = 1,2,\cdots,s_1$$

$$\sum_{k=1}^{n}\hat{y}_{rk}^2 \geqslant \sum_{k=1}^{n}y_{rk}^2, \quad r = s_1+1,\cdots,s \quad (15.12)$$

$$x_{ik}'^1 - x_{ik}''^1 = x_{ik}^1 - \hat{x}_{ik}^1, \quad i = 1,2,\cdots,m_1, \ k = 1,2,\cdots,n$$

$$y_{rk}^{\prime 1} - y_{rk}^{\prime\prime 1} = y_{rk}^1 - \hat{y}_{rk}^1, \quad r = 1, 2, \cdots, s_1, \ k = 1, 2, \cdots, n$$

$$\sum_{k=1}^{n} \Delta u_k = \Delta u^*$$

$$0 \leqslant \hat{x}_{ik}^1, x_{ik}^{\prime 1}, x_{ik}^{\prime\prime 1}, \quad i = 1, 2, \cdots, m_1, \ k = 1, 2, \cdots, n$$

$$0 \leqslant \hat{x}_{ik}^2, \quad i = m_1 + 1, \cdots, m, \ k = 1, 2, \cdots, n$$

$$0 \leqslant \hat{y}_{rk}^1, y_{rk}^{\prime 1}, y_{rk}^{\prime\prime 1}, \quad r = 1, 2, \cdots, s_1, \ k = 1, 2, \cdots, n$$

$$0 \leqslant \hat{y}_{rk}^2, \quad r = s_1 + 1, \cdots, s, \ k = 1, 2, \cdots, n$$

$$0 \leqslant \Delta u_k \leqslant c u_k$$

$$\lambda_j \geqslant 0, \quad j \in E$$

在第二阶段，基于模型(15.12)的计算结果，最小化所有 DMU 的投入 $\boldsymbol{X}_j^2$ 的总和，并且最大化期望产出 Y_j^2 的和。第二阶段使用的模型如下所示。

阶段二：考虑投入/产出最小化/最大化。

$$\text{Max} \ \frac{1}{s - s_1} \sum_{k=1}^{n} \sum_{r=s_1+1}^{s} \frac{\hat{y}_{rk}^2}{y_{rk}^2} - \frac{1}{m - m_1} \sum_{k=1}^{n} \sum_{i=m_1+1}^{m} \frac{\hat{x}_{ik}^2}{x_{ik}^2}$$

$$\text{s.t.} \ \sum_{j \in E} \lambda_j x_{ij}^1 = \hat{x}_{ik}^{1*}, \quad i = 1, 2, \cdots, m_1, \ k = 1, 2, \cdots, n$$

$$\sum_{j \in E} \lambda_j x_{ij}^2 = \hat{x}_{ik}^2, \quad i = m_1 + 1, \cdots, m, \ k = 1, 2, \cdots, n$$

$$\sum_{j \in E} \lambda_j y_{rj}^1 = \hat{y}_{rk}^{1*}, \quad r = 1, 2, \cdots, s_1, \ k = 1, 2, \cdots, n$$

$$\sum_{j \in E} \lambda_j y_{rj}^2 = \hat{y}_{rk}^2, \quad r = s_1 + 1, \ldots, s, \ k = 1, 2, \cdots, n$$

$$\sum_{j \in E} \lambda_{jk} u_j = u_k - \Delta u_k, \quad k = 1, 2, \cdots, n$$

$$\sum_{k=1}^{n} \hat{x}_{ik}^2 \leqslant \sum_{k=1}^{n} x_{ik}^2, \quad i = m_1 + 1, \cdots, m \qquad (15.13)$$

$$\sum_{k=1}^{n} \hat{y}_{rk}^2 \geqslant \sum_{k=1}^{n} y_{rk}^2, \quad r = s_1 + 1, \cdots, s$$

$$\sum_{k=1}^{n} \Delta u_k = \Delta u^*$$

$$0 \leqslant \hat{x}_{ik}^2, \quad i = m_1 + 1, \cdots, m, \ k = 1, 2, \cdots, n$$

$$0 \leqslant \hat{y}_{rk}^2, \quad r = s_1 + 1, \cdots, s, \ k = 1, 2, \cdots, n$$

$$0 \leqslant \Delta u_k \leqslant c u_k$$

$$\lambda_j \geqslant 0, \quad j \in E$$

在模型 (15.13) 中，$\hat{x}_{ik}^{1*}$ 和 $\hat{y}_{rk}^{1*}(\forall i, r, k)$ 是模型 (15.11) 的最优解中的最优值。Δu_k、$\forall k$ 代表需要识别的最终碳减排分配结果的变量。从模型 (15.12) 中可以看出，它寻求最小化所有 DMU 的投入 X_j^2 的总和，并且最大化期望产出 Y_j^2 的和，但要满足以下条件：

(1) DMU 的新生产规模目标处于帕累托有效前沿。

(2) 总的 DMU 投入没有增加。

(3) 总的 DMU 产出没有减少。

(4) 总的碳减排水平等于 Δu^*。

(5) 每个 DMU 的投入 X_j^1 和期望产出 Y_j^1 等于从阶段一获得的相应值。

15.5　20 个 APEC 经济体的应用

15.5.1　20 个 APEC 经济体

在本节，使用 20 个 APEC 经济体作为 DMU，将所提出的方法应用于碳减排目标的设定和分配 (Jin et al., 2014)。每个 DMU 的投入和产出指标为

(1) 投入：

X_j^1：劳动者数量 (千人) (LB)；

X_j^2：总能耗 (百万 t) (EC)；

(2) 期望产出：

Y_j^2：国内生产总值 (2005 年每十亿美元购买力平价) (GDP)；

(3) 非期望产出：

U：二氧化碳排放量 (百万 t) (CE)。

在上述指标中，为了消除不同汇率之间的影响，我们选取 2005 年每十亿美元购买力平价来衡量各国的 GDP。每个 APEC 经济体都不希望减少其劳动力数量。这是因为劳动力总数的减少会增加经济的失业率。因此，当设定总碳减排目标并为各经济体分配总碳减排时，每个 DMU 都希望其投入 X_j^1 变化最小。

15.5.2　结果和分析

20 个 APEC 经济体的原始数据列于表 15.1 的第 2～5 列，并以此来评估各经济体的效率，所得结果列于第 6～7 列。

从评估结果可以看出，在 20 个 APEC 经济体中，只有 4 个经济体被评估为环境有效：澳大利亚、文莱、中国香港和新加坡。大多数经济体都属于环境无效，环境效率最差的经济体是新西兰 (0.5988)。超过一半的经济体的环境效率值小

于 0.8。这表明 APEC 经济体的环境效率不佳，需要采取措施来节约能源并进行碳减排。

表 15.1　2010 年 APEC 经济体的原始数据和效率评估结果

DMU	LB/千人	EC/百万 t	GDP/2005 年每十亿美元购买力平价	CE/百万 t	效率值	环境是否有效
澳大利亚	11833.00	124.73	824.79	383.48	1	是
文莱	195.22	3.31	18.41	8.21	1	是
加拿大	18996.28	251.84	1202.02	536.63	0.7803	否
智利	8037.18	30.92	232.68	69.71	0.7372	否
中国	799541.70	2417.13	9122.24	7269.85	0.9783	否
中国台北	11135.22	109.28	732.34	270.22	0.8566	否
中国香港	3696.47	13.79	294.83	41.47	1	是
印度尼西亚	117961.80	207.85	930.65	410.94	0.6434	否
日本	66696.96	496.85	3895.26	1143.07	0.7691	否
韩国	24898.26	250.01	1320.93	563.08	0.7412	否
马来西亚	11969.96	72.65	375.29	185.00	0.8283	否
墨西哥	49616.58	178.11	1406.83	416.91	0.7655	否
新西兰	2351.14	18.20	112.23	30.86	0.5988	否
秘鲁	15475.96	19.40	248.76	41.94	0.7151	否
菲律宾	38712.93	40.48	332.06	76.43	0.6202	否
俄罗斯	75601.03	701.52	2010.38	1581.37	0.7332	否
新加坡	2805.44	32.77	263.83	62.93	1	是
泰国	39383.54	117.43	530.37	248.45	0.6882	否
美国	157492.70	2216.32	13017.00	5368.63	0.9394	否
越南	51137.64	59.23	249.92	130.46	0.7164	否
总计	1507539.01	7361.82	37120.82	18839.64		

接下来，使用所提出的两阶段碳减排目标设定方法来确定 DMU 的最佳碳减排水平。计算结果列于表 15.2。

表 15.2　碳减排目标设定结果

	LB/千人	EC/百万 t	GDP/2005 年每十亿美元购买力平价	CE/百万 t
总计	1507539.01	7361.82	371120.82	18839.64
新总计	1507539.01	5624.00	120241.13	16912.80
变化	0.00	−1737.8283	83120.31	−1926.84

　　表 15.2 的第三行显示了所有 DMU 的总投入和总产出的变化。在第一阶段，LB 的最小变化是 0。第二阶段，总的 EC 最大减少量为 1737.8283 百万 t。最后，通过同样的两阶段减排目标设定的方法得到的最佳总碳减排值为 1926.84 百万 t。

　　模型计算所得的最佳总碳减排值为 1926.84 百万 t，占所有 DMU 总碳排放量的 10.23%。在计算中，令模型 (15.12) 和 (15.13) 中的 $c=0.2$，使用提出的碳减排分配模型，在所有 DMU 之间分配得到总碳减排数量。为了比较，还列出了由 Grandfathering 法生成的分配结果 (Kopp，2007)。表 15.3 显示了碳减排分配结果。

表 15.3　碳减排分配结果

DMU	ΔLB /千人	ΔEC /百万 t	ΔGDP /2005 年每十亿美元购买力平价	碳减排分配方案	
				本章方法	Grandfathering 法
澳大利亚	0.00	2.27	210.13	−57.52	−7.69
文莱	0.00	−0.53	−0.58	−1.23	0.18
加拿大	0.00	−76.75	427.74	−80.49	11.03
智利	−1823.51	−7.74	262.92	0.00	36.30
中国	−187811.84	−135.02	39669.26	−406.97	−3113.62
中国台北	0.00	−22.81	205.22	−40.53	63.44
中国香港	0.00	0.00	0.00	0.00	92.86
印度尼西亚	−81332.25	−71.20	1990.92	0.00	13.08
日本	0.00	−154.71	1508.12	−171.46	631.67
韩国	0.00	−71.66	758.95	−84.46	38.76
马来西亚	0.00	−18.15	590.26	−27.75	−14.01
墨西哥	−12454.89	−39.48	1557.18	0.00	224.06
新西兰	0.00	−9.43	75.30	−4.48	20.27
秘鲁	−11737.60	−5.45	49.41	0.00	71.40
菲律宾	−31900.27	−15.06	211.32	0.00	74.86
俄罗斯	0.00	−193.70	4290.89	−237.21	−665.41
新加坡	0.00	−12.86	−29.68	−9.44	57.27
泰国	−17237.70	−34.81	1235.98	0.00	−6.81
美国	0.00	−454.72	633.95	−805.29	562.11
越南	−39508.96	−15.85	677.58	0.00	−16.59
总计	−383807.01	−1337.65	54324.86	−1926.84	−1926.84

　　在表 15.3 中，第 2～4 列显示了 DMU 的投入和产出的变化。第 5 列和第 6 列分别给出了 Grandfathering 法和本章提出的方法获得的碳减排分配方案。从碳减排分配结果中，可以得出几个结论。首先，当在帕累托有效边界上为 DMU 设定新的生产目标时，12 个 DMU 保持其 LB 不变。这与各经济体的要求是一致的，

因为它们都不想增加失业率。然而，如果一些经济体想在帕累托有效前沿上生产，就需要减少他们的 LB。这种现象在印度尼西亚、菲律宾和越南非常明显。它们的 LB 减少分别为 81332.25 千人、31900.27 千人和 39508.96 千人。这种现象的存在是因为这些国家的生产力不发达，意味着工人们使用旧机器来生产。因此，这些国家在进行改进以达到帕累托有效边界的目标时，还需要采用先进技术来提高其生产能力。此外，这里应该注意的是，对 DMU 来说，已确定的 LB 目标是最接近的。如果使用最远的目标，差异会更大。

除了 LB，还可以看到，相对于初始情况，大多数 DMU 的 EC 减少，期望产出增加。但也有一些例外，例如：香港的投入和产出都保持不变。香港是一个环境有效的经济体系，在最初的情况下，已经在帕累托有效边界上产生。因此，其保持当前的生产不改变是合理的。另一种情况可以在文莱看到，除了 LB，它的其他投入和期望产出都必须减少。这表明，像文莱这样的经济体需要将生产规模缩小到一个更好的规模，并牺牲部分 GDP 来完成碳减排任务。此外，可以看到澳大利亚则呈相反情况，它的其他投入(EC)和期望产出(GDP)都必须增加，以达到其帕累托有效边界的目标。

现在分析所有经济体的投入和产出的总差异，在表 15.4 的最后一行，可以看到，如果在分配之后所有的 DMU 都在帕累托有效边界上生产，整个系统可以实现 25.46% 的 LB 减少、18.17% 的 EC 节约、146.35% 的 GDP 增长和 10.23% 的碳排放减少。这表明整个系统可以调整其投入和产出来进行碳减排，并获得更好的环境绩效。其中 GDP 的增长尤其显著。此外，模型(15.12)中的总 LB 比模型(15.10)中的大，并且模型(15.12)生成的其他投入和产出指标的总差异通常比模型(15.10)生成的小。从整个系统的角度来看(即，当仅要求整个系统在帕累托有效边界上生产时)，模型(15.10)产生更好的生产规模。然而，当在所有经济体之间进行碳减排分配时，所有经济体都被要求处于帕累托有效边界，添加了更多约束。因此，结果之间会产生不同的差异。

表 15.4 总投入和产出差异

	LB/千人	EC/百万 t	GDP/2005 年每十亿美元购买力平价	CE/百万 t
总量	1507539.01	7361.82	371120.82	18839.64
模型(15.10).A*	0.00	−1737.8282	83120.31	−1926.84
模型(15.10).P**	0.00%	−23.61%	223.92%	−10.23%
模型(15.12).A*	−383807.01	−1337.65	54324.86	−1926.84
模型(15.12).P**	−25.46%	−18.17%	146.35%	−10.23%

注：*代表模型产生的结果中所有 DMU 的总投入和总产出的差异量。

**代表模型产生的结果中所有 DMU 的总投入和总产出的差值百分比。

最后，将重点放在通过这些不同方法获得的碳减排分配方案上。方法的分配结果列于表 15.3 的第 5 列。在这些经济体中，美国占了总碳减排值的最大部分。它需要减少 805.29 百万 t 碳排放，相当于从目前水平(536.863 百万 t)减排 15%。8 个经济体(智利、中国香港、印度尼西亚、墨西哥、秘鲁、菲律宾、泰国和越南)不需要减少碳排放。尽管中国的二氧化碳排放量最大(7269.85 百万 t)，但其减排量为 406.97 百万 t，仅为目前水平的 6.5%。现在考虑使用 Grandfathering 法的碳减排分配结果，只有少数经济体(澳大利亚、中国、马来西亚、俄罗斯、泰国和越南)需要减少碳排放。这些结果是不合理的，因为所有经济体都应该对碳减排负责，共同分担。此外，结果显示其他经济体的碳排放量实际上增加了。在需要减少碳排放的经济体看来，这肯定是不可接受的，因为分配结果非常不公平。此外，Grandfathering 法产生的结果会出现极端情况。例如，中国需要消除 3113.62 百万 t 碳排放。这一减少甚至大于 Grandfathering 法的最佳总碳减排水平(1926.84 百万 t)。美国是一个碳排放量很大的国家，但结果显示它需要增加碳排放量。因此，比较本章提出的方法和 Grandfathering 法的结果，本章所提出的方法更合理，将更容易被所有 APEC 经济体所接受。

15.6　本　章　小　结

在本章中，为一组 DMU 设定一个最优的总碳减排目标，并在它们之间分配最优的总碳减排目标。基于这样的观察，当在分配中设定新的生产规模目标时，DMU 有时希望最小化某些投入和产出的改变，因此引入了 DEA 最近目标技术，提出了一种两阶段方法来确定 DMU 的最佳碳减排水平。此外，给出了另一个两阶段方法，用于在所有 DMU 之间分配确定的最优总碳减排值。这两种方法都考虑了在帕累托有效边界上的最近目标和最远目标。最后，将所提出的方法应用于 20 个 APEC 经济体的碳减排的目标设定和分配。

与之前的碳减排目标设定和分配方法相比，本章提出的方法至少有三个优点：第一，与最近目标技术的结合，使 DMU 的投入和产出目标设定更灵活。第二，可以直接生成最佳总碳减排值，并且不需要指定预定的总的碳减排量。第三，不需要关于 DMU 投入和产出的价格信息。

本研究可以得出两个进一步的研究方向。第一，本章提出的方法是在规模收益不变的假设下提出的，进一步的研究可能会将这种方法扩展到其他各种规模收益的背景下。第二，可以考虑关于 DMU 的生产技术信息来扩展书中所提出的方法。

参 考 文 献

Ackerman F, Moomaw W.1997. SO_2 emissions trading does it work? The Electricity Journal, 10: 61-66.

An Q, Pang Z, Chen H, et al. 2015a. Closest targets in environmental efficiency evaluation based on enhanced Russell measure. Ecological Indicators, 51: 59-66.

An Q X, Yan H, Wu J, et al. 2015b. Internal resource waste and centralization degree in two-stage systems: an efficiency analysis. Omega, 61: 89-99.

Andersen J L, Bogetoft P. 2007. Gains from quota trade: theoretical models and an application to the Danish fishery. European Review of Agricultural Economics, 34: 105-127.

Aparicio J, Pastor J T. 2014. Closest targets and strong monotonicity on the strongly efficient frontier in DEA. Omega, 44: 51-57.

Aparicio J, Ruiz J L, Sirvent I. 2007. Closest targets and minimum distance to the Pareto-efficient frontier in DEA. Journal of Productivity Analysis, 28(3): 209-218.

Asmild M, Paradi J C, Pastor J T. 2009. Centralized resource allocation BCC models. Omega, 37: 40-49.

Athanassopoulos A D. 1995. Goal programming data envelopment analysis(GoDEA) for target-based multi-level planning: allocating central grants to the Greek local authorities. European Journal of Operational Research, 87: 535-550.

Athanassopoulos A D. 1998. Decision support for target-based resource allocation of public services in multiunit and multilevel systems. Management Science, 44: 173-187.

Beasley J E. 2003. Allocating fixed costs and resources via data envelopment analysis. European Journal of Operational Research, 147: 198-216.

Berger A N, Humphrey D B. 1992. Megamergers in banking and the use of cost efficiency as an antitrust defense. Antitrust Bull, 37(3): 541-600.

Bi G, Ding J, Luo Y, et al. 2011. Resource allocation and target setting for parallel production system based on DEA. Applied Mathematical Modelling, 35: 4270-4280.

Burtraw D, Palmer K L, Bharvurkar R, et al. 2001. The effect of allowance allocation on the cost of carbon emissions trading. Resources for the Future, 1-30.

Cason T N, Gangadharan L. 2003. Transactions costs in tradable permit markets: an experimental study of pollution market designs. Journal of Regulatory Economics, 23: 145-165.

Charnes A, Cooper W W, Rhodes E. 1978. Measuring the efficiency of decision making units. European Journal of Operational Research, 2: 429-444.

Chiu Y H, Lin J C, Hsu C C, et al. 2013. Carbon emission allowances of efficiency analysis: application of super SBM ZSG-DEA model. Polish Journal of Environmental Studies, 22: 653-666.

Chung Y H, Färe R, Grosskopf S. 1997. Productivity and undesirable outputs: a directional distance function approach. Journal of Environmental Management, 51: 229-240.

Cook W D, Kress M. 1999. Characterizing an equitable allocation of shared costs: a DEA approach. European Journal of Operational Research, 119: 652-661.

Cook W D, Zhu J. 2005. Allocation of shared costs among decision making units: a DEA approach. Computers & Operations Research, 32: 2171-2178.

Du J, Cook W D, Liang L, et al. 2014 Fixed cost and resource allocation based on DEA cross-efficiency. European Journal of Operational Research, 235: 206-214.

Fang L. 2015. Centralized resource allocation based on efficiency analysis for step-by-step improvement paths. Omega, 51: 24-28.

Färe R, Grosskopf S, Hernandez-Sancho F. 2004. Environmental performance: an index number approach. Resource and Energy Economics, 26: 343-352.

Feng C, Chu F, Ding J, et al. 2015. Carbon emissions abatement allocation and compensation schemes based on DEA. Omega, 53: 78-89.

Fischer C, Fox A. 2004. Output-based allocations of emissions permits. Resources for the Future Discussion Paper , 4:37.

Golany B, Tamir E. 1995. Evaluating efficiency-effectiveness-equality trade-offs: a data envelopment analysis approach. Management Science, 41: 1172-1184.

Gomes E G, Lins M E. 2008. Modelling undesirable outputs with zero sum gains data envelopment analysis models. European Journal of Operational Research, 59(5): 616-623.

Goulder L H, Parry I, Burtaw D. 1997. Revenue-raising versus other approaches to environmental protection: the critical significance of preexisting tax distortions. Rand J Econ, 28: 708-731.

Hu J L, Kao C H. 2007.Efficient energy-saving targets for APEC economies. Energy Policy, 35: 373-382.

Hua Z S, Bian Y W, Liang L. 2007. Eco-efficiency analysis of paper mills along the Huai River: an extended DEA approach. Omega, 35: 578-587.

Jensen J, Rasmussen T N. 2000. Allocation of CO_2 emissions permits: a general equilibrium analysis of policy instruments. Journal of Environmental Economics and Management, 40: 111-136.

Jiang R, Xie J, He H, et al. 2015. Use of four drought indices for evaluating drought characteristics under climate change in Shaanxi, China: 1951-2012. Natural Hazards, 75(3): 2885-2903.

Jin J, Zhou D, Zhou P. 2014. Measuring environmental performance with stochastic environmental DEA: the case of APEC economies. Economic Modelling, 38: 80-86.

Karsu Ö, Morton A. 2014. Incorporating balance concerns in resource allocation decisions: a bi-criteria modelling approach. Omega, 44: 70-82.

Ke T Y, Hu J L. 2011. CO_2 emissions and productivity in APEC Member Economies. Open Environmental Sciences, 5: 38-44.

Kopp R J. 2007. Allowance allocation. In: Kopp RJ, Pizer WA(eds) Assessing Climate Policy Options. Resources for the Future, Washington, DC: 87-93.

Li Y J, Yang M, Chen Y, et al. 2013. Allocating a fixed cost based on data envelopment analysis and satisfaction degree. Omega, 41: 55-60.

Li L, Lei Y, Pan D. 2015. Economic and environmental evaluation of coal production in China and policy implications. Nat Hazards, 77(2): 1125-1141.

Lozano S, Villa G. 2004. Centralized resource allocation using data envelopment analysis. Journal of Productivity Analysis, 22: 143-161.

Lozano S, Villa G, Adenso-Dıaz B. 2004. Centralized target setting for regional recycling operations using DEA. Omega, 32: 101-110.

Lozano S, Villa G, Brännlund R. 2009. Centralised reallocation of emission permits using DEA. European Journal of Operational Research, 193: 752-760.

Stavin R N.1998. What can we learn from the grand policy experiment? Lessons from SO_2 allowance trading. Journal of Economic Perspectives, 12(3): 69-88.

Sun J, Wu J, Liang L, et al. 2014. Allocation of emission permits using DEA: centralized and individual points of view. International Journal of Production Research, 52: 419-435.

Takeda S, Arimura T H, Tamechika H, et al. 2014. Output-based allocation of emissions permits for mitigating the leakage and competitiveness issues for the Japanese economy. Environmental Economics and Policy Studies, 16(1): 89-110.

Trenberth K E, Dai A, Van der Schrier G, et al. 2014. Global warming and changes in drought. Nature Climate Change, 4(1): 17-22.

Wang R, Xu Z. 2014. Recycling of non-metallic fractions from waste electrical and electronic equipment(WEEE): a review. Waste Management, 34(8): 1455-1469.

Wang K, Wei Y M, Zhang X. 2013b. Energy and emissions efficiency patterns of Chinese regions: a multidirectional efficiency analysis. Applied Energy, 104: 105-116.

Wang K, Zhang X, Wei Y, et al. 2013a. Regional allocation of CO_2 emissions allowance over provinces in China by 2020. Energy Policy, 54:214-229.

Wei Y M, Zou L L, Wang K, et al. 2013. Review of proposals for an agreement on future climate policy: perspectives from the responsibilities for GHG reduction. Energy Strategy Reviews, 2: 161-168.

World Bank. 2014. List of countries by CO_2 emissions. http://data.worldbank.org/indicator/EN.ATM. CO2E.KT/countries.

Wu D D, Zhou Z, Birge J R. 2011. Estimation of potential gains from mergers in multiple periods: a comparison of stochastic frontier analysis and Data envelopment analysis. Annals of Operations Research, 186: 357-358.

Wu H, Du S, Liang L, et al. 2013. A DEA-based approach for fair reduction and reallocation of emission permits. Mathematical and Computer Modelling, 58(5-6): 1095-1101.

Wu Y, Sheng J, Huang F. 2015. China's future investments in environmental protection and control of manufacturing industry: lessons from developed countries. Nat Hazards, 77(3): 1889-1901.

Yi W J, Zou L L, Guo J, et al. 2011. How can China reach its CO_2 intensity reduction targets by 2020? A regional allocation based on equity and development. Energy Policy, 39: 2407-2415.

Yu S, Wei Y M, Guo H, et al. 2014. Carbon emission coefficient measurement of the coal-to-power energy chain in China. Applied Energy, 114: 290-300.

第16章 个人和集体视角下初始排污权与减排任务分配研究

传统污染物排放权免费分配方法的依据是排污企业的产出或者排放量，分配的结果往往是污染控制成本比较高，排污量多的企业得到的排放权比较多，反而污染控制较好，排污量少的企业得到的排放权少(Fischer and Fox，2004；Ahman et al.，2007)。这种分配结果显然是不公平和不合理的，其本质就是在变相激励企业多排污。为此，本章提出了基于 DEA 的污染物排放权分配方法，该方法将企业的投入和产出因素全部考虑在内，即依据企业的生产效率原则分配排污权。本章分别从整体理性和协调个体理性的两个角度出发，提出了不同的分配方法，并通过造纸厂的实例分析验证了这些方法的合理性和实用性。与传统方法的分配结果相比较，本章的模型不存在极端不合理的分配结果，不同的决策者可以根据不同的决策环境选择模型作为环境管理的参考依据。

16.1 引　　言

近几十年来，我国的经济增长快速。然而在经济高速增长的同时，我国的环境污染状况却日益严重。与欧美发达国家相比，我国每单位 GDP 污染排放是这些国家平均水平的 10 倍以上；全球前 20 个污染最严重的城市，中国就占了 13 个(王斌，2013)。因此如何在经济发展和环境保护中找到一个平衡点，是当前一个非常关键的问题。排污权交易制度(也称排污配额交易制度)作为环境保护的政策之一，可以较好地平衡好环境保护和经济发展之间的关系。由于该政策既不太影响经济发展，又能较好地起到保护环境的作用，因此这项政策已经被越来越多的国家所接受，我国也不例外。

排污权交易制度最早由 Dales 于 1968 年提出，其主要思想是在满足现有环境保护要求的前提下，建立合理的污染物排放权分配规则，并且这种排放权可以拿到市场上自由交易，从而有效控制污染物的排放(Dales，1968)。美国国家环保局最先使用这种制度控制治理大气污染及河流污染，随后德国、英国等欧美国家相继将排污权交易制度用于本国的环境保护实践(张颖和王勇，2005)。排污权交易制度的首要基础问题就是排放权的分配。在最初阶段，政府管理者和学者们几乎都忽略了这一问题，但随着理论研究和实践应用的不断深入，逐渐意识到排污权分配的重要性，排污权的分配是排污权交易制度的基础，会直接影响到交易制度能否顺利进行(Ono，2011)。

污染物排放权分配，也称之为排污配额分配，指决策者先规定污染物的排放总量，然后将其分成若干份额，再按照规定的分配规则分配给不同排污企业(Jegou et al.，2011)。在获得相应的排放权之后，如果企业积极有效减排后，排放权还有富余，则可以拿到市场上销售。反之，如果企业减排成本较高，已严重影响到自己的生产活动，则可以从市场上买入额外的排放权来满足生产和环境管理的需求(赵文会，2006)。因此如何有效实现排放权的配置显得尤为重要(Ono，2011)。目前污染物排放权分配的方式主要有免费分配、固定价格出售和公开拍卖(Palmisano，1996)。对大多数国家而言，污染物排放权的减少可能会影响到其经济增长。而经济增长对大部分国家尤其是发展中国家来说十分重要，所以这些国家主动减排的动力不足。即使对这些国家进行强制减排约束，他们也会通过政治性运作来放松减排要求，所以目前比较可行的办法就是制定排放总量控制和实施免费分配，并逐步减少总排放量(林坦和宁俊飞，2011)。我国排污权交易制度和大部分国家一样还处于试点、探索阶段，主要还是以免费分配方式分配排放权(韩勇和周世祥，2008；刘鹏崇，2010)。免费分配方式有两种分配规则：Grandfathering 和 Out-based allocation(Goulder et al.，1997；Neuhoff et al.，2006；赵文会，2006)。这两种方法虽然简便易行，但是分配的结果往往是污染控制得好、排污量少的企业得到的排放权少。而污染控制成本比较高、排污量多的企业反而得到的排放权比较多。从某种角度说，这种分配方法变相激励企业去排污。因而，具有不公平和不合理的一面(Fischer et al.，2007；Ahman et al.，2007)。

为了解决传统分配方法导致的问题，一些学者开始构建新的免费分配方法，比如，提出了基于 DEA 的排放权分配方法。与其他方法相比，DEA 方法的特点在于可以考虑企业多个投入产出变量和多种约束条件，并通过不同权重约束限制来反映分配中需要考虑的不同实际情况，从而使 DEA 排放权分配模型的内涵更加丰富，增加模型的实际适用范围。从国内外文献来看，目前将 DEA 方法用于排放权等相关资源分配的理论研究还比较少。Cook 和 Kress(1999)最早提出将 DEA 用于资源配置，其主要思想依据是资源重新配置前后各决策单元的效率保持不变。后来 Cook 和 Zhu(2005)又进一步拓展了该方法，拓展的模型是基于面向投入的 DEA 资源分配和基于面向产出的 DEA 分配，同时将规模收益可变的情况也考虑了进来。但是 Beasley(2003)指出该方法存在一个缺陷，资源分配的结果仅与各决策单元的投入水平有关，产出水平在资源分配过程中的作用被完全忽视了。基于此，Beasley 做了进一步改进，同时考虑了投入和产出水平。改进之后的方法在资源分配时首先假定待分配资源是一个固定总量，然后将这些资源视为各个决策单元的一项新投入，分配资源的原则是基于所有决策单元的平均效率最大化。

但是该方法的缺陷在于模型是非线性的，增加了求解的难度。为解决诸如排放权等受控资源配置问题，Lins 等（2003）提出了零和博弈（Zero Sum Gains）ZSG-DEA方法，该方法认为任何决策单元为达到有效前沿面而增加产出（或减少投入）都会导致其他决策单元相应地减少产出（或增加投入）以保证投入或产出总量不变。这样又进一步导致投入或产出在所有决策单元之间需要重新分配，并且原来有效前沿面的位置需要重新界定。ZSG-DEA 反映了排放权资源通过效率竞争方式进行配置，但该模型属于非线性规划，很难求解。Lozano 和 Villa（2004）提出了一种集中资源分配（Centralized Resource Allocation）CRA-DEA 排放权分配方法，该方法首先假设存在一个中央决策者主导所有决策单元之间的资源配置，它有权力决定各单元可以获得的资源量。CRA-DEA 方法的分配原则是通过集权控制下达到所有决策单元总的投入水平最小化或总产出水平之最大化，以实现所有决策单元的总体效率最大化。但是该方法仅适用于存在中央决策者能够有效控制各决策单元的投入产出的情况。Wang 等（2013）提出一种新的 DEA-CEA（DEA based Carbon Emissions Allocation）排放权分配模型，该模型将碳权当作一种总量受控的资源，然后以人均公平为约束条件之一，效率最大化为目标函数，将国家制定的碳排放总量分配给所有的省份。通过具体实例分析，DEA-CEA 可以适当兼顾中西部欠发达省份，因此排放权的分配结果符合各地区实际情况，从而可以协调地区经济发展。

从以上文献回顾可以发现，现有关于 DEA 排放权的分配研究主要还是针对初始分配问题研究，很少涉及减排任务分摊问题。所谓减排分摊是指如果排放权已经完全分配好之后，中央决策者又决定减少一定数量排放权配额，那么每个企业或者个体该如何分摊这些排放权配额达到总的减排任务（Wu et al.，2013）。本章从整体理性和协调个体理性角度提出 4 种不同的 DEA 分配方法处理污染物排放权初始分配和减排分摊问题。与传统分配方法（Grandfathering 和 Out-based allocation）相比，本章提出的 DEA 方法可以将企业的投入和产出全部考虑在内，即根据企业的生产技术效率进行分配配额。与现有的 DEA 分配方法相比，本章从不同的角度分别提出了不同的模型，决策者可以根据不同的决策环境选择适合的模型作为环境管理的参考依据。另外，本章的方法可以转化为线性规划模型，不存在求解困难的问题。

16.2　个人和集体视角下初始排污权分配建模

16.2.1　整体理性视角下分配方法

一般对中央决策者而言，在整体理性下，应该从整体利益的角度考虑控制污染排放和社会生产问题,即希望所有企业投入总和尽可能地少(最少的原材料、能源消耗等),所有生产的产品总和尽可能地多,同时排放的污染物也要尽可能少。基于这个角度,提出整体理性分配模型,如下所示:

$$\text{Max } \bar{E} = \frac{\sum_{j=1}^{n}\sum_{r=1}^{k}u_r y_{rj}}{\sum_{j=1}^{n}\left(\sum_{i=1}^{m}v_i x_{ij} + vp_j\right)}$$

$$\text{s.t. } \frac{\sum_{j=1}^{n}\sum_{r=1}^{k}u_r y_{rj}}{\sum_{j=1}^{n}\left(\sum_{i=1}^{m}v_i x_{ij} + vp_j\right)} \leqslant 1$$

$$\frac{\sum_{r=1}^{k}u_r y_{rj}}{\sum_{i=1}^{m}v_i x_{ij} + vp_j} \leqslant 1, j = 1,\cdots,n \qquad (16.1)$$

$$\sum_{j=1}^{n}p_j = P$$

$$v_i \geqslant 0, i = 1,2,\cdots,m$$

$$u_r \geqslant 0, r = 1,2,\cdots,k$$

$$p_j \geqslant 0, j = 1,2,\cdots,n$$

$$v \geqslant 0$$

模型(16.1)假设有 n 个决策单元 $\text{DMU}_j\left(j=1,\cdots,n\right)$,每个决策单元利用 m 个不同的投入生产 q 个不同的产出。DMU_j 的第 i 个投入和第 r 个产出分别记作 $x_{ij}\left(i=1,2,\cdots,m\right)$ 和 $y_{rj}\left(r=1,2,\cdots,k\right)$。为了进一步控制污染排放,中央决策者规定了所有决策单元的非期望产出(即污染物)的总排放量为 P,需要研究的问题是如何合理地将这个总的排放权分配到各个参与减排的企业。在模型(16.1)中,p_j 表示第 j 个企业将要获得的污染物的排放权。第三个约束条件规定排放权总量为 P。对非期望产出的处理,本章采用一般常用做法,将其视为投入要素,即污染物排放越少越好(Berg et al.,1992;Hailu and Veeman,2001)。

模型(16.1)是非线性的,通过下列步骤可转化为线性模型。

步骤 1:令 $vp_j = f_j$,则有 $\sum_{j=1}^{n}vp_j = \sum_{j=1}^{n}f_j = vP$,$vp_j = f_j \geqslant 0$。再令

$$\sum_{j=1}^{n}\left(\sum_{i=1}^{m}v_i x_{ij}+vp_j\right)=1/C，有 Cu_r=\mu_r，Cv=\upsilon，Cv_r=\upsilon_r，Cf_j=F_j。模型 (16.1)$$

转化为

$$\text{Max } \overline{E}=\sum_{j=1}^{n}\sum_{r=1}^{k}\mu_r y_{rj}$$

$$\text{s.t. }\quad \sum_{j=1}^{n}\sum_{r=1}^{k}\mu_r y_{rj}\leqslant 1 \tag{16.2}$$

$$\sum_{j=1}^{n}\left(\sum_{i=1}^{m}\upsilon_i x_{ij}+F_j\right)=1$$

$$\sum_{r=1}^{k}\mu_r y_{rj}-\sum_{i=1}^{m}\upsilon_i x_{ij}-F_j=0, j=1,\cdots,n$$

$$\sum_{j=1}^{n}F_j=\upsilon P$$

$$\upsilon_i\geqslant 0, i=1,2,\cdots,m$$

$$\mu_r\geqslant 0, r=1,2,\cdots,k$$

$$F_j\geqslant 0, j=1,2,\cdots,n$$

$$v\geqslant 0$$

步骤 2：求每个决策单元的配额。

通过求解模型 (16.2)，一组解为 $\left(F_j^*,v,\upsilon_i^*,\mu_r^*\right)$。因为 $vp_j=f_j$，所以每个决策

单元的配额为 $p_j=\dfrac{f_j}{v}=\dfrac{F_j^*/C}{v^*/C}=\dfrac{F_j^*}{v^*}, j=1,\cdots,n$。

定理 16.1：模型 (16.1) 至少存在一组分配方案满足 $\overline{E}=1$。

证明：令 $v_i=0(i=1,2,\cdots,m)$，$v=1$，$u_r=0(r=1,2,\cdots,k-1)$，$u_k=\dfrac{P}{\sum\limits_{d=1}^{n}y_{kd}}$ 和

$$p_j=\dfrac{Py_{kj}}{\sum\limits_{d=1}^{n}y_{kd}}，则有 \dfrac{\sum\limits_{r=1}^{k}u_r y_{rj}}{\sum\limits_{i=1}^{m}v_i x_{ij}+vp_j}=\dfrac{u_k y_{kj}}{p_j}=\dfrac{\dfrac{Py_{kj}}{\sum\limits_{d=1}^{n}y_{kd}}}{\dfrac{y_{kj}P}{\sum\limits_{d=1}^{n}y_{kd}}}=1（j=1,\cdots,n），\quad \sum_{j=1}^{n}p_j=$$

$$\sum_{j=1}^{n}\left(\frac{y_{kj}P}{\sum_{d=1}^{n}y_{kd}}\right)=\frac{P\sum_{j=1}^{n}y_{kj}}{\sum_{d=1}^{n}y_{kd}}=P , \quad \frac{\sum_{j=1}^{n}\sum_{r=1}^{k}u_r y_{rj}}{\sum_{j=1}^{n}\left(\sum_{i=1}^{m}v_i x_{ij}+vp_j\right)}=\frac{\sum_{j=1}^{n}u_k y_{kj}}{\sum_{j=1}^{n}p_j}=\frac{\sum_{j=1}^{n}\left(\dfrac{Py_{kj}}{\sum_{d=1}^{n}y_{kd}}\right)}{P}=1 , \quad 即$$

$\overline{E}=1$。

定理 16.2: 如果模型(16.1)的效率值为 1(即 $\overline{E}=1$),那么所有 DMU 的效率都为有效,即所有单元的效率值都为 1。

证明: 令 $\overline{E}=\dfrac{\sum_{j=1}^{n}\sum_{r=1}^{k}\mu_r y_{rj}}{\sum_{j=1}^{n}\left(\sum_{i=1}^{m}v_i x_{ij}+vp_j\right)}$, $e_j=\dfrac{\sum_{r=1}^{k}u_r y_{rj}}{\sum_{i=1}^{m}v_i x_{ij}+vp_j}, j=1,\cdots,n$ 和 $S=$

$\sum_{j=1}^{n}\left(\sum_{i=1}^{m}v_i x_{ij}+vp_j\right)$,则有 $\dfrac{\sum_{j=1}^{n}\sum_{r=1}^{k}\mu_r y_{rj}}{\sum_{j=1}^{n}\left(\sum_{i=1}^{m}v_i x_{ij}+vp_j\right)}=\dfrac{\sum_{r=1}^{k}u_r y_{r1}}{S}\times\dfrac{\sum_{i=1}^{m}v_i x_{i1}+vp_1}{\sum_{i=1}^{m}v_i x_{i1}+vp_1}+\cdots+\dfrac{\sum_{r=1}^{k}u_r y_n}{S}\times$

$\dfrac{\sum_{i=1}^{m}v_i x_{in}+vp_n}{\sum_{i=1}^{m}v_i x_{in}+vp_n}=\dfrac{\sum_{r=1}^{k}u_r y_{r1}}{\sum_{i=1}^{m}v_i x_{i1}+vp_1}\times\dfrac{\sum_{i=1}^{m}v_i x_{i1}+vp_1}{S}+\cdots+\dfrac{\sum_{r=1}^{k}u_r y_n}{\sum_{i=1}^{m}v_i x_{in}+vp_n}\times\dfrac{\sum_{i=1}^{m}v_i x_{in}+vp_n}{S}=e_1\times$

$\dfrac{\sum_{i=1}^{m}v_i x_{i1}+vp_1}{S}+\cdots+e_n\times\dfrac{\sum_{i=1}^{m}v_i x_{in}+vp_n}{S}$。

因为 $\dfrac{\sum_{i=1}^{m}v_i x_{i1}+vp_1}{S}+\cdots+\dfrac{\sum_{i=1}^{m}v_i x_{i1}+vp_1}{S}=\dfrac{\sum_{j=1}^{n}\left(\sum_{i=1}^{m}v_i x_{ij}+vp_j\right)}{S}=1$,则 $\overline{E}$ 是 $e_j(j=1,\cdots,n)$ 的凸线性组合。因此,如果 $\overline{E}=1$,必须满足 $e_j=1, j=1,\cdots,n$。

结合定理 16.1 和定理 16.2,发现排放权被当作一种新的投入要素处理时,模型(16.1)肯定存在一组分配方案同时满足所有决策单元整体和个体有效,也间接说明了在模型(16.1)的分配规则下,整体理性和个体理性之间不存在冲突性。

定理 16.3: 对于任意两个 DMU,如果投入全部相同,则产出多的 DMU 分配到的排放权就多。

证明: 对于任意两个决策单元 DMU$_1$ 和 DMU$_2$,并且存在关系 $X_1=X_2$, $Y_1\geqslant Y_2$,

那么由定理 16.1 与定理 16.2 得 $p_1 = \dfrac{\left(U^{\mathrm{T}}Y_1 - V^{\mathrm{T}}X_1\right)}{v} \leqslant \dfrac{\left(U^{\mathrm{T}}Y_2 - V^{\mathrm{T}}X_2\right)}{v} = p_2$。

定理 16.3 说明模型 (16.1) 的分配方案不完全依赖于投入要素，与产出要素也有关联性。本章最后的算例部分会对该问题作详细阐述，在此不赘述。

定理 16.4：对于任意两个 DMU，如果产出全部相同，则投入少的 DMU 分配到的排放权就多。

证明：证明过程与定理 16.3 类似。

定理 16.4 说明模型 (16.1) 的分配方案不完全依赖于产出要素，与投入要素也有关联性。

16.2.2 个体理性视角下分配方法

1. 基于 DEA 个体理性的分配方法

模型 (16.1) 依据整体的角度，有时为了追求整体效率最大化，可能会牺牲一些决策单元的利益，即有些决策单元会被分到很少的排放权，显然这些单元可能不会接受这种结果。从个体理性的角度出发，任何决策单元都会选择对自己利益最大化的方案。基于这个原则，基于 DEA 个体理性角度的分配模型为

$$\mathrm{Max}\ \delta_j = vp_j$$

$$\mathrm{s.t.}\ \frac{\displaystyle\sum_{j=1}^{n}\sum_{r=1}^{k} u_r y_{rj}}{\displaystyle\sum_{j=1}^{n}\left(\sum_{i=1}^{m} v_i x_{ij} + vp_j\right)} = 1$$

$$\frac{\displaystyle\sum_{r=1}^{k} u_r y_{rj}}{\displaystyle\sum_{i=1}^{m} v_i x_{ij} + vp_j} = 1,\ j = 1,\cdots,n \tag{16.3}$$

$$\sum_{j=1}^{n} p_j = P$$

$$v_i \geqslant 0,\ i = 1,2,\cdots,m$$

$$u_r \geqslant 0,\ r = 1,2,\cdots,k$$

$$p_j \geqslant 0,\ j = 1,\cdots,n$$

模型 (16.3) 表明在满足整体和个体效率最大化的前提下，DMU_j 选择满足自身偏好分配方案。由定理 16.1 可知，如果整体效率值为 1，那么每个 DMU 的效率

也为 1。因此第一个约束可以不需要，故模型(16.3)等价于如下模型(16.4)。

$$\text{Max } \delta_j = vp_j$$

$$\text{s.t. } \frac{\sum_{r=1}^{k} u_r y_{rj}}{\sum_{i=1}^{m} v_i x_{ij} + vp_j} = 1, j = 1, \cdots, n$$

$$\sum_{j=1}^{n} p_j = P \tag{16.4}$$

$$v_i \geqslant 0, i = 1, 2, \cdots, m$$

$$u_r \geqslant 0, r = 1, 2, \cdots, k$$

$$p_j \geqslant 0, j = 1, \cdots, n$$

模型(16.4)是非线性模型，采用 Charnes-Cooper 变换，可以转化为

$$\text{Max } \delta_j = F_j$$

$$\text{s.t. } \sum_{r=1}^{k} u_r y_{rj} - \sum_{i=1}^{m} v_i x_{ij} - F_j = 0, j = 1, \cdots, n$$

$$\sum_{j=1}^{n} p_j = vP$$

$$v_i \geqslant 0, i = 1, 2, \cdots, m \tag{16.5}$$

$$u_r \geqslant 0, r = 1, 2, \cdots, k$$

$$p_j \geqslant 0, j = 1, \cdots, n$$

$$v \geqslant 0$$

通过求解模型(16.5)，得到一组解为 $\left(F_j^*, v^*, \upsilon_i^*, \mu_r^* \right)$。因为 $vp_j = F_j$，所以每个决策单元的配额为 $p_j = \dfrac{F_j^*}{v^*}$，$j = 1, \cdots, n$。

2. 基于交叉效率协调个体理性的分配方法

上小节从个体理性角度进行排放权配额分配，每个决策单元都在追求自己最大的利益，所以都会选择最符合自己偏好的分配。如果有 n 个决策单元，就会有 n 组不同方案，分配结果如表 16.1 所示。那么如何协调好各个决策单元之间的利益是本小节的研究内容。

表 16.1　个体理性模型分配结果

评价方案	DMU$_1$	DMU$_2$	DMU$_3$	$\cdots$	DMU$_n$
1	p_1^1	p_2^1	p_3^1	$\cdots$	p_n^1
2	p_1^2	p_2^2	p_3^2	$\cdots$	p_n^2
3	p_1^3	p_2^3	p_3^3	$\cdots$	p_n^3
$\vdots$	$\vdots$	$\vdots$	$\vdots$	$\vdots$	$\vdots$
n	p_1^n	p_2^n	p_3^n	$\cdots$	p_n^n

表 16.1 中，每一列表示某个决策单元的自身偏好排放权分配方案。对角元素表示各个决策单元在自身偏好方案下得到的最大的配额结果，这明显是一个交叉效率集结问题，因此本节借助 TOPSIS 交叉效率集结方法将不同的分配方案集结成一个最终方案。主要包括以下几个步骤：

(1)用向量规范化的方法求得规范化后的矩阵。

定义 $H = (h_j^i)_{n \times n}$ 是 $\overline{P} = (p_j^i)_{n \times n}$ 规范化矩阵，其中

$$h_j^i = \frac{p_j^i}{\sqrt{\sum_{i=1}^{n}(p_j^i)^2}}(i=1,2,\cdots,n;j=1,2,\cdots,n) \tag{16.6}$$

(2)确定矩阵的正理想解。

$$A^* = \left\{h_j^*\right\} = \left\{h_1^*, h_2^*, \cdots, h_q^*\right\} = \begin{cases} \underset{1 \leqslant i \leqslant p}{\text{Max}}\, h_{ij}, j \in \Omega_b \\ \underset{1 \leqslant i \leqslant p}{\text{Min}}\, h_{ij}, j \in \Omega_c \end{cases} \tag{16.7}$$

式中 Ω_b 代表正指标属性，Ω_c 代表负指标属性。

(3)构造优化模型求解权重指标。

构造优化模型：

$$\text{Max } Z = \sum_{i=1}^{p}\sum_{j=1}^{q}(h_{ij} - h_j^*)^2 \lambda_j^2$$

$$\text{s.t.} \quad \sum_{j=1}^{q}\lambda_j = 1 \tag{16.8}$$

$$\lambda_j > 0, j = 1, \cdots, n$$

构造 Lagrange 函数：

$$L = \sum_{i=1}^{p}\sum_{j=1}^{q}(h_{ij} - h_j^*)^2 \lambda_j^2 + \xi\left(\sum_{j=1}^{q}\lambda_j - 1\right) \tag{16.9}$$

令 $\dfrac{\partial L}{\partial \lambda_j} = 0$ ，解得

$$\lambda_j = \dfrac{1}{\left[\displaystyle\sum_{j=1}^{q} \dfrac{1}{\displaystyle\sum_{i=1}^{p}(h_{ij} - h_j^*)^2}\right]\left[\displaystyle\sum_{i=1}^{p}(h_{ij} - h_j^*)^2\right]} \tag{16.10}$$

(4)计算每个决策单元最终获得的配额。

$$\overline{P}_i = \lambda_j p_j^i, i = 1, 2, \cdots, n; \ j = 1, 2, \cdots, n \tag{16.11}$$

16.2.3　实例分析

为了验证和详细说明本节提出来的模型,现以某地区的造纸厂企业为例(卞亦文,2006)进行说明。其投入产出数据见表 16.2。这些造纸厂生产的产品类似,并且投入的设备和生产技术水平几乎相当。每家企业在生产时的投入为设备、能源、劳动力、原材料,主要的产出为纸产品。由于设备存在年限折旧费,能源和原材料详细使用量数据很难收集,本节仅以它们的使用成本形式给出。因此,本节考虑两种投入指标:总的资金成本和劳动力。这些企业排出的污染物有多种,最主要的污染物是生化需氧量(biochemical oxygen demand, BOD)。为了控制总的 BOD 的排放,现制定总的排放权总额是 430t,需要解决的问题是如何分配这些配额给企业。

表 16.2　造纸厂投入产出数据

DMU	劳动力/人	资金/百万元	BOD/t	纸产品/千 t
1	1077	29.599	21.429	27.582
2	452	35.89	19.806	29.514
3	319	59.019	12.329	14.7
4	1075	48.928	9.156	22.354
5	850	52.396	5.204	8.222
6	1090	30.228	3.605	15.066
7	122	31.731	3.728	8.066
8	297	22.774	8.077	19.125
9	1047	14.919	8.906	7.601
10	1010	39.401	4.894	11.579
11	262	32.365	4.084	23.216
12	551	44.486	4.875	21.698
13	671	17.897	4.533	8.127
14	577	23.109	6.136	11.549

DMU	劳动力/人	资金/百万元	BOD/t	纸产品/千 t
15	208	33.982	7.019	10.295
16	667	53.319	28.488	29.881
17	878	34.504	13.168	19.076
18	640	31.098	6.162	12.176
19	927	33.452	1.453	5.187
20	167	43.297	22.581	24.005
21	903	38.552	26.339	23.085
22	629	34.682	21.733	27.599
23	152	55.717	5.306	23.748
24	1010	46.471	9.136	17.323
25	578	25.133	5.005	10.617
26	384	22.474	4.437	9.083
27	166	39.681	10.613	15.151
28	894	13.685	4.776	9.911
29	143	53.502	17.468	25.26
30	879	28.732	26.913	27.721

首先分析 Grandfathering 方法求得的分配结果，从表 16.3 中，可得知 DMU_{16}、DMU_{21} 和 DMU_{30} 分配到了较多的排放权。计算这些决策单元的 CCR 效率值，其中 DMU_{30} 是有效的，其余两个效率值分别为 0.6780 和 0.6574。这两个企业效率值不高，减排也不理想，却得到了比较多的配额，显然是不合理的。这种结果产生的原因是 Grandfathering 只关注被分配者的产量或者排放量，并没有将它们的投入因素考虑在内。表 16.3 中第 2 和 3 列是本节提出来的模型得到的分配结果。通过与 Grandfathering 方法求得的结果比较，本节提出的模型显然没有极端不合理的情况出现。

表 16.3　造纸厂在不同分配方案下得到的结果

DMU	整体理性	协调个体理性	Grandfathering 法
1	23.20	21.17	28.15
2	27.82	25.94	26.02
3	12.32	8.18	16.19
4	17.30	22.06	12.03
5	3.42	3.81	6.84
6	10.14	16.64	4.74
7	7.03	7.10	4.90

续表

DMU	整体理性	协调个体理性	Grandfathering 法
8	18.06	20.75	10.61
9	2.89	1.89	11.70
10	6.59	9.78	6.43
11	22.27	29.73	5.36
12	19.07	25.59	6.40
13	5.04	6.63	5.95
14	8.89	10.35	8.06
15	8.90	7.54	9.22
16	26.73	17.96	37.42
17	15.09	14.93	17.30
18	9.06	10.69	8.09
19	0.44	3.33	1.91
20	23.09	15.17	29.66
21	18.98	9.94	34.60
22	25.06	21.25	28.55
23	22.67	28.23	6.97
24	12.38	14.63	12.00
25	7.86	9.72	6.57
26	7.19	8.29	5.83
27	14.00	11.71	13.94
28	6.04	9.11	6.27
29	24.27	20.69	22.94
30	24.21	17.20	35.35

下面分析整体理性模型和交叉效率模型求得的分配结果，由于整体理性模型考虑的是整体效率最大化，为了达到最大的效率值，可能会提高某些单元的利益，而牺牲其他一些单元的利益。交叉效率模型则适当兼顾了每个决策者的利益，没有过分提高或者牺牲某些单元的利益。比如 DMU_{19}，该决策单元在不同的分配方案下的结果相差约 9 倍，显然这个决策单元在整体理性模型中是被牺牲的对象。

本节共提出 3 个分配模型：整体理性模型、个体理性模型和交叉效率协调分配模型。其中第一和第 3 个模型的决策人是中央决策者(政府环保部门监督管理者或者企业总部领导决策层等)。如果长期实施 DEA 整体理性分配模型，一些生产效率很低的企业分配到的排放权配额会越来越少，可能会被逐渐淘汰掉。而交叉效率模型则可应用于存在合作关系的环境中，因为它尽可能保护一些弱小的决策单元。个体理性模型的决策对象是参与分配的企业个体，虽然他们没有分配配额的权利，但是可以应用该模型了解在中央集权决策下，自己可以分到的最大配额，以此向中央决策者争取更多利益。

16.3　个人和集体视角下减排任务分摊建模

上节研究了污染物排放权的初始分配问题，决策者可以在具体的应用问题中选择合适的分配模型将排放权分给各个企业(或者排污个体)。假设企业得到排放权开始投入生产后，为了进一步保护环境和控制污染排放，政府环保部门决定在原有排放权总量的基础上再削减一部分，那么每个企业该如何分摊减排任务，这个问题将是本节讨论的内容。现实中这类问题很常见，比如大部分国家就全球温室气体减排任务已经达成共识，承诺 2050 年全球温室气体排放相对于 1990 年的排放量至少减少 50%。然而，由于存在利益冲突，各个参与国家间减排责任的分摊分歧严重，该问题已经成为抑制全球变暖行动所面临的一个关键问题。同样地，当某一国家或地区在确定了碳减排目标后，如何将总的减排目标分摊到各个地区成为一个十分棘手的问题。以中国为例，我国政府承诺 2020 年单位 GDP 碳排放相对于 2005 年的排放基础上降低 40%~45%。为确保这一减排任务能够实现，政府需要按照一定的规则将总排放任务目标分摊到各省(市、自治区)。因此在全球污染减排行动的大环境中，减排责任分摊问题的研究十分重要，具有较大的理论价值和现实意义。

16.3.1　整体理性视角下分摊方法

首先，从整体理性的角度考虑，决策者首要考虑的是如何分摊才能使决策单元整体效率最大。基于此思想，整体理性分摊模型为

$$\text{Max } \frac{\sum_{j=1}^{n}\left(\sum_{r=1}^{k} u_r\left(y_{rj}-s_{rj}\right)+\sum_{p=1}^{q} w_p z_{pj}\right)}{\sum_{j=1}^{n}\left(\sum_{i=1}^{m} v_i x_{ij}+\sum_{t=1}^{h}\lambda_t b_{tj}\right)}$$

$$\text{s.t. } \frac{\sum_{j=1}^{n}\left(\sum_{r=1}^{k} u_r\left(y_{rj}-s_{rj}\right)+\sum_{p=1}^{q} w_p z_{pj}\right)}{\sum_{j=1}^{n}\left(\sum_{i=1}^{m} v_i x_{ij}+\sum_{t=1}^{h}\lambda_t b_{tj}\right)} \leqslant 1$$

$$\frac{\sum_{r=1}^{k} u_r\left(y_{rj}-s_{rj}\right)+\sum_{p=1}^{q} w_p z_{pj}}{\sum_{i=1}^{m} v_i x_{ij}+\sum_{t=1}^{h}\lambda_t b_{tj}} \leqslant 1, j=1,\cdots,n \quad (16.12)$$

$$y_{rj} \geqslant s_{rj}, r=1,2,\cdots,k, j=1,\cdots,n$$

$$\sum_{j=1}^{n} s_{rj} = \alpha_r Y_r, r = 1, 2, \cdots, k$$

$$w_p \geqslant 0, p = 1, 2, \cdots, q$$

$$v_i \geqslant 0, i = 1, 2, \cdots, m$$

$$\lambda_t \geqslant 0, t = 1, 2, \cdots, h$$

$$u_r \geqslant 0, r = 1, 2, \cdots, k$$

模型(16.12)假设有 n 个决策单元，每个决策单元使用 m 种不同的投入资源，生产获得 q 个不同的期望产出和 h 个不同的非期望产出，分别用 $x_{ij}(i=1,2,\cdots,m)$、$z_{pj}(p=1,2,\cdots,q)$ 和 $b_{tj}(t=1,2,\cdots,h)$ 表示。与 16.2 节处理方式一样，非期望产出当成投入要素，越少越好。$y_{rj}(r=1,2,\cdots,k)$ 是需要分摊的排放权配额。Y_r 是第 r 个排放权的总额，即 $Y_r = \sum_{j=1}^{n} y_{rj}$。$s_{rj}$ 是决策单元 j 第 r 个排放权配额需要减少的量。α_r 是第 r 种排放权配额需要减少的百分比。如果 $\alpha_1 = 10\%$，表示第一个排放权总配额需要减少 10%。与 16.2 节集权初始分配模型不同的是，本节将排放权当成产出要素。排放权越多意味着企业可以更多地生产和排放污染物，因此每个企业肯定会不遗余力地去维护自己现有的排放权配额，故排放权对企业来说就和财富一样珍贵，本节将排放权视为产出要素。模型(16.12)是非线性的，下面的步骤是求解模型(16.12)的计算过程。令 $u_r s_{rj} = f_{rj}$，有 $u_r y_{rj} \geqslant u_r s_{rj} = f_{rj}$，$\sum_{j=1}^{n} u_r s_{rj} = \alpha_r u_r Y_r$，

即 $\sum_{j=1}^{n} f_{rj} = \alpha_r u_r Y_r$，那么模型(16.12)可转化为

$$\text{Max} \frac{\sum_{j=1}^{n}\left(\sum_{r=1}^{k} u_r y_{rj} - \sum_{r=1}^{k} f_{rj} + \sum_{p=1}^{q} w_p z_{pj}\right)}{\sum_{j=1}^{n}\left(\sum_{i=1}^{m} v_i x_{ij} + \sum_{t=1}^{h} \lambda_t b_{tj}\right)}$$

$$\text{s.t.} \frac{\sum_{j=1}^{n}\left(\sum_{r=1}^{k} u_r y_{rj} - \sum_{r=1}^{k} f_{rj} + \sum_{p=1}^{q} w_p z_{pj}\right)}{\sum_{j=1}^{n}\left(\sum_{i=1}^{m} v_i x_{ij} + \sum_{t=1}^{h} \lambda_t b_{tj}\right)} \leqslant 1$$

$$\frac{\sum_{r=1}^{k} u_r y_{rj} - \sum_{r=1}^{k} f_{rj} + \sum_{p=1}^{q} w_p z_{pj}}{\sum_{i=1}^{m} v_i x_{ij} + \sum_{t=1}^{h} \lambda_t b_{tj}} \leqslant 1, j = 1, \cdots, n \qquad (16.13)$$

$$u_r y_{rj} \geqslant f_{rj}, r = 1, 2, \cdots, k, j = 1, \cdots, n$$

$$\sum_{j=1}^{n} f_{rj} = \alpha_r u_r Y_r, r = 1, 2, \cdots, k$$

$$w_p \geqslant 0, p = 1, 2, \cdots, q$$

$$v_i \geqslant 0, i = 1, 2, \cdots, m$$

$$\lambda_t \geqslant 0, t = 1, 2, \cdots, h$$

$$u_r \geqslant 0, r = 1, 2, \cdots, k$$

令 $\displaystyle\sum_{j=1}^{n}\left(\sum_{i=1}^{m} v_i x_{ij} + \sum_{t=1}^{h}\lambda_t b_{tj}\right) = \frac{1}{C}$，则有 $Cv_i = \upsilon_i$，$C\lambda_t = \eta_t$，$Cu_r = \mu_r$，$Cw_p = \omega_p$，

$Cf_{rj} = F_{rj}$。利用 Charnes-Cooper 变换，模型 (16.13) 可转化为如下线性规划：

$$\text{Max} \sum_{r=1}^{k}\mu_r\left(\sum_{j=1}^{n} y_{rj}\right) + \sum_{p=1}^{q}\omega_p\left(\sum_{j=1}^{n} z_{pj}\right) - \sum_{j=1}^{n}\sum_{r=1}^{k} F_{rj}$$

$$\text{s.t.} \sum_{i=1}^{m}\upsilon_i\left(\sum_{j=1}^{n} x_{ij}\right) + \sum_{t=1}^{h}\eta_t\left(\sum_{j=1}^{n} b_{tj}\right) = 1$$

$$\sum_{r=1}^{k}\mu_r\left(\sum_{j=1}^{n} y_{rj}\right) + \sum_{p=1}^{q}\omega_p\left(\sum_{j=1}^{n} z_{pj}\right) - \sum_{j=1}^{n}\sum_{r=1}^{k} F_{rj}$$

$$-\sum_{i=1}^{m}\upsilon_i\left(\sum_{j=1}^{n} x_{ij}\right) - \sum_{t=1}^{h}\eta_t\left(\sum_{j=1}^{n} b_{tj}\right) \leqslant 0, \tag{16.14}$$

$$\sum_{r=1}^{k}\mu_r y_{rj} - \sum_{r=1}^{k} F_{rj} + \sum_{p=1}^{q}\omega_p z_{pj} - \sum_{i=1}^{m}\upsilon_i x_{ij} - \sum_{t=1}^{h}\eta_t b_{tj} \leqslant 0,$$

$$j = 1, \cdots, n$$

$$\mu_r y_{rj} \geqslant F_{rj}, r = 1, 2, \cdots, k, j = 1, \cdots, n$$

$$\sum_{j=1}^{n} F_{rj} = \mu_r\alpha_r Y_r, r = 1, 2, \cdots, k$$

$$\omega_p \geqslant 0, p = 1, 2, \cdots, q$$

$$\upsilon_i \geqslant 0, i = 1, 2, \cdots, m$$

$$\eta_t \geqslant 0, t = 1, 2, \cdots, h$$

$$\mu_r \geqslant 0, r = 1, 2, \cdots, k$$

通过求解模型 (16.14)，可获得最优解 $\left(F_{rj}^*, \omega_p^*, \upsilon_i^*, \eta_t^*, \mu_r^*\right)$，每个决策单元

$\text{DMU}_j\left(j = 1, \cdots, n\right)$ 需要分摊的排放权配额为 $s_{rj} = \dfrac{f_{rj}^*}{u_r^*} = \dfrac{F_{rj}^*/C}{\mu_r^*/C} = \dfrac{F_{rj}^*}{\mu_r^*}$，$j = 1, \cdots, n$。

定理 16.5： 若分摊之后所有决策单元的整体效率为 1，则当且仅当每个单元都为有效单元。

证明：

令 $E = \dfrac{\sum\limits_{j=1}^{n}\left(\sum\limits_{r=1}^{k}u_r\left(y_{rj}-s_{rj}\right)+\sum\limits_{p=1}^{q}w_p z_{pj}\right)}{\sum\limits_{j=1}^{n}\left(\sum\limits_{i=1}^{m}v_i x_{ij}+\sum\limits_{t=1}^{h}\lambda_t b_{tj}\right)}$ ， $e_j = \dfrac{\sum\limits_{r=1}^{k}u_r\left(y_{rj}-s_{rj}\right)+\sum\limits_{p=1}^{q}w_p z_{pj}}{\sum\limits_{i=1}^{m}v_i x_{ij}+\sum\limits_{t=1}^{h}\lambda_t b_{tj}}$ ，$j=$

$1,\cdots,n$ ， 并且 $S = \sum\limits_{j=1}^{n}\left(\sum\limits_{i=1}^{m}v_i x_{ij}+\sum\limits_{t=1}^{h}\lambda_t b_{tj}\right)$ ， 有 $\dfrac{\sum\limits_{j=1}^{n}\left(\sum\limits_{r=1}^{k}u_r\left(y_{rj}-s_{rj}\right)+\sum\limits_{p=1}^{q}w_p z_{pj}\right)}{\sum\limits_{j=1}^{n}\left(\sum\limits_{i=1}^{m}v_i x_{ij}+\sum\limits_{t=1}^{h}\lambda_t b_{tj}\right)}$

$$= \frac{\sum\limits_{r=1}^{k}u_r\left(y_{r1}-s_{r1}\right)+\sum\limits_{p=1}^{q}w_p z_{p1}}{S}\times\frac{\sum\limits_{i=1}^{m}v_i x_{i1}+\sum\limits_{t=1}^{h}\lambda_t b_{t1}}{\sum\limits_{i=1}^{m}v_i x_{i1}+\sum\limits_{t=1}^{h}\lambda_t b_{t1}}+\cdots+\frac{\sum\limits_{r=1}^{k}u_r\left(y_{rn}-s_{rn}\right)+\sum\limits_{p=1}^{q}w_p z_{pn}}{S}$$

$$\times\frac{\sum\limits_{i=1}^{m}v_i x_{in}+\sum\limits_{t=1}^{h}\lambda_t b_{tn}}{\sum\limits_{i=1}^{m}v_i x_{in}+\sum\limits_{t=1}^{h}\lambda_t b_{tn}}=\frac{\sum\limits_{r=1}^{k}u_r\left(y_{r1}-s_{r1}\right)+\sum\limits_{p=1}^{q}w_p z_{p1}}{\sum\limits_{i=1}^{m}v_i x_{i1}+\sum\limits_{t=1}^{h}\lambda_t b_{t1}}\times\frac{\sum\limits_{i=1}^{m}v_i x_{i1}+\sum\limits_{t=1}^{h}\lambda_t b_{t1}}{S}+\cdots$$

$$+\frac{\sum\limits_{r=1}^{k}u_r\left(y_{rn}-s_{rn}\right)+\sum\limits_{p=1}^{q}w_p z_{pn}}{\sum\limits_{i=1}^{m}v_i x_{in}+\sum\limits_{t=1}^{h}\lambda_t b_{tn}}\times\frac{\sum\limits_{i=1}^{m}v_i x_{in}+\sum\limits_{t=1}^{h}\lambda_t b_{tn}}{S}=e_1\times\frac{\sum\limits_{i=1}^{m}v_i x_{i1}+\sum\limits_{t=1}^{h}\lambda_t b_{t1}}{S}+\cdots+e_n$$

$$\times\frac{\sum\limits_{i=1}^{m}v_i x_{in}+\sum\limits_{t=1}^{h}\lambda_t b_{tn}}{S} \qquad 由于 \qquad \frac{\sum\limits_{i=1}^{m}v_i x_{i1}+\sum\limits_{t=1}^{h}\lambda_t b_{t1}}{S}+\cdots+\frac{\sum\limits_{i=1}^{m}v_i x_{in}+\sum\limits_{t=1}^{h}\lambda_t b_{tn}}{S}=$$

$\dfrac{\sum\limits_{j=1}^{n}\left(\sum\limits_{i=1}^{m}v_i x_{i1}+\sum\limits_{t=1}^{h}\lambda_t b_{t1}\right)}{S}=1$，$E$ 为 e_j，$j=1,\cdots,n$ 的凸线性组合。因此，如果 $E=1$，必须满足条件 $e_j=1$，$j=1,\cdots,n$。

从该定理可以看出，所有决策单元的整体效率和每个决策单元的个体效率紧密联系。如果某个决策单元无效，那么整个系统必定也是无效的。因此，要提高整个系统的效率，首先考虑的是应该提高那些无效的决策单元效率。

16.3.2　个体理性视角下分摊方法

1. 基于 DEA 个体理性分摊方法

站在个体理性角度，每个 DMU 肯定都希望自己能够获得更多的排放权配额。换句话说，每个 DMU 希望在减排任务分摊中，原有的排放权配额不被减少，并且可以保证自己的效率最大化，则分配模型为

$$
\text{Max } \theta_d = \frac{\sum\limits_{r=1}^{k} u_{rd}\left(y_{rd} - s_{rd}\right) + \sum\limits_{p=1}^{q} \omega_{pd} z_{pd}}{\sum\limits_{i=1}^{m} v_{id} x_{id} + \sum\limits_{t=1}^{h} \lambda_{td} b_{td}}
$$

$$
\text{s.t. } \frac{\sum\limits_{r=1}^{k} u_{rd}\left(y_{rd} - s_{rd}\right) + \sum\limits_{p=1}^{q} \omega_{pd} z_{pd}}{\sum\limits_{i=1}^{m} v_{id} x_{id} + \sum\limits_{t=1}^{h} \lambda_{td} b_{td}} \leqslant 1
$$

$$
\frac{\sum\limits_{r=1}^{k} u_{rd}\left(y_{rj} - s_{rj}\right) + \sum\limits_{p=1}^{q} \omega_{pd} z_{pj}}{\sum\limits_{i=1}^{m} v_{id} x_{ij} + \sum\limits_{t=1}^{h} \lambda_{td} b_{tj}} \leqslant 1, j = 1, \cdots, n, j \neq d \qquad (16.15)
$$

$$
y_{rj} \geqslant s_{rj}, r = 1, 2, \cdots, k, j = 1, \cdots, n
$$

$$
\sum\limits_{j=1}^{n} s_{rj} = \alpha_r Y_r, r = 1, 2, \cdots, k
$$

$$
\omega_{pd} \geqslant 0, p = 1, 2, \cdots, q
$$

$$
v_{id} \geqslant 0, i = 1, 2, \cdots, m
$$

$$
\lambda_{td} \geqslant 0, t = 1, 2, \cdots, h
$$

$$
u_{rd} \geqslant 0, r = 1, 2, \cdots, k
$$

同样利用 Charnes-Cooper 变换，模型 (16.15) 可以转化为

$$
\text{Max } \sum\limits_{r=1}^{k} \mu_{rd} y_{rd} - \sum\limits_{r=1}^{k} F_{rd} + \sum\limits_{p=1}^{q} \omega_{pd} z_{pd}
$$

$$
\text{s.t. } \sum\limits_{r=1}^{k} \mu_{rd} y_{rd} - \sum\limits_{r=1}^{k} F_{rd} + \sum\limits_{p=1}^{q} \omega_{pd} z_{pd} \leqslant 1
$$

$$
\sum\limits_{i=1}^{m} \upsilon_{id} x_{id} + \sum\limits_{t=1}^{h} \eta_{td} b_{td} = 1
$$

$$\sum_{r=1}^{k}\mu_{rd}y_{rj} - \sum_{r=1}^{k}F_{rj} + \sum_{p=1}^{q}\omega_{pd}z_{pj} - \sum_{i=1}^{m}\upsilon_{id}x_{ij} - \sum_{t=1}^{h}\eta_{td}b_{tj} \leqslant 0, j \neq d \qquad (16.16)$$

$$\mu_{rd}y_{rj} \geqslant F_{rj} \geqslant 0, r = 1, 2, \cdots, k, \ j = 1, \cdots, n$$

$$\sum_{j=1}^{n}F_{rj} = \alpha_r\mu_{rd}Y_r, r = 1, 2, \cdots, k$$

$$\omega_{pd} \geqslant 0, p = 1, 2, \cdots, q$$

$$\upsilon_{id} \geqslant 0, i = 1, 2, \cdots, m$$

$$\eta_{td} \geqslant 0, t = 1, 2, \cdots, h$$

$$\mu_{rd} \geqslant 0, r = 1, 2, \cdots, k$$

通过求解(16.16)，可获得最优解 $\left(F_{rj}^*, \omega_{pd}^*, \upsilon_{id}^*, \eta_{td}^*, \mu_{rd}^*\right)$。每个决策单元

$\mathrm{DMU}_j(\,j=1,\cdots,n)$ 需要分摊的配额为 $s_{rj} = \dfrac{f_{rj}^*}{u_{rd}^*} = \dfrac{F_{rj}^*\big/C}{\mu_{rd}^*\big/C} = \dfrac{F_{rj}^*}{\mu_{rd}^*}$，$j = 1, \cdots, n$。

2. 基于交叉分配协调个体理性分摊方法

上面从个体理性角度进行排放权减排分摊，每个决策单元都在追求自己的利益最大，所以都会选择最符合自己偏好的分摊方案。如果有 n 个决策单元，就会有 n 组不同分摊方案，最终各个决策单元得到的排放权结果如表 16.4 所示。那么如何协调好各个决策单元之间的利益是本小节的研究内容。

表 16.4　个体理性模型减排分摊结果

评价方案	DMU$_1$	DMU$_2$	DMU$_3$	$\cdots$	DMU$_n$
1	$y_{r1}^1 - s_{r1}^1$	$y_{r2}^1 - s_{r2}^1$	$y_{r3}^1 - s_{r3}^1$	$\cdots$	$y_{rn}^1 - s_{rn}^1$
2	$y_{r1}^2 - s_{r1}^2$	$y_{r2}^2 - s_{r2}^2$	$y_{r3}^2 - s_{r3}^2$	$\cdots$	$y_{rn}^2 - s_{rn}^2$
3	$y_{r1}^3 - s_{r1}^3$	$y_{r2}^3 - s_{r2}^3$	$y_{r3}^3 - s_{r3}^3$	$\cdots$	$y_{rn}^3 - s_{rn}^3$
$\vdots$	$\vdots$	$\vdots$	$\vdots$	$\vdots$	$\vdots$
n	$y_{r1}^n - s_{r1}^n$	$y_{r2}^n - s_{r2}^n$	$y_{r3}^n - s_{r3}^n$	$\cdots$	$y_{rn}^n - s_{rn}^n$

表 16.4 中，每一列表示每个决策单元的自身偏好排放权分配方案。对角元素表示各个决策单元在自身偏好方案能得到的最大的配额结果，这明显是一个交叉效率集结问题，因此本节借助于 TOPSIS 交叉效率集结方法将不同的分配方案集结成一个最终方案。

16.3.3　实例分析

为了验证本节提出的模型,选取了 30 家造纸厂案例。本节一共分为四个部分:造纸厂案例说明、分摊结果分析、效率分析、产出对最终分配结果的影响。

1. 造纸厂案例说明

为了详细说明本章提出的模型和方法,本节依旧使用造纸厂案例研究排放减少量分摊问题,数据如表 16.5 所示。很明显纸产品是期望产出,BOD 是非期望产出。表 16.5 中最后一列还有一个指标:已经分配好的排放权配额。为了进一步控制污染排放,中央决策者(政府管理者)决定在现有总排放权配额基础上再削减 10%,即削减 43t,那么每个企业应该分摊多少排放权配额以满足总量要求,将是本节讨论的内容。分析数据,发现每个企业的排污权大于污染物排放量,为了不影响企业的生产,本节假设分配之后的排放权不低于现有的排放,即 $y_{rj} - s_{rj} \geqslant b_{tj}$ (I),经过 Charnes-Cooper 变换之后为 $\mu_{rd} y_{rj} - F_{rj} \geqslant \mu_{rd} b_{tj}$ (II)。在计算排放权的过程中,公式(I)和(II)代入到模型(16.12)和(16.15)中。

表 16.5　造纸厂投入产出数据和排污权分配情况

DMU	劳动力/人	资金/百万元	BOD/t	纸产品/千 t	排污权/t
1	1077	29.599	21.429	27.582	26.845
2	452	35.89	19.806	29.514	23.361
3	319	59.019	12.329	14.7	18.315
4	1075	48.928	9.156	22.354	11.163
5	850	52.396	5.204	8.222	10.082
6	1090	30.228	3.605	15.066	9.049
7	122	31.731	3.728	8.066	6.578
8	297	22.774	8.077	19.125	13.849
9	1047	14.919	8.906	7.601	12.601
10	1010	39.401	4.894	11.579	10.517
11	262	32.365	4.084	23.216	4.584
12	551	44.486	4.875	21.698	7.902
13	671	17.897	4.533	8.127	7.069
14	577	23.109	6.136	11.549	8.565
15	208	33.982	7.019	10.295	12.386
16	667	53.319	28.488	29.881	33.204
17	878	34.504	13.168	19.076	14.168
18	640	31.098	6.162	12.176	10.611

续表

DMU	劳动力/人	资金/百万元	BOD/t	纸产品/千 t	排污权/t
19	927	33.452	1.453	5.187	1.504
20	167	43.297	22.581	24.005	27.304
21	903	38.552	26.339	23.085	29.178
22	629	34.682	21.733	27.599	24.595
23	152	55.717	5.306	23.748	6.121
24	1010	46.471	9.136	17.323	10.251
25	578	25.133	5.005	10.617	5.596
26	384	22.474	4.437	9.083	8.164
27	166	39.681	10.613	15.151	15.903
28	894	13.685	4.776	9.911	6.561
29	143	53.502	17.468	25.26	22.07
30	879	28.732	26.913	27.721	31.665
合计	18625	1071	327.36	518.52	430.00

2. 基于整体和个体理性的分摊结果分析

表16.6列出了个体理性方案的减排分摊结果,每列代表每个企业的偏好方案。比如第一列的分摊方案对DMU_1最有利,但同时该分摊方案必须满足两点要求:①总的BOD减少的配额要达到43t;②DMU_1的效率值达到最大化。同理,第二列的分摊方案对DMU_2最有利。表16.7给出了BOD整体理性减排分摊结果。与表16.6相比,该模型只有一组公共分摊方案,决策者不需要面对众多方案。

表16.8分别列出整体和个体理性分摊方案下产出的权重结果。根据模型(16.12)和(16.15),得知所有加权投入的总和为1,故加权之后的产出因素决定了每个企业的效率值。表16.8中的第三列和第四列是所有企业在分配前的权重结果,最后两列是分配之后的权重结果。首先分析个体理性分配方案下的权重结果,发现分配之后的产出权重明显比分配之前要大,这充分说明了每个企业为了获得更多的配额将提高自己的绩效作为首要任务。表格最后一行给出整体理性下分配前后的产出的权重结果,分配前的权重都要比分配之后小,这可以保证分配之后的公共效率明显比分配之前大。

3. 效率分析

表16.9给出了个体理性分摊方案前后各个企业的效率值。在模型(16.15)中设置$\alpha = 0$,得到各个企业分摊减排目标前的效率值,结果如表16.9中第二列和

表 16.6　个体理性方案下各企业分摊结果

DMU	DMU_1	DMU_2	DMU_3	DMU_4	DMU_5	DMU_6	DMU_7	DMU_8	DMU_9	DMU_{10}	DMU_{11}	DMU_{12}	DMU_{13}	DMU_{14}	DMU_{15}	DMU_{16}	DMU_{17}	DMU_{18}	DMU_{19}	DMU_{20}	DMU_{21}	DMU_{22}	DMU_{23}	DMU_{24}	DMU_{25}	DMU_{26}	DMU_{27}	DMU_{28}	DMU_{29}	DMU_{30}
1	1.34	2.17	2.70	5.11	1.30	2.08	2.08	3.74	3.46	1.29	0.00	0.00	1.41	2.32	2.89	2.16	2.32	1.29	0.00	2.08	3.77	3.43	1.29	0.00	0.00	1.41	2.32	2.82	2.16	2.36
2	1.23	1.33	2.32	2.95	1.17	0.00	1.16	1.99	2.00	1.20	0.00	0.00	1.13	1.70	1.35	1.45	1.55	1.17	0.00	1.16	2.00	2.01	1.21	0.00	0.00	1.13	1.70	1.30	1.45	1.55
3	1.29	3.52	2.27	0.00	1.71	2.72	2.36	1.70	1.74	2.81	2.84	2.74	1.80	1.90	1.54	2.06	2.38	1.68	2.71	2.36	1.70	1.75	2.82	2.81	2.69	1.80	1.91	1.56	2.06	2.38
4	0.70	1.02	0.62	0.00	0.48	0.24	1.00	0.99	1.13	0.82	0.19	0.22	0.50	0.95	0.77	0.97	0.98	0.47	0.25	1.00	0.99	1.13	0.82	0.22	0.25	0.50	0.95	0.76	0.97	0.99
5	1.01	1.23	0.85	0.00	3.39	3.60	1.92	1.55	1.63	1.34	3.57	3.53	4.44	1.68	1.30	1.86	1.87	3.42	3.61	1.92	1.54	1.63	1.34	3.64	3.54	4.44	1.68	1.30	1.86	1.87
6	3.70	1.89	1.08	3.67	4.15	5.11	2.00	1.56	1.66	1.25	4.99	5.06	3.77	1.62	3.00	2.06	1.99	4.22	5.12	2.00	1.55	1.66	1.25	5.05	5.11	3.80	1.62	3.00	2.06	2.00
7	1.28	1.98	1.07	0.00	1.57	2.08	1.06	1.00	1.00	1.90	2.09	2.06	1.72	1.04	1.00	1.01	1.17	1.55	2.07	1.06	0.99	1.00	1.91	2.07	2.04	1.71	1.04	0.99	1.01	1.17
8	4.06	2.75	3.27	5.77	2.77	4.19	2.23	3.35	3.28	3.04	4.22	4.24	2.49	2.56	3.78	2.25	2.48	2.74	4.19	2.23	3.36	3.28	3.04	4.17	4.24	2.48	2.56	3.68	2.25	2.47
9	2.84	1.68	1.34	2.27	1.43	1.14	1.51	1.27	1.64	1.04	1.16	1.17	1.22	1.38	2.82	1.58	0.85	1.44	1.15	1.51	1.32	1.57	1.04	1.25	1.20	1.22	1.39	2.93	1.58	0.80
10	3.00	1.80	1.07	1.71	4.23	4.65	2.12	1.62	1.73	1.32	4.58	4.59	3.93	1.77	1.60	2.17	2.11	4.28	4.66	2.12	1.61	1.73	1.32	4.65	4.63	3.94	1.77	1.67	2.17	2.12
11	0.26	0.25	0.25	0.21	0.32	0.50	0.27	0.29	0.31	0.20	0.43	0.50	0.32	0.25	0.23	0.25	0.25	0.32	0.50	0.27	0.29	0.31	0.20	0.36	0.50	0.32	0.25	0.23	0.25	0.25
12	1.15	1.15	0.80	0.54	1.46	2.67	1.27	1.16	1.26	0.90	2.59	2.64	1.50	1.15	1.03	1.25	1.31	1.46	2.67	1.27	1.15	1.27	0.90	2.56	2.64	1.50	1.15	1.01	1.25	1.31
13	1.25	1.03	0.84	1.15	1.35	1.48	1.02	0.88	0.94	0.88	1.46	1.48	1.27	0.97	1.03	1.04	1.02	1.37	1.49	1.02	0.87	0.94	0.88	1.50	1.50	1.27	0.97	1.02	1.04	1.02
14	0.01	0.99	0.86	0.90	1.03	1.05	1.00	0.92	0.97	0.87	1.04	1.05	1.03	1.00	1.00	1.01	1.05	1.03	1.05	1.00	0.91	0.97	0.87	1.06	1.07	1.03	1.00	0.98	1.01	1.05
15	3.18	0.81	2.46	2.00	2.80	3.62	2.14	1.65	1.74	3.51	3.68	3.64	2.83	2.31	2.10	1.97	2.12	2.77	3.61	2.14	1.65	1.76	3.51	3.66	3.61	2.82	2.31	2.14	1.97	2.12
16	1.20	1.32	0.48	1.01	1.37	0.00	1.49	2.10	2.01	1.26	0.00	0.00	1.26	2.25	1.42	1.96	1.89	1.37	0.00	1.49	2.12	2.03	1.26	0.00	0.00	1.26	2.25	1.40	1.96	1.89
17	0.38	0.54	0.39	0.00	0.31	0.00	0.42	0.44	0.47	0.47	0.00	0.00	0.31	0.47	0.45	0.45	0.47	0.31	0.00	0.42	0.44	0.47	0.47	0.00	0.00	0.31	0.47	0.44	0.45	0.47
18	2.32	1.52	1.28	1.86	0.49	3.09	1.74	1.42	1.51	1.20	3.08	3.09	2.29	1.64	1.66	1.71	1.78	0.50	3.10	1.74	1.41	1.51	1.20	3.10	3.10	2.30	1.64	1.67	1.71	1.79
19	0.02	0.03	0.00	0.00	0.03	0.00	0.00	0.04	0.04	0.04	0.00	0.00	0.04	0.01	0.03	0.03	0.05	0.03	0.00	0.00	0.04	0.04	0.04	0.00	0.00	0.04	0.01	0.03	0.03	0.05
20	1.40	2.23	4.39	1.77	1.44	0.00	4.35	2.62	2.64	3.63	0.00	0.00	1.22	4.39	1.52	4.42	2.06	1.44	0.00	4.35	2.62	2.65	3.63	0.00	0.00	1.22	4.39	1.51	4.42	2.07
21	0.70	0.95	1.30	0.00	0.82	0.00	0.89	0.05	0.34	0.84	0.00	0.00	0.79	1.12	1.04	0.98	0.83	0.82	0.00	0.89	0.05	0.34	0.85	0.00	0.00	0.79	1.12	1.02	0.99	0.81
22	1.00	1.06	1.60	1.88	0.96	0.00	0.96	1.53	0.17	0.95	0.00	0.00	0.93	1.29	1.11	1.11	1.18	0.96	0.00	0.96	1.53	0.17	0.95	0.00	0.00	0.93	1.29	1.08	1.11	1.17
23	0.41	0.26	0.33	0.00	0.44	0.44	0.40	0.47	0.51	0.03	0.41	0.42	0.31	0.37	0.37	0.33	0.42	0.44	0.44	0.40	0.47	0.51	0.03	0.32	0.39	0.31	0.37	0.37	0.33	0.43
24	0.38	0.62	0.38	0.00	0.09	0.00	0.56	0.59	0.65	0.53	0.00	0.00	0.08	0.53	0.47	0.55	0.55	0.08	0.00	0.56	0.59	0.65	0.54	0.00	0.00	0.08	0.53	0.47	0.55	0.56
25	0.26	0.30	0.28	0.00	0.21	0.00	0.30	0.30	0.32	0.31	0.00	0.00	0.21	0.28	0.27	0.29	0.29	0.21	0.00	0.30	0.30	0.32	0.32	0.00	0.00	0.21	0.28	0.27	0.29	0.29
26	2.37	1.35	1.38	1.93	2.22	2.77	1.39	1.28	1.27	1.09	2.77	2.77	0.87	1.39	1.67	1.37	1.49	2.21	2.77	1.39	1.28	1.27	1.09	2.77	2.77	0.87	1.39	1.67	1.37	1.49
27	2.37	3.63	2.66	1.85	1.86	2.63	2.27	1.67	1.83	4.19	2.73	2.68	1.86	0.10	1.80	2.24	2.13	1.84	2.61	2.27	1.67	1.85	4.19	2.68	2.64	1.85	0.10	1.82	2.24	2.13
28	1.33	0.85	0.56	1.33	0.92	0.75	0.75	0.63	0.75	0.69	0.70	0.75	0.82	0.73	0.00	0.78	0.58	0.93	0.77	0.75	0.63	0.75	0.69	0.77	0.79	0.82	0.73	0.00	0.78	0.58
29	1.35	2.93	2.35	0.76	1.38	0.24	2.56	1.42	1.52	4.13	0.43	0.35	1.21	3.82	1.41	1.89	1.88	1.38	0.22	2.56	1.41	1.53	4.13	0.33	0.28	1.21	3.82	1.39	1.89	1.88
30	1.22	1.80	3.79	4.27	1.27	0.00	1.76	4.73	4.46	1.20	0.00	0.00	1.40	1.99	4.29	1.77	3.91	1.27	0.00	1.76	4.74	4.45	1.20	0.00	0.00	1.40	1.99	4.46	2.00	3.92

表 16.7　整体理性模型下各企业减排分摊结果

DMU	分摊结果	DMU	分摊结果
1	2.684	16	0.000
2	1.172	17	0.000
3	2.082	18	2.650
4	0.000	19	0.000
5	1.561	20	1.118
6	4.147	21	0.000
7	1.221	22	0.000
8	4.963	23	0.000
9	1.782	24	0.000
10	3.326	25	0.000
11	0.149	26	2.491
12	1.606	27	2.837
13	1.324	28	0.843
14	1.051	29	1.316
15	3.294	30	1.352

表 16.8　整体和个体理性分摊方案下产出的权重结果

分配方案		分摊前纸产品权重	分摊前排放权权重	分摊后纸产品权重	分摊后排放权权重
个体理性	1	3.409×10^{-2}	2.222×10^{-3}	4.439×10^{-3}	3.843×10^{-2}
	2	2.686×10^{-2}	8.870×10^{-3}	5.732×10^{-3}	4.323×10^{-2}
	3	1.000×10^{-6}	4.790×10^{-2}	6.588×10^{-3}	5.407×10^{-2}
	4	1.882×10^{-2}	2.373×10^{-2}	5.113×10^{-2}	7.939×10^{-2}
	5	1.000×10^{-6}	9.021×10^{-2}	1.399×10^{-2}	1.047×10^{-1}
	6	9.259×10^{-3}	9.509×10^{-2}	1.238×10^{-2}	1.596×10^{-1}
	7	2.689×10^{-2}	1.191×10^{-1}	1.018×10^{-2}	1.614×10^{-1}
	8	4.540×10^{-2}	9.518×10^{-3}	4.330×10^{-2}	7.204×10^{-2}
	9	6.901×10^{-4}	7.894×10^{-2}	1.112×10^{-2}	8.768×10^{-2}
	10	1.000×10^{-6}	9.090×10^{-2}	1.071×10^{-2}	1.181×10^{-1}
	11	4.196×10^{-2}	5.639×10^{-3}	2.251×10^{-1}	1.091×10^{-1}
	12	1.741×10^{-2}	7.874×10^{-2}	1.839×10^{-2}	1.237×10^{-1}
	13	1.000×10^{-6}	1.176×10^{-1}	1.473×10^{-2}	1.408×10^{-1}
	14	1.000×10^{-6}	8.809×10^{-2}	1.973×10^{-2}	1.143×10^{-1}
	15	5.832×10^{-3}	7.589×10^{-2}	1.288×10^{-2}	8.526×10^{-2}
	16	1.000×10^{-6}	2.639×10^{-2}	2.283×10^{-3}	3.035×10^{-2}
	17	3.422×10^{-2}	1.014×10^{-6}	1.067×10^{-1}	5.189×10^{-2}

分配方案		分摊前纸产品权重	分摊前排放权权重	分摊后纸产品权重	分摊后排放权权重
个体理性	18	1.000×10^{-6}	8.354×10^{-2}	2.173×10^{-2}	9.619×10^{-2}
	19	9.960×10^{-2}	1.082×10^{-1}	3.020×10^{-1}	5.107×10^{-1}
	20	3.369×10^{-3}	3.366×10^{-2}	5.526×10^{-3}	4.298×10^{-2}
	21	1.000×10^{-6}	2.923×10^{-2}	2.298×10^{-3}	3.415×10^{-2}
	22	2.696×10^{-2}	6.937×10^{-3}	5.336×10^{-3}	4.034×10^{-2}
	23	3.788×10^{-2}	1.640×10^{-2}	1.248×10^{-1}	1.156×10^{-1}
	24	9.493×10^{-3}	4.237×10^{-2}	4.464×10^{-2}	8.230×10^{-2}
	25	3.546×10^{-2}	4.457×10^{-2}	8.991×10^{-2}	1.490×10^{-1}
	26	1.000×10^{-6}	1.184×10^{-1}	3.859×10^{-2}	1.322×10^{-1}
	27	7.127×10^{-4}	6.220×10^{-2}	8.994×10^{-3}	6.240×10^{-2}
	28	8.727×10^{-2}	1.000×10^{-6}	3.320×10^{-2}	1.475×10^{-1}
	29	1.608×10^{-2}	2.690×10^{-2}	5.888×10^{-3}	4.882×10^{-2}
	30	1.213×10^{-2}	2.096×10^{-2}	4.741×10^{-3}	3.556×10^{-2}
整体理性		1.000×10^{-6}	1.719×10^{-3}	2.122×10^{-3}	2.250×10^{-3}

表 16.9　基于个体理性分摊方案前后各企业效率值

DMU	分摊前	分摊后	DMU	分摊前	分摊后
1	1.000	1.000	16	0.876	1.000
2	1.000	1.000	17	0.653	0.939
3	0.877	1.000	18	0.887	1.000
4	0.686	1.000	19	0.680	0.925
5	0.910	1.000	20	1.000	1.000
6	1.000	1.000	21	0.853	1.000
7	1.000	1.000	22	0.915	1.000
8	1.000	1.000	23	1.000	1.000
9	1.000	1.000	24	0.599	0.921
10	0.956	1.000	25	0.626	0.929
11	1.000	1.000	26	0.967	1.000
12	1.000	1.000	27	1.000	1.000
13	0.831	1.000	28	0.866	1.000
14	0.755	1.000	29	1.000	1.000
15	1.000	1.000	30	1.000	1.000

第五列显示。表 16.9 第三列和第六列是分摊之后的各企业的效率值，通过模型(16.15)求得。比较分摊前后的结果，发现很多无效的企业在分摊之后效率值提高

了。比如，DMU_3 的效率从 0.877 提高到 1，DMU_4 的效率从 0.686 提高到 1。

通过分析表 16.6 和表 16.9，所有的企业可以分为三大类。第一类是 DMU_{17}、DMU_{19}、DMU_{24} 和 DMU_{25}，这四个企业在分摊前的效率是最低的(分别为 0.653、0.680、0.599 和 0.626)，但是在个体理性分摊方案下，这四个企业都没有减少自己的排放权。第二类是 DMU_3、DMU_4、DMU_5、DMU_{10}、DMU_{13}、DMU_{14}、DMU_{16}、DMU_{18}、DMU_{21}、DMU_{22}、DMU_{26} 和 DMU_{28}，这些企业在分摊前都是无效的，但是采取个体理性分摊方案之后，都变成有效单元。剩余的 DMUs 组成第三类，分摊前后都为有效，这些企业的配额全部都减少了。这些结果表明采取个体理性分摊方案时，每个企业都尽可能不减少排放权以达到效率最大化，一旦效率达到 1 之后，开始考虑减少配额。

分析表 16.6 和表 16.9，有四个特殊的企业，分别是 DMU_{17}、DMU_{19}、DMU_{24} 和 DMU_{25}。这些企业在采取个体理性减排方案之后效率值依旧是最低的。可能的原因是综合产出与综合投入的比率太低，即这类企业使用了大量的资源却生产出很少的产品。为了清楚掌握企业的当前的弱势、需要改进的方向和调整的量，使用 CCR 对偶模型求出这些企业的投入有效投影点。DMU_{17} 的投入投影点为 (654, 25.727, 9.818)，和实际投入数据差异很大。在现有产出水平不变的前提下，DMU_{17} 的管理决策者需要考虑裁员 224 个，减少 8.777(10^6)投入资金和减少 3.35t BOD 排放才能达到 CCR 有效。DMU_{19} 的投影点为 (346, 11.386, 1.354)，劳动力和成本资金的理想投入要远远比实际投入小，充分说明该企业这两个投入实际利用率太低。管理决策者应该首要考虑如何提高员工效率和资金使用水平。DMU_{24} 和 DMU_{25} 的投影点分别为 (932, 39.661, 8.434) 和 (537, 23.387, 4.657)，DMU_{25} 只需稍作努力即可达到 CCR 有效，但是 DMU_{24} 的情况不同，管理决策者不但需要提高员工效率和资金使用水平，而且还要尽可能采取措施减少 BOD 污染排放。表 16.10 给出了整体理性分摊方案前后各企业效率值。第二和第六列是分摊前的效率，可以通过模型 (16.12)($\alpha = 0$)求得。第三和第七列是分摊后的效率。通过比较，发现每个无效的单元在整体理性方案分摊之后，效率都得到了提高。所有单元的整体效率也明显提高了(从 0.739 提高到 0.980)。结果表明基于 DEA 整体理性的方案不但可以尽可能提高所有单元的整体效率，而且会尽可能提高每个单元的效率。

表 16.10　基于整体理性分摊方案前后各企业效率值

DMU	分摊前	分摊后	EII	DMU	分摊前	分摊后	EII
1	0.738	1.000	35.50%	4	0.615	0.966	57.07%
2	0.715	1.000	39.86%	5	0.863	1.000	15.87%
3	0.847	1.000	18.06%	6	1.000	1.000	0.00%

DMU	分摊前	分摊后	EII	DMU	分摊前	分摊后	EII
7	0.932	1.000	7.30%	19	0.275	0.503	82.91%
8	1.000	1.000	0.00%	20	0.748	1.000	33.69%
9	0.759	1.000	31.75%	21	0.666	0.955	43.39%
10	0.943	1.000	6.04%	22	0.683	1.000	46.41%
11	0.577	1.000	73.31%	23	0.592	0.900	52.03%
12	0.773	1.000	29.37%	24	0.573	0.877	53.05%
13	0.776	1.000	28.87%	25	0.568	0.889	56.51%
14	0.743	1.000	34.59%	26	0.967	1.000	3.41%
15	1.000	1.000	0.00%	27	0.883	1.000	13.25%
16	0.705	1.000	41.84%	28	0.666	1.000	50.15%
17	0.605	0.915	51.24%	29	0.763	1.000	31.06%
18	0.886	1.000	12.87%	30	0.714	1.000	40.06%

表 16.10 同时也给出了每个企业的效率提高指数(EII)，通过如下公式求得

$$\text{EII}_k = \frac{\theta_k^a - \theta_k^b}{\theta_k^b} \times 100\%, \ k = 1, \cdots, n$$

该指数首次由 Baker 和 Talluri 于 1997 年提出，公式中 θ_k^b 是分摊前的公共效率，θ_k^a 是模型(16.12)分摊后的公共效率。在表 16.10 中，发现 DMU_6、DMU_8 和 DMU_{15} 的效率值没有变化，但是它们的配额却减少了，说明这两个企业在整体理性方案中表现是最好的。另外有 7 个企业的效率明显得到提高，分别是 DMU_4、DMU_{11}、DMU_{17}、DMU_{19}、DMU_{23}、DMU_{24} 和 DMU_{25}，效率提高都超过了 50%。其中 DMU_{19} 提高最多(EII 值是 82.91%)，效率从 0.275 升为 0.503。DMU_{11} 表现次之，EII 值是 73.31%。综合分析，发现这些 EII 值很大的企业的公共效率都是最差的。如果决策者要提高整个系统的效率，首要应该考虑这些低效企业。

4. 产出对最终分配结果的影响

表 16.11 分别列出了各个企业在整体理性和协调个体理性下最终分配结果和 BOD 排放数据。表 16.11 的所有数据是按照企业的排放规模从高到低依次排列的。第二列和第三列表明企业排放得越多，分配到的配额也越多。但这也不是绝对的，比如，DMU_{17} 比 DMU_3 排放多，但是整体理性和协调个体理性方法最终分配给它的排放权比 DMU_3 少。DMU_5 在两种分配方案下分到的排放权比 DMU_{23} 多，但是 BOD 排放比较少。由此可以得出结论：虽然企业规模在分配排放权的过程中可能会占据一定的优势，但是起不到决定性的作用，这也间接反映出本节提出来的方

法充分考虑到了企业实际投入和产出的状况。

表 16.11　基于整体理性和协调个体理性下最终分配结果的比较

DMU	BOD	整体理性	协调个体理性	Grandfathering
16	28.488	33.204	31.895	22.302
30	26.913	30.313	29.320	20.690
21	26.339	29.178	28.553	17.230
20	22.581	26.186	25.064	17.916
22	21.733	24.595	23.684	20.599
1	21.429	24.161	24.795	20.586
2	19.806	22.189	22.030	22.028
29	17.468	20.754	20.274	18.853
17	13.168	14.168	13.838	14.238
3	12.329	16.233	16.282	10.971
27	10.613	13.066	13.796	11.308
4	9.156	11.163	10.478	16.684
24	9.136	10.251	9.903	12.929
9	8.906	10.819	11.097	5.673
8	8.077	8.886	10.557	14.274
15	7.019	9.092	9.844	7.684
18	6.162	7.961	8.818	9.088
14	6.136	7.514	7.591	8.620
23	5.306	6.121	5.773	17.725
5	5.204	8.521	7.925	6.137
25	5.005	5.596	5.381	7.924
10	4.894	7.191	7.918	8.642
12	4.875	6.296	6.498	16.195
28	4.776	5.718	5.845	7.397
13	4.533	5.745	5.950	6.066
26	4.437	5.673	6.468	6.779
11	4.084	4.435	4.287	17.327
7	3.728	5.357	5.237	6.020
6	3.605	4.902	6.203	11.245
19	1.453	1.504	1.481	3.871

表 16.11 最后一列还列出了传统 Grandfathering 方法的分配结果。比较第三、四和五列的数据，发现 Grandfathering 方法的分配结果中有 8 个企业是不太合理

的，分别是 DMU_1、DMU_3、DMU_9、DMU_{16}、DMU_{20}、DMU_{21}、DMU_{22} 和 DMU_{30}，分配到的排放权低于实际排放量，它们的排放权甚至都不能满足最低的生产要求。而本节提出来的方法却没有出现类似情况，即没有出现极端反常的分配结果。

16.4　本 章 小 结

传统的污染物排放权分配方法仅仅依据决策单元的产出或者排放量确定分配，这就有可能变相地鼓励企业增加排放量以获得更多的配额，这种分配方式显然是不合理的。为了更好控制污染排放，本章提出基于 DEA 的污染物排放权分配方法，该方法的分配原则是依据企业的生产效率，即将企业的投入和产出全部考虑在内。本章分别从整体理性和协调个体理性角度提出几种不同的模型，分别用以处理污染物排放权初始分配问题和减排分摊问题，最后通过造纸厂的案例分析验证了这些方法的有效性。

本章的主要贡献如下：①分配原则将企业的所有投入和产出全部考虑在内，而不是仅仅考虑企业的产出或者排放量。②从不同的角度提出不同的模型，决策者可以根据实际情况选择不同的模型应用于环境资源管理问题中。③现有基于 DEA 环境方面的研究主要是针对环境绩效的评价，很少研究污染排放权分配，因此本章的研究成果不但可以分配排放权，而且也拓展了 DEA 的方法理论和实际应用。虽然本章的研究针对的是环境污染物排放权分配，但是也可以推广到其他有限资源的分配问题中。另外，排污企业之间如果存在合作或竞争，甚至竞争合作并存的情况下，如何将博弈理论引入污染物排放权分配和减排分摊问题，值得进一步研究。

参 考 文 献

卞亦文. 2006. 基于 DEA 理论的环境效率评价方法研究. 合肥: 中国科学技术大学.

韩勇, 周世祥. 2008. 浅论我国排污权的初始配置. 能源与环境, 5: 1-3.

林坦, 宁俊飞. 2011. 基于零和 DEA 模型的欧盟国家碳排放权分配效率研究. 数量经济技术经济研究, 3: 36-50.

刘鹏崇. 2010. 排污权初始配置国内研究综述. 中南林业科技大学学报 (社会科学版), 4: 14-17.

王斌. 2013. 环境污染治理与规制博弈研究. 北京: 首都经济贸易大学.

谢来辉, 陈迎. 2007. 碳泄漏问题评析. 气候变化研究进展, 3: 214-219.

赵文会. 2006. 初始排污权分配的若干问题研究. 上海: 上海理工大学.

张颖, 王勇. 2005. 我国排污权初始分配的研究. 生态经济, 8: 50-52.

Ahman M, Burtraw D, Kruger J, et al. 2007. A ten-year rule to guide the allocation of EU emission allowances. Energy Policy, 35(3): 1718-1730.

Beasley J E. 2003. Allocating fixed costs and resources via data envelopment analysis. European

Journal of Operational Research, 147: 198-216.

Berg S A, Forsund F R, Jansen E S. 1992. Malmquist indices of productivity growth during the deregulation of Norwegian banking 1980-1989. Scandinavian Journal of Economics, 94: 211-228.

Cook W D, Kress M. 1999. Characterizing an equitable allocation of shared costs: a DEA approach. European Journal of Operational Research, 119: 652-661.

Cook W D, Zhu J. 2005. Allocation of shared costs among decision making units: a DEA approach. Computers and Operations Research, 32: 2171-2178.

Dales H. 1968. Pollution, Property and Prices. Toronto: University of Toronto Press.

Fischer C, Fox A K. 2004. Output-based Allocations of emissions permits: efficiency and distributional effects in a general equilibrium setting with taxes and trade. Washington, DC: Resources for the Future, RFF Discussion Paper: 04-37.

Fischer C, Fox A K. 2007. Output-based allocation of emissions permits for mitigating tax and trade interactions. Land Economics, 83: 575-599.

Goulder L H, Parry I, Burtaw D. 1997. Revenue-raising versus other approaches to environmental protection: the critical significance of preexisting tax distortions. The RAND Journal of Economics, 28: 708-731.

Hailu A, Veeman T S. 2001. Non-Parametric productivity analysis with undesirable outputs: An application to the canadian pulp and paper industry. American Journal of Agricultural Economics, 83: 805-816.

Jegou I, Rubini L. 2011. The allocation of emission allowances free of charge: legal and economic considerations, ICTSD global platform on climate change. Trade Policies and Sustainable Energy.

Lins M P E, Gomes E G, de Mello J C C B S, et al. 2003. Olympic ranking based on a zero sum gains DEA model. European Journal of Operational Research, 148: 312-322.

Lozano S, Villa G. 2004. Centralized resource allocation using data envelopment analysis. Journal of Productivity Analysis, 22: 143-161.

Neuhoff K, Keats M K, Sato M. 2006. Allocation, incentives and distortions: the impact of EU ETS emissions allowance allocations to the electricity sector. Climate Policy, 6: 73-91.

Ono T. 2011. The effects of emission permit on growth and the environment. Environmental and Resource Economics, 21: 75-87.

Palmisano J. 1996. Air permit trading paradigms for green house gases: why allowances won't work and credits will, discussion draft. London: Enron Europe Ltd.

Wang K, Zhang X, Wei Y M, et al. 2013. Regional allocation of CO_2 emissions allowance over provinces in China by 2020. Energy Policy, 54: 214-229.

Wu H Q, Du S F, Liang L, et al. 2013. A DEA-based approach for fair reduction and reallocation of emission permits. Mathematical and Computer Modelling, 58: 1095-1101.

第 17 章　资源分配视角下中国区域绿色发展效率改进研究

前面已从中国区域绿色发展的效率评价和其影响因素的角度进行分析，给出了当前中国区域绿色发展的现状表现：我国的绿色发展效率仍具有较大的提升空间，尤其是治理阶段，且在区域上和投入资源使用上具有差异性。在了解了当前区域绿色发展水平的基础上，更重要的是对现有水平进行改进。本章将在资源分配的视角下，研究中国区域绿色发展效率的改进。从固定资源分配和排污权分配两个角度，分别建立模型进行分析。

17.1　背　景　介　绍

17.1.1　区域绿色发展效率现状及改进方式

目前中国正处于工业化、城市化高速发展的时期，资源的大量消耗，污染物的过度排放都是传统工业经济高速发展所带来的不可忽视的负面影响。长期研究表明，只有大力发展绿色经济，才能有效突破资源环境瓶颈制约，在经济社会长远发展中占据主动和有利位置。绿色发展理念的提出，不仅是对现有绿色经济发展状况的评价和分析，更是在了解现有水平的基础上，以科学的办法改进绿色发展效率。

在绿色发展理念中，主要从节能减排及污染物治理的角度，对区域的绿色发展进行改进。首先，以科学方法优化资源配置。我国资源总量虽然比较丰富，但人均资源占有量低，尤其是主要能源，如水资源、石油、天然气人均储量等与世界平均水平相距甚远。因此，优化资源配置，减少资源浪费，是提高绿色发展效率的一个主要方法。其次，在资源匮乏的同时，由于传统工业的发展和技术水平的制约，我国的废气、废水和固体废弃物的排放量一直居高不下，给生态环境造成很大压力。基于此，政府部门逐步实行排污权的分配和交易制度，旨在合理制定分配方案，提高污染治理效率。综上所述，本章将主要从资源分配的视角，分别考虑资源的分配和排污权的分配，对绿色发展效率进行改进。

17.1.2　现有资源配置方法的局限：模型及应用领域方面

资源配置问题作为管理科学的经典应用之一，具有很大的实际应用价值

(Korhonen and Syrjanen，2004)。而 DEA 为资源配置问题带来了新的视角。现有的关于资源配置问题的 DEA 研究分为三类。第一类，资源分配和目标设定(Bi et al.，2011)。第二类，集中资源分配(Lozano and Villa，2004)。第三类，其他观点(Korhonen and Syrjanen，2004；Du et al.，2014)。从已发表的文献中可知，资源配置的 DEA 模型有两种假设，其一，在资源分配之后每个决策单元的效率可能不同。其二，无论资源如何分配，每个决策单元的效率都是恒定的。这两个关于资源配置的假设都有一定局限性：首先，基于恒定效率假设的模型可能是不合理的，因为对于大多数生产系统而言，效率总是随着生产规模的改变而变化。因此，考虑资源分配后的效率变化是必要的。其次，大多数基于资源分配后效率可变假设的研究，默认每个单元都可以在由一些有效的决策单元形成的有效边界上进行生产。由于未考虑每个决策单元的技术异质性，可能给一些决策单元制定了无法轻易实现的产出目标。

此外，在现实中，投入资源因为其特殊属性，并不都能灵活地进行分配或改变(Wu et al.，2016)。例如，一些资源可能具有固定特征，不能轻易变动或转移，例如，土地资源、机器设备等；而另一些资源则可以灵活变动。此外，有些资源可能稀缺，这使得决策者在分配时应考虑到组织的效率，把稀缺的资源分配给最需要的决策单元。除此之外，在可分配的投入资源中，也有一部分投入具有固定的特征，不会随着生产而被消耗，例如，设备投入；而另一部分则更加灵活，在每个生产周期中的投入都可以任意变动。

以上两点说明普通的资源分配模型均存在一定的局限性，一方面没有考虑到决策单元的技术异质性，可能制定不易实现的目标；另一方面，不同投入资源具有其特定属性，也应当被纳入考虑。本章旨在研究中国区域绿色发展效率改进，从新增固定资产投入分配和排放权分配两个角度对资源进行再分配，选取最符合绿色发展要义的资源分配模型，并应用最新的数据解决实际问题。根据上述绿色发展效率改进方式和现有资源分配模型的分析，本章在模型和指标选取中将主要考虑以下三点：①资源投入指标按照其属性进行分类，分别构建约束条件；②考虑决策单元之间的技术异质性，并假设短期内技术效率无法提高；③应用多目标规划，将中央决策者的目标分为最大化产出、最小化额外资源投入和最大化组织效率三个方面。

17.2 模型预处理

首先，进行模型准备工作，选择恒定技术效率假设，在短期时间内，各省份技术效率不易发生改变。为了保证分配的公平性，将技术效率异质性纳入考虑，按照技术效率高低对决策单元进行分组。其次，根据绿色发展效率的特征，以及投入指标在分配中的作用，将按照投入指标是否参与再分配和是否可变，对指标进行分类。具体过程如下。

1. 决策单元的生产技术分组

大多数用于资源分配问题的现有模型都基于这样的假设：每个决策单元可以在生产可能集有效边界上配置额外的投入资源（Korhonen and Syrjanen，2004；Lozano and Villa，2004；Fang，2013；Wu et al.，2013），这可能会带来最佳的产出收入。从长远来看，这种假设可能是合理的。因为低效率的决策单元可以学习或模仿高效率的决策单元来改进它们的技术。然而，在现实背景下，较短的时间内仅仅增加或减少投入资源可能不足以使其生产技术有效。即使在资源分配之后，决策单元仍继续使用其原始技术生产以及如何评估其原始技术是一个关键问题。此处，引入依赖于上下文的 DEA 来识别实际的生产技术。因此，定义了一个用于描述每个单元可能的短期生产变化的新生产可能性集合。

引入依赖于上下文的 DEA 技术（Seiford and Zhu，2003；Zhu，2014）来测量特定决策单元与其他决策单元相比的相对吸引力。实际上，决策单元的集合可以分成不同级别的有效前沿，例如，在 BCC 模型中，此模型假设规模效益可变，因为规模报酬可变中的每个级别的有效前沿都更好地描述了每种生产方式。如果移除原始有效边界，则剩余的低效决策单元可用于确定一个新的二级有效边界。如果移除这个二级有效边界，则可以形成一个三级有效边界，依此类推，直到没有剩余决策单元为止。每个这样的有效边界可以为比较决策单元的原始技术提供评估背景。同一有效边界的决策单元被称为同层级决策单元，期望同层级的决策单元具有一些相同的属性是合理的。以下的算法可以识别同层级的决策单元。

算法 17.1　依赖上下文 DEA 算法

步骤 1：设置第一层级，$K=1$。使用 BCC DEA 模型评估整个决策单元集合 E_1 以获得第一层级高效决策单元，设为 L_1（第一层有效边界）；

步骤 2：从未来的 DEA 运行中排除第一层级高效决策单元，$E_{(K+1)} = E_K - L_K$，如果 $E_{(K+1)} = \varnothing$，算法终止，否则转入步骤3；

步骤 3：评估"低效"决策单元的新子集 $E_{(K+1)}$ 以获得一组新的高效决策单元 $L_{(K+1)}$（新层级有效前沿）；

步骤 4：令 $K=K+1$，转入步骤2。

因为在相同有效边界上的决策单元在生产中具有相似的表现，所以在这里假设同一层中的决策单元具有相同的技术。随着投入的增加或减少，决策单元可以与同一层中的其他决策单元有类似的技术水平。因此，在将额外资源分配给它们

之后，那些决策单元可以在它们自己改变的生产可能集上生产它们的产品。这里给出了基于层级 k 设置的改变的生产可能集。

$$T_{\text{BCC}}=\left\{(x,y)\in L(k)|\sum_{j\in L(k)}\lambda_j x_{ij}\leqslant x,\ \sum_{j\in L(k)}\lambda_j y_{ij}\leqslant y,\ \sum_{j\in L(k)}\lambda_j=1,\lambda_j\geqslant 0\right\} \quad (17.1)$$

在分配额外的投入资源之后，变化的生产可能集定义了每个决策单元的生产可行域。

2. 投入指标分类

投入资源分为三组。第一组是不可重新分配的不变投入，这类每个决策单元不可更改的投入，既不会用完，也不会被分配，并在下一个生产阶段保持不变。第二组是可重新分配的不变投入，这类投入不会在生产中被消耗，因此不会减少，但如果政府等中央集中决策者从固定可用量中分配给决策单元，则它有可能在下一个生产期间增加。第三组是可重新分配的可变投入。这类投入对于每个决策单元而言，其投入量可能增加或减少。总之，不可重新分配的不变投入永远不会改变，可重新分配的不变投入永远不会减少但可能会增加，可重新分配的可变投入可能会增加或减少。

17.3　考虑区域绿色发展的资源分配模型构建

为了有效地分配额外资源，沿用 Wu 等 (2016) 的方法，基于 DEA 的多目标线性规划 (MOLP) 模型，同时考虑最大化产出的总变化量并最小化可分配投入总资源消耗量。

假设组织中一个集中决策者下有 n 个决策单元。对于每个决策单元 j，使用 w 个不可重新分配的不变投入 $\boldsymbol{X}_j=\left(x_{1j},x_{2j},\cdots,x_{wj}\right)^{\mathrm{T}}$，$m$ 个可重新分配的不变投入 $\boldsymbol{F}_j=\left(f_{1j},f_{2j},\cdots,f_{mj}\right)^{\mathrm{T}}$，以及 t 个可重新分配的可变投入 $\boldsymbol{U}_j=\left(u_{1j},u_{2j},\cdots,u_{tj}\right)^{\mathrm{T}}$ 来产生 s 个期望产出 $\boldsymbol{Y}_j=\left(y_{1j},y_{2j},\cdots,y_{sj}\right)^{\mathrm{T}}$。假设在下一个生产周期中，中央决策者为每个可重新分配的不变投入资源提供额外的总投入为 R_i，$i=1,2,\cdots,m$，为每个可重新分配的可变投入资源提供的配置总投入为 E_i，$i=1,2,\cdots,t$。中央决策者希望将这些资源以适当比例分配给每一个决策单元。在本章中，假设生产可能性集在资源分配后不会改变。其中 $L(k)$ 表示属于层 k 的观察到的决策单元的集合。这里 Δf_{iq}、Δu_{iq}、Δy_{rq} 表示常量投入 i、变量投入 i 和产出 r 的变化量。

$$\text{Max}\ \sum_{q=1}^{n}\sum_{r=1}^{s}\Delta y_{rq}$$

$$\text{Min} \sum_{q=1}^{n}\sum_{i=1}^{t}\Delta u_{iq}$$

$$\text{s.t.} \sum_{j\in L(k)} \lambda_{jq}x_{ij} \leqslant x_{iq}, i=1,\cdots,w, k=1,\cdots,p, q\in L(k)$$

$$\sum_{j\in L(k)} \lambda_{jq}f_{ij} \leqslant f_{iq}+\Delta f_{iq}, i=1,\cdots,m, k=1,\cdots,p, q\in L(k) \tag{17.2}$$

$$\sum_{j\in L(k)} \lambda_{jq}u_{ij} \leqslant \Delta u_{iq}, i=1,\cdots,t, k=1,\cdots,p, q\in L(k)$$

$$\sum_{j\in L(k)} \lambda_{jq}y_{rj} \geqslant y_{rq}+\Delta y_{rq}, r=1,\cdots,s, k=1,\cdots,p, q\in L(k)$$

$$\Delta f_{iq}=0 \quad \text{when} \quad f_{iq} \geqslant f_{iq}^{\text{MPSS}}, i=1,\cdots,m, q=1,\cdots,n$$

$$f_{iq}+\Delta f_{iq} \leqslant f_{iq}^{\text{MPSS}} \quad \text{when} \quad f_{iq} \leqslant f_{iq}^{\text{MPSS}}, i=1,\cdots,m, q=1,\cdots,n$$

$$\sum_{q=1}^{n} \Delta f_{iq}=R_i, i=1,\cdots,m$$

$$\sum_{q=1}^{n} \Delta u_{iq} \leqslant E_i, i=1,\cdots,t$$

$$\sum_{j\in L(k)} \lambda_{jq}=1, k=1,\cdots,p \in L(k)$$

$$\Delta f_{iq} \leqslant \beta_i f_{iq}, i=1,\cdots,m, q=1,\cdots,n$$

$$f_{iq} \geqslant 0 \quad \Delta u_{iq} \geqslant 0, \forall j\in L(k), k=1,\cdots,p, i=1,\cdots,m$$

在模型(17.2)中，最大化下一时期模型中所有决策单元总产出变化的总和，以带来最高产量是中央决策者进行资源分配的主要目标。而最小化分配给下一时期所有决策单元的可重新分配可变投入的总和，因为中央决策者的次要目标是考虑在保持最大组织产出的同时尽可能地节省资源的投入。模型(17.2)的前 4 个约束条件保证了每个决策单元的新生产都在其自己改变的生产可能集中可行。模型(17.2)中的第 7、8 个约束条件表示所有决策单元中分配的资源总量不能超过总的附加投入资源。第 9 个约束表示在该模型中假设规模效益可变。为了保证比例缩放在管理上是可行的，遵循 Korhonen 和 Syrjanen(2004)，将不变投入的变化限制为 $\Delta f_{iq} \leqslant \beta_i f_{iq}$。这一约束条件保证了气有资源不会仅分配给有着先进技术的决策单元，从而体现了中央决策者对所有决策单元的公平性。

假设分配的恒定投入资源 F 对于生产非常有价值，但由于成本和可用性而稀缺。中央决策者花费了大量精力和资金获取这些资源，因此决策者希望尽快获得该投资的回报。假设应该完全分配这种类型的资源，认识到分配的恒定投入资源的巨大价值，保证它们被分配给真正需要它们的那些决策单元，因此应用新 MPSS 的概念，其由模型(17.2)第 5、6 个约束条件构成。f_{iq}^{MPSS} 表示决策单元 q 在新的

MPSS 领域中，投入 $i(i=1,2,\cdots,m)$ 的最大值。对于每个层，只有一个这样的最大值，即同一层中的决策单元具有相同的最大值。每层的最大值可以通过以下方法计算。

算法 17.2　考虑 MPSS 概念下最大值 f_{iq}^{MPSS} 计算算法

步骤 1：使用 FGL 模型计算每层决策单元下的效率。

步骤 2：使用 FGL 模型在每个层中查找有效的决策单元。

步骤 3：在每层中有效的决策单元之间，计算每个投入的最大值，也是在每一次中的最大值，用 f_{iq}^{MPSS} 表示，$i=1,2,\cdots,m$。

此外，为了最大限度地提高组织内部的满意度，额外的一个单元的投入应当分配给为组织带来更大的满意度的 DMU，同时还需要保持最大产出。根据这一设定将这种产出增长率定义为 DMU 的有效性，组织的有效性定义如下。

定义 17.1　组织的有效性定义为其所有 DMU 的产出增长率。这是一个福利指数，计算如下：

$$\psi = \sum_{q=1}^{n}\sum_{r=1}^{s}\frac{\Delta y_{rq}}{y_{rq}} \tag{17.3}$$

组织不仅要考虑投入资源的总产出和消费的变化，还要考虑资源分配的有效性。因此，上述模型(17.2)中的目标函数应变为

$$\mathrm{Max}\sum_{q=1}^{n}\sum_{r=1}^{s}\Delta y_{rq}$$

$$\mathrm{Min}\sum_{q=1}^{n}\sum_{i=1}^{t}\Delta u_{iq} \tag{17.4}$$

$$\mathrm{Max}\sum_{q=1}^{n}\sum_{r=1}^{s}\frac{\Delta y_{rq}}{y_{rq}}$$

模型(17.2)是 DEA 中的多目标规划问题(Amirteimoori and Emrouznejad，2012；Amirteimoori and Kordrostami，2012；Keshavarz and Toloo，2014；Keshavarz and Toloo，2015)。遵循多目标规划方法(Amirteimoori and Emrouznejad，2012)，将多目标模型(17.2)转换为以下单目标模型(17.5)：

$$\mathrm{Max}\sum_{q=1}^{n}\sum_{r=1}^{s}\Delta y_{rq} - \omega_1\sum_{q=1}^{n}\sum_{i=1}^{t}\Delta u_{iq} + \omega_2\sum_{q=1}^{n}\sum_{r=1}^{s}\frac{\Delta y_{rq}}{y_{rq}}$$

$$\mathrm{s.t.}\ \sum_{j\in L(k)}\lambda_{jq}x_{ij}\leqslant x_{iq},\ i=1,\cdots,w,\ k=1,\cdots,p,\ q\in L(k)$$

$$\sum_{j\in L(k)}\lambda_{jq}f_{ij}\leqslant f_{iq}+\Delta f_{iq},\ i=1,\cdots,m,\ k=1,\cdots,p,\ q\in L(k)$$

$$\sum_{j \in L(k)} \lambda_{jq} u_{ij} \leqslant \Delta u_{iq}, i=1,\cdots,t, k=1,\cdots,p, q \in L(k)$$

$$\sum_{j \in L(k)} \lambda_{jq} y_{rj} \geqslant y_{rq} + \Delta y_{rq}, r=1,\cdots,s, \ k=1,\cdots,p, q \in L(k) \qquad (17.5)$$

$$\Delta f_{iq} = 0 \quad \text{when} \quad f_{iq} \geqslant f_{iq}^{\text{MPSS}}, i=1,\cdots,m, \ q=1,\cdots,n$$

$$f_{iq} + \Delta f_{iq} \leqslant f_{iq}^{\text{MPSS}} \quad \text{when} \quad f_{iq} \leqslant f_{iq}^{\text{MPSS}}, i=1,\cdots,m, q=1,\cdots,n$$

$$\sum_{q=1}^{n} \Delta f_{iq} = R_i, i=1,\cdots,m$$

$$\sum_{q=1}^{n} \Delta u_{iq} \leqslant E_i, i=1,\cdots,t$$

$$\sum_{j \in L(k)} \lambda_{jq} = 1, k=1,\cdots, p \in L(k)$$

$$\Delta f_{iq} \leqslant \beta_i f_{iq}, i=1,\cdots,m, q=1,\cdots,n$$

$$f_{iq} \geqslant 0 \ \ \Delta u_{iq} \geqslant 0, \forall j \in L(k), k=1,\cdots,p, i=1,\cdots,m$$

单目标模型(17.5)与模型(17.2)约束条件相同，模型(17.5)的目标函数中，$\omega_1(0 \leqslant \omega_1 \leqslant 1)$ 和 $\omega_2(0 \leqslant \omega_2 \leqslant 1)$ 分别是投入资源最小化目标和组织有效性最大化目标的权重。由于权重选择对最优解决方案有很大影响。不同的研究使用不同的方法来选择权重（Amirteimoori and Emrouznejad，2012；Amirteimoori and Kordrostami，2012）。本章中，考虑到现实因素，将总产出最大作为主目标，考虑到绿色发展的重要性，将投入资源最小化的目标作为次要目标，组织有效性作为第三目标，故假设 $\omega_1 > \omega_2$。值得注意的是，当不同的中央决策者对投入资源和有效性有不同的偏好时，可以设置不同的权重。在模型分析部分，也考虑了权重不同的影响，并对 ω_1、ω_2 的设置，做了数值分析。综上，利用模型(17.5)建立了一个根据中央决策者的需要，考虑多重目标的资源分配综合方案，这一模型具有适用性，可以根据中央决策者的目标选取的区别建立符合实际的模型，从而给出更科学合理的资源分配方案。

17.4　指标选取与结果分析

17.4.1　指标选取与技术分组

在本章中将通过资源配置的方式对绿色发展效率进行改进，因此对指标重新进行分组。按照国家的政策，首先，考虑中央决策者对固定资产投资的追加投资如何分配给每个省份，由于固定资产投资具有不可变的特征，即固定资产不会在生产过程中被消耗，因此固定资产作为投入产出只会增加，不会减少，按照模型准备中的投入分类,固定资产投资为参与重新分配的不变投入。其次,"三废"的排放量作为绿色发展生产阶段的非期望产出,这一类非期望产出可以被看作一种特殊的投入资源,国家可以通过分配排放权来控制各省份的排放量,而每个决策单元下一阶段的排放量都可以增加或减少,因此排放权是一参与重新分配的可变投入(Wu et al.,2016)。其余投入资源不参与重新分配,因此被划为不可重新分配的可变投入。表 17.1 和表 17.2 给出了 2015 年区域绿色发展生产阶段投入和产出指标数据及初始效率值。

表 17.1　2015 年区域绿色发展生产阶段投入指标数据

省级行政区	不可重新分配的投入(X)				可重新分配固定投入(F)
	年末单位从业人/万	工业用水量/亿 m³	全年用电量/(万 kW·h)	能源消费量/万 tce	固定资产投资总额/万元
北京	777.3448	3.8	9527169	6853	79409699
天津	294.7801	5.3	8006009	8260	130480000
内蒙古	256.5214	18.8	7971676	18927	122169796
辽宁	612.4086	21.4	11859009	21667	176403698
吉林	291.3734	23.2	3358652	8142	118106329
上海	722.884	64.6	14055500	11387	63493886
江苏	1547.8772	239	26668022	30235	459051694
浙江	1112.9191	51.6	17455944	19610	266190881
福建	659.3889	72.5	7454512	12180	212426978
江西	469.1865	61.6	4303781	8440	168189589
山东	1222.5094	19.6	21092740	37945	473814559
河南	1099.4336	52.5	11174675	23161	344762641
湖北	781.7058	93.3	8473007	16404	261442180
湖南	561.5492	90.2	6589034	15469	249765510
广东	1937.4236	112.5	36428264	30145	294044165
海南	102.1027	3.2	977679	1938	18483389
重庆	986.87	32.5	7590866	8934	153679690
四川	1026.6234	55.4	8429568	19888	228335256
贵州	241.1578	25.5	1334960	9948	86413506
云南	291.9427	23	1013422	10357	78279349
陕西	496.1184	14.2	4263243	11716	152646896
青海	41.5463	2.91	1425438	4134	18360173
新疆	88.9019	11.8	2107291	15651	20139732
河北	638.6615	22.5	13920622	29395	281907744
山西	442.3468	13.7	5476499	19384	1367073233

续表

省级行政区	不可重新分配的投入(X)				可重新分配固定投入(F)
	年末单位从业人/万	工业用水量/亿 m³	全年用电量/(万 kW·h)	能源消费量/万 tce	固定资产投资总额/万元
黑龙江	417.7723	23.8	5617725	12126	92260840
安徽	648.2071	93.5	7955869	12332	235369526
广西	399.0105	55.5	5804358	9761	157629997
甘肃	234.888	11.6	3178511	7523	82821228
宁夏	110.7024	4.4	2256405	5405	32224473

表 17.2　2015 年区域绿色发展生产阶段产出指标数据及初始效率值

省级行政区	非期望产出(U)			期望产出(Y)		
	工业二氧化硫排放量/t	工业废水排放量/万 t	工业固体废弃物产生量/万 t	工业总产值/亿元	GDP/亿元	效率值(E)
北京	22070	8978	710	3710.88	23014.59	1
天津	154605	18973	1546	6982.66	16538.19	1
内蒙古	1061017	35753	26669	7739.18	17831.51	1
辽宁	869328	89140	32434	11270.82	28669.02	0.99
吉林	302082	38772	5385	6112.05	14063.13	1
上海	104852	46939	1868	7162.33	25123.45	1
江苏	794656	206427	10701	27996.43	70116.38	1
浙江	523973	147353	4486	17217.47	42886.49	1
福建	317063	90741	4956	10820.22	25979.82	1
江西	515661	76412	10777	6918	16723.78	1
山东	1220937	186440	19798	25910.75	63002.33	1
河南	915002	129809	14722	15823.33	37002.16	1
湖北	470683	80817	7750	11532.37	29550.19	0.97
湖南	515935	76888	7126	10945.81	28902.21	1
广东	648998	161455	5609	30259.49	72812.55	1
海南	31683	6879	422	485.85	3702.76	1
重庆	426800	35524	2828	5557.52	15717.27	0.80
四川	622441	71647	12316	11039.08	30053.1	1
贵州	598896	2174	7055	331.58	10502.56	1
云南	523765	45933	14109	3848.26	13619.17	1
陕西	599321	37730	9330	7344.62	18021.86	1
青海	116365	8546	14868	893.87	2417.05	1
新疆	622123	28402	7263	2740.71	9324.8	1

续表

省级行政区	非期望产出(U)			期望产出(Y)		
	工业二氧化硫排放量/t	工业废水排放量/万 t	工业固体废弃物产生量/万 t	工业总产值/亿元	GDP/亿元	效率值(E)
河北	829414	94110	35372	12626.17	29806.11	0.85
山西	900765	41356	31794	4359.6	12766.49	0.69
黑龙江	280967	36410	7495	4053.77	15083.67	0.83
安徽	420033	71436	13059	9264.82	22005.63	0.89
广西	385507	63253	6977	6359.82	16803.12	1
甘肃	466984	18760	5824	1778.1	6790.32	1
宁夏	303795	16443	3430	979.72	2911.77	1

　　未考虑固定资产额外追加额前，对 30 个省级行政区的初始效率值进行测度，可以发现，其中有 23 个省级行政区坐落在生产前沿面上，即效率值为 1，剩余 7 个省级行政区分别为辽宁、湖北、重庆、河北、山西、黑龙江、安徽。效率值如图 17.1 所示。

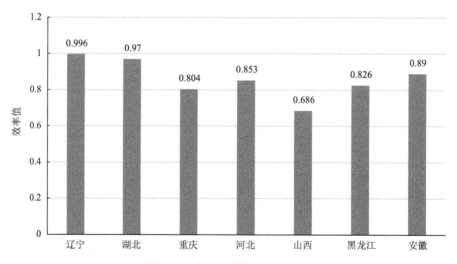

图 17.1　未达有效的省份效率值

　　综上，7 个省级行政区分别坐落在我国华北、华中、东北地区，且效率值均大于 0.65，最低值为山西，效率值为 0.686，重庆、河北、安徽效率值在 0.8 至 0.9 之间，辽宁和湖北效率值大于 0.9，且辽宁的效率值较其他 6 个省份更接近 1。

　　分析一下上述结果的原因，首先，大部分的省级行政区坐落在生产前沿面，这说明尽管各个地区的经济发展水平相差较大，但在节约能源、保护环境这方面，特别是国家已经提出绿色发展理念之后，各个省级行政区把绿色发展作为一项很重要的任务来实施，且颇有成效。其次，在非有效的 7 个省份中，山西由于资源环境枯竭恶化，以煤炭为主的经济发展方式已经过时，导致效率很低。辽宁地处沿海地区，近年来，经济转型发展，使得辽宁的效率接近于 1。最后，为了更好地计算研究出最佳分配的情况，考虑不同前沿面下分配的情况。

　　根据以上指标数据，首先，将对决策单元进行技术效率分组，通过算法 17.1 且运用 BCC 模型的计算后，结果显示可以把 30 个省级行政区分为两组（层），即两种不同的有效前沿面，每个级别的有效前沿都更好地描述了每种生产方式，由表 17.3 可知，组一的 DMU 个数远大于组二，且组一与组二的各个省级行政区各有特点。

表 17.3　中国省份绿色发展数据技术效率分组

组别	分组情况
组一	北京、天津、内蒙古、吉林、上海、江苏、浙江、福建、江西、山东、河南、湖南、广东、海南、广西、河北、四川、贵州、云南、陕西、青海、新疆、宁夏
组二	辽宁、湖北、重庆、山西、黑龙江、安徽

　　从表 17.3 可以看出，首先，我国的经济发展较好的地区在组一，如沿海各个省市，长三角、珠三角、京津冀这些地区经济发展较好，财政力量充足，尽管此地区有着较多的工厂和企业来促进经济发展，但是地方政府资源环境保护意识较强，且有较强的能力控制污染，节约能源，相关的立法更完善，监管更有力。其次，我国的发展较不发达地区，如新疆、青海、内蒙古等，这些地区发展主要以第一产业和第三产业为主，第二产业相对匮乏，环境污染情况不严重，且许多媒体评出来的绿色宜居城市也在此区域内，所以该地区环境状况较好，资源开发也不过量，种种原因使得这些地区有着很高的效率。再者，从组一与组二对比中发现，华北地区和中部地区的省份分在不同的组中，江西、湖南等中部的省份地区在组一中，而同为中部地区的安徽和湖北却在组二中。对于华北地区来说，北京、天津、内蒙古、河北在组一中，而山西在组二中。中部地区的安徽与湖北，湖北的工业发展基础雄厚，且湖北地区的 GDP 总值在中部地区排名第一，说明湖北地区工业发展占整个经济发展的很大一部分，这大量的工业发展不可避免地导致环境恶化、资源浪费。重庆也是面临相似的情况。而安徽和河北分别与我国两大经济圈（长三角、京津冀）接壤，尽管近些年来国家政策把安徽纳入长三角，把河北纳入京津冀协同发展，它们主要功能还是承载着经济圈的产业转移。承接产业转移的大部分企业是以第二产业为代表的重工业、高污染企业。虽然承接产业转移提高了河北与安徽的经济增速，却不可避免地带来了环境污染、资源浪费等一系

列问题。对于这两个省份来说，经济发展不能忘了治理环境，特别是我国已经提出"绿色发展"的理念。最后，组二的剩余省份是，山西、黑龙江以及辽宁，山西作为我国的煤炭大省，曾在20世纪发展迅速，但由于近几年来资源的枯竭以及发展方式的转变，山西经济发展较为不发达，且由于长时间的开发导致环境恶化、效率不足。黑龙江与辽宁作为我国的重工业发展的大省，在新中国成立初期有着非同凡响的表现，但随着时代的变迁，发展观念及方式的转变，以及东北三省人口外流较为严重，这两个省份未完全转变发展方式，导致发展降速且自然环境变差，且东北三省以第二产业工业为主，未做好环境治理的监管，导致了一系列环境问题。总的来说，种种原因让上述省份分在了组二。

17.4.2 结果分析

根据国家先期固定资产投资数额，暂将额外投资额定为前期投资总额的10%，即 $R_1 = 519400852.7$。另假设中央决策者对下一期排放量的配置总投入比前期减少2%，即 $E_1 = 17054118.76$，$E_2 = 1954610$，$E_3 = 320145.42$。首先，将权重 ω_1、ω_2，设置为 0.8、0.4，这一设置是因为次要目标，减少重新分配的可变资源增加量，即减少排放量的增加这一目标也非常重要。确定了资源配置的目标和权重后，运用模型(17.5)，计算得到重新配置后的各省份固定资产投资及排放权资源分配结果如表 17.4 所示。

表 17.4　2015 年区域绿色发展生产阶段资源再分配结果

省级行政区	再分配不可变投入(F)		再分配可变投入(U)	
	固定资产投资总额/万元	工业二氧化硫排放量/t	工业废水排放量/万 t	工业固体废弃物产生量/万 t
北京	0	22070	8978	710
天津	39144000	154605	18973	1546
内蒙古	0	1061017	35753	26669
吉林	0	302082	38772	5385
上海	19048166	104852	39222.36	1704.715
江苏	0	794656	206427	10701
浙江	79857264	523973	147353	4486
福建	63728093	317063	90741	4956
江西	0	515661	76412	10777
山东	0	1220937	186440	19798
河南	103428792	915002	129809	14722
湖南	0	515935	76888	7126

续表

省级行	再分配不可变投入（F）		再分配可变投入（U）	
政区	固定资产投资总额/万元	工业二氧化硫排放量/t	工业废水排放量/万 t	工业固体废弃物产生量/万 t
广东	0	648998	161455	5609
海南	5545017	31683	6879	422
四川	3212062	622441	74009.18	7962.471
贵州	0	598896	29174	7055
云南	0	523765	45933	14109
陕西	0	599321	37730	9330
青海	0	116365	8546	14868
新疆	0	622123	28402	7263
广西	47288999	385507	27542.21	5386.594
甘肃	24846368	466984	17935.67	5397.64
宁夏	9667342	303795	16443	3430
辽宁	52921109	869328	83140	32434
湖北	0	470683	80817	7750
重庆	24175421	426800	35524	2828
河北	0	829414	94110	35372
山西	0	900765	41356	31794
黑龙江	0	280967	36410	7495
安徽	46538218	420033	71436	13059

如图 17.2 所示，固定资产追加额分配在 13 个省市中，经过额外的固定资产以及排污权的重新分配后，河南获得最多的固定资产额外追加额，海南最少。从柱状图可以发现，追加额的分配情况主要分配到了我国中东部地区，同时也是人口较为密集的地区，说明此地区有着较大的发展潜力。但是，在最终期望产出的增值中，只有山东工业总产值，以及陕西和甘肃的 GDP 发生了增值。也就是说，30 个地区，两种期望产出，总共 60 个期望产出的变量，仅仅 3 个发生了变化，显而易见，这样的结果是不够理想的，仅仅以 10%作为固定资产追加额是不够精准的。这就需要探讨固定资产额外追加值在什么情况下是最优的。所以在下一小节中，探讨固定资产追加额以及排放权资源配置的最优值在什么情况下达到最优。

表 17.5　权重灵敏度分析

ω₂(ω₁=0.5)	0.05	0.1	0.15	0.2	0.25	0.3	0.35	0.4	0.45	0.5
工业二氧化硫排放量/t	16991084	16991084	16991084	16991084	16991084	16991084	16991084	16991084	16991084	16991084
工业废水排放量/万t	1952610	1952610	1952610	1952610	1952610	1952610	1952610	1952610	1952610	1952610
工业固体废弃物产生量/万t	320145.4	320145.4	320145.4	320145.4	320145.4	320145.4	320145.4	320145.4	320145.4	320145.4
工业总产值增加值/亿元	82.89606	82.89606	82.89606	82.89606	82.89606	82.89606	82.89606	82.89606	82.89606	82.89606
GDP增加值/亿元	513.5986	513.5986	513.5986	513.5986	513.5986	513.5986	513.5986	513.5986	513.5986	513.5986

w₂(w₁=0.6)	0.06	0.12	0.18	0.24	0.3	0.36	0.42	0.48	0.54	0.6
工业二氧化硫排放量/t	16991084	16991084	16991084	16991084	16991084	16991084	16991084	16991084	16991084	16991084
工业废水排放量/万t	1952610	1952610	1952610	1952610	1952610	1952610	1952610	1952610	1952610	1952610
工业固体废弃物产生量/万t	320145.4	320145.4	320145.4	320145.4	320145.4	320145.4	320145.4	320145.4	320145.4	320145.4
工业总产值增加值/亿元	82.89606	82.89606	82.89606	82.89606	82.89606	82.89606	82.89606	82.89606	82.89606	82.89606
GDP增加值/亿元	513.5986	513.5986	513.5986	513.5986	513.5986	513.5986	513.5986	513.5986	513.5986	513.5986

w₂(w₁=0.7)	0.07	0.14	0.21	0.28	0.35	0.42	0.49	0.56	0.63	0.7
工业二氧化硫排放量/t	16991084	16991084	16991084	16991084	16991084	16991084	16991084	16991084	16991084	16991084
工业废水排放量/万t	1952610	1952610	1952610	1952610	1952610	1952610	1952610	1952610	1952610	1952610
工业固体废弃物产生量/万t	320145.4	320145.4	320145.4	320145.4	320145.4	320145.4	320145.4	320145.4	320145.4	320145.4
工业总产值增加值/亿元	82.89606	82.89606	82.89606	82.89606	82.89606	82.89606	82.89606	82.89606	82.89606	82.89606
GDP增加值/亿元	513.5986	513.5986	513.5986	513.5986	513.5986	513.5986	513.5986	513.5986	513.5986	513.5986

w₂(w₁=0.8)	0.08	0.16	0.24	0.32	0.40	0.48	0.56	0.64	0.72	0.8
工业二氧化硫排放量/t	16991084	16991084	16991084	16991084	16991084	16991084	16991084	16991084	16991084	16991084
工业废水排放量/万t	1952610	1952610	1952610	1952610	1952610	1952610	1952610	1952610	1952610	1952610
工业固体废弃物产生量/万t	320145.4	320145.4	320145.4	320145.4	320145.4	320145.4	320145.4	320145.4	320145.4	320145.4
工业总产值增加值/亿元	82.89606	82.89606	82.89606	82.89606	82.89606	82.89606	82.89606	82.89606	82.89606	82.89606
GDP增加值/亿元	513.5986	513.5986	513.5986	513.5986	513.5986	513.5986	513.5986	513.5986	513.5986	513.5986

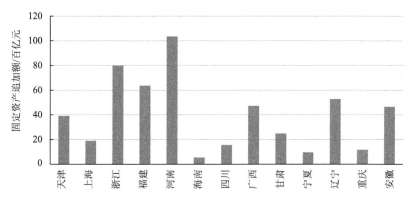

图 17.2　不同追加投资比例下参与再分配省份数量

此外，为了验证权重对于资源分配结果是否增加影响，对权重 ω_1、ω_2 进行灵敏度分析，运用数值分析方法，分别控制权重 ω_1 或 ω_2，改变另一指标，并观察对于资源再分配结果的影响。表 17.5 给出了不同权重下的分配结果。结果表明，在本章问题中，权重的变化对于资源分配结果没有明显影响。因此在之后的分析中，依旧将权重设置为 $\omega_1 = 0.8$，$\omega_2 = 0.4$。

17.4.3　扩展分析

在上节中，暂定了重新配置的额外投资额 R_1 和资源再分配总投入 E_i, $i = 1, 2, 3$。但这一设置具有主观性，如何找到最佳的固定资产投资追加额和最优的排放量设置额，也应当考虑。

1. 额外固定资产投资最佳追加额

在本节中，考虑到固定资产作为可分配的固定投入，探讨固定资产追加额达到最佳情况下的值。对此，给出定义：当额外资源分配结果不再因为额外投资的增加而增加，就确定为最佳投资追加额。因为此情况，中央决策者的次要目标是考虑在保持最大组织产出的同时，尽可能地节省资源的投入，在达到最佳追加额的情况之下，无论额外的固定资产总值如何增加，都不会改变各个省份的分配情况和效率，如果过多地增加固定资产投资额，只会造成资源浪费。所以考虑固定资产投资最佳追加额是本小节的重点。基于模型(17.5)给出算法 17.3 以找到最优的固定资产投资额。

算法 17.3　额外固定资产投资最优值求解

步骤 1：$k=1$；

步骤 2：$R_1^k = R \times 0.05 \times (k+1)$

步骤 3：运行资源分配模型(17.5)，得到 Δf_i^k；Δf_i^{k+1}

步骤 4：如果 $\Delta f_i^k = \Delta f_i^{k+1}$，结束程序，输出 $R_1^* = R \times 0.05 \times k$

步骤 5：否则，$k=k+1$；返回步骤 2

考虑到国家额外投入的固定资产特殊性，选择了 5% 作为最低基准，同时以 5% 作为每档的提升，来求得额外固定资产投资的最佳追加额，通过算法 17.3，可以找出最合适的固定资产投资追加额，如图 17.3 所示。

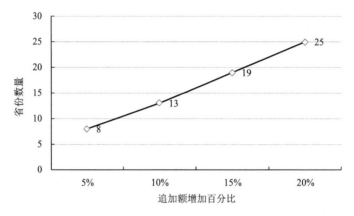

图 17.3　不同追加投资比例下参与再分配省级行政区数量

由图 17.4 可知，当追加额为 5% 时，所追加的固定投资额分在图中 8 个省级行政区内，其他的省级行政区都为零。在这 8 个省级行政区中，除辽宁外，其余 7 个省级行政区都在组一中，福建分得的固定资产最多，海南分得的固定资产最少。说明在此情况中，福建发展潜力最大，海南最小。对比可知，8 个省级行政区分布在我国的不同区域，分别在华北、华东、东南、华南、西南、西北以及东北。这些省级行政区主要是这些区域发展较好的，天津作为环渤海地区经济中心以及京津冀经济圈的主要成员，东临渤海，西靠首都北京，有着得天独厚的区域优势。上海作为我国主要城市，长三角城市群的"领头羊"，其辐射范围大，辐射地区广，因为有其独特的聚集效应，所以有着很大发展潜力。上海和天津是我国最早设立自由贸易区的城市。四川作为西南地区体量最大的省级行政区，近些年发展速度快。尽管这些年东北地区发展变缓，但是辽宁还是东北地区经济总量最大、发展最好的省级行政区。福建地处我国东南地区，虽经济总量一般，以第二产业和第三产业为主，额外固定资产的投入会加速第二产业的发展，同时第三产业的发展也会促进第二产业的发展。广西和甘肃，尽管经济体量不大，但近些年发展势头迅猛，经济增速也是全国上游水平，有着不俗的表现。

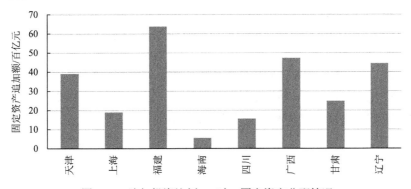

图 17.4　追加投资比例 5%时，固定资产分配情况

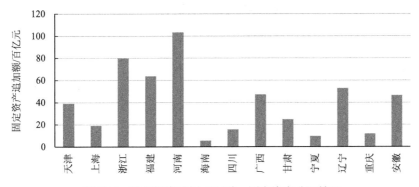

图 17.5　追加投资比例 10%时，固定资产分配情况

在此情况下，当固定资产追加额只有原固定资产总额 5%的情况下，中央决策者会把追加的固定资产分给上述省级行政区，总体的效率达到最大，收益达到最高。从另一个角度来看，上述省级行政区发展潜力较大，若分给它们，会让总体的边际效益最高，即用一定的投入换来最大的收益。当 k=2，即当额外追加额情况为 10%时，与 5%相比，增加了浙江、河南、重庆、宁夏、安徽，如图 17.5所示。新增的省级行政区中，除重庆和安徽，其他省级行政区均在组一中。且追加的投资额主要分配在安徽、河南与浙江，河南分配到的固定资产额外追加额最多，如图 17.6 所示。其中有三个处于我国的中部地区，这说明我国的中部地区发展潜力较大，河南、安徽、重庆属于我国人口较密集的地区，其劳动力供给充足，有着较大的潜力。浙江地处长三角经济圈，经济发展较上述省级行政区要好，有着更充沛的资源和潜力发展工业。宁夏处于我国西北，经济体量薄弱，人口较少，但是适当追加投资会带来很大的收益。当 k=3，即额外追加额为 15%时，与 10%

相比，增加了江西、广东、贵州、陕西、青海、山西，如图 17.7 所示。除山西外，其他新增的省级行政区均在组一中。额外的追加额分配最多的是广东，最少的是青海，如图 17.8 所示。广东地处珠三角，经济实力雄厚，第二产业基础好，故分配得最多。江西、山西、贵州分别处于中部、华北、西南地区，虽经济基础较为薄弱，但经济增速较高，故分配的数量次之。当 $k=4$，即额外追加额为 20%时，与 15%相比，增加了北京、内蒙古、吉林、湖南、江苏、新疆，且均在组一中，如图 17.9、图 17.10 所示。这些省级行政区第二产业发展潜力不大，且趋于饱和，当追加的固定资产超过 20%时，才会投入它们。

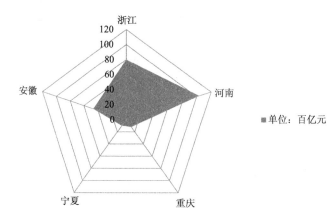

图 17.6 追加投资比例 10%时，新增省级行政区分配情况

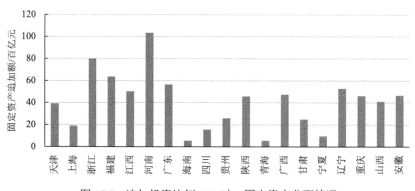

图 17.7 追加投资比例 15%时，固定资产分配情况

由此可见，当额外追加额越多时，越会考虑经济增速较快的地区，因为这些地区潜力大，发展前景明朗，而部分发达沿海地区不是优先分配的地区，说明这些地区基本达到饱和。

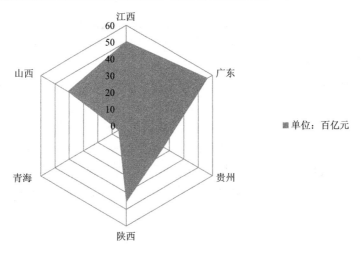

图 17.8　追加投资比例 15%时，新增省级行政区分配情况

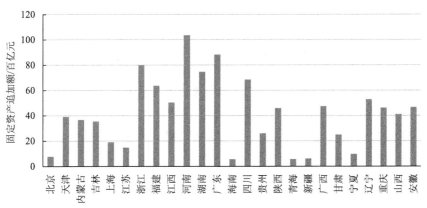

图 17.9　追加投资比例 20%时，固定资产分配情况

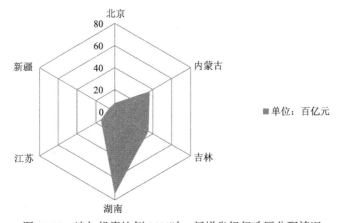

图 17.10　追加投资比例 20%时，新增省级行政区分配情况

山东、云南、湖北、黑龙江、河北均未出现在上述的描述中，可以说明，这些省级行政区若继续追加固定资产投入不会带来改变，若一味地追加投入只会带来资源的浪费。对于这些省级行政区来说，转变发展思路，节约能源，控制资源浪费才是上策之选。在相互融合中共存，促进人与自然和谐共处是其核心理念。它促进了价值取向、思维方式、生产方式和生活方式的绿色化，将绿色理念融入主流价值观，形成全社会的思想意识和行动意识。绿色文化作为一种文化现象，与强调环境保护、注重生态、珍惜生命的价值取向密切相关。它以绿色行为为特征，体现了人与自然共存发展的思维方式、生活方式和行为规范。因此建设绿色制度文化，必须改革和完善社会制度规范，使社会有机制保护生态环境，实现社会全面进步。

2. 排放权资源配置的最优值

与寻找固定资产追加额的过程类似，同样给出算法 17.4 以寻找最优的排放权资源配置。

算法 17.4　排放权资源配置的最优值求解

步骤 1：$k=1$；

步骤 2：$E_i^k = E_i^0 - E_i^0 \times 0.01 \times k$；$E_i^{k+1} = E_i^0 - E_i^0 \times 0.01 \times (k+1)$

步骤 3：运行资源分配模型(17.3)，得到 Δf_i^k；Δf_i^{k+1}

步骤 4：如果 $\Delta f_i^k = \Delta f_i^{k+1}$，结束程序，输出 $E_i^k = E_i^0 \times 0.05 \times k$

步骤 5：否则，$k=k+1$；返回步骤 2

上一节中，已求出固定资产投资的最优追加额，在本节中，将固定资产追加投入设置为 $R_i^0=1038801705$，再运用算法 17.4，得到最优的排放权配置额，如表 17.6 所示。

表 17.6　2015 年区域绿色发展排放资源重新分配及效率值

| 区域 | 重新分配的可变投入(U) | | | 期望产出(Y) | | |
	工业二氧化硫排放量/t	工业废水排放量/万 t	工业固体废弃物产生量/万 t	工业总产值/亿元	GDP/亿元	效率
北京	22070	8978	710	3711	23014.59	1
天津	154605	18973	1546	6983	16538.19	1
内蒙古	1061017	35753	26669	7739	17831.51	1
吉林	302082	38772	5385	6112	14063.13	1
上海	104852	39222	1705	7162	25123.45	1
江苏	794656	206427	10701	27996	70116.38	1

续表

区域	重新分配的可变投入（U）			期望产出（Y）		
	工业二氧化硫排放量/t	工业废水排放量/万 t	工业固体废弃物产生量/万 t	工业总产值/亿元	GDP/亿元	效率
浙江	523973	147353	4486	1721	42886.49	1
福建	317063	90741	4956	10820	25979.82	1
江西	515661	76412	10777	6918	16723.78	1
山东	1220937	186440	19798	25997	63002.33	1
河南	915002	129809	14722	15823	37002.16	1
湖南	515935	76888	7126	10946	28902.21	1
广东	648998	161455	5609	30259	72812.55	1
海南	31683	6879	422	486	3702.76	1
四川	622441	74009	7962	11039	30053.1	0.9982
贵州	598896	29174	7055	3316	10502.56	1
云南	523765	45933	14109	3848	13619.17	1
陕西	599321	37730	9330	7345	18411.47	1
青海	116365	8546	14868	894	2417.05	1
新疆	622123	28402	7263	2741	9324.8	1
广西	385507	27542	5387	6360	16927.11	0.9993
甘肃	466984	17936	5398	1778	6790.32	1
宁夏	303795	16443	3430	980	2912	1
辽宁	869328	83140	32434	11271	28669.02	0.8935
湖北	470683	80817	7750	11532	29550.19	1
重庆	426800	35524	2828	5558	15717.27	0.8042
河北	829414	94110	35372	12626	29806.11	0.8628
山西	900765	41356	31794	4360	12766.49	0.6777
黑龙江	280967	36410	7495	4054	15083.67	0.8446
安徽	420033	71436	13059	9265	22005.63	0.8896
总计	16991084	1952611	320147	275135	722255.18	

从表 17.6 中可以看出，工业二氧化硫排放量总和为 16991084t，工业废水排放量总和为 1952611 万 t，工业固体废弃物产生量总和为 320147 万 t，相比较于重新分配前的"三废"排放总和均有所下降，且 30 个省级行政区的三个非期望产出的总排放产生量均在"三废"排放允许量范围内，且四川、广西、辽宁、重庆、河北、山西、黑龙江以及安徽为低效决策单元组，与重新分配前的效率值数据相比，湖北被拉到生产前沿面上，从低效达到有效，可能因为其他省级行政区重新分配了额外固定投资，而湖北未重新分配额外固定投资，重新分配的不可变投入

的增加使得其他决策单元的相对效率下降,从而使湖北变得有效,而四川和广西虽在重新分配时分别获得 3212062 万元和 47288999.1 万元的追加投资额,但四川和广西属于我国的西部地区,经济相对不发达,因此在重新分配额外固定投资额时,其投入增加,效率会有所降低,从有效决策单元变为相对低效的决策单元,其他的高效省级行政区(如:北京、天津、内蒙古自治区、吉林、上海、江苏、浙江、福建、江西、河南、湖南、广东、海南、贵州、陕西、青海、新疆、甘肃、宁夏),虽然重新分配了额外的投资额,但由于有些属于人口较密集的地区,劳动力供给充足,发展潜力较大,有较强的生产力。有的属于沿海地区,经济生产能力强,因此在增加额外固定投资额后能激发其生产能力的提高,保持高效性。同时,山东与云南未重新分配额外固定投资,因此生产能力将保持不变,仍然高效,属于原来的高效组一的决策单元。

17.5　本 章 小 结

党的十八大以来,我国将绿色发展纳入五大发展概念之一,坚持绿色发展,有效突破资源环境瓶颈制约,是当前一项重要任务。在前两章的分析中,得出我国绿色发展效率在地域上具有明显差异性,在不同资源和能源的处理上也存在差异性,整体绿色发展效率仍有待提高。因此,本章从资源再分配角度对绿色发展效率进行改进分析。首先考虑各省份的技术效率异质性,以及不同资源再分配形式的区别,对地域、投入指标进行分组,其次运用多目标的 DEA 模型,考虑多重目标函数,对我国 2015 年 30 个省级行政区的绿色发展生产阶段进行额外固定资产投资分配和排污资源再分配,并通过算法确定了最优的再分配目标。主要结论如下。

第一,我国各区域技术效率存在明显差异。按照技术效率对省份进行分组,以分组结果中可以看出,在技术效率较高组中,既有长三角、珠三角等经济发达地区,这些地区环保意识较强,政府也有更多资金和人力投入到节能环保的行动中,但也有一部分偏远不发达地区,这一类地区技术效率较高的原因在于,没有重工业企业,环境状况良好且没有过量开发不可再生能源。而中部地区和东北三省技术效率较低,这与此类地区以重工业为主要经济支柱有关,重工业带来的污染,以及地方政府在处理污染物方面的欠缺,使得这些地区的技术效率不高。

第二,在固定资产额外投入分配上,政府会优先考虑经济增速较快区域。这一结果表明,由于固定资产投资是稀缺的分配资源,政府需要考虑到固定资产投资分配的组织有效性,将额外投资分配给经济增速较快区域,是考虑到这些区域具有较大的发展潜力,能有效地利用所分配到的固定资产投资。未收到额外投资地区包括沿海发达地区,本身资产投资已基本饱和;而中部部分地区由于自身技术效率较低，处理污染物能力不足，追加投资只会带来资源浪费，这些地区首要任务应当转变发展思路，积极响应国家绿色发展的号召。

第三，排放"资源"的再分配目标设定可以略低于原总排放量。在减排方面，政府可以通过对于排放量的目标设定，进行有针对地减排计划。在考虑额外增加20%的固定资产投入的同时，重新分配并减少排放量，排放许可减少的决策单元主要包括上海、四川、广西、甘肃等。按照这些省级行政区的实际技术效率，为实现绿色发展，应当减少现有的"三废"排放量。此外，政府的排放许可量应当在合理范围内适量减少，提升各省份技术效率水平，在提高各省份的环保意识和处理能力的基础上，科学地逐步减少排放许可。

参 考 文 献

Amirteimoori A, Emrouznejad A. 2012. Optimal input/output reduction in production processes. Decision Support Systems, 52(3): 742-747.

Amirteimoori A, Kordrostami S. 2012. Production planning in data envelopment analysis. International Journal of Production Economics, 140(1): 212-218.

Bi G, Ding J, Luo Y. 2011. Resource allocation and target setting for parallel production system based on DEA. Applied Mathematical Modelling, 35(9): 4270-4280.

Du J, COOK W D, Liang L, et al. 2014. Fixed cost and resource allocation based on DEA cross-efficiency. European Journal of Operational Research, 235(1): 206-214.

Fang L. 2013. A generalized DEA model for centralized resource allocation. European Journal of Operational Research, 228(2): 405-412.

Keshavarz E, Toloo M. 2014. Finding efficient assignments: An innovative dea approach. Measurement, 58: 448-458.

Keshavarz E, Toloo M. 2015. Efficiency status of a feasible solution in the multi-objective integer linear programming problems: A DEA methodology. Applied Mathematical Modelling, 39(12): 3236-3247.

Korhonen P, Syrjanen M. 2004. Resource allocation based on efficiency analysis. Management Science, 50(8): 1134-1144.

Lozano S, Villa G. 2004. Centralized resource allocation using data envelopment analysis. Journal of Productivity Analysis, 22(1-2): 143-161.

Seiford L M, Zhu J. 2003. Context-dependent data envelopment analysis—measuring attractiveness and progress. Omega, 31(5): 397-408.

Wu J, An Q, Ali S, et al. 2013. DEA based resource allocation considering environmental factors. Mathematical and Computer Modelling, 58(5-6): 1128-1137.

Wu J, Zhu Q, An Q, et al. 2016. Resource allocation based on context-dependent data envelopment analysis and a multi-objective linear programming approach. Computers Industrial Engineering, 101: 81-90.

Zhu J. 2014. Quantitative models for performance evaluation and benchmarking: data envelopment analysis with spreadsheets. Springer.

Zhu J, Shen Z H. 1995. A discussion of testing DMUs' returns to scale. European Journal of Operational Research, 81 (3): 590-596.